PONT D'IVRY.

PARIS. — IMPRIMERIE ET FONDERIE DE FAIN,
RUE RACINE, N°. 4, PLACE DE L'ODÉON.

PONT D'IVRY

EN BOIS,

SUR PILES EN PIERRE,

TRAVERSANT LA SEINE PRÈS DU CONFLUENT DE LA MARNE.

DÉTAILS PRATIQUES

SUR CE PONT.

PROJET, EXÉCUTION, ÉCRITURES, CONCESSION A TERME.

PAR

H. C. EMMERY,

ANCIEN ÉLÈVE DE L'ÉCOLE POLYTECHNIQUE, INGÉNIEUR EN CHEF DES PONTS ET CHAUSSÉES,
MEMBRE DE LA LÉGION-D'HONNEUR.

A PARIS,

CHEZ L'ÉDITEUR, CARILIAN-GŒURY,
LIBRAIRE DES CORPS DES PONTS ET CHAUSSÉES ET DES MINES,
QUAI DES AUGUSTINS, N°. 41.

1832.

A LA MÉMOIRE

DE

LOUIS-MARIE

BLANQUART DE SEPT-FONTAINES,

AMI ET COLLABORATEUR

DES LALANDE, DES BUFFON, ETC.,

MORT A CALAIS LE 27 DÉCEMBRE 1830,

HOMMAGE FILIAL.

SON NEVEU
H. C. EMMERY.

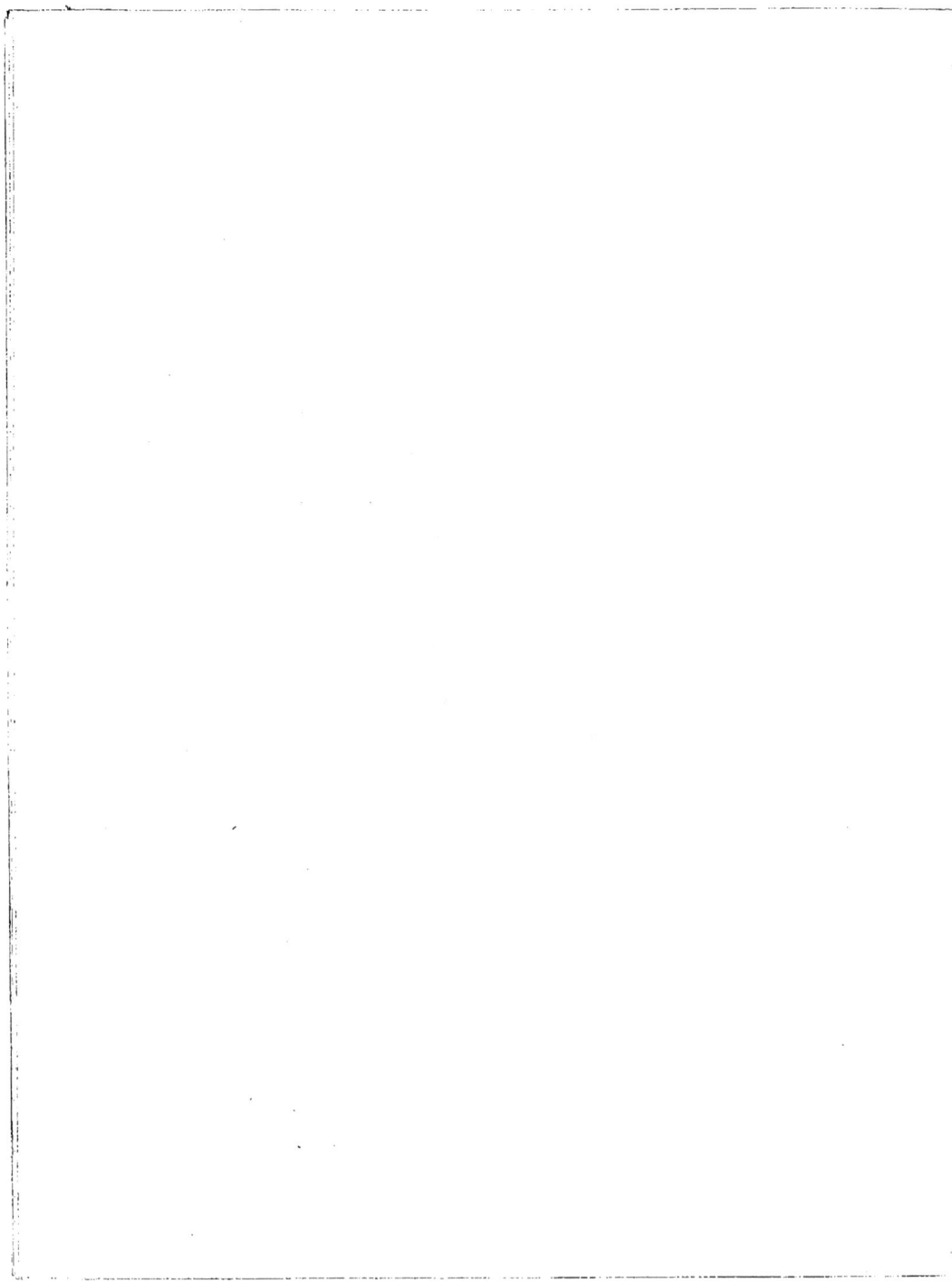

DES circonstances, toutes fortuites sans doute, m'appelèrent, dès ma sortie de l'École des Ponts et Chaussées, à conduire des travaux importans* . Éloigné de mon ingénieur en chef, je dus presque constamment me suffire à moi-même. C'est alors que je mesurai de quelle utilité auraient été pour moi des documens laissés par mes devanciers, et qui m'eussent permis de suivre tant d'habiles praticiens dans leur carrière de constructeurs.

Plus tard, deux fois placé à la tête de grands travaux de compagnie**, et bien qu'ayant déjà quinze ans d'expérience, je sentais, plus vivement encore peut-être, le besoin d'interroger ce qui avait été fait, d'approfondir ce que d'autres avaient médité; et je fus frappé de ce que mes recherches, en fait de tradition, me laissassent toujours tant à désirer.

Ce sont ces souvenirs qui m'ont déterminé à publier les études qui suivent ***.

Puissent-elles assez mériter l'indulgence de mes Camarades pour ne point compromettre le sort d'une pensée qui est devenue pour moi une conviction, et qui, exploitée avec plus de talent, me paraît de nature à contribuer d'une manière si efficace aux progrès de la science de l'ingénieur.

---

* Le Canal de Saint-Maur, près Paris, commencé en 1810 et terminé en 1825.
** La Gare de Charenton, commencée en 1824 et terminée en 1826; le Pont d'Ivry, livré à la circulation le 1er. mars 1829.
*** Ces études m'ont souvent rappelé que je dois des remercimens sincères à M. Eustache, alors Ingénieur en chef directeur du département de la Seine, aujourd'hui Inspecteur divisionnaire, et que j'en dois également à M. l'Ingénieur Coriolis. Ce fut de concert avec M. Eustache que je préparai les projets du Pont d'Ivry ; ce fut M. Coriolis qui me seconda dans l'exécution d'une grande partie des routes neuves à établir.

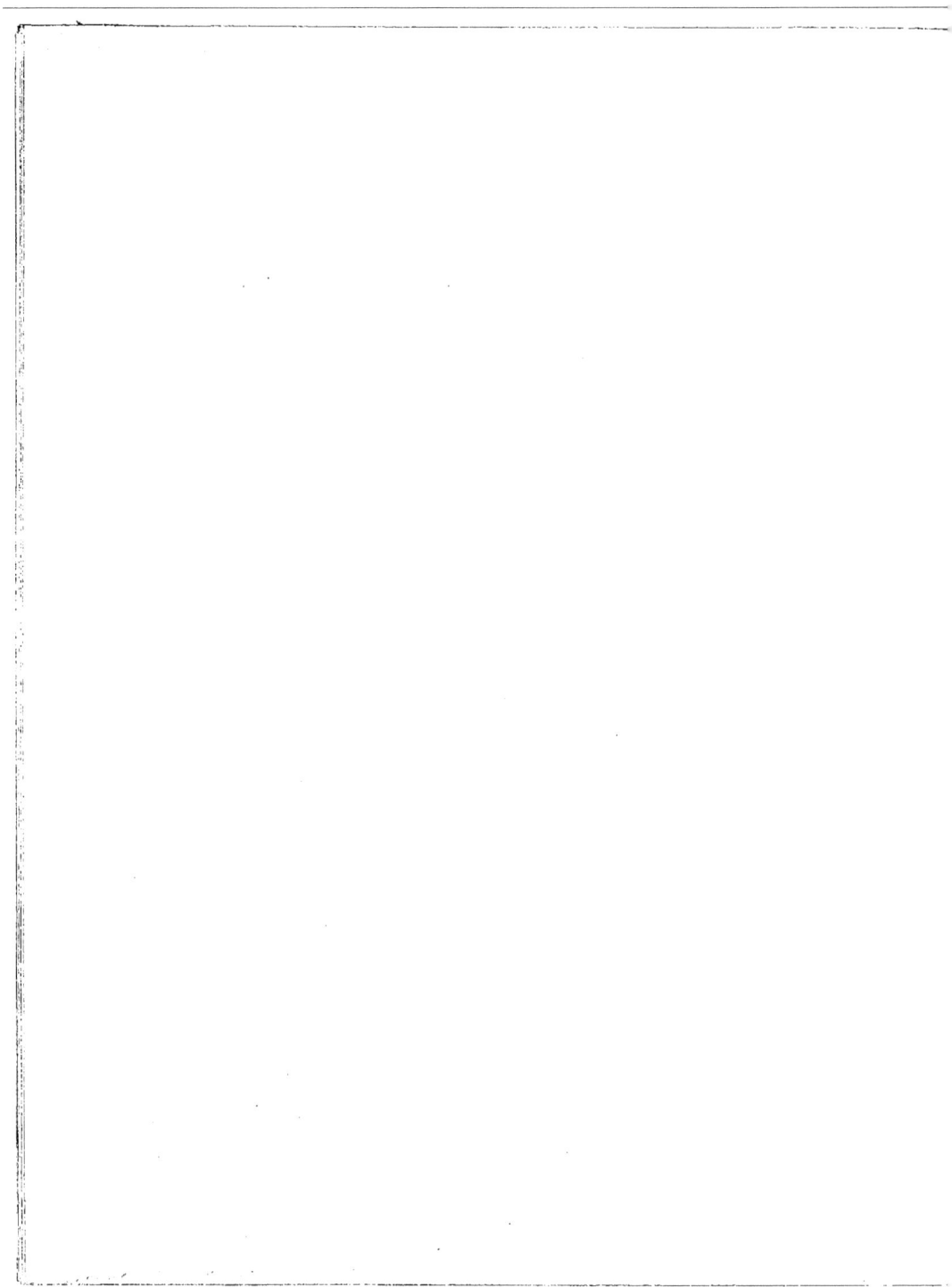

PONT D'IVRY

EN BOIS,

SUR PILES EN PIERRE.

DÉTAILS PRATIQUES

SUR CE PONT.

PROJET, EXÉCUTION, ÉCRITURES, CONCESSION A ¡TERME.

AVANT-PROPOS.

Un ingénieur, en visitant un grand ouvrage, ne se propose pas seulement de voir une construction importante par sa masse, par sa hardiesse, ou recommandable par son utilité. L'étude de son art, voilà sa pensée dominante ; des procédés meilleurs, des résultats d'expérience, voilà ce qu'il vient recueillir et méditer.

Dans ce but, il étend ses investigations depuis les parties les plus apparentes jusqu'à celles qui sont les moins aperçues ; partout il recherche les moyens employés pour épargner le temps, pour diminuer la dépense ; partout il espère découvrir quelque perfectionnement pour ajouter à la solidité et à la durée des ouvrages ; il n'est pas jusqu'à ses remarques critiques qui ne lui deviennent profitables.

Mais c'est avec méthode que le praticien procède à cette exploration ; il s'attache d'abord aux dessins ainsi qu'aux détails d'exécution ; il en rapproche les instructions dont l'ouvrier a eu besoin ; il analyse ensuite les problèmes que l'auteur du projet a dû résoudre ; enfin il

PONT D'IVRY. 1

s'enquiert des phases, des difficultés et des désappointemens qui sont survenus dans le cours de la construction.

Malheureusement, il se présente rarement l'occasion de s'approprier ainsi l'expérience des autres; les ingénieurs, précisément au commencement de leur carrière, n'ont presque jamais la possibilité de quitter leurs travaux pour visiter les ateliers de leurs camarades. Aussi arrive-t-il que les connaissances pratiques restent en quelque sorte individuelles, qu'elles sont perdues même pour les contemporains, et que, dans l'absence de traditions suffisamment développées, chaque génération de constructeurs est condamnée à recommencer, en fait d'expérience acquise, sa propre éducation.

Il est donc singulièrement à désirer que les ingénieurs se communiquent et à plus forte raison qu'ils se transmettent les uns aux autres ce qu'ils ont observé ou pratiqué d'intéressant dans les grands travaux qu'ils ont dirigés. Sous ce point de vue même, tout essai de ce genre qui précisera le but, la forme, l'étendue de ces comptes rendus, aura le double avantage d'introduire pour l'avenir une sorte d'harmonie dans le plan de ces divers *mémentos* et de faciliter peut-être la mise en ordre des notes y relatives.

Ordre à suivre pour le compte rendu de grands ouvrages d'art.

Or la nature même du travail veut que de semblables publications soient assises sur les bases suivantes :

Il faut à la fois un texte et des dessins : un texte, pour donner la clef de toutes les études, et pour relater les faits recueillis dans le cours des opérations; des dessins, pour reproduire les feuilles successivement remises à l'entrepreneur comme plantation, épures et dimensions d'ouvrages.

Tout constructeur connait le style exclusivement technique et géométral de ces dessins d'éxécution; il est rare qu'on ait besoin de perspective; il est plus rare encore d'avoir recours aux ombres; cet accessoire devient non-seulement coûteux, mais il empêche d'apercevoir ces lignes de construction, ces ponctuations, si nécessaires cependant pour l'intelligence, tant du tracé que des parties cachées de chaque détail graphique. Des projections, de simples esquisses, tel est le type de ces instructions linéaires; aussi est-ce à la pureté du trait, à la bonne ordonnance des figures, à l'emploi lucide d'échelles multiples les unes des autres pour les mêmes détails, au choix judicieux d'annotations bien distinctes, que doit se borner le luxe des planches à graver. Ces dessins peuvent alors porter de nombreuses cotes, distribuées de manière à rendre palpables, à la première vue, les dimensions et proportions des moindres élémens du travail ; on épargne ainsi au lecteur le temps, la fatigue, les erreurs attachées à l'emploi du compas, lorsqu'il faut l'appliquer à la recherche de renseignemens aussi multipliés, aussi minutieux ; et cependant on développe les appareils de pierre, les traits de charpente, les ajustemens de serrurerie, avec cette clarté qu'il faut presque prodiguer pour aider l'intelligence des ouvriers, et prévenir autant que possible les fautes, les malentendus.

Le texte, à son tour, doit être clair et instructif; il faut, à la vérité, qu'une première description sommaire donne une connaissance générale du travail, mais il faut se garder d'insister ensuite sur des choses connues, à moins d'avoir à les présenter sous un nouveau jour; il est encore nécessaire de motiver les dispositions particulières à tel ou tel ouvrage, mais il faut tendre surtout à en raisonner, à en généraliser l'application. Chaque pas, dans l'art des constructions, soulève une question, un doute, une difficulté. Combien il est désirable que l'ingénieur, obligé d'approfondir pour son compte ces études, consigne à chaque fois la série entière de ses observations, et, à force de raisonnemens et d'expériences, amène chaque discussion à son dernier degré de lucidité! C'est en adoptant cette marche, et en se passant pour ainsi dire de main en main les doctrines, les méthodes de plus en plus élaborées, qu'on pourra en accélérer, en épuiser et en populariser les perfectionnemens.

D'un autre côté, qui n'a pas éprouvé le désir de comprendre avec rapidité et de scruter à la fois avec discernement les plans et dessins d'une construction? d'embrasser d'un même coup d'œil tout ce que chaque planche, chaque figure rappelle de détails curieux, de données pratiques? Presque toujours la même planche, la même figure s'applique d'ailleurs à des questions de différentes natures, à des sections diverses du texte; et comment s'assujettir à rechercher ainsi çà et là les développemens épars du même détail graphique? Enfin le texte ne doit signaler que les études d'un intérêt majeur, et laisse dès lors de côté une foule de renseignemens qui avaient été cependant nécessaires pour l'exécution, et qui, par ce motif, sont exprimés, quelquefois avec esprit, dans les dessins de l'ingénieur.

De là l'utilité, la nécessité de placer en dehors du texte proprement dit, et comme un préliminaire de la partie d'art, une explication succincte et néanmoins complète de chaque figure; c'est en effet à celui qui a dû réfléchir long-temps, et souvent revenir sur ses dessins d'exécution, sur les développemens dont ils ont été l'objet, qu'il appartient d'initier le lecteur, sans effort, à toutes les pensées qu'amènent naturellement les indications qui ont servi de guide à l'ouvrier.

Essai d'une publication de ce genre pour le Pont d'Ivry.

Cet historique raisonné, que nous appelons de tous nos vœux, pour chaque ouvrage un peu marquant dans les ponts et chaussées, nous allons tenter de le faire tel que nous le concevons, pour le dernier des grands travaux que nous avons dirigés, le Pont d'Ivry.

Appel aux ingénieurs, à l'administration.

Nous ne le cacherons pas, cet essai, tout imparfait qu'il est, a pour but de faire partager à nos camarades, et à l'administration, notre sentiment sur l'extrême utilité d'avoir ainsi l'historique méthodiquement tracé de toutes les grandes constructions de France (*).

A notre avis, si le moindre fonds annuel était consacré à cet objet d'un intérêt immense; s'il était admis en principe que toute communication de cette nature doit recevoir une rétribution convenable à titre d'encouragement et d'indemnité; s'il était en outre arrêté, qu'en dehors de ce premier avantage tout ouvrage utile serait imprimé, que les avances et les risques seraient à la charge de l'administration, et toutes les chances

---

(*) Le recueil périodique publié sous le titre *Annales des Ponts et Chaussées* est à la vérité appelé aussi à établir de précieuses communications entre les ingénieurs; mais il ne peut pas donner place à des ouvrages de quelque développement, soit en texte, soit en dessins.

Un texte de quatre feuilles paraît déjà considérable pour ces sortes de journaux, et lorsqu'il faut couper un mémoire en plusieurs articles, et en disperser les chapitres à plusieurs mois d'intervalle les uns des autres, on fatigue singulièrement le lecteur.

C'est, d'un autre côté, presqu'un tour de force que de faire face avec dix-huit planches au plus **, à toutes les figures, à tous les détails graphiques que réclament les nombreux mémoires d'une année entière.

Et comment dès lors satisfaire et au texte souvent considérable, et aux planches multipliées qu'exige le compte rendu d'une seule construction un peu importante?

D'ailleurs, il ne faut pas perdre de vue la mission, les conditions d'un recueil périodique. Une publication de cette nature peut seule, et doit par conséquent avant tout, enregistrer les notes de peu d'étendue parce que, sans cette voie de publicité, ces notes resteraient en portefeuille. D'une autre part, lorsqu'une pareille entreprise prospère, on arrive bientôt à l'heureuse impossibilité, faute de place, d'insérer les nombreux documens que l'on reçoit de toute part, ou que l'on trouve dans les journaux étrangers, et on est ainsi conduit à donner plus de surface en quelque sorte que de profondeur à de semblables publications, et à renvoyer le lecteur à des ouvrages spéciaux pour toutes les matières qui exigent ou de nombreux détails linéaires, ou un texte d'une certaine étendue.

** Tels sont les engagemens du libraire éditeur des Annales des Ponts et Chaussées

de bénéfice réservées à l'auteur; si enfin l'on flattait l'amour-propre du constructeur, en lui laissant entrevoir la publication de son manuscrit, de ses dessins, faite avec le soin et la pureté typographiques de nos presses actuelles, on obtiendrait en peu d'années une collection de matériaux précieux pour la science de l'ingénieur; on rassemblerait, pour ainsi dire, autant de traités spéciaux pleins de faits et d'expériences qu'il y aurait eu de grands travaux exécutés.

Aucune dépense ne serait plus profitable à l'État, puisqu'on y trouverait l'incalculable avantage d'éviter une foule de fautes dont la moindre balancerait plusieurs budgets de ce modeste fonds de réserve.

Ce serait d'ailleurs une erreur de supposer la nécessité d'une allocation annuelle; car chaque somme consacrée à cette destination rentrerait à la caisse du libraire-éditeur après la vente des premiers exemplaires de chaque ouvrage, et servirait de nouveau à faire face à une autre publication; de sorte que ce serait au contraire un capital affecté, une fois pour toutes, à cet utile usage, et qui, par l'effet d'un roulement sans fin, produirait annuellement un ou plusieurs ouvrages éminemment importans à connaître.

Nous ajouterons même:

Que pour ne rien laisser de vague dans cette question, nous avons poussé nos investigations jusqu'à l'examen (et dans ses derniers détails) du problème spéculatif, c'est-à-dire:

1°. De la dépense du texte et des planches;

2°. Du prix à assigner à ces comptes rendus, pour en assurer le débit à un nombre suffisant d'exemplaires;

Et que, dans cet examen, nous avons puisé l'intime conviction du succès financier, presque immanquable, de pareilles entreprises, chaque fois qu'elles seront conduites avec intelligence et appliquées à des ouvrages utiles.

Nous ne saurions donc trop appeler l'attention de nos camarades et de l'administration, sur le très-grand avantage et sur le peu de difficultés que présente la mise à exécution du plan que nous venons d'esquisser, pour la publication de toutes les données historiques et expérimentales que peuvent fournir nos grands travaux d'art.

Nous pensons, du reste, que l'ingénieur loin de se laisser circonscrire, emprisonner en quelque sorte dans le cercle des connaissances purement techniques, doit également publier ses méditations sur une foule d'autres questions d'administration et d'économie politique.

Et, pour ne point sortir de la spécialité que nous avons été à portée d'étudier, nous croyons, par exemple :

Utilité des notions qui se rattachent à la direction des travaux de compagnies. Que l'ingénieur doit embrasser dans ses études tout ce qui intéresse, comme expérience faite, comme prévision utile, la direction des travaux de compagnies ;

Et que tout ingénieur qui aura suivi une de ces opérations rendra un véritable service, s'il rassemble le tableau fidèle de tout ce qui lui a paru digne d'attention, soit dans la constitution de la Société exécutante, soit dans ce qui a trait au projet des ouvrages, à la direction des travaux, au compte rendu des dépenses, soit enfin dans toutes les questions qui peuvent ressortir de semblables entreprises.

Plan et division de l'ouvrage. De là le partage de notre travail en deux chapitres distincts.

Partie d'art. Dans le premier chapitre, consacré aux questions d'art, nous rassemblons et nous développons tous les détails de construction qui avaient, en cours d'exécution, fixé l'attention de plusieurs de nos camarades.

Dix-huit planches sont destinées à la parfaite intelligence de ce chapitre. Elles présentent la copie fidèle des instructions graphiques remises successivement aux divers chefs de service; nous y avons joint seulement le relevé exact de plusieurs recepages, pour indiquer au vrai les déviations que présente, même avec une exécution soignée, le plan projeté d'un pilotage.

Nous avons apporté la dernière attention : à restreindre, au moindre nombre de mots et de lettres, les titres tant principaux que secondaires, les annotations de toute espèce; à éviter toutes répétitions sans objet dans les chiffres de chaque dessin d'exécution; et cependant nous avons voulu que chaque titre représentât la pensée de la planche, de la figure, que les annotations fussent distinctes et complètes, que les cotes particielles ou collectives précisassent les tracés, les dimensions, même les plus élémentaires.

Explication des planches, et Table de concordance avec le texte. Enfin, comme sommaire de ce premier chapitre, nous avons placé une explication des planches, disposée à deux fins pour servir en même temps de table de concordance entre le texte et les dessins; il en résulte une suite de tableaux analytiques, où se trouvent résumés en quelques lignes non-seulement les annotations de chaque figure, le but, l'instruction à retirer de chaque détail, les renseignemens techniques qui n'ont pu trouver place dans le texte, mais encore les paragraphes du texte à consulter pour l'intelligence des dessins.

C'est ainsi que nous tâchons de présenter le tableau complet des méditations auxquelles doit s'être livré l'ingénieur, soit pour appliquer ce qui est connu aux exigences particulières des localités, soit pour réformer avec mesure, mais avec indépendance, tout usage irréfléchi, imparfait, soit pour suppléer à ces usages et contribuer aux progrès de l'art par d'autres combinaisons ou par quelque nouvel essai.

Dans le deuxième chapitre, que nous appelons partie administrative, nous parcourons une autre série d'idées. Partie administrative.

Le Pont d'Ivry a été exécuté par une compagnie, au moyen d'une concession de péage à terme.

Comme renseignemens donnés par une grande expérience, on ne saurait trop approfondir les actes des diverses parties qui ont concouru à cette opération, de la société exécutante, de l'ingénieur de la compagnie.

Comme placement de fonds d'un ordre tout particulier, il est utile d'examiner, sous leurs différentes faces, les conditions et les problèmes qui en dérivent.

Ainsi, une société s'est formée pour soumissionner le travail et pour en assurer l'exécution; la constitution légale de cette association, et les marchés passés pour la bonne et prompte confection des ouvrages, sont des renseignemens qui peuvent être mis à profit.

Ainsi, l'ingénieur se trouve à son tour seul responsable vis-à-vis de la compagnie, et de la conduite des travaux, et de la préparation, tant des devis et détail estimatif, que du décompte des ouvrages après leur exécution. Nous exposerons à ce sujet la marche que nous avons suivie pour la direction des ateliers, l'ordre méthodique de nos devis et détails, le mode de comptabilité appliqué au règlement, à la justification des dépenses, les modèles adoptés pour les pièces à l'appui, la forme assignée aux décomptes provisoires et définitifs.

Il faut enfin penser à l'avenir; on sait qu'il sera indispensable plusieurs fois, pendant le cours de la concession, de renouveler certaines parties importantes du travail. La jouissance du péage n'est d'ailleurs accordée que pour un temps limité, pendant lequel il est sage et nécessaire d'assurer le remboursement du fonds capital dépensé. Ne peut-il pas encore arriver qu'une prolongation de cette jouissance soit offerte par le gouvernement, ou demandée par la compagnie, comme payement de nouvelles dépenses en amélioration, et en dehors des conventions primitives? De là, une nécessité presqu'impérieuse d'être fixé sur toutes les solutions analytiques qui se rattachent aux concessions à terme. Nous parcourons le cercle entier de ces questions, et nous en donnons un formulaire raisonné et complet, d'une application facile et sûre.

Table des matières.   Une table des matières termine le volume, et indique à quelle page répond chaque subdivision du texte; cette table reproduit toutes les notes marginales de l'ouvrage et en forme comme le tableau et le résumé.

Dans le cours de notre travail, nous avons cherché à éviter l'écueil ordinaire à de semblables notices, les détails oiseux et les répétitions inutiles. Nous espérons n'avoir ainsi conservé dans notre texte, dans nos dessins, que des renseignemens substantiels, que des remarques nouvelles ou au moins rajeunies, que des données pratiques d'un véritable intérêt pour ceux qui doivent projeter, et exécuter de grands ouvrages.

Mais nous aurons surtout atteint notre but, si nos vœux sont entendus, accueillis, si nous avons fait naître quelque sollicitude en faveur de leur accomplissement, et si nous décidons, par cet essai, tant de constructeurs habiles à léguer à leurs successeurs, nous devrions dire à la chose publique, leur vie expérimentale tout entière.

EXPLICATION DES PLANCHES,

ET

TABLE DE CONCORDANCE

ENTRE LES PLANCHES ET LE TEXTE.

OBSERVATIONS PRÉLIMINAIRES.

1°. *Pour l'intelligence de la Table de concordance en général :*

Les numéros entre parenthèses désignent les paragraphes du texte à consulter comme plus ample explication de chaque figure, de chaque détail graphique.

La Table des matières, à la fin du volume, indique à quelle page de l'ouvrage répond chaque paragraphe.

2°. *Pour l'intelligence des Planches en particulier :*

Les différentes échelles de la même Planche sont distinguées et annotées par les lettres *A*, *B*, *C*, *D*, *E*, etc. ; une de ces lettres, placée à la hauteur du titre de chaque figure, fait connaître l'échelle de chaque dessin.

PLANCHE 1.

POSITION, ENSEMBLE DU PONT ET DE SES ABORDS.

Fig 1. PLAN *des localités, et position du Pont d'Ivry* (2).

a^1 a^2 Ancienne route sur le haut du coteau, rive droite de la Seine et de la Marne.
b Traverse étroite et rapide de Charenton.
c Pont de Charenton sur la Marne.
d Carrefour d'Alfort et relai de poste.
e Route de Paris à Basle par Provins, Troyes. — Route de Besançon.
f Route de Paris à Genève par Melun, Sens. — Route de Lyon par Auxerre.
r^1 r^2 r^3 Nouvelle route en plaine, rive gauche de la Seine, par le Pont d'Ivry,
g Ancien bac des Carrières.

Fig. 2. ÉLÉVATION GÉNÉRALE *du Pont.*

Cette élévation est prise sur la tête d'aval du pont, (3, 4, 5 et 6).
Ensemble des culées, des piles, d'un double chemin de halage, (4, 8, 29 et 132).
Recepage des quatre piles à une hauteur uniforme, (34).
Variation symétrique de l'ouverture et de la flèche des cinq arches du pont, (59).

PONT D'IVRY.   2

Pente des modillons avec raccordement, en ligne continue, à la façon des ponts de niveau, (76).

Nombre égal (par arche) des pièces de pont et des travées de garde-fous , (77).

Fig. 3. PLAN D'ENSEMBLE du Pont et de ses abords.

Routes d'arrivée au pont. — Largeur des routes , (121).

Doubles rampes accolées à chaque culée. — Doubles chemins de halage , (123).

Longueur du pont entre les culées (3). — Longueur des revêtemens en perrés à la suite du chemin de halage.—Perrés fondés sur pilotis de m en n.—Perrés fondés sur le terrain naturel de l en m et de n en o, (133 et 134).

Quatre escaliers de service aux angles rentrans m et n (136). (Voir les détails de ces perrés et escaliers , Pl. 16.)

Fig. 4 et 5. Grandes rampes doubles accolées à chaque culée.

Pente, longueur et largeur de ces rampes , (123).

Plantation d'arbres le long des rampes.— Barrières sur les paliers, (ib.).

Position des escaliers pour communiquer de chaque culée au chemin de halage. — Il n'existe d'escalier que sur la rive aval du pont, (ib.).

Perrés sur les talus de la route à partir des murs en aile des culées jusqu'aux grandes rampes, (122). Voir les détails de ces perrés et escaliers , Pl. 15.)

PLANCHE 2.

ÉPURES DES ARCHES, PROFILS DES ROUTES.

Indications communes à toutes les figures.

a Sommet du prolongement fictif des rampes *s n* et *s m* du pont.

e Sommet de la courbe parabolique *m e n*.

m,n Naissance de la même courbe, sur les deux retombées de l'arche milieu.

s Naissance, sur les culées, des rampes *s n* et *s m*.

v Sommet de la rampe *t v* aux abords du pont.

t Pied de la même rampe.

Fig. 1. Profil en longueur *du plancher du pont et des chaussées aux abords.*

Dimensions générales des arches; ouvertures, flèches, hauteur uniforme des naissances au-dessus de l'étiage. (58 et 59.)

Pente de $0^m.014$ des portions *sn*, *sm* du plancher du pont; *men* courbe parabolique de $23^m.75$ de corde et de 0.083 de flèche, (59 et 61).

Pente de $0^m.03$ des routes *tv*, aux abords du pont, (120).

Pentes de $0^m.075$ des doubles rampes *z & *, accolées à chaque culée, (123).

Position des escaliers placés sur la rive aval du pont, (124).

Intrados des arches.

Fig. 2. Épure *par points* de l'intrados d'une arche en arc de cercle, avec ordonnées calculées de mètre en mètre, (61).

Fig. 3. *Règle circulaire* calculée de $0^m.10$ en $0^m.10$, pour tracer la courbe entre les points intermédiaires de la figure précédente, (*ib.*).

Fig. 4. *Démonstration* de la formule, pour calculer chaque ordonnée des figures 2 et 3, (*ib.*).

Extrados de la 3e. arche.

Fig. 5. *Tracé du raccordement parabolique men* des pentes *sm* et *sn* du plancher, sur l'arche milieu, (*ib.*).

Fig. 6. Épure *par points*, pour la même courbe *men*, avec ordonnées espacées à $1^m.50$ de distance, à partir du milieu de l'arche, (*ib.*).

Fig. 7. *Démonstration* de la formule pour calculer chaque ordonnée de la figure 6, (*ib.*).

Routes

Fig. 8. Épure *par points* ou *raccordement parabolique au pied t* de la rampe du pont, (120).

Fig. 9. *Tracé et raccordement analogue au sommet v* de la même rampe, (*ib.*).

Fig. 10. Profil en travers de la route aux abords du pont. Largeur totale, chaussée, accotement, cuvettes, plantations, (121).

Fig. 11. *Bordures longues* et *courtes* de la chaussée, (*ib.*).

PLANCHE 3.

PILOTAGE ET PLATE-FORME D'UNE CULÉE.

Indications communes à toutes les figures.

e Pieux de fondation.	*h²* Doublures des Racinaux.
f Chapeaux de ceinture ou de rive.	*i* Equerres et armatures en fer.
g Traversines.	*l* Plates-bandes *idem.*
h Racinaux.	*k* Madriers jointifs de la plate-forme.

Fig. 1. Plan *de la plate-forme de fondation de la moitié d'une culée.*

(*Nota.* Ce plan est le relevé exact du recepage de la moitié amont de la culée, rive droite de la Seine.)

Pieux :
Échiquier régulier, écartemens. —Numérotage des pieux avec des lettres majuscules *A*, *B*, *C*, etc., sur les files longitudinales, avec des chiffres 1, 2, 3, etc., sur les files transversales (9).

Tracé et relevé des déviations des pieux dans les deux sens, (*ib.*).

Les pieux n'ont de tenon que sur le pourtour extérieur *e*, du côté des terres, (16).

Emploi simultané de bois en grume et de bois équarri, (11).

Plate-forme :
Chapeau de rive *f* à considérer comme moise de ceinture extérieure, (17 et 18).

Traversines *g* assemblées chacune à queue d'aronde sur les chapeaux *f*, et à tenon et mortaise sur le pieu extrême *e* de chaque file transversale, (*ib.*).

Ferrures *i* à la rencontre de ces pièces maitresses.—Équerres à deux, trois et quatre branches, en fer forgé de 0ᵐ.02 d'épaisseur, entaillées dans les bois, disposées avec talon à leur about, et traversées par des boulons qui relient à la fois (*fig.* 2 et 4) les racinaux *h*, les doublures *h²*, les chapeaux *f* et les traversines *g* (*ib.*).

Madriers jointifs *k* posés en liaison, avec les joints à l'aplomb des traversines, (*ib.*).

Fig. 2 et 4 Coupes *HZ* et *VX* des racinaux (*h* et *h²*.) (17).

Ces racinaux sont assemblés à tenon et mortaise sur les pieux, et posés en contre-bas des traversines et chapeaux de rive, pour soutenir les aboutemens des chapeaux de rive et des traversines.

Les doublures *h²*, fixées sur les racinaux *h*, ont pour objet d'araser les traversines *g* et les chapeaux *f* afin de concourir avec ces solives à porter les madriers *k*.

Fig. 3 et 5. Coupes *GY* et *TU* sur les traversines droites et biaises (*g*).

Queue d'aronde avec double renfort sur les chapeaux de rive *f*. — Assemblages sur les pieux extrêmes *e*, (18).

Fig. 6. *Assemblage des chapeaux de rive* (*f*) *sur l'angle A¹⁰ du corps quarré.* (18).

Cet ajustement est à mi-bois et cependant disposé de manière à laisser chacun des deux chapeaux porter sur le pieu d'angle quarrément et avec son épaisseur entière de 0ᵐ.30 suivant une longueur de 0ᵐ.075.

Le pieu n'a point de tenon, pour ne pas affamer les solives ; une équerre en fer , avec un talon de o^m.o5 à son about, est fixée : 1°. sur l'angle, par une chevillette barbelée du poids de 2 kilog. , qui pénètre dans le pieu de o^m.35 ; 2°. sur chaque branche , par un boulon qui traverse le chapeau et par une chevillette qui rapproche du bois l'about à talon de l'équerre.

Fig. 7. *Assemblage* aux points (*l*) , *Fig.* 1 , *des chapeaux de rive* (*f*), (18).

Le chapeau de rive , comme moise , peut avoir son joint entre deux pieux de fondation. Cette position présente même l'avantage d'éviter, sur le même point du chapeau *f*, la double entaille des joints *l* et des queues d'aronde des traversines *g*.

Plate-bande en fer *i* disposée avec talon de o^m.o5 , entaillée de son épaisseur dans la face supérieure des chapeaux *f*, et fixée par deux boulons aux parties contiguës *f*^1 ,*f*^2 du chapeau.

Les chapeaux *f*^1 et *f*^2 sont en outre assemblés entre eux à tenon.

Fig. 8 et 9. *Queues d'aronde droites et biaises.*

La queue d'aronde porte un renfort de o^m.o75 ; la traversine repose en outre quarrément et avec son épaisseur entière sur le chapeau de rive suivant une longueur de o^m.o75 , (18).

Fig. 10. *Assemblage* de l'about *de chaque traversine* (*g*) *avec le pieu* (*e*) *extrême* de chaque file du côté des terres, (18).

Fig. 11. *Exemple d'un grillage formé de solives entaillées les unes sur les autres,* (15).

Sous une charge considérable, il en résulte des fentes longitudinales dans les solives , à la hauteur du fond de chaque entaille, ainsi qu'on l'a indiqué aux deux coupes.

La coupe *MN* suppose les entailles au tiers du bois, auquel cas la solive supérieure arase le dessus des plates-formes.

La coupe *LO* suppose les entailles à mi-bois ; les deux cours de solives ne présentent alors ensemble qu'une seule épaisseur de poutre, et les plates-formes sont toutes posées en contre-haut de ce solivage.

PLANCHE 4.

MAÇONNERIES D'UNE CULÉE.

Indications communes à toutes les figures.

m Appareil des chaines montantes sur l'angle du corps quarré.

m² Appareil plein en pierre sur la face en retour du corps quarré.

m³ Demi-chaine en prolongement de *m²*, dans le mur en aile.

n Chaines montantes pour recevoir les fermes.

o Chaines montantes aux extrémités du bandeau *p*.

q Chaines rampantes du mur en aile.

r Assise courante supérieure, non saillante et à claire-voie,

s Plinthe saillante à deux membres.

t Parapets et dés composés.

z Organeaux.

Fig. 1. PLAN *de la moitié d'une culée.*

Position des pilotis par rapport aux maçonneries. — Les diagonales de l'échiquier sont parallèles au pied des murs en aile, (9).

Corps quarré de la culée. — Mur en aile; biais en plan; fruit sur sa hauteur, (22).

Épaisseur de ces maçonneries. — Plan coté des diverses retraites; les retraites des murs en aile étant rampantes sont terminées en plan par des lignes parallèles à l'arête du couronnement, (23).

v^1, v^2. Deux contre-forts pour fortifier le mur en aile, (22).

w. Massif pour recevoir le bureau de perception, (*ib.*).

Fig. 2 et 3. ÉLÉVATIONS LONGITUDINALE ET LATÉRALE *d'une culée.*

Projection et profil des massifs en contre-bas du halage. — Ces massifs, enterrés sur les deux paremens, sont en moellon sans aucune pierre de taille ni meulière, (24).

Projection des maçonneries en contre-haut du halage. — Ces maçonneries sont exécutées en moellon avec le parement extérieur en meulière sur 0^m.50 d'épaisseur réduite, ou en pierre de taille sur 0^m.70 de longueur moyenne de queue, (*ib*).

Partie supérieure du mur en aile, avec parement plein en pierre, sur trois assises de hauteur, (*ib*).

Demi-chaîne *m³* de l'appareil *m*, en liaison sur la meulière du mur en aile.

Appareil régulier de toutes les chaines montantes par carreaux et boutisses, en liaison avec la meulière, (25).

Longueur uniforme de harpes de 0^m.20. — Les lits de pose de toutes les chaines sont jalonnées sur le même plan de niveau, (*ib*).

Dans chaque plan horizontal toutes les chaines montantes présentent uniformément, ou une harpe courte, ou une harpe longue, (*ib*).

Variation insensible des hauteurs d'assise, malgré la position obligée du bandeau *p* et de l'assise courante *r*, (*ib*).

Appareil *q* en lignes biaises et par échelons, sur le rampant du mur en aile. — Cet appareil, dit *en arête de poisson*, est disposé par assises horizontales, avec crossettes d'une assise à l'autre, et liaison de $0^m.20$ sur la meulière des perrés, (26).

Fig. 4. PROFILS EN TRAVERS, (23).

Dans tous ces profils on a considéré le massif inférieur comme également chargé de remblai sur ses deux paremens, et l'on n'a réglé l'épaisseur des maçonneries que pour la hauteur de terre à supporter en contre-haut du chemin de halage.

Coupe suivant *Z Y*. Profil constant du corps quarré de la culée, avec trois retraites de $0^m.5o$.

Coupes suivant *TX*, *RS*, *PQ*, *MN*. Profil variable du mur en aile, mais donné toujours (abstraction faite des contre-forts v^1, v^2.), par le profil *TX*, glissant parallèlement à lui-même le long de l'arête du rampant du mur en aile.

Il en résulte des retraites rampantes avec une épaisseur uniforme de massif, au-dessous et dans la longueur entière du couronnement du mur en aile.

PLANCHE 5.

PILOTAGE D'UNE PILE, ENSEMBLE D'UN CAISSON.

Indications communes à toutes les figures.

a Pilotis provisoires pour échafaud.
b Plats-bords (doubles) formant chapeaux.
c Traversines.
d Plats-bords formant plancher à claire-voie.
e Pieux de fondation.
e² Pieux de remplissage.
f Chapeaux de rive ou de ceinture des caissons.
g Traversines maîtresses.
h Traversines de remplissage.
k Madriers jointifs.

i, i Plate-bande en fer (de ceinture) au pourtour de l'assemblage *f¹*.
l, l Plate-bande en fer, au droit de l'assemblage *f²*.
m Boulons de tirage.
m² Grands boulons sur les pans coupés.
p Poteaux montans (à rainures) des bords du caisson.
q Panneaux de remplissage.
r Moises transversales.
s Moises longitudinales.
t Tire-fond.

Fig. 1. PLAN *de recepage avec les échafauds de service.*

(*Nota.* Ce plan est le relevé exact du recepage de la première pile, rive droite de la Seine.)

Plan des échafauds de service. — Nombre, équarrissage et espacement des pieux *a*. — Leur éloignement des pieux de fondation. — Nombre, équarrissage et position des traversines *c*. — Nombre, largeur et position des plats-bords longitudinaux *d*. — Plancher à claire-voie pour le battage des pieux de fondation dans les cases de cet échafaud, (31).

Numérotage des pieux de fondation *e*, avec les lettres majuscules *A , B , C , D , E* , etc. , sur les files longitudinales, avec les chiffres 1, 2, 3, 4, 5, etc. , sur les files transversales, (32).

Tracé et relevé des déviations des pieux de fondation *e*, et des pieux de remplissage *e²* (*ib.*).

Emploi simultané de pieux en grume et de pieux en bois équarri. — Adoption de pieux de remplissage à claire-voie *e²*, au lieu et place de palplanches ou de pieux jointifs, (*ib.*).

Fig. 2. PLAN *d'un caisson échoué sur pilotis.*

Déviations peu sensibles du battage; chaque pieu porte utilement soit une traversine maîtresse *g*, soit le chapeau de ceinture *f* du caisson , (32).

Ensemble d'un caisson. — Chapeaux de ceinture *f*. — Pans coupés sur les angles. — Assemblage *f¹* à tiroir sur les pans coupés. — Assemblage *f²* sur la face longitudinale ; il n'a été toléré qu'un seul de ces assemblages sur la longueur entière de chaque rive du caisson, et on avait soin , en outre, que les joints des deux rives répondissent à des entre-axes différens de la plate-forme, (40 et 42).

Chapeau rejeté en porte-à-faux au delà des pilotis au pourtour de la fondation, pour rapprocher les pieux de rive des empatemens de la maçonnerie, (*ib.*).

Nombre, équarrissage et écartement des traversines maîtresses *g*. — Chaque traversine *g* est à l'aplomb d'une file transversale de pieux de fondation, (*ib.*).

Nombre des traversines de remplissage *h* entre deux traversines maîtresses *g*, (*ib.*).

Nombre et emplacement des boulons de tirage *m* aux deux abouts de chaque traversine *g*. — Position des deux grands boulons *m* ² sur chaque pan coupé, (43).

Plate-forme *k* à cours interrompus et à joints longitudinaux; les abouts portent sur des feuillures pratiquées le long des arêtes supérieures des traversines maîtresses *g*, (40).

Chevillage en bois, (41).

Projection horizontale des bords. — Nombre et position des poteaux montans à rainures. — Nombre des panneaux de remplissage. — Nombre, équarrissage et disposition des moises transversales *r*, *r*, et des moises longitudinales *s*, *s*. — Boulonnage de ces deux cours de moises. — Nombre et emplacement des tire-fonds *t*, à l'about des moises transversales *r*, (45 et 46).

Fig. 3. ÉLÉVATION LATÉRALE *avec les échafauds de service,* (31 et 34).

Hauteur de cet échafaud au-dessus de l'étiage. — Distance des pieux d'échafaud *a* au caisson.

Longueur et équarrissage des traversines *c*. — Boulonnage des plats-bords *d* et des traversines *c*; plancher fixe.

Fig. 3 *et* 4. ÉLÉVATIONS LOINGTUDINALE *et* LATÉRALE *d'un caisson.*

Niveau du recepage des pieux, (34).

Projection des joints *f* ¹ et *f* ² du chapeau de rive *f*. — Ferrure *i* des joints *f* ¹. — Ferrure *l* des joints *f* ², (42).

Hauteur des bords du caisson, (45).

Disposition, par panneaux *q*, d'une garniture de bords avec barres tant verticales qu'obliques. — Nombre et projection des poteaux montans à rainures *p*. — Nombre et disposition des moises transversales *r*, des moises longitudinales *s*, et des tire-fonds *t*, (45 et 46).

PLANCHE 6.

DÉTAILS D'UN CAISSON.

Indications communes à toutes les figures.

e Pieux de fondation.
e² Pieux de remplissage.
f Chapeau de rive ou de ceinture.
g Traversines maîtresses.
h Traversines de remplissage.
k Madriers jointifs.
i, i Plate-bande (équerre) en fer sur les assemblages *f¹*.

l, l Plate-bande droite sur l'assemblage *f²*.
m Boulons de tirage.
m² Grands boulons sur les pans coupés.
p Poteaux montans (à rainures) des bords du caisson.
q Panneaux de remplissage.
r Moises transversales.
s Moises longitudinales.
t Tire-fonds.

Fig. 1. Plan *de l'about d'un fond de caisson, avant le tinglage.*

Chapeau *f; — a¹, a², a³*, etc., projection des mortaises ou rainures d'embarbement des traversines, sur le développement total des abouts de ces solives. — Rainures *b, b²*, de 0ᵐ.065, au pourtour, pour encastrement des bords; — *c¹, c², c³*, feuillures de 0ᵐ.05 sur l'arête, au droit du pan coupé *S¹R¹RS*, pour recevoir l'about des madriers *k*, attendu que cette portion de chapeau fait fonction de traversine maîtresse, (40 et 42).

Traversines maîtresses *g* avec projection des feuillures *d¹, d²*, de 0ᵐ.05 de largeur, pour recevoir l'about des madriers *k*, (*ib.*).

Madriers jointifs *k* disposés parallèlement à l'axe longitudinal du caisson, encastrés à chaque about dans les feuillures *d¹, d²*, et chevillés en bois sur les traversines, (40).

Grande équerre biaise *i* de 0ᵐ.065 sur 0ᵐ.02, entaillée de son épaisseur dans le bois, avec talon de 0ᵐ.05 aux abouts, et avec chevillettes intermédiaires, (42).

Boulons de tirage *m*, de 0ᵐ.03 de force, et de 0ᵐ.75 de longueur. — Grands boulons *m²*, de 0ᵐ.03 également de diamètre (43).

Fig. 2. Même plan, *avec des tinglages moussés et cloués,* tant sur les joints en long et en travers de la plate-forme, que sur les lumières au droit des écrous de boulons (*m*, *m²*), (44).

Fig. 3. Assemblage (*f¹*) *à tiroir et à queue d'aronde,* sur les pans coupés des chapeaux (*f*), (42).

Fig. 4. Assemblage (*f²*) *des mêmes chapeaux* (*f*) sur la grande face longitudinale du caisson (*Voir* Pl. 5, *fig.* 4 et 5).

Tenon déporté. — Rainures d'embarbement des traversines *h*, moins profondes au droit de ce tenon, (le tenon de 0ᵐ.10, au pourtour du caisson, est réduit à 0ᵐ.05). — *l¹, l²*, deux plates-bandes à boulons : l'une de champ, l'autre de plat ; la plate-bande *l²* est maintenue par les boulons de tirage *m* ; deux boulons fixent la plate-bande *l¹* ; la tête de ces boulons est eucastrée dans la face inférieure du chapeau *f*, pour ne pas faire saillie sur les pieux, *e* (42).

Fig. 5. COUPE TRANSVERSALE *ZY* du caisson.

Les traversines maîtresses *g* sont coupées longitudinalement. — Rainure d'embarbement *a* dans le chapeau *f*, (42).

Fig. 6. COUPE LONGITUDINALE *YX* du caisson.

Les traversines sont coupées transversalement. — Traversines maîtresses *g* de même équarrissage que le chapeau *f*. — Inégale hauteur des traversines maîtresses *g* et des traversines de remplissage *h*. — Feuillures *d¹*, *d²* dans les traversines *g*, pour recevoir les abouts des madriers *k*. — Feuillure *c* sur l'arête du chapeau *f*, à l'about du caisson, (40).

Les *fig.* 5 et 6 donnent aussi les élévations et coupes des bords du caisson. — Hauteur de ces bords. — Panneaux de remplissage *q*. — Madriers longitudinaux. — Barres clouées tant verticalement qu'en écharpe, à l'extérieur du caisson. — Épaisseur de ces bois. — Surface intérieure tinglée sur tous les joints, tant montans que longitudinaux. — Projection des poteaux montans *p*. — Coupe et élévation des moises longitudinales *r*, des moises transversales *s*, (45 et 46).

t¹ Tire-fond provisoire pour soulager l'about du caisson, (42).

Fig. 7. COUPE *ZY*, tenon d'une traversine maîtresse.

Coupe biaise, ou renfort supérieur et renfort inférieur. — Tenon de 0ᵐ.10 de longueur sur 0ᵐ.075 de hauteur. — Longueur totale de 0ᵐ.15 du tenon et de ses renforts, (42).

Chapeau de rive *f* rejeté en porte-à-faux. — Traversine *g*, appuyée directement sur le pieu suivant une longueur réduite de 0ᵐ.075, (40).

Boulon de tirage *m*, avec écrou à queue, (43).

Fig. 8. COUPE *TU*, tenon d'une traversine de remplissage (*h*).

Même profil en coupe que la partie inférieure du tenon d'une traversine maîtresse *g*. — Les mortaises ou embarbemens de ces traversines *h* deviennent des rainures qui règnent dans les chapeaux de rive, sur la longueur entière du caisson, (42).

Fig. 9. Tire-fond (*t*).

Simple crochet renforcé, (46).

3.

PLANCHE 7.

MAÇONNERIES DES PILES.

Indications communes à toutes les figures.

c Pieux de fondation.

e² Pieux de remplissage.

f Chapeaux de ceinture des caissons.

l Appareil et chaines montantes sur les avant et arrière-becs.

m , m² Appareil et chaines montantes sur les angles des corps quarrés.

n Chaînes montantes pour recevoir les fermes.

o¹, o² Double assise courante formant retraite au pied des piles.

p Bandeau saillant à la naissance des arches.

q Chaperon des avant et arrière-becs.

r Assise courante supérieure, non saillante et à claire voie.

s Plinthe saillante à deux membres.

t Parapet et dés composés.

z Organeaux.

Fig. 1. PLAN *d'une demi-pile.* (53, 54 et 55.)

Position des pilotis, empattement de la plate-forme du caisson, par rapport aux maçonneries. — Dimensions générales ; longueur et largeur des maçonneries. — Plan d'un chaperon *q* d'avant ou d'arrière-bec en deux morceaux de pierre. — Assise courante *r*, avec jeu de 0^m.05 le long des longerons du plancher.

Fig. 2 et 3. ÉLÉVATIONS *(et appareils) d'une demi-pile, côté de l'avant-bec.* (53, 54 *et* 55).

Dimensions générales. — Face du corps quarré, à l'aplomb et du centre de l'avant-bec circulaire et du dehors des parapets.

L'assise courante *r* de couronnement, placée à la hauteur des longerons du plancher (*fig.* 2), se retourne en harpes courtes sous la plinthe *s* (*fig.* 3). — Le massif du corps quarré de la pile est arasé au niveau *VX* du lit inférieur de l'assise *r*, pour que les longerons ne soient pas engagés dans la maçonnerie. — La plinthe *s*, à deux membres, est posée suivant la pente de 0^m.014 du pont. — L'appareil *l* est aussi peu prolongé que possible, à la suite de la partie circulaire. — L'appareil *m* présente un champ de 0^m.90 en dehors des fermes de tête, sur la face longitudinale du corps quarré (*fig.* 2). — Sur la face normale au corps quarré, le même appareil est au contraire réduit, en *m²*, à la moindre longueur possible (*fig.* 3). — Les chaines verticales *n* offrent également un minimum de longueur en parement ; elles n'ont d'ailleurs que 0^m.50 de longueur de queue en mur. — Appareil régulier sur la meulière, par carreaux et boutisses, avec des harpes de 0^m.20 de longueur uniforme. — Lits de pose à même hauteur pour toutes les chaînes montantes. — Correspondance des harpes longues et courtes au même niveau pour tous les appareils. — Hauteur presqu'égale des assises tant au-dessus qu'au-dessous du chaperon. — Position des organeaux *z*.

Fig. 4 et 5. *Mêmes détails d'une demi-pile (côté de l'arrière-bec)*, (53, 54 *et* 55).

Fig. 6. Élévation *et* coupe *d'un chaperon d'avant ou d'arrière-bec.*

La même pierre forme la moitié du chaperon *q* et la première assise inférieure de la chaîne montante *m*, sur l'angle du corps quarré de la pile, (54).

Fig. 7. *Dé composé formant parapet.*

Avant et arrière-corps, tant sur le nu du dé que sur la hauteur du couronnement. — Pointes de diamant aux extrémités. — Bombement dans la partie intermédiaire. — Crampons en fer. — Clef en bois, (101 et 102).

Fig. 8. Profil *des pointes de diamant,* (101).

Fig. 9 *et* 10. *Armatures.*

Crampon en fer encastré dans l'assise inférieure. — Clef en bois encastrée haut et bas, pour relier les deux assises, (101 *et* 102).

vvvvvvvvvvvvvvvvvvvvvvvvvvvvvvvvvvvvvvvvvvvvvvvvvvvvvvvvvvvvvvvvvvvvvvvvvvvvvvvv vvvvvvvvvvvvvvvvvvvvvvvvvvvvvvvv

PLANCHE 8.

PLAN D'UNE ARCHE, SOLIVAGES ET PLANCHEIAGES.

Indications communes à toutes les figures.

d Arbalétriers courbes.
k Brides en fer.
h Moises pendantes doubles.
l Moises horizontales doubles.
i Contrevents en bois.
p Pièces de pont.
c Contrevents en fer.
m Premier plancher longitudinal à claire-voie.
n Second plancher transversal jointif.

o Troisième et dernière garniture en madriers jointifs longitudinaux.
u Pavés longs en bois.
x Chemins de fer.
q Fausses pièces de pont.
r Longrines de rive intérieures.
s Longrines intermédiaires.
t Longrines extérieures.
v Plancher transversal du trottoir.
w Auvents.

Fig. 1. *Arbalétriers courbes* (*d*) (en place, bridés, moisés et contreventés).

(*Nota*. Pour l'intelligence de la figure on a supposé que les contre-fiches, sous-poutres et longerons n'étaient pas posés.)

Sept fermes espacées de 1^m.50 de milieu en milieu, (60).

Moises horizontales; cinq cours l^1, l^2, l^3, l^4, l^5, à l'intrados pour une moitié d'arche ; les trois cours l^1, l^2, l^3 se trouvent répétés à l'extrados des arbalétriers courbes *d*, (62 et 71).

Moises pendantes ; cinq cours par chaque ferme pour une moitié d'arche, h^1, h^2, h^3, h^4, h^5, (62 et 70).

Brides en fer *k* au nombre de cinq par ferme, pour une moitié d'arche. — Bride à la clef k^2, boulonnée à la pièce de pont *p*, (62)

Contrevents en bois, deux cours i^1, i^2. (*Voir* Pl. 10, *fig.* 1 et 2.) (62 et 72).

Fig. 2. *Pièces de pont* (*p*) (en place).

Nombre, disposition et assemblage des pièces de pont, (77).

Sur ces solives *p*, sont appliqués les contrevents en fer *c*, (78).

Fig. 3. *Premier plancher longitudinal à claire-voie* (*m*) (posé entre les trottoirs.)

Largeur décroissante des madriers, (85).

Fig. 4. *Grillage du trottoir*, (terminé).

Fausses pièces de pont *q*. — Longrines *r*, *s*, *t*, (81).

Fig. 5. *Second plancher jointif transversal* (*n*) ; *chemins de fer* (*x*),
(mis en place) (87 et 93).

Nombre et emplacement (toujours en face du point milieu d'une travée de garde-fou) des boulons à T et autres qui fixent la longrine de rive *r* du trottoir sur les fausses pièces de pont *q*, et sur les pièces de pont *p*, (82). (*Voir le détail, fig.* 11.)

Fig. 6. *Planchéiement* (*v*) *en travers du trottoir* (terminé) ; *auvent extérieur* (w) *et ses couvre-joints* (mis en place) , (82 et 84).

Fig. 7. *Pavés longs en bois* (*u*) *pour chevaux* (mis en place).

Pavés longs : 1°. Sur la voie en fer près du trottoir; 2°. sur la voie du milieu, (97 et 98).

Sur la rive de la voie du milieu , on a placé des madriers jointifs longitudinaux *o*, pour servir de chemin aux roues de voitures, (*ib*).

Les fig. 5 et 7 font d'ailleurs bien saisir les divisions uniformes, par arche , des bandes longitudinales des chemins de fer et la position régulière, sur la même ligne d'équerre au pont , de chaque série d'entretoises de retenue e, e^1, e^2, e^3, etc. — Un 1er. cours de bandes courtes est appuyé à la culée; viennent ensuite, pour garnir la largeur entière de chaque arche , cinq bandes égales embrassant chacune trois travées de garde-fou; enfin une dernière bande embrasse l'épaisseur de la pile , et va regagner l'arche suivante, (93).

Les entretoises de retenue e, e^1, e^2, e^3, etc. , répondent toujours à un des montans du garde-fou , (93 et 95).

La fig. 7 laisse également voir le seuil, ou bande tranversale a, de 6m.25 de longueur, placé à l'entrée du pont , (*ib*.). (*Voir* les détails à la Pl. 14.)

Fig. 8. Ensemble des dés et parapets d'une culée.

Appareil des trottoirs en retour , avec dalles en lave de Volvic et bordures en granit , (116 et 117).

Position des bureaux de perception. — Longueur du parapet en. retour , occupée par les bureaux. — Longueur à la suite tout-à-fait libre, de 1m.475, du même parapet, (127).

Bornes en granit pour éclairage dans l'alignement du garde-fou du pont. — Bornes en pierre de roche , le long des rives du palier supérieur de la route , (118).

Pavage aux abords de la culée , (120).

Fig. 9 et 10. Assemblage de champ des pièces de pont (p).

Trait de Jupiter (*fig.* 9) ; joint fourchu (*fig.* 10) , (77).

Fig. 11, 12, et 13. Assemblage des longrines des trottoirs (r, s, t), (81 , 82 et 83).

Fig. 11. Longrine intérieure *r*, formant garde-roue. — Tenon recouvert r^2. — Boulons à T , traversant la longrine *r*, la fausse pièce de pont *q*, et la pièce de pont *p*. — Des boulons de même force et de même longueur sont en outre placés , sur la longrine *r*, à toutes les pièces de pont intermédiaires, entre les montans du garde-fou. — La tête des boulons n'est pas à *T*, lorsqu'il n'y a pas d'assemblage r^2. (*Voir* les *fig.* 6 et 7, pour l'emplacement et l'indication de ces boulons.)

Fig. 12. Longrines intermédiaires *s*. — Joint fourchu.

Fig. 13. Longrines extérieures *t* sous le garde-fou. — Assemblage à tenon recouvert. — Montant du garde-fou *y*, formant boulon, et traversant à la fois la longrine *t*, la fausse pièce de pont *q* et la pièce de pont *p*. — Entailles peu profondes et à mi-bois des longrines *r, s , t*, sur les pièces de pont *p*.

PLANCHE 9.

PREMIÈRE ARCHE, ÉCHAFAUD DE SERVICE, BRIDES EN FER, ORGANEAUX. .

Indications communes à toutes les figures.

a Coussinets en fonte.
d Arbalétriers courbes.
*c*¹, *c*² Contre-fiches.
f Sous-poutres.
g Longerons.
h Moises pendantes.
k Brides en fer.
l Moises horizontales.

*m*² Chaines montantes en pierre des piles et culées.

p Bandeau en saillie , à la naissance des arches.

s Plinthe saillante à deux membres.

t Parapets et dés composés.

z Organeaux.

Fig. 1. ÉLÉVATION *de la première arche , avec chemin de halage.*

Cette figure présente en élévation et en coupe la réunion d'une culée (*Voir* Pl. 4) , d'une pile (*Voir* Pl. 7) , et d'un chemin de halage (*Voir* Pl. 16) , (24 et 54).

Cordon *p* des culées , répétant le cordon *p* des piles , sur la même ligne de niveau à 0ᵐ.10 au-dessous des naissances des arches. — Plinthe *s* des culées, de niveau à 10ᵐ.10 au-dessus de l'étiage. — Même plinthe *s* pour les piles , disposée suivant la pente de 0ᵐ.014 du pont. — Dés composés *t* se répétant sur les culées et sur les piles , (*ib.*).

Chemin de halage revêtu de perrés.—Largeur de 4ᵐ.30 au sommet, hauteur de 3ᵐ.70 du couronnement au-dessus de l'étiage. — Pente en travers de 0ᵐ.15 du terre-plein. — Hauteur de 2ᵐ.15, près des culées , jusqu'à la naissance des arches , (132).

Hauteurs respectives, sous l'étiage, des fondations tant de la culée , que des piles et des perrés pour chemins de halage , (21 , 34 et 134).

Cette figure donne l'élévation d'une ferme de tête des première et cinquième arches, (58).

Dispositions communes à toutes les arches du pont. — Force respective des bois. — Nombre , par ferme, des moises pendantes *l* et des brides *k*. — Direction de ces moises et de ces brides suivant des rayons menés au centre de courbure des arbalétriers *d*. — Division de l'intrados symétriquement et en parties égales. — Nombre des moises horizontales *h*.—31 pièces de pont, également espacées et déterminant, de deux en deux, des travées égales de garde-fou , (58 et 60).

Naissance des arches de niveau à 6ᵐ. au-dessus de l'étiage, (59).

Plancher et garde-fou disposés suivant la pente du pont de 0ᵐ.014 par mètre. — Épaisseurs ensemble du plancher et des trottoirs égales à la hauteur de la plinthe *s*. — Dés composés *t* en saillie sur le garde-fou en fer. — Garde-fou disposé avec double sous-lisse, et croix de Saint-André, (76 , 101 et 103).

Fig. 2. *Échafaud volant suspendu à des cordes , pour l'application de la dernière couche de peinture.*

On suspendait d'abord la semelle *b*, on plaçait ensuite les boulins *c*¹, on posait enfin les boulins *c*². — Des cordages réunissaient à la fois *c*¹, *c*² et *b*, (113).

Fig. 3. *Échafaud fixe, pour levage et pose des arches ,* (74).

Partie basse en sapin. — Poteaux montans appuyés le long des maçonneries, contre-fiches, sous-poutres et poutres. — Plancher à claire-voie, plats-bords espacés de 1ᵐ.50.

Partie haute en chêne. — Potelets, décharge et traverse supérieure.

L'échafaud a été composé de cinq fermes sur la largeur entière du pont à mettre au levage.

Fig. 4. *Bride en fer* (*k*), pour embrasser les trois rangs d'arbalétriers courbes (*d*), (62).

Fig. 5. *Bride en fer à tige* (*k²*) au sommet de chaque ferme, de même force que la précédente, pour relier les arbalétriers courbes (*d*) à la pièce de pont au milieu de l'arche, (79).

Ces brides *k*, *k²* sont en fer plat sur le développement des bois à embrasser, avec renfort intérieur ou congé sur les angles *i*; elles se terminent par une tige ronde à l'about de chaque branche. Cette tige ronde, solidement soudée à la plate-bande, porte le taraud ; dans les brides *k²* , cette tige ronde est assez longue pour traverser la pièce de pont.

Les brides *k* sont garnies d'une entre toise supérieure pour rattacher ensemble les deux branches montantes; les brides *k²* n'ont pas besoin d'entre toise et sont garnies de simples rondelles pour que l'écrou ne s'endorme pas dans le bois.

Il est nécessaire de conserver tout entier le jeu *j* de 0ᵐ.02 à l'about des plates-bandes montantes, pour resserrer de nouveau les brides au bout de quelques années.

Fig. 6 , 7 , 8 *et* 9. *Organeaux des piles et culées,* (140).

Anneaux tombans. — Double tige de scellement en fourchette à l'about de chaque branche. — Encastrement dans la pierre avec talon de 0ᵐ.05 de longueur. — Manière de placer les organeaux des piles pour ne pas blesser les bateaux.

Tous les organeaux ont été calés dans leurs encastremens, et scellés à bain de mortier.

PLANCHE 10.

DEUXIÈME ARCHE, MOISES PENDANTES ET HORIZONTALES, CONTREVENTS EN BOIS.

Indications communes à toutes les figures.

d Arbalétriers courbes.
e¹, e² Contre-fiches.
f Sous-poutres.
g Longerons.
h Moises pendantes.
k Brides en fer.

i Contrevents en bois.
l Moises horizontales.
p Bandeau en saillie.
r Assise courante supérieure, non saillante, à claire voie.
t Dés composés.

Fig. 1. Coupe de la deuxième arche entre la troisième et la quatrième ferme.

Coupe des piles, faite entre deux chaînes en pierre montantes *m*. (*Voir* les maçonneries des piles et culées, Pl. 4 et 7.) — On y distingue les paremens en meulière, les remplissages en moellon et les deux assises courantes *p* et *r*. — Le massif des piles est arasé au-dessous de l'assise *r*, pour que les longerons ne soient pas enveloppés dans la maçonnerie, (53).

Élévation d'une ferme intermédiaire. — On y retrouve identiquement les dispositions des fermes de tête (*Voir* Pl. 9, fig. 1.), tant pour la force de tous les bois que pour le nombre des arbalétriers, longerons, sous-poutres, contre-fiches, moises pendantes et brides, (58 et 60).

Comme nouveaux détails on y remarque les moises horizontales *l* qui, vues en coupe, ressortent plus explicitement, et les contrevents en bois *i*, dont on a indiqué les projections par des hachures ponctuées. — Épaisseur de ces contrevents, (71 et 72).

Coupe du plancher. — Continuité, (sur l'épaisseur de la pile sans interruption), des longerons, des pièces de pont et du plancher du pont. — Les longerons portent sur des cales intermédiaires. — Le dessous de cette partie du plancher est parfaitement aéré, au moyen des claires-voies de l'assise *r* (*Voir* Pl. 7, *fig.* 1), (53, 68 et 77).

Fig. 2. Développement de l'intrados d'une arche, sur la demi-largeur du pont, (71 et 72).

Sept fermes, espacées de 1ᵐ.50 de milieu en milieu. — Moises doubles horizontales *l*¹, *l*², *l*³, *l*⁴, *l*⁵, au nombre de dix sur l'intrados de l'arche. — Huit cours diagonaux de contrevents en bois *i*¹ et *i*² à joints interrompus, parallèles deux à deux, et figurant en plan une croix de Saint-André, ouverte à son milieu. — Ces contrevents, de même force que les moises horizontales, sont appliqués sur leur plat diagonalement, et contre-butent toutes les fermes et toutes les moises horizontales les unes sur les autres, en étrésillonnant successivement le point *g*² *l*² sur le point *g*¹ *l*¹, le point *g*³ *l*³ sur le point *g*² *l*², et ainsi de suite.

Fig. 3. COUPE ET PROJECTION *des moises pendantes* (h), (70.)

Cinq moises doubles par demi-ferme. — Leurs entailles en coupe et en projection.

Fig. 4, 5 *et* 6. *Moises pendantes et moises horizontales*, (71.)

Élévations et coupes. — Ajustement, avec plans biseaux, des moises doubles horizontales l (*fig.* 4). — Liaison des arbalétriers courbes d, des moises doubles pendantes h, des moises doubles horizontales l. — On laisse (à la pose) un jeu de 0^m.01 en j, pour prévoir la nécessité de resserrer plus tard les divers assemblages. — Quand on vient à resserrer les boulons des moises horizontales l, et par l'effet des plans biseaux de h, les moises inférieures l^1 se rapprochent des moises supérieures l^2, en s'appuyant toujours sur les arbalétriers courbes d.

Plan d'une moise horizontale l. — Emplacement des joints, des boulons. — **Doubles** boulons aux fermes de tête. — Un simple boulon aux fermes intermédiaires. — Trait de Jupiter avec boulons pour assemblage (*fig.* 6). — Chacune de ces moises est composée de deux morceaux ainsi assemblés.

PLANCHE 11.

TROISIÈME ARCHE, LONGERONS, CONTRE-FICHES, JOINTS ANGLAIS, COUSSINETS EN FONTE.

Indications communes à toutes les figures

a Coussinets en fonte.
e^1, e^2. Contre-fiches.
f Sous-poutres.
g Longerons.
h Moises pendantes.

k Brides en fer.
l Moises horizontales.
n Chaîne montante en pierre, pour recevoir les fermes.
p Bandeau de pierre, à la naissance des arches.

Fig. 1. Coupe *de la troisième arche, sur une ferme, dans l'axe du pont.*

Les moises pendantes h et le trottoir du plancher, sont vus en projection; tous les autres bois sont vus en coupe, (66 et 70).

Joints des arbalétriers courbes d, répondant toujours aux moises pendantes h, (*ib.*).

Coupe des chaînes verticales en pierre n, destinées à recevoir les retombées des fermes, (65).

j Vide ou claire-voie sous les longerons, (*ib.*).

Les maçonneries sont arasées à $0^m.15$ en contre-bas de ces solives, pour laisser l'air circuler librement, autour des longerons et au-dessous du plancher. — Les longerons ne reposent par conséquent que sur des tasseaux, (53 et 68).

Fig. 2. *Assemblage de l'about supérieur des contre-fiches* (e^1 e^2).

Tenon t. — Embreuvement partiel s recouvert et non apparent en élévation, (68).

Fig. **3.** *Armature à l'about des longerons* (g).

Plate-bande en fer, à talon à ses abouts, encastrée de toute son épaiseur dans les solives g et d, et fixée sur ces charpentes avec des vis à bois, (68).

Fig. 4. Coupe *des refouillemens dans la chaîne en pierre* (n), *pour la retombée des arbalétriers courbes* (d), *et des contre-fiches* (e^1, e^2).

Incrustemens réduits à leur minimum de profondeur. — Pente, pour que les moindres gouttes d'eau retombent jusqu'au coussinet a. — Ces incrustemens ont $0^m.27$ de largeur, il reste $0^m.01$ de jeu entre la pierre et le bois, (65).

Fig. 5. *Coussinet* (a) *en fonte.*

Exutoirs, pour assécher l'about inférieur des arbalétriers, et pour rejeter au dehors les eaux pluviales, (65).

Fig. 6. *Joint anglais, avec solive en contre-haut.*

f^1 Solive; e^1 contre-fiche, (69).

t^1 Joues en embreuvement de la contre-fiche. — s^1 Tenon ou barbe de la solive, (*ib.*).

Fig. 7. *Joint anglais, avec semelle en contre-bas.*

t^1 Joues de la contre-fiche. — s^1 Tenon ou barbe de la semelle, (69).

PLANCHE 12.

PLANCHERS, TROTTOIRS, CHEVILLETTES, GARDE-FOU.

Indications communes à toutes les figures.

g Longerons.
p Pièces de pont.
m Premier plancher longitudinal, à claire-voie.
  m² Moise longitudinale dans l'axe du pont.
  n Second plancher transversal jointif.
  o Troisième et dernière garniture en madriers jointifs longitudinaux.
    u Pavés longs en bois.
    x Chemins de fer.

q Fausses pièces de pont.
r Longrines de rive intérieures.
s Longrines intermédiaires.
t Longrines extérieures.
v Plancher transversal du trottoir.
w Auvents.
  y Plate-bande courante sous l'about de l'auvent.
    z Garde-roue en fer, le long du trottoir.
    z² Bande de fer relevée, formant garde-roue.

Fig. 1 *et* 2. PLAN ET COUPE EN TRAVERS *sur la demi-largeur du pont.*

Isolement latéral de 0^m.05 entre les longerons *g* et la pierre formant couronnement, (68).

Épaisseur du plancher, égale, y compris la saillie du trottoir, à l'épaisseur de 0^m.55 de l'assise formant plinthe, (76).

Entailles de 0^m.05 des pièces de pont *p*, sur les longerons *g*. — Sur les piles, ces solives *p* s'arrêtent aux dés en pierre; au droit des arches, elles se prolongent en dehors des fermes de tête, pour soulager les fausses pièces de pont *q*, et pour recevoir le prolongement des montans du garde-fou, (77).

Fausses pièces de pont *q*, jetées en encorbellement pour soutenir les auvents, et pour recevoir les arcs-boutans du garde-fou, (81).

Longrines de rive intérieures *r*, fixées avec boulons aux pièces de pont, (*ib.*).

Longrines intermédiaires *s*, fixées avec des chevillettes, (*ib.*).

Longrines extérieures *t*, fixées avec les tiges mêmes du garde-fou, (*ib.*).

(*Voir* le détail des assemblages du trottoir, Pl. 8, *fig.* 11, 12 et 13.)

Madriers transversaux jointifs du trottoir *v*, cloués et noyés à leurs abouts, dans des rainures le long des longrines *r* et *t*, (82).

Garde-roue en fer de champ, incliné, et appliqué seulement avec goudron, le long des trottoirs. — Les extrémités de chaque cours de bandes sont solidement boulonnées sur la longrine *r*, (83).

Madriers jointifs de l'auvent *w*. — Couvre-joints en saillie, délardés sur les arêtes. — Plate-bande courante en fer *y*, pour soutenir la partie inférieure des auvents, (84).

Premier plancher longitudinal *m*; variation régulière et progressive dans la largeur des madriers; claires-voies égales de 0^m.05, (85).

Second plancher transversal et jointif; largeur des madriers réglée à 0^m.25 au plus, (87).

Chevillettes de ces deux planchers, avec lame de ciseaux dirigée normalement au fil du bois de la solive inférieure, (86 et 88).

Division de la largeur du pont, entre les garde-fous, en deux trottoirs pour piétons, et en trois voies pour voitures, (91 et 103).

Chemin de fer de cinq bandes parallèles x, égales en largeur, et également écartées. — Bande de fer z^2 relevée pour maintenir les roues sur le chemin de fer, (93).

Pavés longs u en bois, posés avec goudron :

1°. Sur les voies de rive en u^1; — 2°. sur la voie du milieu en u^2, (97).

Garniture en bois o, pour roues de voitures, sur la rive de la voie du milieu. — Cette voie est destinée aux voitures avec chevaux de front, (98).

Profil de la plinthe couronnant les piles et culées, à deux membres, en harmonie avec les abouts des pièces de pont. — L'extrémité des auvents affleure la saillie de cette plinthe, (100).

Dés composés des piles en saillie sur le garde-fou. — La première sous-lisse du garde-fou répond au-dessous du bandeau des dés en pierre, (101).

Fig. 3, 4, 5 *et* 6. Élévation *du garde-fou.*

Scellement dans les dés des piles, (104).

Montant à tige, traversant les pièces de pont p, et les fausses pièces de pont q. — Arc-boutant fixe et boulonné sur la fausse pièce de pont q, (*ib.*).

Haute et basse lisse; lisse supérieure et main courante, (*ib.*).

Croix de Saint-André; leurs assemblages sur les montans; manchons en fonte scellés en mortier dans les dés des piles et culées pour le libre allongement ou raccourcissement de la lisse supérieure du garde-fou, (*ib.*).

Fig. 7. *Pavés longs en bois,* (97).

Fig. 8. *Vis anglaises des chemins de fer.*

Les vis longues n'étaient employées que pour les bandes relevées z^2, ou pour les bandes x, au droit des joints du second plancher n, afin d'atteindre le premier plancher m, (94.)

Fig. 9. *Chevillettes pour le premier et le second plancher.*

Extrémité en lame de ciseaux et barbelée. — Tête plate renforcée par deux congés, (86 et 88).

Fig. 10. *Chevillettes pour échafaud.*

Différence totale de forme et de disposition avec les précédentes, (86).

PLANCHE 13.

COUPES EN TRAVERS DU PONT, CONTREVENTS EN FER.

Indications communes à toutes les figures.

a Mandrins à scellement.
b Faux mandrins.
c Contrevents.
d Equerres d'attache avec branche à tenaille.
e Entre toises de réunion d'une arche à l'autre.

f Ajustement à moufle avec coin de tirage.
g Longerons.
k² Brides à tiges.
p Pièces de pont.

Fig. 1. COUPE TRANSVERSALE *sur le sommet de l'arche milieu.*

Dimensions générales ; Largeur — du pont, des trottoirs, (3).
Division du passage des voitures en trois voies, (91).
Sept fermes de charpente, leur écartement ; projection des moises doubles pendantes ou horizontales, et des contrevents en bois, (60).
Cordon en saillie à la naissance des arches, chaperon pour avant et arrière-becs, (54).
Champ de o^m.775 du corps quarré en dehors de la ferme de tête. — Epaisseur du parapet donnée par le prolongement de ce champ, (29).

Fig. 2. PLAN D'ENSEMBLE *des longerons, pièces de pont et contrevents en fer d'une arche entière.*

Pièces de pont, leur nombre, leur longueur uniforme de 10^m.25 ; emplacement et disposition de leurs joints à trait de Jupiter ou à fourchette ; trois pièces de pont bb, dd, bb, d'un seul morceau, pour servir d'attache aux contrevents c, (77).
Contrevents horizontaux en fer présentant une double croix de Saint-André. — Attache sur les culées en a, sur les piles en b, sur le milieu de l'arche en d. — Rencontre f à moufle de ces contrevents. — Entretoises e de réunion entre les contrevents de deux arches consécutives, (78 et 79).

(*Nota.* Ce plan se retrouve, sur une plus grande échelle, à la Pl. 8.)

Fig. 3 et 4. *Attache sur une culée.*
Fig. 5 et 6. *Double attache sur une pile.* } (80).

Mandrin a de o^m.04 scellé avec double ancre de retenue, pour rendre le longeron g invariable de position.
Faux mandrin b de o^m.03, pour rattacher la branche du contrevent c, au longeron de tête g ; le faux mandrin traverse aussi la pièce de pont p, laquelle forme alors étrésillon entre les deux longerons de tête.
Les *fig.* 5 et 6 donnent en outre le détail et des entretoises e qui rendent solidaires les contrevents de deux arches consécutives, et des longerons de tête g ainsi que de leurs assemblages et armatures sur chaque pile.

Fig. 7 et 8. Bride k², ou embrassure des arbalétriers courbes (à la clef), *et des pièces de pont.*

Cette bride sert d'agrafe à l'équerre d'attache *d* des contrevents *c* , (79).
(*Nota.* Cette Bride *k²* est détaillée à la Pl. 9 , *fig* 5.)

Fig. 8. Attache des contrevents (c) au milieu de l'arche.

On s'est servi de la bride *k²* sur laquelle on a agrafé l'équerre d'attache *d* entaillée de son épaisseur dans le bois ; cette équerre est terminée à l'extrémité de chaque branche par une tenaille, (79).

*Fig. 9. Rencontre (f), en croix de Saint-André, des cours de deux contrevents ,
au quart de la longueur de chaque arche* (Voir *Fig.* 2), (79).

Largeur et épaisseur des contrevents *c.* — *c¹ c²* , premier cours de contre vents ; *f* moufle avec congé sur chaque branche ; double lumière à travers la moufle. — Coin vertical de tirage , traversant trois épaisseurs de fer , avec rivures en dessus pour empêcher le coin de couler. — *c³ c⁴*, second cours de contrevents , embrassé par les jumelles de la moufle *f*; ce second cours porte également , mais en dehors de la mouffle *f* , une autre lumière avec coin de tirage.

Ces appareils ont donc un double but : ils opèrent d'abord la pénétration, dans le même plan , des deux branches *c¹ c²*, et *c³ c⁴*; ils servent ensuite de moyen de tirage, pour bander, à un degré de tension convenable et isolément, chacune de ces deux branches.

Fig. 10. Attache sur les piles et culées , au moyen d'un faux-mandrin (b), (80).
Fig. 11. Détail d'un faux-mandrin (b).

Ce faux-mandrin est en fer quarré ; ses deux tarauds sont en sens contraire ; sa longueur est égale aux épaisseurs ensemble du longeron *g*, et de la pièce de pont *p*. — Les contrevents *c* sont encastrés dans la face supérieure des pièces de pont, (80).

PLANCHE 14.

CHEMINS DE FER.

Indications communes à toutes les figures.

a Bande transversale, ou seuil en fer, à l'entrée du pont.
b Boulons d'attache.
e Bandes longitudinales.
c, *c¹*, *c²*. Entretoises supérieures de retenue.
f, *f¹* Entretoises inférieures, formant écrous.
m Premier plancher longitudinal.

n Second plancher transversal.
p Pièces de pont.
q Fausses pièces de pont.
r Longrine intérieure de rive du trottoir.
t Dé en maçonnerie de la culée.
u Pavés longs en bois.
z Garde-roue en fer.

Fig. 1. *Longueurs des bandes de fer, et position des entretoises de retenue* (*e* , *e¹*, *e²* etc.)

Disposition des bandes longitudinales, et de leurs entretoises sur la moitié de la longueur du pont. — L'autre moitié du pont est garnie symétriquement. — Une bande courte *e e¹*, sur chaque culée. — Cinq bandes égales *e¹ e²*, *e² e³*, *c³ e³*, *e³ e²*, *e² e¹*, par arche. — Une bande *e¹ e¹* sur chaque pile. — Entretoises *c*, *e¹*, *c²*, *e³*. — Chacun de ces points est la projection de quatre entretoises situées sur la même pièce de pont, répondant au même montant de garde-fou et servant d'attache aux quatre voies en fer du pont (*Voir* la Pl. 8 , *fig.* 6 et 7 , qui en donne le plan détaillé), (g^3).

Fig. 2 et 3. *Chemins de fer à l'entrée du pont,* (93 et 95).

Seuil ou bande de fer *a* de 0ᵐ.068 de largeur sur 0ᵐ.015 d'épaisseur; cette bande règne d'un seul morceau sur la largeur entière de 6ᵐ,25 du passage des trois voies de voitures ; cette bande est solidement boulonnée sur la double épaisseur *m* et *n* des deux planchers.

c Première entretoise supérieure de retenue. — *f* Première entretoise inférieure (*formant écrou*) — *c¹* , Deuxième entretoise supérieure de retenue. — *f¹* Deuxième entretoise inférieure.

e, *e¹* Bandes courtes à crochet, formant le premier cours des barres longitudinales, et destinées à recevoir le choc de l'arrivée des voitures. — A la suite de l'entretoise *e¹*, vient le deuxième cours de barres longitudinales *c¹*, *e²*, etc. *Fig.* 1. — Dispositions et écartement des vis anglaises , à tête fraisée, destinées à fixer les bandes *c*.

Garde-roue en fer *z*. — Nombre, espacement des boulons et des vis d'attache.

(*Nota*. On trouvera les mêmes détails, et d'une manière plus complète, quoique sur une plus petite échelle , à la Pl. 8.)

Fig. 4 et 5. Plan et coupe *S Q*, *d'une entretoise de retenue* (*e*, *e'*, *etc.*)
et du garde-roue (*z*).

e Entretoise supérieure , ses dimensions, sa position. — *f* Entretoise inférieure , ses
dimensions , sa position ; elle forme écrou pour les boulons *b*. — *b* Boulons d'attache, leur
nombre, leur emplacement ; tête fendue. — *c* Bandes longitudinales, ou chemin en fer
proprement dit , leur nombre, leur largeur, leur écartement, (93).

z Garde-roue en fer de 0^m.10 de largeur, appliqué sans encastrement, sur le délarde-
ment de la longrine *r;* — Epaisseur. — Boulons et chevillettes à tête fraisée, (83).

Fig. 6. Coupe *T U sur une bande* (*c*).

Les bandes longitudinales *c* sont coupées pour laisser voir les crochets. — Force respective de tous les fers. — Bandes *c*, en saillie de leur épaisseur sur le plancher. — Crochets
entaillés dans le plancher. — Entretoise supérieure *e*, à fleur du dessus des bandes *c*.
— Entretoise inférieure *f*, placée au-dessous du second plancher *n*, (93).

Fig. 7. Coupe *V X entre deux bandes longitudinales* (*c*).

Le boulon d'attache *b* est vu en coupe. — Tête fraisée , (93).

PLANCHE 15.

ÉCLAIRAGE, BORNAGE, PERRÉS ET ESCALIERS D'UNE CULÉE.

Indications communes à toutes les figures.

m Borne en granit, et candélabre pour éclairage.
n Pieu de garde et d'amarre.
p Assise courante au pied des perrés.
r Couronnement des perrés.

s Marches d'escaliers.
s² Marche couronnement.
t Echiffre de l'escalier.
v Massif en redans sur la largeur des escaliers.

Fig. 1. PLAN GÉNÉRAL *des abords d'une culée sur la demi-largeur de la route.*

Ensemble et position respective des éclairage, bornage, perrés et escaliers. (*Voir* Pl. 1, fig. 5, et Pl. 8, fig. 8.) — Rangée de bornes pour former défense sur les bords de la levée, et pour raccorder les plantations et cuvettes de la route avec les bureaux et les trottoirs des culées, (118).

Perrés de revêtement sur les talus de la route, entre le mur en aile de la culée et le pied des grandes rampes accolées (122).

Escalier pour descendre de la culée au chemin de halage. — Il n'en existe que sur la rive aval du pont, (124). (*Voir* Pl. 1, fig. 5.)

Fig. 2, 3 et 4. *Eclairage*, (119).

Borne en granit *m*; refouillement pour recevoir le candélabre en fonte; scellement en moellon et plâtre.

Candélabre en fonte, scellé en plomb dans la borne *m*.

Lanterne fixée à vis sur un ajustement en fer forgé, en forme de lyre.

Fig. 5. *Poteau de garde et d'amarre*, (139).

Position par rapport à l'arête de la culée qu'il protége.

Plaque cylindrique en fonte pour le glissement des cordes.

(*Nota.* Les cordes altèrent même la fonte; leur trace s'élève jusqu'à 1^m.50 du sol du halage.)

Fig. 6. *Perrés de revêtement en maçonnerie à sec.*

Profondeur de fondation, épaisseur au pied et au sommet des maçonneries. — Parement en meulière smillée, sur 0^m.30 d'épaisseur. — Assise courante *p*, au pied des perrés, dimension, longueur de queue, hauteur; arête en pierre, refouillement dans le lit supérieur pour recevoir la meulière. — Assise courante *r*, formant couronnement, dimensions, longueur de queue, hauteur; crossette à l'arête inférieure; parement horizontal de 0^m.50 de longueur d'appareil, sans aucune tolérance, (122).

v Massifs additionnels disposés à redans horizontaux et verticaux, au droit et sur la largeur entière des escaliers, c'est-à-dire, sur 2^m.20 de longueur de rive, (124).

Fig. 7. Plan, coupe, élévation *de la partie supérieure de l'escalier.*

Marches en pierre encastrées de o^m.o5 sur chaque rive dans les échiffres, avec l'arête abattue en chanfrein, pour ne pas affamer les échiffres. — Echiffre t, par assises horizontales à crossettes longues et courtes alternativement. — s^2 Couronnement en une seule pierre, formant à la fois la dernière marche des deux échiffres. — Massif v à redans, pour soutenir l'escalier et prévenir le bouclement lors du tassement des terres, (124).

Fig. 8. Plan et double élévation *de la partie inférieure de l'escalier.*

Correspondance de toutes ces projections entre elles. — Détail à part d'une marche s et de ses deux échiffres t, (124).

PLANCHE 16.

PERRÉS ET ESCALIERS D'UN CHEMIN DE HALAGE.

Indications communes à toutes les figures.

e Pieux de rive.	*r* Couronnement des perrés.
e ² Pieux de retenue.	*s* Marches d'escaliers.
f Chapeau de rive.	*s* ². Marche couronnement.
g Traversines de retenue.	*t* Echiffre de l'escalier en demi-arête de pois-
h Palplanches à claire-voie.	son.
p Assise courante au pied des perrés.	*v* Massif plein sous la largeur des escaliers.
q Chaines d'angle rampantes en arête de poisson.	

Fig. 1. Plan général *d'un chemin de halage.*

(*Voir* Pl. 1 , *fig.* 2.) Direction biaise des chemins de halage. — Ensemble et position des perrés et escaliers. — Pilotage et fondation des perrés. — Épaisseur du massif plein *v* sous les escaliers. — Perrés construits avec assise courante inférieure *p*. — Couronnement *r*. — Chaîne rampante *q* sur l'angle, et escaliers *s* dans les angles rentrants, (132, 134 et 135).

Fig. 2 , 3 et 4. — *Perrés de revêtement en maçonnerie à sec.*

Niveau des fondations par rapport à l'étiage. — Chapeau *f* assemblé à tenon dans les pieux de rive *e*, et formant moise de ceinture extérieure. — Traversine *g* assemblée , d'une part à tenon dans le pieu de retenue *e*², et de l'autre part à queue d'aronde dans le chapeau *f*; la traversine porte de son épaisseur entière et sur 0ᵐ.075 de longueur dans l'entaille du chapeau *f*, ce qui sert de renfort à la queue d'aronde. — La traversine est entaillée de 0ᵐ,05 dans sa face supérieure pour recevoir en encastrement l'assise courante de pierre *p*. — Palplanches *h* à claire-voie disposées de manière à ne présenter entre les pieux et palplanches que 0ᵐ.25 de vide; de cette manière les enrochemens intérieurs ne peuvent pas couler, (134).

Massif de maçonnerie à sec; épaisseur au pied et au sommet; parement en meulière smillée sur 0ᵐ.30 d'épaisseur , le reste en moellon calcaire. Le pied est enroché à pierre perdue , jusqu'au niveau du dessous du chapeau *f*. Ce chapeau a été posé avec épuisement ; à partir du dessous de ce chapeau les perrés ont été construits en maçonnerie réglée, (35).

Assise courante *p* , entaillée de 0ᵐ.05 dans son lit inférieur ; pour que chaque pierre soit accrochée au chapeau *f*. — Cette assise *p* et le couronnement *r* sont semblables aux assises analogues de la *fig.* 6 , Pl. 15, (135).

Fig. 5 , 6 , 7 , 8 et 9. — *Escaliers avec échiffres en arête de poisson.*

Fondation avec pilotis semblable à celle des perrés (*voir* plus haut).

Massif de fondation *v* plein jusqu'à l'aplomb de la dernière marche, sur 2ᵐ.50 de largeur.

Marches *s* encastrées de 0ᵐ.05 sur chaque rive dans les échiffres. — Assises d'échiffre *t*, toutes semblables, appareillées horizontalement à crossettes, et terminées par des plans biais à échelons. — Couronnement *s*², formant d'une seule pierre la dernière marche et les deux assises supérieures des échiffres , (136).

PONT D'IVRY.

Fig. 10, 11. — *Chaîne rampante sur l'angle saillant, en arête de poisson.*

Assises toutes semblables, appareillées horizontalement, à crossettes, avec pan coupé sur l'arête et les plans de joints biais en échelons. — Chaque assise n'exige qu'une pierre de $1^m.00$ sur $0^m.80$, et présente cependant des liaisons suffisantes et en queue et en parement, (135).

Fig. 12 et 13. — *Sabots en fonte pour pieux et palplanches.*

Gobelet et culot en fonte. — Tige barbelée en fer forgé, engagée dans la fonte. — Chasse-sabot en fer forgé, (134).

PLANCHE 47.

OUVRAGES PROVISOIRES POUR LA NAVIGATION.

Indications communes à toutes les figures.

a Pieux d'échafaud pour pilotage et recepage des piles.

b, c Pieux de garde de 6ᵐ. au-dessus de l'étiage.

d¹, d² Pieux intermédiaires pour coulisses.

cb , bf Coulisses pleines exécutées.

fg Coulisses projetées , non exécutées.

g Patte-d'oie.

h Plats-bords jointifs de la coulisse.

h Chemin de service le long des coulisses.

i Pieux de garde près des culées.

j Barrières.

l Balises pour signaux.

m Pieux d'amarre.

n Rouleau de retour pour le halage.

p Rouleau mobile.

q Montant fixe.

q² Doublure.

r, r² Semelles moisées ensemble.

s , s² Contre-fiches.

Fig. 1. Plan *de la rive gauche de la Seine,* (137 et 138).

(*Nota.* C'est sur cette rive que s'opérait et que s'opère encore le halage des bateaux.)

Ensemble des ouvrages provisoires réclamés par la navigation, pendant le cours des travaux. — Numérotage des arches à partir de la rive gauche.

1ʳᵉ. *Période.* Construction de la culée. — *i* Pieux de garde de 6ᵐ.00 de hauteur. — *j* Barrière autour de la fouille. — *l* Balises et signaux. — *m* Pieux d'amarre. — *n* Rouleau de retour pour les cordes de halage.

2ᵉ. *Période.* Construction des quatre piles et des arches 1 , 3 , 4 et 5. — Patte-d'oie *g*. — Coulisse *gbc*.

3ᵉ. *Période.* Construction de l'arche 2 ; les arches 1 et 3 étaient débarrassées et livrées à la navigation ; le chemin de halage de l'arche 1 était terminé.

Fig. 2. *Deuxième arche , rive gauche,* (137 et 138).

Plan sur une plus grande échelle des pattes-d'oie et coulisses de l'arche 2 (*fig.* 1). (*Nota.* La patte-d'oie et les coulisses ponctuées n'ont pas été exécutées.)

g Patte-d'oie moisée à son pourtour, et élevée au niveau de 4ᵐ.00 au-dessus des hautes-eaux navigables. — *b , c* Quatre pieux de garde. — *fb* et *bc,* Coulisses pleines continues en entonnoir, et en amont de l'arche. — *a¹ b , a³ d , a⁴ d² , a² c* , contre-fiches pour arc-bouter les coulisses sur les pieux *a* d'échafaud de la pile. — *a² d³ , a³ b* et *a³c.* Contre-fiches diagonales pour résister au choc des bateaux descendans ou des traits montans.

Fig. 3. *Détails des coulisses de navigation,* (138).

Pieux de rive. — *b* Pieux de garde élevés à 6ᵐ.00 au-dessus de l'étiage. — *d* Pieux intermédiaires , leur écartement. — *a* Pieux d'échafaud de la pile servant de pieux de butée.

Contre-fiches d'équerre et contre-fiches diagonales , pour consolider les pieux de rive. *h* Madriers jointifs fixés sur les pieux de rive avec des boulons et des chevillettes (à tête noyée dans le bois). — Hauteur de cette cloison pleine au-dessus et au-dessous de l'étiage.

k Plat-bord ou chemin de service sur la coulisse *e* de navigation ; ce chemin est seulement interrompu à la rencontre des pieux de garde. — Sa hauteur au-dessus de l'étiage.

(*Nota.* On retrouve à la coupe *d a³* l'amorce des échafauds de service pour pilotage et recepage des piles. (*Voir* Pl. 5, *fig.* 3.)

Fig. 4. Détail du rouleau (n) pour cordes de halage, (137).

p Rouleau proprement dit, mobile sur pivot (haut et bas). — Cylindre en bois de chêne ou d'orme. — Frettes aux deux abouts. — Crapaudine femelle à chaque extrémité ; cette crapaudine, formant aussi plate-bande à crochet, est entaillée de son épaisseur dans le bois, et fixée en outre par deux boulons avec écrous logés dans des lumières.

q, Poteau fixe, scellé en terre sur 2ᵐ.50 de hauteur dans une maçonnerie en moellon à sec ; il porte une entaille hors terre de manière à recevoir une partie de l'épaisseur du rouleau *p*, et à se moiser en crochet avec la doublure *q²*. — Cette doublure *q²* achève de couvrir en plan la totalité du rouleau *p*, elle est solidaire du rouleau fixe *q*, au moyen de trois boulons qui rendent en même temps invariable de position une équerre coudée portant le mâle de la crapaudine supérieure.

r, *r²*, trois semelles longitudinales, moisées, entaillées, boulonnées ensemble et environnées d'une ceinture en fer avec talon à ses extrémités ; c'est dans une de ces semelles que l'on encastre une petite masse de fonte portant le mâle de la crapaudine inférieure, (137).

s Contre-fiche pour empêcher le renversement du poteau fixe ; elle est saisie à son sommet par le même boulon que les pièces *q* et *q²*. — *s²* Petites contre-fiches qui, en soutenant le pied du poteau, obligent les cordes de halage à monter sur le cylindre mobile, (137).

t, *t²*, *t³*, Semelles transversales pour former grillage, et empêcher les semelles *r*, *r²* de s'enfoncer dans le sol naturel. — Les semelles *t²*, *t³* portent sur le massif de scellement du poteau ; la semelle *t* est appuyée sur un petit massif, à part, également en moellon à sec.

PLANCHE 18.

BUREAUX DE PERCEPTION.

Nota. Les détails donnés pour un bureau par cette planche 18 s'appliquent aux quatre bureaux semblables et symétriquement disposés aux quatre angles des culées du Pont.

La planche 1, *fig.* 1, 2, 3 et 5, indique d'ailleurs la position respective de ces quatre bureaux.

La planche 8, *fig.* 8, présente encore, et sur une plus grande échelle, l'ensemble et les abords des deux bureaux d'une même culée. Sur une rive, on voit en plan les parpaings en pierre de fondation. Sur l'autre rive on trouve le plan, à vol d'oiseau, du comble recouvert en plomb. — La même figure 8 précise en outre la longueur totale (entre les dés d'angle) de 3^m.725 du parapet en retour, la portion de 2^m.25 de ce parapet, occupée par le bureau, et la portion de 1^m. 475 restant libre, le long de laquelle il est possible, en dehors des auvents du plancher, de découvrir les piles et les arches du pont.

Indications communes à toutes les figures.

a Loges de gardien.
b Portes de ces loges à hauteur d'appui.
c Siége et armoire sous le siége.
*c*² Porte-manteau.
*d*¹, *d*² Cloison extérieure mobile.
e Sablières basses d'encadrement.
f Plancher du bureau.
g Plafond.
h Corniches, ou encadrement supérieur.
i Chaineau en plomb, ramenant toutes les eaux à l'angle *T* du comble. (*fig* 1).
j Comble recouvert en plomb.
k Porte d'entrée du bureau.
l Croisée de perception à coulisse avec volet rapporté et boulons de sûreté.
m Carreau mobile.
n Quatre was-ist-das avec volet intérieur à coulisse.

o Croisée à un vantail, avec volet rapporté et boulons de sûreté.
p Tablette de perception, avec tambour dessous, pour les jambes du receveur.
q Tablette intérieure au même niveau.
r Tiroir à serrure.
s Tablette affleurant le dessus des croisées.
t Parapets des culées.
u Table mobile à charnière.
v Armoire fermant à clef.
w Poéle à four, sur dalle en pierre, avec cendrier.
x Parpaing de fondation des bureaux.
y Marche extérieure.
z Tarifs extérieurs sur zinc.
& Vide sous le plancher, pour magasin à bois.

Fig. 1. PLAN *relevé à la hauteur du dessus du parapet* (*t*).

Dimensions générales en longueur et en largeur. — Deux loges extérieures *a* avec siége et armoire *c*. — Les deux emplacemens *a* sont recouverts en zinc; il faut que le zinc soit relevé au pourtour et le long des cloisons verticales. Dispositions des divers panneaux de menuiserie composant un bureau, nombre et position des poteaux montans. — Poteaux d'angle, poteaux intermédiaires, panneaux droits, panneaux circulaires. — Double lambris dans le coin échauffé par le poêle.—Croisée à coulisse *l* pour la perception.—seconde croisée *o* en face, ouvrant à un vantail. — Sur les deux autres façades, quatre was-ist-das *n* avec carreau fixe et volet intérieur à coulisse. — Tablette extérieure de perception *p* avec tambour au-dessous. — Cette tablette est recouverte de zinc. — Porte d'entrée *k*, avec marche en pierre extérieure *y*. — Tablette intérieure *q*. — Tiroirs *r*. —Armoire de sûreté *v*. — Table mobile *u*. — Poêle *w*. (129, 130, 131.)

PONT D'IVRY.   6

Fig. 2. Cloison extérieure additionnelle et mobile, pour abriter les gardiens.

La saillie du poteau à l'angle *X* sert de feuillure. — Ce poteau porte des pitons à lumière rectangulaire, dans lesquels on accroche la cloison, au moyen de crochets fixés avec pentures sur la cloison. — Des verrous, à jeu vertical, sont du reste placés haut et bas dans chaque feuille, et s'arrêtent dans des gâches placées, les unes dans l'auvent extérieur du bureau, les autres dans les dalles et bordures du trottoir. — Les gâches ont été fixées dans le trottoir, au moyen de vis arrêtées dans des chevilles en bois. — Ces chevilles en bois avaient été, à leur tour, enfoncées avec force dans des trous forés dans la pierre.

La cloison peut servir à trois fins : on peut laisser *d'* développé en entier ; on peut replier les deux demi-feuilles de *d'* l'une sur l'autre ; on peut enfin replier *d'* tout entier derrière *d'*.

Des joints vitrés sont ménagés dans toutes ces feuilles pour que le gardien puisse regarder au dehors dans les deux sens. — Un tabouret additionnel en bois *a'* planchéié à fleur de la loge *a*, et fixé par des crochets au bureau, forme le sol de ces espèces de guérites extérieures. — Dans la belle saison on enlève la cloison toute entière et on la rentre dans un des bureaux. — La même cloison avec ses dépendances peut être accolée aux quatre bureaux du pont.

Fig. 3 ÉLÉVATION *VX*, *sur la fenêtre de perception.*

Largeur et hauteur des bureaux. — Pilastres. — Corniches. — Comble *j* recouvert en plomb. — Chaîneau en plomb *i*, pourtournant le bureau, et ramenant les eaux à une gouttière placée à l'angle *T* du plan, c'est-à-dire en dehors des parapets *t*, et aussi loin que possible de la façade *VX* de perception et de la porte d'entrée *k*. — Fenêtre de perception *l* à coulisse. — Carreau mobile *m*.

Fig. 4. ÉLÉVATION *XT*, *sur la porte d'entrée du bureau.*

Longueur et hauteur des bureaux. — Pilastres d'angle. — Consoles sculptées. — Comble *j* recouvert en plomb. — Chaîneau en plomb *i*. — Tablette de perception *p* ; Consoles pour la soutenir. — Porte d'entrée *k*, à pointes de diamant, avec encadrures. — Hauteur de la marche extérieure *y* ; cette marche affleure le dessus des trottoirs en granit. — Deux was-ist-das *n* en forme de bouclier. — Tarifs peints à l'huile et vernis sur plaques de zinc ; chaque tableau est consolidé à son pourtour par un rebord de zinc, roulé sur une baguette en fer.

Fig. 5. COUPE LONGITUDINALE *VZ sur la fenêtre de perception.*

Plancher *f* de 0^m,027 d'épaisseur, disposé longitudinalement, et appuyé, tant sur des feuillures dans l'encadrement *e*, que sur trois lambourdes intermédiaires ; ces trois lambourdes sont du reste assemblées à leurs abouts dans la sablière *e*. — Comble, avec croupe aux deux extrémités, composé d'un faîtage et de quatre arêtiers ; le faîtage est appuyé ainsi que les arbalétriers sur les poinçons 1 et 3 ; le faîtage est en outre soulagé par un poinçon intermédiaire 2 ; les arêtiers sont, à leur pied, assemblés dans la pièce-maîtresse de la corniche *h*. — C'est sur le faîtage et sur les arêtiers que sont clouées les voliges de la toiture ; ces voliges sont encastrées à leur pied, au pourtour du bureau, dans une rainure pratiquée sur l'arête intérieure de la pièce-maîtresse de la corniche *h*. (*Voir* pour l'ensemble de ce comble, Pl. 8. fig. 8). — Tablette et croisée à coulisse *l*, et carreau mobile *m* pour la perception ; cette croisée est reculée vers l'intérieur du bureau, pour être encore mieux abritée de la pluie. — Croisée *o* opposée à fleur de la façade postérieure du bureau. — Tambour sous la tablette de perception *p*. — Table mobile *u*. — Projection des panneaux de menuiserie intérieurs et opposés à la porte d'entrée.—Position du poêle, le tuyau sort dans le milieu de la façade la moins apparente des bureaux.

Fig. 6 et 7. Parpaings en pierre; traverse basse inférieure de la menuiserie.

Dimensions des parpaings, hauteur et épaisseur. — Entailles du bois, refouillement de la pierre. — Pente pour jet-d'eau.

Fig. 8. Coupe *YZ de la corniche.*

Plafond de l'auvent extérieur, avec rosaces aux abouts.

Fig. 9. Plan *du poinçon (p) du comble.*

Ce détail fait voir l'ajustement dans le poinçon *p*, et du tenon du faîtage, et des deux tenons des arbalétriers de la croupe du comble.

DERNIÈRES OBSERVATIONS

Communes à toutes les Planches.

Le lecteur remarquera que dans toutes les planches (et par suite dans toutes les légendes et explications y relatives), *les petites lettres italiques* et *les lettres majuscules* ont reçu, *comme annotations*, une affectation constamment distincte.

Les lettres majuscules emportent avec elles toujours *des désignations d'ordre.* Ainsi, les premières lettres de l'alphabet A, B, C, D, etc., indiquent, comme on l'a déjà dit (*Observations préliminaires* les échelles des diverses figures. Ainsi les dernières lettres de l'alphabet Z, Y, X, W, etc., indiquent les plans de projection des diverses coupes et élévations.

Les petites lettres italiques sont au contraire appliquées exclusivement à *des nomenclatures analytiques ;* ces nomenclatures ont ce double avantage de distinguer les unes des autres les diverses parties élémentaires de chaque ouvrage, et de timbrer avec le même signe, dans toutes les planches, chaque élément de la construction.

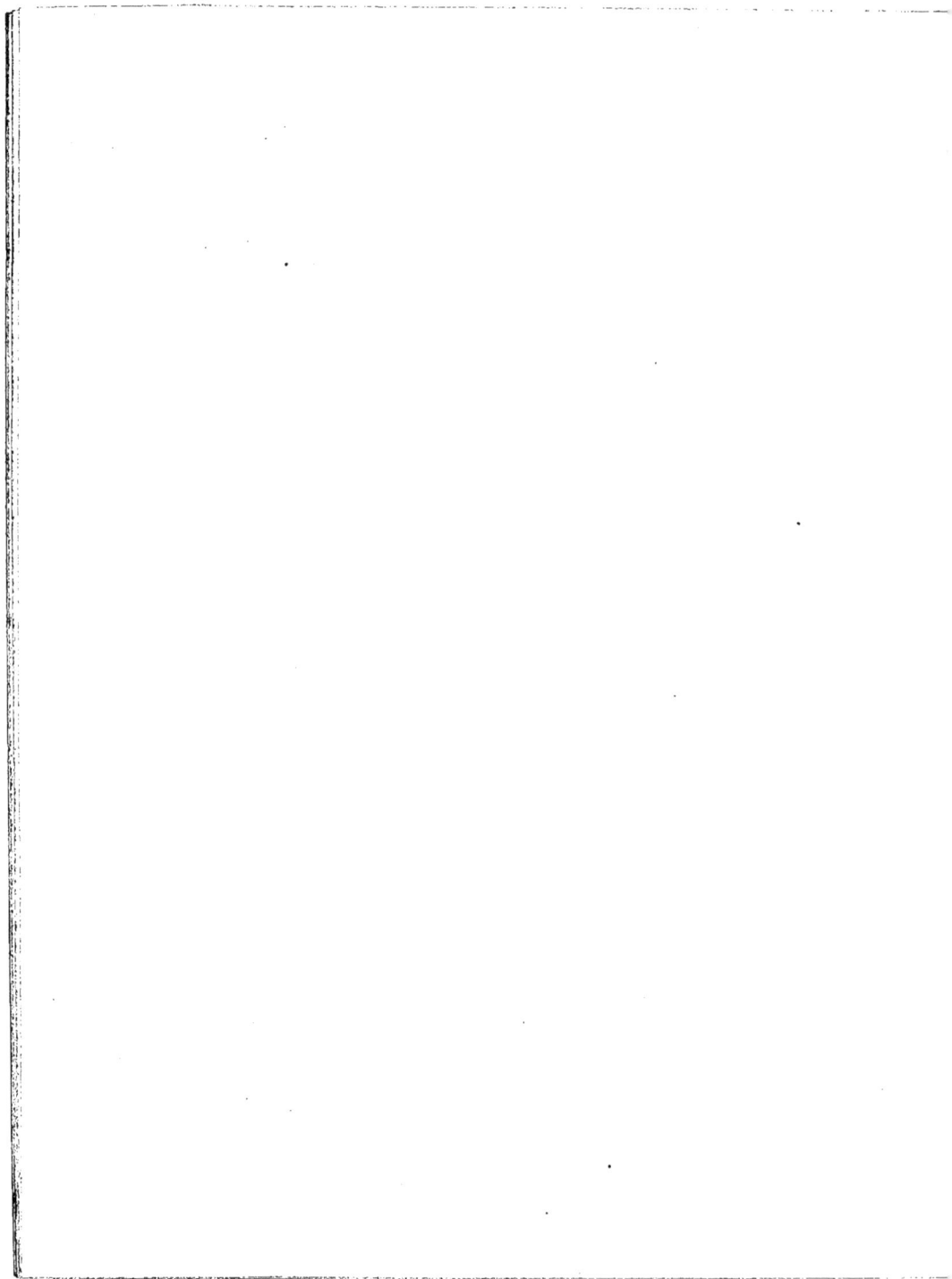

PARTIE D'ART.

(1). DIVISION DU PREMIER CHAPITRE.

Division du premier chapitre.

Indications préliminaires.
1re. Section. Culées.
2e. Section. Piles.
3e. Section. Travées en charpente.
4e. Section. Plancher.
5e. Section. Plinthe , parapets , garde-fous.

6e. Section. Mortier , pose de maçonneries , rejointoyements , peintures.
7e. Section. Abords du pont.
8e. Section. Bureaux de perception.
9e. Section. Chemins de halage.
10e. Section. Ouvrages accessoires pour la navigation.

INDICATIONS PRÉLIMINAIRES.

1°. POSITION DU PONT, SES AVANTAGES.

(2). Le Pont d'Ivry, Pl. 1, *fig.* 1 , jeté sur la Seine à 150 mètres au-dessus du confluent de la Marne, réunit, par deux portions de routes neuves, la barrière de Paris placée près le pont d'Austerlitz et le carrefour de Maisons-Alfort. On sait que ce carrefour est le point de jonction des deux grandes routes royales de Paris à Basle par Provins, Troyes, etc. , et de Paris à Gex par Melun, Sens, etc. ; on sait encore que la route de Basle forme, à partir de Joigny jusqu'à Paris, la route de Besançon, et que Sens est le passage obligé de la route de Lyon par Auxerre, etc. Le Pont d'Ivry offre donc un nouvel arrivage sur Paris aux transports par terre de la Champagne, de la Bourgogne et de la Provence, ainsi qu'aux routes d'Allemagne, de Suisse et d'Italie.

Plusieurs circonstances locales ajoutent d'ailleurs à l'intérêt de cette communication.

Pour suivre l'ancienne route sur le coteau, rive droite de la Seine,

[marginalia:] Position géographique.
Planche 1.

Grandes routes desservies par le Pont d'Ivry.

Avantages de la route neuve sur la rive gauche de la Seine.

il fallait parcourir dans toute sa longueur la rue étroite et sinueuse du faubourg de Paris, la côte pénible de la Grande-Pinte, la traverse de Charenton, si dangereuse par son étranglement et par sa rapidité. La route neuve, au contraire, offre toujours une largeur suffisante, et se développe sur de grands alignemens dans la plaine, rive gauche de la Seine.

Il fallait encore passer la Marne au pont de Charenton, de sorte qu'une débâcle de cette rivière pouvait intercepter tout débouché du carrefour d'Alfort sur Paris. Aujourd'hui, pour que cette crainte se renouvelle, il faut que deux départs de glaces, sur deux bassins indépendans l'un de l'autre, emportent dans la même année, l'un, le pont de Charenton *sur la Marne*, l'autre, le pont d'Ivry *sur la Seine*.

Sous un autre rapport, et comme relations de voisinage, le nouveau pont rattache directement des chemins de premier ordre à la halle aux vins de Paris; il conduit au marché de Bourg-la-Reine; il rapproche de Sceaux (chef-lieu de sous-préfecture) les nombreuses communes du même arrondissement, placées et sur l'autre rive de la Seine et dans le bassin de la Marne.

Enfin, des terrains d'une grande étendue, qui malgré la plus heureuse position avaient été privés depuis longues années de la moindre augmentation de valeur, vont acquérir une importance notable, et la plaine d'Ivry, située aux portes de la capitale, le long de la rivière alimentaire de cette ville, au-dessus des encombremens des ponts de Paris, pourra devenir un lieu d'entrepôt aussi commode que vaste pour le commerce, pour l'industrie.

2°. SOMMAIRE DES OUVRAGES.

Dimensions principales du Pont.
Planche 1.

(3). Le pont d'Ivry (*fig. 2 et* 3) présente 122^m.25 de longueur entre les culées, 9^m.45 de largeur entre les garde-fous, et 9^m.50 environ de hauteur, sous les arches, au-dessus des basses eaux de la Seine.

Culées.

(4). Les deux culées, de forme semblable et de hauteur égale, sont disposées au-dessus du halage avec corps quarré en retour et murs en ailes. Elles sont fondées sur pilotis avec plate-forme en charpente; les maçonneries, entourées de corroi du côté des terres, ont leur parement appareillé en pierre de taille et en meulière.

Piles.

Les quatre piles se composent chacune d'un corps quarré supérieur et d'un soubassement inférieur, ou pile proprement dite, avec avant et arrière-becs circulaires. Ces maçonneries ont été fondées avec caissons sur pilotis garnis d'enrochemens. Elles sont appareillées comme les culées, mais sur la totalité de leur parement, en meulière et en pierre de taille.

Les cinq travées de charpente augmentent de flèche et d'ouverture régulièrement à partir des culées jusqu'à la travée du milieu ; les naissances de toutes les arches sont placées sur une même ligne horizontale ; chaque travée se compose de sept fermes , fortement moisées et contreventées ; chaque ferme est disposée en arc de cercle à l'intrados , au moyen d'arbalétriers courbes jointifs ; l'extrados est formé par des longerons appuyés tant sur les piles et culées que sur le sommet de chaque travée d'arbalétriers , et soulagés dans leur portée par des souspoutres et des contre-fiches. *Travées en charpente.*

Le plancher est réglé suivant deux pentes symétriques qui règnent à plein jalon depuis les culées jusqu'aux deuxième et troisième piles, et qui sont raccordées entre elles par un arc de parabole d'une ouverture égale à l'arche milieu ; des pièces de pont, contreventées en fer, en forment le solivage général ; deux trottoirs sont relevés en saillie sur les rives, au moyen de fausses pièces de pont et de longrines ; les mêmes fausses pièces de pont portent des auvents extérieurs; les pièces de pont du solivage principal sont recouvertes, entre les deux trottoirs, par un double rang de madriers ; ces madriers sont à leur tour défendus par des garnitures en bois et en fer, qui divisent le passage des voitures en trois voies distinctes et non séparées cependant les unes des autres. *Plancher.*

Sur l'épaisseur des planchers et trottoirs , les culées sont couronnées par une plinthe en pierre. Cette plinthe supporte des parapets avec avant et arrière-corps; entre les piles et culées , les trottoirs du pont sont garnis de garde-fous en fer. *Plinthe, parapets, garde-fous.*

Toutes les maçonneries du pont ont été exécutées en mortier hydraulique. La pierre est posée sur mortier, les paremens de meulière sont rejointoyés en pierre rougie au feu et mortier à base de pouzzolane ; les bois et les fers ont été peints à l'huile : les bois en gris et les fers en noir. *Mortier, pose, rejointoyemens, peintures.*

(5). Divers ouvrages complètent les abords du Pont d'Ivry. Les trottoirs , prolongés en granit et en lave de Volvic , se retournent d'équerre sur les deux culées ; le palier supérieur des routes est garni *Abords du Pont.*

de bornes sur les deux rives ; l'éclairage de ce palier et du pont, tout à la fois, s'effectue par quatre candélabres en fonte, scellés dans de fortes bornes de granit ; la pente des levées en remblais n'est que de 0ᵐ.o3, et des raccordemens paraboliques adoucissent encore le pied et le sommet des rampes ; des escaliers en pierre permettent d'ailleurs de descendre directement des culées aux chemins de halage, de même que chaque culée porte aussi une double rampe praticable aux voitures.

Bureaux de perception. Enfin, comme dépendances nécessaires d'un pont à péage, des bureaux de perception et de contrôle sont placés sur les angles des deux culées ; ces bureaux, au nombre de quatre, ont été construits en menuiserie, posés sur des parpaings en pierre et recouverts en plomb.

Chemins de halage. (6). Deux chemins de halage assurent aux deux rives de la Seine un passage sous le pont, au moyen de remblais en rivière qui pourtournent les culées ; ces remblais sont défendus par des perrés à sec, établis sur pilotis avec parement en meulière et en pierre de taille ; deux escaliers, l'un en amont, l'autre en aval du pont, sont placés dans les angles rentrans des revêtemens de chaque rive.

Ouvrages accessoires pour la navigation. Le service de la navigation a en outre exigé divers ouvrages accessoires, soit provisionnels pendant le cours des travaux, soit définitifs et comme une conséquence en quelque sorte de la construction du pont.

Au nombre des ouvrages provisionnels figurent les précautions d'usage, telles que les barrières, pieux d'amarre, balises pour signaux, rouleaux de retour, à placer sur les chemins de halage, telles encore que les pattes d'oie, pieux de garde, et coulisses jointives, à établir en rivière.

Parmi les ouvrages définitifs se trouvent quatre poteaux de garde, garnis en fonte, pour défendre du frottement des cordes les arêtes du corps quarré des culées, et trente-six organeaux reconnus nécessaires dans les piles et culées, tant en amont qu'en aval du pont, pour assurer, en toute saison, le garage et le remontage des bateaux.

PREMIÈRE SECTION.

CULÉES.

1°. PLANTATION ET DESCRIPTION RAISONNÉE.

(7) Pour planter le Pont d'Ivry on a arrêté l'axe de la construction par *Tracé.* des repères solidement établis sur les deux berges opposées de la rivière ; on a relevé trigonométriquement sur cette base, et d'une rive à l'autre, une distance fixe entre deux points donnés. On a rapporté ces deux mêmes points sur le profil général en longueur du projet ; et, réciproquement, on en a conclu sur le terrain, dans l'axe du pont, la position des pilotages et de la maçonnerie des deux culées.

(8) Les culées du Pont d'Ivry (*Pl.* 1 et 4), sont symétriques, tant sur les deux rives de la Seine qu'en amont et en aval ; ces culées servent à la fois et de supports aux arches extrêmes du pont, et de murs de soutenement aux levées en remblais des routes neuves ; un corps quarré embrasse la largeur entière de ces routes ; deux murs en ailes en profilent les talus.

Formes générales extérieures : corps quarré. — Murs en ailes.
Planches 1 et 4.

Les murs en ailes sont disposés en biais, et favorisent par leur évasement la circulation du halage au pourtour de chaque culée. Pour donner un fruit extérieur d'un dixième environ à ces murs d'épaulement, on a emmanché ces murs et le corps quarré de la culée au moyen d'un retour d'équerre de 1m.50 à 2m.00 de longueur. Ce retour d'équerre a encore pour objet de présenter à chaque culée, dans l'élévation générale du pont, une épaisseur de maçonnerie suffisante pour faire, derrière la retombée de l'arche extrême, le pendant de la pile correspondante (*).

Le parement extérieur du corps quarré de la culée a été réglé d'aplomb pour répéter également en élévation le corps quarré des piles. Ce parement présente aussi un bandeau saillant formant coussinet, bandeau qui reproduit le cordon des piles au-dessous de la naissance des arches. Enfin on a établi un chemin de halage au pourtour de chaque culée. Cette disposition était de nécessité première sur la rive gauche de la Seine pour

Double chemin de halage.

(*) Cette condition est de même remplie en accolant des demi-piles et des avant-corps aux culées.

le service de la navigation. Sur la rive droite, on devait prévoir encore le
mouvement commercial du port qui s'établira tôt ou tard au-dessus comme
au-dessous du pont. Un autre motif réclamait d'ailleurs une haute risberme extérieure, rive droite : car cette berge de la Seine n'était qu'une
plage à fleur des basses eaux ; et dans le cas où l'on n'eût point exécuté
de remblais au pourtour, la hauteur de la culée au-dessus du sol se fût
trouvée de 10^m.00 environ ; au contraire, en chargeant extérieurement
la culée d'un remblai jusqu'à 4^m.00, environ au-dessus de l'étiage, la hauteur des terres appuyées sur la maçonnerie a été réduite à 6^m.00, et les
fondations, comme les profils en travers, ont pu subir une diminution
importante sur leur épaisseur. (*Note* 1.)

(*Note* 1.) Les culées du Pont d'Ivry n'ont pas l'épaisseur nécessaire pour des arches
en pierre. Les piles au contraire ont été, comme on le verra, réglées d'épaisseur pour satisfaire, au besoin, à cette hypothèse. Cette contradiction apparente est motivée par les réflexions suivantes :

Comme les piles d'un pont en arc de cercle sont uniquement destinées à soutenir
sans écrasement une arche entière, et comme pour atteindre ce but il suffit de ramener dans des limites convenables, et le poids supporté par chaque pieu de fondation, et la charge des assises inférieures de ces piliers en pierre, le calcul apprend qu'une
épaisseur relative peu considérable est toujours suffisante. (*Notes* 6 et 12.) Ce n'est donc point
un grand sacrifice que de disposer à l'avance les piles d'un pont en fer ou en bois, pour
recevoir un jour des arches en pierres. D'une autre part, lorsqu'une pile est construite
et qu'on veut la sur-épaissir, il faut la démolir et la réédifier en entier ; ainsi la
faible économie qu'on eût obtenue au Pont d'Ivry, en se tenant pour l'épaisseur des piles
au-dessous de ce que demandaient des arches en pierre, aurait pu entraîner, pour
l'avenir, des dépenses très-considérables.

Or pour les culées il arrive précisément le contraire. D'un côté, une première épaisseur
provisoire peut être donnée à la maçonnerie, et plus tard on peut cependant ajouter
derrière les culées primitives les sur-épaississemens nécessaires à une nouvelle destination
de l'ouvrage ; le Pont d'Iéna, à Paris, commencé pour des arches en fer, en présente
un mémorable exemple. D'un autre côté, ce n'est pas seulement pour porter les arches,
mais encore pour résister à une très-forte poussée, que doit être disposée la culée d'un pont de
pierre en arc de cercle. Si on eût voulu satisfaire à la prévision au moins douteuse d'un
pont de pierre, il eût donc fallu au Pont d'Ivry, tripler l'épaisseur de 4^m.20 donnée à la
base de la culée(*), et par conséquent charger la Compagnie, pendant longues années
et sans avantage aucun, du capital et des intérêts composés de cette augmentation de
dépense (**).

(*) L'épaisseur des culées du Pont d'Iéna, à Paris, est de 15^m.00 ; les arches ont 28^m.00 d'ouverture et
3^m.40 de flèche. — L'épaisseur des culées du Pont de Rouen est de 18^m.00 ; les premières arches
ont 26^m.00 de largeur et 3^m.25 de flèche.

(**) On appréciera (188, *note* 40) les graves conséquences d'une pareille addition aux dépenses primitives.

2°. PILOTAGE.

(9) Malgré le biais des murs en ailes, et le décroissement de hauteur de ces maçonneries, on a préféré planter en échiquier tous les pieux de chaque culée, suivant deux séries de lignes parallèles équidistantes et se coupant à angle droit, (*fig.* 1).

L'espacement de milieu en milieu des files de pieux, normales à l'axe du pont, est de 1^m.10. L'espacement de milieu en milieu des files de pieux, parallèles à l'axe du pont, est de 0^m.95. Cette différence dans les deux espacemens provient de ce que l'on a disposé les diagonales de l'échiquier parallèlement au biais de 11^m.00 sur 9^m.50 des murs en ailes, pour qu'une file de pilotis régnât au pied du parement extérieur desdits murs.

Il résulte en effet une grande facilité, pour l'exécution d'un battage, de l'adoption d'écartemens uniformes; le tracé s'en fait sur place avec le plus petit nombre possible de repères; et si un point de repère est détruit, ce qui arrive souvent, il est retrouvé par une simple opération de jalonnement sur les deux directrices de l'échiquier; on évite alors les nombreuses erreurs qu'entraîne toute variabilité dans les écartemens des pilotis, surtout lorsque les files des pieux disparaissent successivement, soit en terre, soit sous l'eau; les employés de l'ingénieur, les enrimeurs eux-mêmes ne peuvent point oublier d'ailleurs les deux seules et constantes mesures d'écartement qu'ils auront à vérifier sans cesse. Il faut en outre leur rendre familière la dénomination de chaque pieu. Nous avions distingué (*fig.* 1) par des numéros les files de pilotis parallèles à l'axe du pont, et par des lettres les files de pilotis normales au pont; une lettre et un numéro désignaient donc, et individuellement, tous les pieux de fondation.

Un carnet de pilotage était tenu par un piqueur, et donnait : 1°. le tableau complet de l'enfoncement d'un certain nombre de pieux d'épreuve, depuis leur mise en fiche jusqu'à leur refus (*); 2°. la mesure successive de l'enfoncement de chaque pieu, lors des dernières volées du mouton, soit à toute hauteur, soit conformément au devis avec 3^m.00

Plan de pilotage en échiquier régulier.

Planche 3.

Écartement et numérotage des pieux.

Carnet de pilotage.

(*) C'est d'après ces premières notes que la longueur moyenne des pieux avait été fixée à 6 mètres.

de chute ; 3°. la longueur primitive du pieu et la longueur de la partie supérieure qui en avait été recepée; 4°. la fiche du pieu dans le sol ; 5°. toutes les particularités qui pouvaient intéresser la construction, telles que pieux fendus, entures, insuffisance de refus, etc., etc.

Plan de recepage.

Enfin on a complété ces renseignemens, en relevant avec soin (*fig.* 1), avant la pose de la plate-forme, un plan de recepage, c'est-à-dire l'équarrissage des pieux sous la plate-forme, et les légères déviations produites par le battage.

Variations des terrains.

(10) La culée, rive droite de la Seine, a été fondée (du moins à la hauteur des recepages) sur un banc de sable et de gravier dont on n'a pu atteindre le fond, et qui a donné lieu à des épuisemens considérables. La culée, rive gauche, a été fondée en pleine glaise, et presque sans aucun baquetage.

Refus exigé au devis.

Le refus prescrit par le devis, pour tous les pieux tant des culées que des piles, était de 0^m.04 par dix percussions d'un mouton de 550 kilog., tombant de 3^m.00 de hauteur ; c'était supposer un pilotage avec des sonnettes à déclic, et au Pont d'Ivry ce mode de battage a été en effet exclusivement employé.

Sonnettes à déclic ; moutons ; avant-pieux.

Pour les culées, après avoir descendu les fouilles à 0^m.50 environ au-dessous de l'étiage, on a établi sur le sol même les plats-bords destinés à porter les sonnettes pour en faciliter le glissement dans la longueur entière de chaque file de pieux.

Ces sonnettes étaient de différentes hauteurs (*note* 2 *); les moutons de diverses forces pesaient tous au delà de 550 kilog. (*note* 2 **); ils étaient en fonte. On ne plaçait de faux pieux que lorsque la tête des pilotis arrivait à l'enrayure basse de la sonnette (*note* 2 ***). On commençait à battre à

(*Note* 2 *) Lorsque l'insuffisance de hauteur des sonnettes ne laisse qu'une chute presque nulle aux premières volées, on diminue l'économie que présente l'emploi des sonnettes à déclic, et on aggrave une des plus fortes objections contre ce mode de battage, en augmentant la somme des instans perdus à relever le mouton ; il faudrait donc exiger dans les devis que les sonnettes à déclic fussent toujours d'une hauteur capable, dans les circonstances particulières à chaque travail, de donner au moins 2^m.50 de chute dès la mise en fiche.

(*Note* 2 **) Il est important de faire peser avec exactitude tous les moutons d'un pilotage de fondation destiné à porter une grande charge.

(*Note* 2 ***) L'emploi d'un faux pieux atténue doublement le coup du mouton ; la hauteur de la chute se trouve diminuée, et la percussion, astreinte à une transmission d'effet, est moins efficace à hauteur égale; sous ce rapport, il serait nécessaire dans les devis de subordonner l'emploi des faux pieux à la condition de reconnaître préalablement, pour chaque localité, l'atténuation que ce corps intermédiaire introduit dans un choc donné et par conséquent dans le refus qui est la mesure de ce choc.

toute volée, et ce n'était que lorsque l'enrimeur croyait approcher du refus prescrit au devis qu'il réglait la chute de son mouton à 3ᵐ.oo pour faire les observations d'épreuves convenues.

Les remarques faites sur 20 pieux d'épreuve pour les deux culées du Pont d'Ivry ont donné les résultats suivans : pour la culée, rive droite, on a employé par pieu, terme moyen, 26 volées de dix coups, dont un tiers à 3ᵐ.oo de chute et deux tiers à toute hauteur. Pour la culée, rive gauche, il a fallu par pieu 24 de ces mêmes volées.

Résultats du pilotage des culées.

En consultant les carnets de battage, on a remarqué encore (*) : qu'à deux ou trois exceptions près, sur 292 pieux, les enfoncemens ont toujours diminué régulièrement depuis la première jusqu'à la dernière volée, et sans avoir manifesté de refus absolu, c'est-à-dire que le refus n'a été probablement dû qu'à la résistance ou au frottement des pieux le long des parois du terrain; que l'enfoncement moyen des pieux, sous la dernière volée de dix coups de mouton tombant de 3ᵐ.oo, a été de 0ᵐ.o33 au lieu de 0ᵐ.o4 prescrit par le devis, ce qui porte l'enfoncement sous le dernier de tous les coups de mouton à 0ᵐ,oo33 au plus ; enfin qu'il a suffi de régler les pieux à la longueur de 6ᵐ.oo, et qu'ils ont pris assez régulièrement dans les deux culées 5ᵐ.5o de fiche au-dessous de l'étiage.

(11) En examinant les plans de recepage (*fig.* 1), (et nous rapportons comme exemple, la moitié de la culée, rive droite,) on remarquera que, faute de pieux en grume de 0ᵐ.3o de diamètre moyen, ainsi que l'avait supposé le devis, l'entrepreneur a employé des bois équarris. Quelques constructeurs pensent que ces bois équarris se fendent souvent sous la percussion. Nous sommes fondé à croire qu'il n'en est rien d'après l'emploi extrêmement multiplié que nous avons fait de ces pieux, même dans les terrains les plus difficiles ; et ce qui s'est passé au Pont d'Ivry nous a confirmé dans cette opinion : sur 292 pieux équarris, quatre seulement se sont fendus, et encore trois étaient-ils arrivés au refus de 0ᵐ.o4. L'emploi, pour ainsi dire exclusif de pieux en grume n'est donc justifié que par la diminution de prix que présentent des bois qui n'ont subi aucune façon, aucun déchet. La force moyenne des pieux équarris

Pieux en bois équarris.

(*) Il peut être fort important, lors d'une réparation ou d'une reconstruction partielle, de connaître, dans une fondation sur pilotis, les données que l'on consigne ici pour le Pont d'Ivry, savoir : 1°. la nature du refus (relatif ou absolu) ; 2°. l'enfoncement du dernier coup de mouton, le poids du mouton et la hauteur de la chute ; 3°. la longueur du pieu au-dessous du plan de recepage ; 4°. la force de ces pieux ; 5°. enfin le nombre et la position des pilotis.

a été de 0^m.31 au niveau du recepage ; la réduite des diamètres des pieux en grume (à la même hauteur) a été de 0^m.34 (*).

Frettes à la tête
des pieux.

(12) Tous les pieux du Pont d'Ivry, équarris ou en grume, ont été fortifiés à leur tête par des frettes circulaires ; l'entrepreneur a même voulu laisser les frettes aux pilotis lorsque, chassés par des avant-pieux, leur tête s'est enfoncée soit au-dessous du sol, soit sous l'eau ; et ces frettes n'ont été retrouvées que lors des recepages. Cette méthode nous a paru bonne dans ce sens que les pieux se fendent quelquefois sous la percussion du faux pieu ; mais il en résulte d'abord l'emploi simultané d'un nombre fort considérable de frettes, et on verra, à l'article des piles (34), l'inconvénient que peut présenter une frette dans le plan d'un recepage exécuté à la scie mécanique.

Sabots en fonte.
Planche 16.

(13) Tous les pieux ont été armés à leur about inférieur avec des sabots de fonte. Nous conseillons la forme alongée (*Pl.* 16, *fig.* 13) de nos sabots ; elle est propre à diminuer la résistance des terrains perméables, et elle conserve néanmoins assez de force pour percer au besoin des couches très-résistantes, des tufs par exemple, ains que nous l'avons reconnu dans d'autres travaux. Chaque sabot pesait un peu moins de 8 kilog. ; ces sabots ont été payés 0$^{fr.}$ 60 le kilog. ; aucune plus-value n'était accordée pour la tige barbelée en fer forgé, scellée dans le culot du sabot, lors du coulage de la fonte.

Pour saboter un pieu, le charpentier en arrondissait et en préparait l'about, en se servant d'un calibre creux en bois. Il avait soin ensuite d'amorcer avec précision et avec un laceré (**) le trou où devait entrer la tige barbelée du sabot. Lorsque la fonte était douce on mettait en place le sabot en le frappant directement avec une masse de forgeron, mais il est plus prudent, avec de la fonte aigre surtout, de frapper sur un chasse-sabot en fer forgé, qui s'appuie exactement, au moyen d'une cavité conique, contre la pointe même du sabot ; l'ouvrier doit d'ailleurs laisser un centimètre de jeu entre le pieu et la couronne supérieure du sabot, pour que le bois porte principalement à son about inférieur contre le culot de fonte ; et il faut également que le cône plein du bois

---

(*) Dans les pieux en bois équarri, il ne se se trouve que peu de différence entre la section prise au milieu et la section prise au gros bout d'une solive. Cette différence est plus sensible dans les bois en grume ; sous ce rapport la forme des pieux en grume et des pieux en bois quarré n'est point la même.

(**) Instrument pour percer (à manche de vrille, et de grande dimension).

soit un peu moins large à sa base que le vide intérieur du sabot, car du moment que la pression s'exerce sur la partie faible en épaisseur de la couronne supérieure de la fonte, le sabot éclate suivant une échancrure qui s'étend ordinairement jusqu'au culot inférieur.

Un sabot de fonte, ainsi disposé, à tige et à collet, présente au moins autant de résistance qu'un sabot à branches en fer forgé d'un prix plus que double.

(14) Si l'on jette encore les yeux sur le plan de recepage rapporté *Pl. 3*, on reconnaitra avec quelle précision ont été opérées la mise en fiche et la conduite jusqu'au refus de tous les pilotages de fondation (*). Ces battages ont été organisés et payés à la journée par l'entrepreneur, bien que cet adjudicataire eût soumissionné à l'égard de la compagnie un prix réduit pour cette main-d'œuvre.

Pilotage exécuté à la journée; sa régularité.

3°. PLATES-FORMES.

(15) Le solivage des plates-formes que l'on place sur un pilotage se compose ordinairement d'un cours de longrines et d'un cours de traversines; les traversines sont disposées le plus souvent d'équerre et pres-

Grillages avec entailles; usage à réformer.

Planche 3.

(*) Quelques constructeurs attachent une assez faible importance à une grande régularité dans les pilotages; sans doute on gagne un peu de temps à ne pas étrésillonner, par toutes sortes de moyens, un pieu qui se dirige mal; sans doute encore, même avec un plan de recepage qui ne présente que des lignes chantournées, on peut, soit à l'aide de racinaux courbes atteindre une partie des pieux déviés, soit à l'aide de fausses longrines et traversines reporter, même sur les pieux les plus éloignés de leur fiche primitive, une partie de la charge de la plate-forme. Mais l'économie à espérer de cette diminution de soins sera toujours presque nulle, puisque l'entrepreneur a calculé ou a dû calculer sur une besogne bien faite; et d'un autre côté combien il est dangereux de faire des concessions de ce genre à un entrepreneur, à des ouvriers! Qui ne sait combien il est utile d'être rigoureux, même dans les plus petites choses? combien il est nécessaire de mettre l'amour-propre des employés en jeu, pour en obtenir le mieux possible. L'expérience n'enseigne-t-elle pas qu'il est impossible de tracer la limite entre les négligences presque indifférentes à la solidité du travail, et les négligences qui compromettent l'avenir de la construction; que le moindre relâchement amène presque toujours les abus les plus déplorables; et que, par exemple, il n'y a qu'un pas d'un battage négligé à un battage presque honteux.

Toutefois, ces réflexions ne tendent pas à faire rejeter le mode adopté par divers ingénieurs de donner des battages de pieux *à la tâche*, surtout si l'on use de cette méthode avec circonspection, si l'on choisit des enfonceurs connus par leur habitude de bien faire, si l'on renvoie immédiatement les ouvriers qui sacrifieraient à leur intérêt la très-bonne exécution de leur travail, si l'on ne porte en compte que les pieux bien battus, et si l'on fait arracher les pieux mal enfoncés aux frais des ateliers coupables de cette mal-façon.

que toujours entaillées sur les longrines (*Pl.* 3, *fig.* 11), quelquefois à mi-bois, pour ne présenter en coupe qu'une seule épaisseur; mais au moins au tiers du bois, pour former alors et solives et madriers de plate-forme. De là résulte un grillage avec double cours de pièces également affaiblies par des sciages répétés. Cet inconvénient est d'autant plus grave que ces sciages, rarement à l'aplomb des pieux, sont généralement en porte-à-faux, et que la pression considérable qui agit sur les racinaux tendant à faire plier les bois entre deux pieux consécutifs, doit, par suite des alongemens divers des fibres, déterminer une fente dans la pièce ainsi entaillée, comme l'indiquent *les coupes* de la *fig.* 11 ; c'est d'ailleurs employer des solives d'un équarrissage considérable pour n'en obtenir que la résistance de ces mêmes solives tranchées, sur un tiers ou moitié de leur épaisseur, par des sciages très-rapprochés. Ajoutons enfin qu'à la dépense d'une plus forte quantité de bois se joint la dépense d'une main-d'œuvre d'autant plus coûteuse que les entailles doivent se faire sur le tas.

Serait-ce pour relier dans les deux sens les pilotis? Mais un seul cours de solives, recouvert par des plates-formes jointives transversales et chevillées, présente évidemment un système de plancher solidaire dans tous ses élémens? Serait-ce pour soulager les plates formes dans leur portée? mais, comme on ne peut jamais obtenir qu'un grillage, il faut dans tous les systèmes que ces plates-formes puissent résister seules entre deux files consécutives de pieux.

Suppression des solives longitudinales portant charge. N'est-il pas dès-lors évident : 1°. qu'il suffit de conserver un seul cours de solives; 2°. qu'il en résultera la possibilité de ne mettre en œuvre que des bois de peu de longueur, si on dirige ces solives perpendiculairement à la culée; 3°. que ces solives n'étant affaiblies par aucune entaille seront employées utilement sur leur épaisseur entière, et qu'elles pourront par cela même être moindres d'équarrissage que dans le système des grillages. Et ne sommes-nous pas fondés à proposer la suppression de toute longrine destinée à porter charge (*) ?

Réduction du nombre de mortaises dans les traversines. (16) Nous signalerons encore un autre usage à réformer. Quand on fonde par épuisement, on juge quelquefois à propos de faire des te-

(*) Nous ne considérons pas comme solive *portant charge* le chapeau de rive qui règne ordinairement au pourtour extérieur des fondations d'une culée ; ce chapeau devient alors une moise de ceinture, et sous ce rapport nous croyons utile de le conserver.

nons à tous les pieux et de refouiller par conséquent autant de mortaises dans les racinaux et chapeaux de rive.

Le but de ces assemblages ne peut être que de maintenir la tête des pieux ; mais avec les écartemens généralement admis de o^m.80 à 1^m.20 de milieu en milieu, et sous des poids considérables, il est évident que les plates-formes et racinaux affectent des inflexions plus que suffisantes pour maintenir chaque pieu dans une position invariable, de même que chaque pieu, en prenant charge, pénètre bientôt, comme bois de bout, de plusieurs millimètres dans le bois de plat qui le couronne.

Et si l'on ne se proposait rien autre chose, lors de la pose de la plateforme, que d'empêcher le déplacement latéral des traversines, comme ces solives se trouvent arrêtées déjà à une de leurs extrémités par la moise de ceinture extérieure, il suffit de les fixer à leur autre about, et de ne conserver ainsi de tenon que sur la file longitudinale de pieux la plus reculée du côté des terres.

(17) Nous avons mis à profit ces observations au Pont d'Ivry ; seulement nous avons dirigé (*fig.* 1) les traversines des murs en ailes dans un sens normal aux traversines du corps quarré de la culée ; et par suite de cette disposition, et attendu qu'il en résultait la rencontre de trois solives sur un même pieu, afin encore d'éviter tout porte-à faux sans affaiblir les abouts des solives par des entailles, nous avons placé au-dessous du plan des traversines un racinal supplémentaire (*fig.* 1 , 2 , 4).

Dispositions des traversines des culées du Pont d'Ivry.

Racinaux, à la rencontre en plan, de trois solives.

Ce racinal fait fonction de sous-poutre, et reçoit les chapeaux et les traversines sans entailles et simplement désaboutés. Un racinal analogue supporte les abouts de l'angle saillant du chapeau ou moise de rive à l'extrémité du mur en aile ; et il en résulte également que ces abouts viennent, sans être affaiblis par aucun assemblage, s'ajuster quarrément sur leur épaisseur entière suivant un des diamètres du pieu d'angle (*).

(18) Le système de plate-forme des culées du Pont d'Ivry (*fig.* 1) présente du reste l'exacte application des principes raisonnés aux paragraphes (15) et (16).

Application des paragraphes (15) et (16).

Les chapeaux de rive ont été étudiés plutôt comme moises que comme pièces destinées à porter. Ainsi, on a encastré par entaille dans

---

(*) Bien que l'idée de ces sous-racinaux ait été pour nous d'une application utile, nous croyons qu'il eût été mieux d'éviter sur le même point la rencontre de trois longrines ou traversines, en disposant les solives du mur en aile *parallèlement* aux solives du corps quarré de la culée.

ces solives l'about de chaque traversine; seulement, pour ne pas trop affamer ces chapeaux, on s'est gardé de prolonger ces entailles dans la largeur entière des bois; ainsi, à leurs points de jonction (*fig.* 1 et 6) les divers chapeaux de rive sont reliés et boulonnés entre eux au moyen d'équerres en fer chevillées sur les pieux; ainsi, dans les assemblages d'un même cours de chapeaux, on a prévenu tout mouvement latéral par un embreuvement caché, et tout mouvement longitudinal par une plate-bande ou tirant en fer, tandis qu'on a cru pouvoir placer ces assemblages en porte-à-faux entre deux pieux, pour ne pas affamer le chapeau au droit des traversines; ainsi, pour empêcher ces chapeaux-moises de pousser au vide ou de s'échapper à l'extérieur, on a assemblé (*fig.* 8 et 9), les traversines d'une part à queue d'aronde sur ces moises, et de l'autre à tenon et mortaise sur les pieux extrêmes de chaque file de pilotis.

L'inspection du plan prouvera au contraire que les traversines ont été considérées comme solives d'un plancher lourdement chargé. On ne les a affaiblies (*fig.* 3 et 5) par aucune entaille ni mortaise; et, sauf l'assemblage sur le pieu extrême considéré comme pieu de retenue, elles portent quarrément sans mortaise sur tous les autres pilotis intermédiaires. On a surtout pris soin de consolider l'about des traversines attenant au chapeau de rive (*fig.* 8 et 9). Non-seulement la queue d'aronde a été disposée avec un renfort de $0^m.075$ de longueur et de $0^m.05$ d'épaisseur; non-seulement le chapeau de rive a été réglé à $0^m.30$ de hauteur d'équarrissage pour recevoir en entaille l'épaisseur entière de $0^m.22$ de la traversine comme second renfort à la suite de la queue d'aronde; mais en outre on s'est prescrit de reculer assez les chapeaux de rive à l'extérieur des pilotages pour que la face intérieure portât toujours à l'aplomb des pieux, ce qui fait reposer sur ces pieux les abouts même des traversines.

Remplissage des vides sous la plateforme.

(19) Après la mise en place des chapeaux de rive et des traversines, on a nettoyé jusqu'au vif le sol naturel, même au droit des tranchées qu'il avait fallu creuser pour les sous-racinaux, et on a comblé tous les vides de la fondation, jusqu'à l'affleurement supérieur des solives, avec du gros sable abondamment arrosé de lait de chaux hydraulique; il en est résulté à la fois et un remplissage exact non susceptible de tassement, et une espèce de chape, ou corroi, sous les maçonneries.

(20) Des plates-formes jointives ont ensuite été posées longitudinalement, tant par rapport à la culée qu'aux murs en ailes ; ces madriers sont en liaison entre eux ; chaque joint porte sur une traversine. On a réduit de beaucoup le nombre et le poids des chevillettes employées ordinairement pour fixer les plates-formes. Il suffit d'en mettre aux abouts des madriers, afin que ceux-ci ne se dérangent point pendant la pose des premiers rangs de maçonneries ; c'est en quelque sorte un cloutage destiné à fixer *provisoirement* cette sorte de plancher ; la charge de la maçonnerie ne tarde pas à rendre chaque madrier invariable de position (*note* 3).

Pose des madriers jointifs ; réduction du nombre des chevillettes.

(21) Pour la conservation de la totalité des bois tant de pilotage que d'assemblage, le dessus de la plate-forme a été placé au-dessous du plus bas étiage (*fig.* 2 , 3, 4 et 5) ; cette considération a seule déterminé la profondeur des fondations, et par conséquent des divers recepages. Ainsi, au Pont d'Ivry, le dessus de la plate-forme des culées a été placé à 0^m.20 en contre-bas des basses eaux de 1826. Et comme les modifications à prévoir dans les sections d'eau de la Seine tendront certainement à en relever la nappe à l'époque de l'étiage, jamais les pilotis et plates-formes des culées du Pont d'Ivry ne seront affectés par des alternatives de sécheresse et d'humidité dans les couches de terrain y attenantes. D'un autre côté, en ne descendant qu'à cette profondeur on a voulu relever les fondations autant que possible, afin de diminuer et les frais d'épuisement et le cube des maçonneries ; cette économie était surtout ici indiquée par la garantie que présentent contre tout affouillement les terre-pleins de 8^m.00 de largeur des chemins de halage.

Niveau de la plate-forme ; submersion du bois ; garantie contre les affouillemens.

4°. MAÇONNERIES.

Dimensions, formes et épaisseurs.

(22) Le court délai assigné aux travaux, forçait de monter avec rapidité des remblais sur la hauteur et surface entière des maçonneries. Ainsi, il fallait renoncer à la sage précaution de charger par parties, et à d'assez

Épaisseur et profils des maçonneries.
Planche 4.

(*Note* 3) La chevillette est d'ailleurs un mauvais moyen d'attache, notamment sous l'eau ; au bout d'un temps assez court le fer s'oxide , et la chevillette joue dans le bois.

Il n'en est pas de même d'un boulon dont l'écrou se soude en quelque sorte par l'oxidation, et qui portant arrêt à ses deux extrémités forme agrafe jusqu'à ce que la tige soit entièrement détruite.

longs intervalles, des murs tout neufs encore pour qu'il ne résulte pas du tassement des terres comme une sorte de force vive tendant à fatiguer les culées, peut-être même à les renverser. De là, le motif des deux contre-forts *v'* et *v'* (*Pl.* 4, *fig.* 1) qui, élevés verticalement de fond, ont été ajoutés à chaque mur en aile.

Du reste, toute la portion de maçonnerie enterrée (*fig.* 1 et 4), dans le chemin de halage, n'est ici que le socle en quelque sorte des culées, socle qui n'éprouve aucune pression latérale puisqu'il est également chargé sur son pourtour entier; les seules maçonneries hors du terreplein devaient résister à des poussées de remblais; le corps quarré de la culée avait à soutenir 6^m.00 de terre (8); cette hauteur se réduisait à zéro au pied des talus à l'about des murs en ailes; de là les dispositions suivantes :

Le profil supérieur de la culée (*fig.* 4, *coupe* ZY) présente comme épaisseur à fleur des chemins de halage la moitié de la hauteur des remblais à supporter; cette épaisseur de 3^m.00 est réduite à 2^m.00 au sommet du mur par le moyen de deux retraites de 0^m.50 du côté des terres. La largeur de 2^m.00 sous le couronnement a permis, 1°. de sceller avec solidité les mandrins des contrevents du plancher (*Pl.* 14); 2°. d'établir sans porte-à-faux au moyen du massif *w* (*fig.* 1), les parpaings en pierre des bureaux de perception (*Pl.* 5, *fig.* 1). (*)

Pour les profils des murs en ailes (*Pl.* 4, *fig.* 4, *coupe* TX) le peu de largeur de la plate-forme de fondation ayant diminué trop brusquement l'épaisseur du mur à la jonction du corps quarré, il a fallu supprimer toute retraite jusqu'à hauteur du chemin de halage, et régler seulement à 0^m.25 de largeur les retraites supérieures.

(23) Nous appelons l'attention des constructeurs sur les trois retraites supérieures du profil TX qui règnent *en rampant* le long des murs en ailes, parallèlement au couronnement de cette dernière maçonnerie. Il en résulte une disposition tout-à-fait satisfaisante en exécution; et en effet puisque le mur rampant porte dans toute sa longueur un couronnement en pierre de même échantillon, il est naturel de lui donner une épaisseur partout égale à son sommet, et d'en engendrer le solide par le profil TX, marchant parallèlement à lui-même, en appuyant

---

(*) Il eût été mieux encore de porter cette épaisseur à 2^m.50 pour soutenir, sur leur largeur entière, les trottoirs en retour du pont (*Pl.* 9).

son arête supérieure sur la ligne rampante du couronnement, de manière à s'enfoncer en quelque sorte progressivement, et à disparaître même à l'extrémité du mur en aile dans le terre-plein du chemin de halage (*coupes* RS, PQ, MN).

Au surplus, pour la fixation du nombre et de la position des retraites d'une maçonnerie, il n'y a véritablement aucune règle obligatoire : c'est ordinairement en traçant un profil qu'un constructeur juge des proportions et des dispositions auxquelles il doit s'arrêter. Il en est de même des sujétions d'art auxquelles il est obligé de subordonner ses combinaisons. Ainsi : doit-il placer dans la maçonnerie des assises courantes en pierre ? le constructeur montera ou baissera naturellement les retraites des massifs au niveau même de ces assises courantes ; et ce ne sera pas seulement un détail de goût dans la feuille de dessin, mais il en résultera plus de simplicité et plus de facilité pour le tracé sur place et pour l'exécution des ouvrages.

Appareils en pierre de taille.

(24) L'emploi de la pierre de taille n'est raisonnablement motivé que lorsque les maçonneries doivent résister à des frottemens, à des chocs, à des efforts qui pourraient plus facilement déranger de petits matériaux que de fortes assises ; ce n'est que dans ces circonstances que la raison se réunit au goût pour exiger des appareils aussi mâles que réguliers, à tous les points de sujétion destinés en quelque sorte à être fatigués de préférence.

Comme disposition raisonnée, nous n'avons donc placé aucune pierre de taille dans les massifs de maçonnerie enterrés sur la hauteur du chemin de halage.

Il n'a été de même employé de pierre au-dessus du halage que sur le parement extérieur et apparent des maçonneries, et seulement sur les arêtes, sur les couronnemens et aux points d'encastrement de la charpente du pont ; ainsi (*Pl.* 4, *fig.* 2 *et* 3), aux deux angles du corps quarré, aux deux angles rentrants de rencontre des culées et des murs en ailes, on voit les chaînes en pierre m, m^2, m^3 ; ainsi, pour couronner le corps quarré de la culée, et ses retours vers les murs en ailes, de même que pour couronner les maçonneries sur la largeur du plancher du pont, il a été placé des assises courantes en r et en s ; ainsi,

Emploi motivé de pierre de taille.
Planche 4.

pour recevoir les abouts des sept fermes de chaque arche, il a fallu
des chaines verticales n en même nombre, et sur chaque retombée.

Le goût a son tour a eu ses exigences; ainsi, la chaine m sur l'angle
du corps quarré de la culée eût paru trop grêle en parement, si on
ne l'eût appareillée sur o^m. 80 à 1^m. oo de largeur, et les chaines rampantes
q des murs en ailes eussent semblé trop maigres, si on ne leur avait
donné o^m. 5o au moins de recouvrement les unes sur les autres, avec
une saillie en liaison sur la meulière, égale à la hauteur des assises,
($fig.$ 3); ainsi il a été jugé convenable d'exécuter en pierre, et non
en meulière, les remplissages, tant de la partie haute du mur en aile
sur trois assises de hauteur ($fig.$ 2 et 3), que de la totalité hors
terre du retour m^1 de la culée (fig 3); ainsi ($fig.$ 2), 1°. dans la culée
se trouve répété le bandeau p en saillie qui couronne les piles et reçoit
la retombée des arches; 2°. l'extrémité de ce bandeau p est à son tour
motivée et arrétée, à l'aplomb du dehors des charpentes, par une
chaine verticale o qui, à partir du chemin de halage, forme en quelque
sorte l'encadrement des maçonneries destinées plus spécialement à soutenir le pont ; 3°. toutes les chaines n, qui reçoivent les fermes, règnent
en façon de pilastre dans la hauteur entière comprise entre le bandeau
p et le couronnement r de la culée, bien que plusieurs assises ne dussent pas être entaillées, et se trouvassent en quelque sorte inutiles à
la charpente. Remarquons au surplus que cette dernière disposition
est presque commandée pour un pont en pente; parce que les contre-
fiches des diverses retombées rencontrent les maçonneries à différentes
hauteurs par rapport au bandeau des piles et culées, et que, si l'on se
borne à placer des assises en pierre là seulement où aboutissent les
contre-fiches, on choque les yeux les moins exercés en leur offrant sur
les deux retombées de la même arche des assises de pierre isolées et
disséminées dans la meulière à des niveaux disparates.

A part ces dispositions de bonne ordonnance, on s'est imposé toutes
les réductions qu'a pu dicter une économie bien entendue. Nous nous
sommes gardé, par exemple, de remplir en pierre l'intervalle des diverses
chaines n de retombée, parce que cette partie des maçonneries est cachée
presque en totalité par les fermes du pont. Ces mêmes chaines n ont
été réduites à leur minimum de longueur, puisque les carreaux n'ont
que o^m. 5o, et à leur minimum d'épaisseur puisque leur force
d'appareil n'a que o^m.60. La demi-chaine m^3 ($fig.$ 2 et 3) qui, à partir de

l'angle rentrant de la culée se prolonge dans le mur en aile, a été réduite
à la moindre largeur possible de o^m. 5o pour les boutisses et de o^m. 3o
pour les carreaux.

(25) Nous terminerons en signalant quelques artifices d'emmanchement
et de raccordement dans les appareils des culées.

Le couronnement r et le bandeau p de retombée des arches étaient
des points de hauteur commandés, et cependant on a réglé le nombre
des assises des chaînes montantes m, o, q, de manière à rendre leur
épaisseur non-seulement presque égale tant au-dessus qu'au-dessous
du bandeau p, mais encore d'un échantillon aussi fort que possible,
pour que le bandeau p de o^m.5o ne fût pas choquant, lorsqu'en about
il figure comme une assise des chaînes o et n. Nous nous sommes également astreint à faire répondre le dessus, tant de la 4e. assise des chaînes
m, m^2 et m^3 de retour des culées que des rampants q des murs en ailes,
avec le lit supérieur du bandeau p; parce que le dessus d'une assise en
saillie est une de ces lignes que l'œil jalonne et dont il reporte le niveau
sur les constructions environnantes. Cette condition a donné une
hauteur de o^m. 475 pour les quatre premières assises inférieures; on a
ensuite divisé en huit assises la distance restant au-dessous de la plinthe,
afin d'avoir une hauteur d'appareil de o^m.456 en rapport avec l'épaisseur des assises inférieures. Aussi, malgré les causes d'irrégularité d'appareil qui étaient inhérentes, tant à la position obligée du cordon et
des couronnemens, qu'aux hauteurs variables du cordon de o^m.5o et
de l'assise courante de o^m.4o en contre-bas de la plinthe, nous avons
satisfait à toutes les conditions d'uniformité désirables, et l'appareil
n'a varié de hauteur que de o^m. 456 à o^m.475 (c'est-à-dire de moins
de deux centimètres), (note 4).

(Note 4) Si on nous reprochait, comme appareil de luxe, la régularité des hauteurs
d'assise au Pont d'Ivry, nous répondrions qu'à Paris, et avec le secours des carrières
particulières qui présentent de nombreux marchés de pierres autour de cette capitale, il
n'en coûte aucun sacrifice pour avoir des hauteurs aussi uniformes.

Il n'en est pas de même lorsqu'il s'agit d'ouvrir des carrières aux risques et périls d'un entrepreneur ou d'une administration ; et comme il faut alors faire emploi de tous les bancs
inégaux que l'on rencontre, comme d'un autre côté il est toujours désirable de conserver
des formes régulières dans de grands travaux, nous proposerions les dispositions suivantes
appliquées par nous au canal de Saint-Maur près Paris.

1°. Nous admettions un appareil avec décroissement d'épaisseur d'assises sur la hauteur tant des chaînes isolées que des parties pleines en pierre de taille. Nous placions
les assises les plus fortes en soubassement ; et nous élevions la maçonnerie avec des

Nous avons aussi voulu que les pierres de la même assise des différentes chaines *en regard les unes des autres* formassent toutes boutisses
ou carreaux, afin d'éviter le chevauchement qui résulte de chaines
verticales appareillées sans une harmonie générale entre toutes leurs
harpes correspondantes; de même la longueur de toutes les harpes ou
liaisons de la pierre dans la meulière, a été uniformement fixée à 0ᵐ.20,
dimension qui répond, suivant l'usage, à la moitié environ de la hauteur
moyenne des assises (*).

Appareil à lignes biaises et par échelons, dit, en arête de poisson.

(26) Du reste, nous avons pensé qu'un parement rampant ne pouvait
être solidement appareillé que par assises horizontales, et avec crossettes,
pour supprimer tous les angles aigus. Mais, afin de diminuer le cube
assez considérable que chaque pierre demande, pour former à la fois
liaison dans le parement des murs en ailes et dans le parement des perrés,
nous avons réduit la largeur de ces assises *q* (*fig.* 1, 2, et 3), au moyen
de harpes à lignes biaises en échelons du côté de la meulière. L'emploi
des lignes biaises permet en effet de fixer d'avance les longueurs des
crossettes, tant sur le lit inférieur que sur le lit supérieur de chaque
assise, de manière à régler dans des dimensions moyennes les épaisseurs

assises de moins en moins épaisses. Nous avons reconnu que, du moment où l'on éche-
lonnait graduellement ces changemens de hauteur, il n'en résultat aucun effet désagréable.

2°. Nous réservions pour têtes de voûtes ou de ponteeaux, pour assises courantes,
pour scellemens d'amarre, etc., tous les bancs de pierre dont la hauteur, faute d'intermédiaire convenablement gradué, aurait rompu la loi de décroissement qu'exige ce genre
d'appareil.

3°. Enfin nous cherchions à modifier nos appareils tant en largeur qu'en épaisseur,
pour employer jusqu'aux moindres morceaux de pierre, soit dans des paremens de remplissage, soit dans des chaînes isolées, en divisant les assises longues de ces chaînes en
plusieurs carreaux toujours soigneusement liaisonnés.

Nous avions du reste maintenu avec une grande sévérité les plus saines traditions
de régularité et de bonne construction. Ainsi, lorsque la pierre devait former chaîne, les
liaisons étaient de longueurs uniformes, réglées alternativement par carreaux et boutisses avec des abouts taillés d'équerre sans défaut ni épaufrure; jamais nous n'admettions
de variation dans la hauteur des pierres d'une assise courante, jamais nous ne tolérions
de pièces rapportées sur une portion de la hauteur d'une assise; et c'est ainsi que nous
avons pu employer avec le moindre déchet possible des pierres de toute hauteur, de
toute dimension, et cependant obtenir une symétrie que de grands travaux nous
semblent réclamer impérieusement.

(*) Lorsqu'il s'agit de régler une longueur de harpes, il vaut mieux pour le bon effet
des chaînes montantes pécher par défaut que par excès. Des harpes trop longues font
paraître plus grêle la hauteur des assises; et l'œil craint qu'elles ne rompent sous la
charge de l'espèce de porte-à-faux en encorbellement qu'une harpe représente toujours.

en mur de l'appareil, et à obtenir néanmoins la liaison nécessaire d'une assise à l'autre ; ainsi, pour les murs en ailes du Pont d'Ivry, on a fixé à 0^m.80 la longueur de la crossette sur le lit inférieur de chaque assise, et à 1^m.00 la longueur de la crossette sur le lit supérieur de la même pierre, ce qui a donné 0^m.20 pour liaison sur la meulière, sans exiger des pierres de plus de 0^m.80 de largeur. Lorsqu'on dépasse sensiblement cette dernière dimension, chaque assise du rampant devient un morceau de pierre trop considérable, et par conséquent d'un échantillon difficile à rencontrer. Cette coupe de pierre, que nous désignons sous le nom d'arête de poisson, peut recevoir d'assez nombreuses applications; nous en retrouverons deux exemples à l'article des chemins de halage (135 et 136).

5°. CORROIS EN TERRES FRANCHES, PILONNAGES.

(27) L'expérience prouve que, pour les remblais destinés à renfermer des eaux et à former corrois, le passage des voitures chargées est le meilleur moyen de compression ; c'est en effet un poids énorme agissant sur une très-petite surface. Mais on ne peut appliquer cette méthode ni aux talus extérieurs d'une route, ni aux parties de remblais attenant à des maçonneries. Au Pont d'Ivry on y a suppléé par la percussion à bras d'hommes sous le pilon et par le choc de la batte à salpêtre; malheureusement ce procédé, d'une efficacité si imparfaite, est évidemment plutôt consacré par la routine que dicté par une expérience éclairée; et il est à désirer qu'on le remplace bientôt dans tous les grands travaux par des équipages disposés pour produire dans les mêmes circonstances une compression au moins égale à celle que donne, sur des jantes de 0^m.14 de largeur, une charrette à deux roues chargée de 2,000 kilogrammes. Dans tous les cas, il sera utile, comme nous l'avons pratiqué, de faire usage de fréquens arrosemens, et de procéder au régalage par couches successives d'une faible épaisseur.

Le pilonnage sur les talus extérieurs d'un remblai nouveau est nécessaire pour que les pluies d'orage ne sillonnent pas profondément les terres, et pour que cette circonstance, jointe à l'effet des gelées et des dégradations accidentelles de toute espèce, ne déforme ni les arêtes, ni les talus. Le pilonnage le long des maçonneries a un autre objet; il tend à diminuer l'effet, souvent funeste pour des constructions neuves, de

Méthode pour diminuer le tassement de grands remblais.

tassemens d'autant plus énergiques en poussée, que la mobilité du terrain est plus grande et que les eaux peuvent s'y introduire avec plus de facilité.

Choix des terres.   Quant à ce dernier danger, et dans le but de diminuer la perméabilité de ces terrains rapportés, on choisit ordinairement des terres grasses ou glaiseuses pour les corrois le long des maçonneries, et des terres franches ou végétales pour les talus extérieurs des remblais, afin qu'il puisse en résulter de la fraîcheur pour les semis des talus et une sorte de chape contre les maçonneries.

Au Pont d'Ivry, l'épaisseur de cette espèce d'enveloppe en terres de choix a été fixée à 2 mètres mesurés horizontalement; cette épaisseur a été d'autant plus exactement observée que la presque totalité des terres dont on pouvait disposer pour remblais étaient pierreuses ou graveleuses (*Note* 5), et qu'il fallait à la fois, d'un côté, parer à cette pénurie de glaise, à ce manque de bonnes terres, et d'autre part satisfaire cependant à la condition d'éloigner les graviers ou les pierrailles et des maçonneries et des talus de la route. On ne trouvait guères de terre végétale qu'en l'empruntant au sol même de la route neuve. Pour la glaise, on a mis soigneusement à profit les couches qu'on a retirées des fouilles de la culée, rive gauche de la Seine.

(*Note* 5.) Comme moyen de se procurer à un prix avantageux de grandes masses de remblais, nous indiquerons ce qui a été fait pour les levées, rive droite. Il fallait 25,000^{me}. de remblais pour cette portion de route neuve. A pied d'œuvre du travail se trouvait la route départementale qui conduit de Charenton à Bondy. Cette route, à la sortie du pont de Charenton, est en tranchée dans un coteau escarpé et se trouve bordée sur ses deux rives par des talus très-élevés; sur la partie supérieure de ces talus sont situées des propriétés qui, quoique limitrophes de la route, n'ont avec elle d'autre communication directe que des escaliers de 5o marches. L'entrepreneur des travaux fit l'acquisition d'un de ces jardins; le déblai jusqu'au niveau du sol de la route lui donna les 25,000^{me}. de terre dont il avait besoin, et cependant il put vendre le sol ainsi abaissé, comme terrain à bâtir, plus cher qu'il ne l'avait acheté.

DEUXIÈME SECTION.

PILES.

1°. TRACÉ ET DESCRIPTION.

28. Pour la construction des quatre piles du Pont d'Ivry et comme pieux d'échafaud, il n'a été battu en rivière que huit files parallèles au cours de l'eau, accolées deux à deux aux diverses piles, et composées de sept pieux chacune. Ces échafauds ont suffi au tracé des pilotages définitifs de fondation, à l'échafaudage tant des sonnettes que des scies à receper, à l'amarrage des caissons, etc., etc. On ne peut guère réduire à une plus grande simplicité ces ouvrages provisionnels ; il faut même se résigner à vérifier souvent les repères assez peu stables qui en résultent pour les deux axes de chaque pile.

Dispositions éco-nomiques d'échafaudage.

Le tracé ou piquetage en rivière de ces échafauds s'est effectué au moyen de fils de fer bien étirés et représentant, soit la distance du nu de chaque culée aux premiers échafauds, soit l'écartement entre elles des autres lignes d'échafaudage. Ces longueurs étaient portées successivement sur l'axe du pont, et à chaque extrémité amont ou aval des échafauds à établir. Il en résultait des lignes de pieux d'équerre au pont, et placées aux distances voulues, tant des culées déjà en cours d'exécution que des piles à planter.

Tracé des pilotis d'échafauds.
Planche 5. Fig. 1.

Lorsque cet échafaudage était piloté, et que des plats-bords placés en travers avaient été assujettis avec soin dans l'axe du pont et aux deux extrémités de la pile, on s'occupait du tracé des pilotages définitifs de fondation.

Tracé des pieux définitifs de fonda-tion.

L'axe transversal de la pile était jalonné sur les points-milieu des culées au moyen d'un instrument garni de deux lunettes, l'une fixe, l'autre mobile dans un plan vertical.

Les deux extrémités de l'axe longitudinal étaient données par des mesures prises à partir des culées, et comptées sur des lignes magistrales dirigées parallèlement à l'axe du pont, à l'amont et à l'aval des piles.

Pour cette dernière opération, nous avions autant de grandes règles en bois de sapin qu'il y avait d'arches au pont ; à défaut de bois assez longs pour faire ces règles d'une seule pièce, elles étaient composées de

Emploi utile de règles contiguës.

tringles réunies par des doublures formant moises. La force de ces tringles était de $0^m.07$ sur $0^m.16$. On les employait soit par portion isolée, soit en les reliant les unes aux autres par des plates-bandes en fer (*); on les soutenait entre deux échafauds au moyen de batelets ou de légers piquetages en rivière.

Jalonnement à chaque assise des avant et arrière-becs.

Enfin, comme complément en cours d'exécution de toutes ces opérations préliminaires, on dégauchissait ensemble les avant et arrière-becs des quatre piles au fur et à mesure de leur élévation. Des règles étaient placées à cet effet sur les deux rives de la Seine, en amont et en aval du pont, pour profiler ces avant et arrière-becs; sur ces règles étaient rapportés avec une grande précision les niveaux de tous les lits de pose; et pour chaque assise il y avait jalonnement entre ces deux repères.

Formes générales extérieures.
Planche 7.
Pile proprement dite.

(29) Chaque pile (*Pl. 7, fig.* 2, 3, 4 et 5) se compose d'un soubassement ou pile proprement dite, et d'un corps quarré supérieur.

Le soubassement est assis sur une double retraite, monté avec fruit à son pourtour et couronné par un bandeau en saillie à la hauteur de $6^m.00$ en contre-haut de l'étiage; les avant et arrière-becs sont symétriques, de forme demi-circulaire, avec chaperon conique détaché du bandeau par un simple filet. Ces avant et arrière-becs portent, à diverses hauteurs, des organeaux pour la navigation.

Corps quarré supérieur.

Le corps quarré supérieur est terminé, tant en amont qu'en aval, par

(*) Nous avions même projeté de rattacher bout à bout, sans aucune solution de continuité, cinq règles qui embrassaient ensemble la distance totale de $122^m.25$ entre les deux culées; cet équipage eût été suspendu de champ à un câble tendu d'une rive à l'autre; des fils de fer verticaux eussent rattaché le câble à des pitons appliqués sur le côté des règles. Nous voulions de cette manière disposer toutes les tringles exactement de niveau, sans aucun jarret, librement abandonnées à elles-mêmes. Ces règles n'eussent point gêné le travail, puisque nous pouvions les relever à volonté; la seule tringle de l'arche de navigation eût été mobile.

Le câble était déjà tendu dans l'axe du pont au moyen de treuils et de rouleaux de support que nous avions scellés derrière les culées; ce câble traversait ces même culées au moyen d'une buse ménagée dans la maçonnerie à la hauteur de la naissance des arches.

Malheureusement un bateau de Seine vint heurter et enlever violemment une partie de nos équipages; nous étions cruellement pressés; il fallait perdre plusieurs jours pour rétablir les écoperches à poulies du câble de suspension; le moindre retard pouvait nous causer un dommage incalculable, et nous abandonnâmes, non sans regret, ce moyen de tracé et de vérification.

une face normale au pont, située à l'aplomb du centre des avant et arrière-becs; ce corps quarré est élevé sans retraite et sans aucun fruit à son pourtour.

2°. PILOTAGE.

(30) Le pilotage de chaque pile s'est divisé en trois opérations : Construction de l'échafaud. — Battage, au refus de 0^m.04, (10) de pieux de fondation destinés à porter charge. — Battage, sans refus, des pilotis de remplissage destinés au pourtour de la pile à soutenir les enrochemens intérieurs (35).

Division du travail en trois opérations.

Planche 5.

(31) Plus on baisse des échafauds destinés à des pilotages et à des recepages sous l'eau, plus on facilite le travail en diminuant la longueur des faux-pieux, la hauteur des scies mécaniques; mais d'un autre côté, lorsqu'on place trop bas ces planchers de service, on s'expose à voir le travail suspendu par des crues en rivière. De même on trouve de l'économie à donner aux traversines de l'échafaud le moins de portée possible, en rapprochant les pieux d'échafaud de la pile à construire; et cependant il est presque toujours indispensable de reculer assez les échafauds au dehors pour laisser un certain espace libre au pourtour des fondations à exécuter.

Pilotage des échafauds.

Au Pont d'Ivry (*Pl.* 5 *fig.* 1 et 3.) le plancher des échafauds a été placé généralement à 1^m.50 au-dessus de l'étiage (*), et il n'a été laissé que 0^m.50 de jeu dans œuvre entre les pieux d'échafaud et les pieux extérieurs de fondation (**).

Le battage des pieux d'échafaud s'est opéré sur barquette; ces pilotis provisoires avaient 0^m.225 d'équarrissage; leur longueur de 4^m.50 à 5^m.50 était réglée de manière à assurer 2^m.00 de fiche; la profondeur d'eau était de 1^m.50 à 2^m.00 à l'étiage. Chaque file longitudinale de pilotis était coiffée d'un double plat-bord en sapin posé de plat et fixé à l'aplomb

---

(*) Par suite des basses eaux anticipées de juin 1828, on crut pouvoir baisser, à 1^m.00 au-dessus de l'étiage, l'échafaud alors en construction de la quatrième pile; on s'en repentit bientôt; une crue en juillet submergea cet échafaud, et interrompit [pendant 12 jours le travail.

(**) Sur plusieurs points le mouvement de la scie mécanique a été géné, notamment pour les pieux de fondation situés précisément en face des pieux d'échafaud.

de chaque pieu par une forte chevillette. Sur cette espèce de chapeau étaient boulonnées des traversines de 0^m.20 en chêne, écartées les unes des autres de 1^m.00 de milieu en milieu.

Plancher à claire-voie en sapin.

Enfin ces traversines portaient six cours longitudinaux de plats-bords invariablement arrêtés, espacés de 0^m.66 dans œuvre, et destinés à former le plancher à claire-voie des sonnettes (*).

Pieux de fondation.

(32) L'emplacement des pieux de fondation, et même de la plupart des pieux de remplissage répondait (*fig.* 1.) aux cases à jour de ce plancher sur lequel on avait tracé les axes de toutes les files tant longitudinales que transversales du pilotage.

Sur chaque échafaud ainsi disposé, trois sonnettes à déclic ont constamment été en activité. Ce pilotage n'a pas éprouvé un jour d'interruption, et les ouvriers travaillaient à partir de 4 heures du matin jusqu'à 10 heures du soir.

Nombre, plan, numérotage et espacement des pilotis.

On compte à chaque pile 66 pilotis destinés à porter charge; ces pieux sont tous régulièrement placés en échiquier suivant deux séries de lignes parallèles longitudinales ou transversales, et se coupant à angle droit. Les files longitudinales, au nombre de cinq, sont espacées de 0^m.95 de milieu en milieu (*Note* 6); les files transversales au nombre de 14, sont éloignées de 1^m.125 d'axe en axe.

(*) Non-seulement les plats-bords en sapin sont moins lourds à manier que les madriers de chêne, non-seulement ils offrent encore l'avantage de ne pas éclater aussi brusquement sous une forte charge; mais ils présentent aussi bien moins de déchet lorsqu'après les avoir fixés avec des chevillettes en fer sur des pieux ou solives en chêne, il faut procéder à leur dépose; le chêne résiste alors et ce n'est souvent qu'en le brisant qu'on enlève chaque madrier; les fibres du sapin prêtent au contraire, et lorsqu'on ne peut pas préalablement arracher la chevillette, il suffit de faire adroitement une pesée sous le plat-bord, et la chevillette passe souvent avec sa tête au travers du bois sans le fendre.

(*Note* 6) Les piles de plusieurs grands ponts, de même dimension que le Pont d'Ivry, reposent sur 6 files longitudinales de pieux; mais, si l'on en examine la coupe en travers, on reconnaîtra, que dans la plupart de ces fondations, les deux files extrêmes ne reçoivent la charge que très-indirectement parce que l'about des traversines ne repose pas sur les pieux de rive, et que les empatemens extérieurs des maçonneries les atteignent à peine; d'où résulte une surcharge considérable sur les quatre files de pieux intermédiaires.

Au Pont d'Ivry, au contraire, nous croyons les diverses files de pilotis chargées le plus également possible, et par ce motif nous en avons réduit le nombre à cinq.

Le calcul suivant donne la charge de chaque pieu :

1°. Dans l'hypothèse d'arche en bois, c'est l'état actuel des choses;

Les piles étant projetées avec avant et arrière-becs circulaires, on en a disposé les fondations en pans coupés, et on a supprimé un pieu à chacun des quatre angles de l'échiquier.

Des plans de recepage ont été relevés, et des carnets de pilotages ont été tenus pour les piles comme pour les culées. Nous rapportons (*Pl.* 5), comme exemple, le plan exact de recepage de la 1ᵉ. pile, rive droite; les *fig.* 1 et 2 indiquent la grosseur des pieux mis en œuvre, tant en grume qu'en bois équarri, et les différentes déviations que ces pilotis ont éprouvées en cours d'exécution.

2°. Dans la supposition où les travées en charpente d'aujourd'hui seraient remplacées par des arches en pierre.

1°. *Calcul avec des arches en bois.*

Poids d'une pile, 390 m. cub. de maçonnerie à 2,300 kilog.	897,000 kil. 00
Cette appréciation est un maximum, puisque le mètre cube de roche ne pèse que 2.200 kil. au plus.)	
Poids { 150 m. cub. de chêne à 915 kilog.	137,250 00
d'une arche { Fer, y compris 2,500 kil. de garde-fou.	12,000 00
	1,046,250 ki. 00

Et, en négligeant le poids de l'eau déplacée par les piles aux diverses hauteurs de la rivière, l'allégement ou diminution de charge qu'éprouveront les 66 pilotis battus au refus, par suite de l'addition, au pourtour extérieur, de 34 pilotis (sans refus) de 0ᵐ.28 d'équarrissage, on trouve pour la charge de chacun des 66 pieux de fondation, ci . . . . , ... 16,000 kil. 00

2°. *Calcul avec des arches en pierre.*

(*Nota.* On suppose que la largeur entre les têtes du pont serait toujours de 10ᵐ.40; et que l'épaisseur à la clef serait réduite à 1ᵐ.50.)

Poids d'une pile, comme ci-dessus.	897,000 kil. 00
Poids { 640 m. cub. de maçonnerie à 2,300 kil.	1,472,000 00
d'une arche { Garde-fou conservé en fer.	2,500 00
	2,371,500 kil. 00

Et on trouvera que le poids supporté par chacun des 66 pieux de fondation sera environ de . . . . 36,000 kil. 00

Ce dernier poids semblera considérable. On peut à la vérité attendre quelque secours des 34 pieux de remplissage au pourtour de chaque pile (33); on peut encore compter sur le refus au moins de 0ᵐ.00275 sous la percussion d'un mouton de 550 kil. tombant de 3ᵐ.00 sur un pieu de 0ᵐ.36 d'équarrissage; mais néanmoins, sous une aussi forte pression que celle de 36,000 kil. par pieu, et surtout avec un refus non absolu, nous ne construirions d'arches en pierre sur les piles du Pont d'Ivry qu'après avoir diminué le poids de ces arches par tous les évidemens et moyens d'art ordinaires, et après avoir soumis préalablement chaque pile à une pression au moins équivalente au poids d'une des arches projetées.

Les pieux en grume ont $0^m.36$ de diamètre moyen ; les pieux en bois quarré ont $0^m.33$ de force réduite ; les déviations produites par le battage sont peu sensibles , et les cinq pieux de chaque file transversale peuvent utilement porter la même traversine.

Les carnets de pilotages ont constaté que la longueur des faux pieux a été de $2^m.00$ à $2^m.60$ (*Note* 7); qu'on était obligé de s'en servir dès la sixième , souvent dès la troisième volée ; que le nombre total des volées pour chaque pieu a été presque égal pour toutes.les piles ; que la longueur, la fiche, le refus des pieux , se sont de même partout trouvés presque uniformes.

Ainsi , pour arriver au refus , on a employé :

A la première pile , rive droite, pour 6 pieux d'épreuve.	18 volées à toute hauteur . 4 *id.* à $3^m.00$	en tout 22 volées, de 10 coups chaque.
A la deuxième pile , pour 5 pieux.	17 *id.* à toute hauteur, 8 id. à $3^m.00$	*id.* 22 volées.
A la troisième pile , pour 6 pieux.	16 *id.* à toute hauteur, 8 *id.* à $3^m.00$	*id.* 24 *id.*
A la quatrième pile , pour trois pieux. *Nota.* On se rappelle que les échafauds de cette dernière pile avaient été dérasés de $0^m.50$ (31).	20 *id.* à toute hauteur, 6 *id.* à $3^m.$	*id.* 26 *id.*

Ensemble 22 pieux d'épreuve ont exigé. . . . . 94 volées.

Résultats du pilotage des piles.

Ce qui donne entre 23 et 24 volées pour la réduite de chaque pieu.

Ainsi , tous les pieux ont été de $6^m.00$, sauf les exceptions suivantes : à la 1re. pile, rive droite, 16 pieux de $7^m.00$; à la 3e. *idem* 14 de $6^m.50$; à la 4e. *idem* 24 de $6^m.50$. La 2e.;pile seule n'a eu que des pieux de $6^m.00$, mais aussi le recepage a été un simple rafraîchissement , tandis que les recepages réduits des autres piles ont présenté une longueur de $0^m.60$ à $0^m.80$.

Ainsi aux quatre piles, la fiche moyenne a été de $5^m.00$.

Ainsi les battages des piles , comme ceux des culées , ont présenté des

---

(*Note* 7.) Avec une profondeur d'eau considérable , l'emploi de faux pieux d'une grande longueur joint au dardement du pieu en fiche , donnerait un mauvais battage. Le mieux est alors d'employer de longues entures portatives , à joints plats , rattachées aux pieux par des plates-bandes longitudinales et doubles frettes ; la longueur des pieux doit seulement être combinée de telle sorte avec la profondeur du plan de recepage que la scie vienne atteindre le pieu au-dessous de son enture ; cette condition, nécessaire dans tous les cas pour que le recepage puisse s'effectuer , permet de reporter les armatures et les faux pieux de ceinture d'une pile à l'autre. (*Devis du pont de Rouen, de M. Lamandé.*)

enfoncemens décroissans depuis la première jusqu'à la dernière volée sans aucun refus absolu ; et le refus relatif moyen, calculé sur les dix dermiers coups de mouton de 550 kilog. tombant de 3^m.00 a été de 0^m.00275.

(33) Quand le pilotage des pieux de fondation a été achevé, les mêmes sonnettes ont battu les pieux de remplissage (*fig.* 1). Ordinairement, ce sont des palplanches ou des pieux jointifs qui pourtournent ainsi les fondations. Nous avons préféré des pieux, parce que, bien qu'ils n'aient pas été amenés au refus, ils forment toujours un pilotage de second ordre plus capable que des palplanches de supporter une partie de la charge de la pile, et nous avons disposé ces pieux à claire-voie, parce que cette disposition réduit la dépense des deux tiers, et que les pilotis sont encore assez serrés pour ne pas laisser couler les moellons jetés en enrochemens au-dessous de la pile (35). Nous noterons au surplus que nous avons obtenu une économie de près de moitié à placer un pieu intermédiaire de 4^m.00 de longueur, au lieu d'adopter des palplanches jointives de 3^m.50 (*Note* 8).

Ces pieux de remplissage avaient été réglés par le devis à 0^m.25 de grosseur ; ils devaient être en grume ; mais plusieurs d'entre eux ont été pris dans les bois équarris, et leur force moyenne a été reconnue de 0^m.28 au niveau du plan de recepage.

Il a été placé un pieu de remplissage au milieu de chaque intervalle des pieux de fondation de rive, ce qui donnait 0^m.5625 de milieu en milieu entre chaque pieu de remplissage et le pieu voisin, ou 0^m.27 environ d'écartement dans œuvre. Comme battage, on s'est donné pour seule condition d'enfoncer ces pieux secondaires de toute leur longueur moins quelques centimètres au-dessus du plan de recepage, pour qu'ils pussent être atteints sous l'eau par la scie mécanique et dérasés au même niveau que les pieux de fondation.

(*Note* 8) *Détail avec des palplanches de* 3^m.50 *de longueur et de* 0^m.10 *d'épaisseur*
0^m·cub·825 de palplanches y compris pilotage à 92 f. 43. . . . . 76 f. 25
Détail avec un pieu de 4^m.00 *de longueur et de* 0^m.25 *de force. Un pieu, ci.* 44 f. 14

Économie par intervalle de pieux. . . . . 32 f. 11
Et pour 30 semblables au droit d'une pile. . . . . 963 f. 30
Et pour quatre piles. . . . . 3,853 f. 20

Tous les pieux du reste , soit de fondation soit de remplissage , ont été frettés et sabotés comme les pieux des culées (13 et 14).

Échafaud pour re-
cepage.

(34) Pour procéder au recepage, on ne démontait que le plancher à claire-voie et les traversines de l'échafaud (31); on conservait les plats-bords doubles formant chapeaux; sur ces plats-bords on établissait des coulisses longitudinales parfaitement de niveau; au-dessus de ces coulisses, on plaçait deux solives transversales mobiles, dites coulottes, et c'est sur ces coulottes que courait la scie mécanique.

Au commencement du recepage de chaque pile on amorçait la scie dans les pieux, et nous venions vérifier avec le niveau à bulle d'air si l'entaille répondait au plan du recepage. Cette pose de coulisses, de coulottes, et toutes les vérifications y relatives sont très-délicates ; on ne peut y revenir trop souvent.

On examinait d'ailleurs avec soin chaque rognure sur son sciage et on y inscrivait le numéro et la lettre du pieu; la contre - partie de cet examen avait lieu sur le pieu même au moyen de plongeurs qui allaient s'assurer de la netteté parfaite du recepage ; enfin une dernière inspection avec le niveau à bulle d'air constatait que tous les pieux étaient dérasés suivant le même plan horizontal.

Recepage à la tâ-
che.

Le recepage des 400 pieux des piles a été exécuté à la tâche par un seul atelier composé de deux charpentiers et de quatre manœuvres. D'autres charpentiers en régie affûtaient toujours à l'avance des lames de scie pour rechange; cet affûtage n'a demandé que 15 à 20 jours d'un charpentier pour 400 pieux; le recepage a été exécuté avec la dernière précision. Les tâcherons étaient tenus de concourir à toutes les vérifications ; c'é-taient également ces ouvriers qui numérotaient les recepages. Le débar-dage des têtes de pieux à terre ne regardait cependant point ces tâche-rons. Le prix du recepage avait été fixé par pieu , tant gros que petits , à 2 fr. 25 , ce qui répondait à la moitié de la plus forte journée de char-pentier. Certains jours, il n'a été recepé que six à sept pieux; d'autres jours quand le travail ne se trouvait arrêté par aucun obstacle, il en était re-cepé jusqu'à 18. La journée se composait de 14 à 15 heures de travail effectif.

Arrachage sous
l'eau de goujons
d'avant-pieux.

Il est plusieurs fois arrivé que le goujon en fer qui fixe l'avant-pieu sur le pieu en battage est resté fiché au niveau même du recepage. On éviterait cet inconvénient si ces goujons étaient arrêtés invariablement à l'avant-pieu, au moyen d'un taraud. Pour n'avoir pas pris cette précaution, il a fallu, au Pont d'Ivry, sur 400 pilotis, arracher 15 goujons d'avant-pieux. Ces goujons sont disposés en queue de rat, pour mieux entrer, à la façon d'une chevillette, dans l'avant-pieu, et précisement cette seule extrémité se trouve alors en prise. Le moyen qui nous a le mieux réussi pour cet arrachage, a été une filière creuse, soudée au bout d'une tige verticale qui portait un grand manche à T ; la pointe du goujon était introduite dans le trou de cette filière par un plongeur ; un charpentier frappait avec un marteau sur le manche, et à chaque coup un troisième ouvrier tournait le T d'un demi-quart de révolution ; le goujon ainsi taraudé était engrené dans la filière afin que ces deux pièces devinssent solidaires ; et avec un simple cric il suffisait de soulever la filière pour avoir le goujon.

Une autre difficulté plus grave peut se présenter (témoin cinq pieux de la 2ᵉ. pile, rive droite), lorsque des frettes se rencontrent au niveau du recepage. Pour arracher ces frettes nous avons essayé l'application de leviers composés qui les accrochaient en dessous, et qui prenaient leur point d'appui sur le pieu même ; mais le bois ayant été rebroussé autour du fer sous les coups de mouton, les frettes se trouvaient comme rivées, et elles n'ont pas bougé.

Frettes restées également au niveau du recepage.

Après beaucoup d'essais inutiles, pour ne pas perdre un temps précieux on a tranché la difficulté en faisant rebattre les pieux jusqu'au plan des recepages, mais le devers de la tête de ces pilotis a produit une légère flexion tant dans le fond du caisson que sur l'arête des premières assises en pierre de cette pile. Cette courbure n'embrassait que la distance de 3 pieux. Elle était convexe et présentait 3 à 4 centimètres de flèche sur 2ᵐ.25 de longueur. La charge de la pile ne l'a jamais rectifiée ; nous n'avons pu y remédier que par le ragréement de la pierre, et en renonçant par conséquent à redresser la plate-forme.

Battage complémentaire ordonné ; accident y relatif.

Le plan de recepage des quatre piles du Pont d'Ivry a été uniformément réglé (*Pl.* 1 et 3) à 0ᵐ.75 sous l'étiage. Comme l'épaisseur du fond du caisson est de 0ᵐ.40 , il en résulte que le dessus de la plate-forme des piles est à 0ᵐ.35 (*Pl.* 3, *fig.* 3) sous les basses eaux, c'est-à-dire de 0ᵐ.15 moins relevé que la plate-forme des culées.

Profondeur uniforme du recepage des quatre piles.

Planches 1 et 3.

On a voulu, en plaçant ainsi plus bas ces fondations, mettre les plates-

10.

formes des piles à l'abri du choc des corps flottans. Aucun motif ne militait du reste pour que le plan de recepage fût descendu davantage ; la rivière ne présentait que 2ᵐ.oo de profondeur , de sorte qu'il ne reste que 1ᵐ.25 au plus de hauteur de pieux hors terre ; le sol est ferme ; le débouché du pont est suffisant, ce qui ne laisse craindre aucun affouillement ; il était donc raisonnable de relever le plus possible les fondations pour diminuer d'autant le cube et la dépense des maçonneries supérieures.

3°. ENROCHEMENS.

Division des enro-chemens en deux périodes.

(35) Les enrochemens au droit de chaque pile se sont exécutés en deux périodes : aussitôt que le recepage des pieux était achevé, on coulait à la main des moellons dans l'intérieur des pilotages et jusqu'au niveau de la tête des pieux ; on attendait ensuite que le caisson fût en place et la pile élevée à fleur d'eau pour exécuter les enrochemens qui entourent l'extérieur des pilotis, et qui forment comme une crèche au pourtour des fondations.

Enrochemens à l'intérieur.

(36) La première des ces opérations demande de grands soins, pour remplir tout-à-fait ce coffre intérieur, et araser exactement la tête des pieux. Afin que les moellons fussent jetés de la moindre hauteur possible, et ne

Radeau au lieu d'échafaud ; barrage léger en amont de chaque pile.

fissent pas rejaillir l'eau sur les ouvriers, on se servait de radeaux ; cet échafaud flottant se composait de trois ou quatre plats-bords de sapin , rendus solidaires les uns des autres, au moyen de planches clouées en travers. Afin que dans l'eau les moellons tombassent à peu près d'aplomb, nous avions en outre placé une cloison en planches de champ , en amont et en travers des trois dernières piles où il se manifestait un fort courant ; cette cloison était appliquée et clouée contre les premiers pieux de l'échafaud ; elle descendait le plus bas possible.

Une dernière précaution eût été fort utile : nous eussions voulu draguer une souille au droit du coffre des pilotis ; mais, outre que cette opération est assez longue, et que le temps nous manquait, elle aurait exigé la dépense d'un encaissement général jointif, pour empêcher les crues de la rivière de rapporter du sable dans l'emplacement dragué ; et nous avons cru pouvoir en faire économie.

Vérification de l'a-rasement ; accident arrivé.

Les enrochemens une fois terminés, on s'occupait d'en vérifier l'arasement supérieur. Le petit barrage d'amont, dont nous avons parlé, permettait de promener sous l'eau une règle en fer montée sur un châssis vertical, et de l'appuyer sur la tête de tous les pilotis pour s'assurer qu'il n'y avait aucun moellon saillant au-dessus du recepage. Cette opération se renouvelait plusieurs fois, elle était surtout nécessaire au moment de mettre le caisson en place (*).

(37) Quant aux enrochemens extérieurs, on s'est déterminé à les ajourner après la pose des caissons, pour se dispenser de l'arasement de ces moellons au pourtour des pieux de rive : du reste, on se hâtait d'exécuter ces derniers enrochemens extérieurs avant l'enlèvement des bords du caisson, parce que ces bords servaient comme de coulisses qui empêchaient le moellon de tomber sur les arêtes des retraites inférieures de chaque pile. Ces enrochemens extérieurs ont été exécutés sur un mètre de largeur à leur sommet, et avec talus à pierres coulantes (*Pl.* 1, *fig.* 2). Pour que les points culminans de cette risberme répondissent à la hauteur du fond des caissons, on a grossièrement dérasé après coup avec des griffes et fait tomber sur le talus extérieur de l'enrochement tous les moellons qui excédaient ce niveau.

Enrochemens à l'extérieur.
Planche 1.

4°. CAISSONS.

(38) Un fond horizontal formant plancher, des bords verticaux et mobiles, telles sont les deux parties qui composent un caisson. Le fond du caisson constitue la plate-forme destinée à recouvrir les pilotis de

Objet distinct du fond ou plate-forme et des bords ou batardeaux.
Planches 5 et 6.

(*) Un incident nous donna une nouvelle preuve de l'utilité de cette dernière vérification.

Le recepage de la troisième pile venait de se terminer lorsqu'une crue subite et considérable précipita plusieurs trains de bois flottés dans les échafauds du pont ; un coupon fut brisé sur la pile en construction, les bois furent entraînés à fond, et fichés en partie dans les enrochemens.

Au moyen de la règle à châssis, appliquée un grand nombre de fois sur les pieux de fondation, nous crûmes avoir reconnu et enlevé tous les bois saillans sous l'eau en contrehaut du recepage ; et cependant, soit que plusieurs bûches eussent échappé à ces investigations multipliées, soit que des bois se fussent relevés après coup par la force du courant, nous eûmes la certitude plus tard, lorsque le caisson fut échoué, que la plate-forme touchait et fatiguait vers le milieu de la pile sans pouvoir se juxta-poser sur les pieux. Nous employâmes même sans succès une charge énorme ; il fallut remettre le caisson à flot, le sortir de dessus la fondation pour interroger une dernière fois la règle de vérification. Cette règle accusa en effet trois nouvelles bûches dressées presque debout ; nous arrachâmes ces bois non sans peine, et le caisson, remis en place, porta quarrément sur tous les pilotis.

fondation , et à soutenir à perpétuité la charge entière du pont ; c'est un ouvrage définitif des plus importans, et dont la composition ne saurait être assez étudiée.

Les bords de caisson ne sont au contraire que des ouvrages provisoires, destinés à former batardeau pendant le peu de temps nécessaire pour élever les maçonneries hors d'eau. La plus grande simplicité , la moindre dépense doit donc présider à leur exécution.

Fond d'un caisson.

Bases de la plupart des projets de caissons pour piles et culées.

(39) Tous les fonds de caisson exécutés jusqu'à ce jour, et destinés à reposer sur pilotis pour piles , culées , murs de quai, etc. , se sont composés :

1°. D'un vigoureux cadre au pourtour de la plate-forme.

2°. De traversines jointives, normales à l'axe longitudinal de la construction, et assemblées à leurs deux abouts dans le cadre extérieur de ce platelage.

C'est ce thème que d'habiles constructeurs ont varié et perfectionné , soit en disposant en pans coupés les quatre angles de la plate-forme, soit en étudiant les assemblages et les ferrures les plus propres à rendre solidaires entre elles toutes les parties d'un même fond de caisson.

Jusqu'à présent encore dans les même caissons les mieux entendus, on a donné une épaisseur égale et de $0^m.22$ environ à toutes les traversines jointives, qu'elles dussent, ou non , porter sur les files transversales des pieux de fondation; de sorte qu'on n'employait de bois d'un équarrissage supérieur que comme encadrement au pourtour extérieur de la plate-forme : cet équarrissage était généralement réglé à $0^m.40$ de largeur sur $0^m.35$ d'épaisseur.

Enfin presque toujours dans le projet, l'about des traversines même de celles qui étaient situées à l'aplomb d'une file transversale de pilotis , ne s'appuyait sur les pieux de rive qu'indirectement et par l'intermédiaire de chapeaux qui pourtournaient le fond du caisson; il semblait qu'on se proposât *de placer à l'aplomb de ces pieux*, non pas l'about de la traversine , mais *le cadre extérieur* de la plate-forme.

Or, dans un fond de caisson, il faut cependant réserver au pourtour extérieur de la plate-forme un certain jeu entre les bords et les maçonneries inférieures, de sorte que c'est tout au plus si le massif plein de la pile, par ses retraites et empatemens, atteint les chapeaux de rive. Le cadre extérieur est par conséquent la partie la moins chargée de tout le plancher. Les pièces qui portent la pile sont donc les traversines; et parmi ces solives il est même évident que les traversines, placées à l'aplomb des lignes transversales de pieux, sont seules capables de porter charge, puisque les autres, appuyées uniquement à leurs abouts avec 4^m.oo, 5^m.oo et plus de portée, sont hors d'état de résister à une forte pression. *Importance relative des divers élémens de ces plates-formes.*

De là ces conséquences forcées : *Conséquences à en tirer.*

1°. Il faut donner un équarrissage supérieur aux traversines maîtresses, situées à l'aplomb des pieux.

2°. On doit réduire à un équarrissage moindre les traversines intermédiaires.

3°. Il faut que, dans le profil en travers du caisson, les abouts des traversines maîtresses portent de toute leur épaisseur sur les pieux de rive ; et, pour y parvenir, il est commandé de rejeter au dehors de la pile (et partie en porte-à-faux) le cadre extérieur de la plate-forme, lequel n'est évidemment qu'une très-puissante moise de ceinture.

4°. On doit encore, par tous les moyens possibles, décharger les traversines intermédiaires, et reporter le poids qui tendrait à les faire plier, sur les traversines maîtresses de la plate-forme (*Note* 9).

(4o) Ainsi, dans les caissons du Pont d'Ivry, les traversines *g* à l'aplomb des pieux ont un équarrissage de o^m.4o sur o^m.35 égal à celui du cadre extérieur *f* des caissons (*Pl.* 6, *fig* 5, 6 et 7). Et si la même force est donnée au cadre extérieur *f*, ce n'est pas à cause de la charge que cette moise de ceinture est destinée à porter, mais à cause des rainures profondes et des diverses feuillures *a*, *b*, *c*, qui affament ce chapeau, tant aux abouts des traversines *g* ou *h*, qu'à la rencontre des bords *q* et à l'extrémité des derniers cours de madriers *k*. *Application aux caissons du Pont d'Ivry.*
Traversines maîtresses.
Planche 6.

On a au contraire maintenu à o^m.225, comme dans les anciens caissons, *Traversines intermédiaires.*

(*Note* 9) Ces conséquences pourraient aller plus loin encore ; car dans le cas où l'on serait à peu près sûr de la régularité du battage, comme dans le cas où l'on en connaîtrait les irrégularités par un plan de recepage relevé à l'avance, la totalité des traversines intermédiaires serait à supprimer ; on conçoit en effet que, même avec le battage le plus irrégulier, il suffirait d'ajouter ou quelques pieux ou quelques traversines maîtresses supplémentaires au droit des déviations importantes que signalerait le plan de recepage.

Cadre extérieur de la plate-forme.

la force des traversines de remplissage h (*fig.* 6 et 8). Ainsi, le chapeau d'en-cadrement f (*fig.* 5, 6, 7 et 8) est rejeté de près de moitié de son épaisseur en porte-à-faux,.et néanmoins la retraite extérieure de la maçonnerie tombe à l'aplomb du milieu du pieu de rive e. Cette disposition nous a paru d'un grand intérêt par deux motifs. En premier lieu, c'est le seul moyen de faire arriver les empatemens de la maçonnerie sur les pieux de rive de la fondation (*Note* 6). En deuxième lieu, il en résulte cet avantage que les moises de ceinture f couvrent plus complétement ceux des pieux de rive e qui auraient pu se déverser à l'extérieur, et que ces pieux ne forment plus écueil pour la navigation. Au Pont d'Ivry, après la pose des caissons, nous avons fait visiter par des plongeurs les pieux de rive, et nous les avons trouvés tous, ou presque tous, entièrement recouvert par la moise de ceinture des fonds de caissons.

Portée des traversines maîtresses sur les pieux de rive.

Ainsi, chaque traversine maîtresse g (*fig.* 5 et 7) ne porte pas seule-ment par un vigoureux assemblage sur la partie du chapeau d'encadre-ment à l'aplomb du pieu de rive e, mais elle repose encore directement sur ce pieu dans une longueur de $0^m.075$ en deçà de son assemblage.

Pour avoir constamment sous chaque about de traversine maîtresse au moins cette longueur de portée pleine de $0^m.075$, les enrimeurs appuyaient les pieux plutôt à l'intérieur qu'à l'extérieur de la fondation. L'examen des recepages de la première pile, rive droite (*Pl.* 5 , *fig.* 1 et 2), confirme la mise à exécution de cette recommandation.

Madriers de remplissage de plate-forme.

Ainsi encore, des madriers longitudinaux k de $0^m.125$ d'épaisseur (*Pl.* 5 , *fig.* 2 , et *Pl.* 6 , *fig.* 1, 2 et 6) recouvrent toutes les traversines de remplissage, et viennent s'abouter dans des feuillures pratiquées sur l'arête supérieure des traversines maîtresses g. Ces madriers font l'office des plates-formes placées sur les traversines des culées; ils.sont même plus épais, puisque la plate-forme des culées n'a que $0^m.11$; ils sont donc parfaitement en état de porter toute la pile avec les traversines maî-tresses g ; d'une autre part, pour la résistance de ces dernières solives g, il est bien préférable d'avoir de simples feuillures de $0^m.05$ sur les arêtes, et de conserver $0^m.35$ de hauteur sur $0^m.30$ de largeur, plutôt que de réduire ces pièces à $0^m.225$ de force, pour les recouvrir ensuite de madriers.

Chevillage en bois, Planche 6.

(41) Au surplus, afin que jamais ces madriers k n'échappent à leurs abouts, et aussi afin qu'ils relient entre elles toutes les traversines, ils sont chevillés en bois dans chaque feuillure (*Pl.* 6 , *fig.* 1 et 2) : les chevilles en cœur de chêne se conservent sous l'eau, tandis que les chevillettes en fer se rouillent et se détruisent. Ces chevilles avaient 0^m.02 de force et 0^m.30 de longueur. On les plaçait à tête-bêche, et on perçait les trous de biais, afin que la plate-forme ne pût pas se relever sans tirer obliquement sur la cheville.

On emploie également avec avantage des chevilles fendues, amorcées par un coin à leur about inférieur, et ensuite enfoncées avec force, ce qui les rend plus grosses à la pointe qu'à la tête.

(42) Les constructeurs remarqueront l'assemblage des traversines maîtresses g dans les chapeaux de rive f ($fig.$ 7). Cet assemblage, employé par nous dans quelques occasions importantes, a pour caractère un renfort ordinaire sous le tenon, et une coupe biaise supérieure destinée à empêcher ce tenon de plier en quelque sorte ou de se rompre sous la charge.

Assemblage des a-
bouts des traversi-
nes maîtresses.

Nous ajouterons que, pour la plus grande simplicité de l'approfondissement des rainures d'embarbement des traversines de remplissage h, on en a calqué le profil ($fig.$ 8) sur la partie inférieure du tenon des traversines maîtresses g ($fig.$ 7), ce qui a permis de creuser uniformément cet embarbement avec un même calibre dans la longueur entière des chapeaux de rive; on exécute ensuite, au droit de chaque traversine g, le vide de la coupe biaise supérieure au tenon de ces solives maîtresses.

Nous signalerons enfin l'assemblage f^2, avec embreuvement caché, ($fig.$ 4) de deux élémens contigus en ligne droite du chapeau f; cet assemblage est consolidé par une première plate-bande de champ traversée par les deux boulons horizontaux m, et par une deuxième plate-bande appliquée sur la face supérieure des chapeaux f, au moyen de deux boulons verticaux. L'embreuvement a pour objet d'empêcher le glissement latéral; les plates-bandes font tout à la fois moises et tirans sur les deux faces du chapeau f. Le tenon est déporté et éloigné en plan des feuillures des traversines; ces feuillures ont elles-mêmes un peu moins de profondeur vis-à-vis le tenon. Cet assemblage est d'ailleurs toujours placé entre deux pieux de fondation pour éviter la rencontre d'un about de $traversine$ $maîtresse$. Il faut enfin noyer dans le bois au-dessous du caisson la tête des boulons, laquelle sans cette précaution pourrait porter sur un pieu et faire saillie lors de l'échouage de la plate-forme.

Assemblage, en
partie droite, des
chapeaux de rive.

A l'imitation des ponts d'Austerlitz et d'Iéna, nous avons conservé les pans coupés sur les angles à l'about des caissons (*fig.* 2 et 3), avec des ceintures ou plates-bandes de fer appuyées de champ et boulonnées sur ces angles. Nous avons assemblé chaque pan coupé *R S* également à tiroir et à queue d'aronde; système du meilleur effet en exécution, parce qu'il prévient tout mouvement dans les assemblages; il en résulte une heureuse triangulation, qui résiste à cette variation de forme vers laquelle tend tout assemblage rectangulaire non triangulé. Un seul inconvénient en résulte; encore est-il facile d'y remédier : les traversines de l'extrémité du caisson, emmanchées seulement dans les pans coupés, ne sont plus qu'indirectement solidaires des deux chapeaux de rive (lesquels portent au contraire directement toutes les autres traversines); et l'about du caisson est susceptible de fléchissement et de fatigue. Lorsque le caisson porte quarrément sur les pieux de fondation, cet effet n'a pas lieu; mais il est très-sensible pendant le mouvement et lors du lançage. On y a remédié au Pont d'Ivry en appliquant (*fig.* 6) un fort piton taraudé dans l'encadrement de l'about du caisson, et en rattachant ce piton au moyen d'un tire-fond provisoire à crochet *t'* avec la première moise transversale supérieure des bords.

Boulons de tirage,
écrous à queue.
Planches 5 et 6.

(43) Nous avons aussi maintenu (*Pl.* 5, *fig.* 2; *Pl.* 6, *fig.* 1, 5 et 7) l'emploi de forts boulons de tirage *m* à chaque traversine maîtresse *g* afin d'en serrer énergiquement le tenon dans la moise de ceinture *f*; de pareils boulons *m'*, mais plus longs, et de biais ou d'équerre sur les traversines ont été appliqués (*fig.* 1) aux plates-bandes en fer des pans coupés du caisson; leur écrou était arrêté dans la deuxième traversine maîtresse; Chaque boulon de tirage a été placé immédiatement au-dessous de l'épaisseur du tenon des traversines (*fig.* 5 et 7). Les écrous de ces boulons doivent être enfoncés de 0^m.25 dans des lumières ou entailles pratiquées dans les traversines; nous nous sommes servi avec une grande commodité d'écrous à longue queue saillante au-dessus du fond du caisson. Cette queue permet de présenter l'écrou au boulon; comme elle est en fer doux, elle se reploie ensuite au marteau dans le vide de la lumière (*Note* 10).

(*Note* 10.) *Sous-détails des réglemens de compte des caissons du Pont d'Ivry.* (*Voir* pour les prix élémentaires le § (160).
Ces sous-détails, en dehors du projet de fondation primitivement supposé avec épuisemens, ont été arrêtés contradictoirement avec l'entrepreneur. Nous avions en outre réuni et étudié tous les sous-détails analogues qui avaient successivement servi de bases aux

Un dernier objet a fixé notre attention : nous avions remarqué dans certains caissons plusieurs séries de boulons de tirage parallèles à la plus

---

adjudications des caissons du Pont des Arts, du Pont d'Austerlitz, du Pont d'Iéna.

(*Nota.* Les prix de fournitures comprennent un dixième de bénéfice ; les prix de journées comprennent un dixième de faux-frais et un dixième de bénéfice.)

1°. *Chapeaux extérieurs et traversines maîtresses. Bois refait de 0.^{m}40 sur 0^m.35 avec tolérance de 0^m.08 de flache.*

Fourniture d'un mètre cube de chêne de grosseur ordinaire. 104 fr. 50 }
Un tiers de plus-value , pour dimension extraordinaire. . . . 34   83   } 139 fr. 33
Un huitième de déchet.   17   42
Façon , ouverture des rainures et gargouilles , pose des boulons de tirage :
10 jours de charpentier à 5 fr. 14 . . . . | 51   40
                                                                              | 208   15

2°. *Traversines intermédiaires. Bois refait de 0^m.225 de hauteur avec tolérance de 0^m.05 de flache.*

Fourniture d'un mètre cube. . . . .   104 fr. 50
Un huitième de déchet.   13   06
Façon et assemblage : 8 jours de charpentier à 5 fr. 14   41   12
                                                                              158   68

3°. *Plates-formes de 0^m.125 d'épaisseur.*

(*Nota.* Le sous-détail du prix de mètre quarré de plate-forme rentrait dans les usages ordinaires à ces sortes d'ouvrages ; l'ajustement, la pose et le chevillage étaient évalués à une demi-journée de charpentier ; la fourniture et façon des chevilles en cœur de chêne était payée o fr. 125 la pièce , en sus du prix de la plate-forme.)

En résumé : le fond d'un caisson présentait 66 mètres quarrés de surface , et a coûté, non compris tinglage ·

DÉSIGNATION DES OUVRAGES.	Prix.	Totaux.	Avec rabais de 10 1/2.	Par mètre quarré.
1° CHARPENTE.	fr.	fr.		
m. cubes.				
12.411 de chapeaux et traversines maîtresses.	208.15	2,583.35		
8,354 de traversines intermédiaires.	158.68	1,325.61		
m. quarrés.				
39,41 de plates-formes.	18.88	743.98		
		4,652 94	fr. 4,164.39	fr. 63.00
2°. SERRURERIE.	fr.	fr.		
157 kil. de plates-bandes en fer forgé.	1.05	164.85		
270 de boulons.	1.30	351.10		
		fr. 515.95	462.77	7.00
Total pour un fond de caisson de 66 mètres quarrés.			fr. 4627.16	
Prix réduit d'un mètre quarré d'un fond de caisson.				fr. 70.00
Et avec la suppression très-raisonnable des traversines de remplissage , le prix du mètre quarré eut été réduit à				fr. 52.00

grande dimension du caisson, pour serrer en joint les traversines les unes contre les autres, et former un système général de tirans longitudinaux. Dans d'autres caissons on paraissait avoir eu l'intention de remplacer ces tirans par cinq cours de madriers placés également sur la longueur de la plate-forme. Nous nous sommes demandé si notre système de plate-lage à cours interrompus entre feuillures, n'exigeait pas plus que tout autre un tirant longitudinal en fer d'une seule pièce placé dans l'axe du caisson.

Mais comme les chapeaux de rive d'encadrement f nous ont semblé un moisage qui ne laissait rien à désirer; comme les abouts des traversines maîtresses g ne peuvent glisser dans ces moises f, tant à cause de la coupe biaise supérieure du tenon, laquelle n'existe pas au droit des traversines de remplissage h, qu'à cause des boulons de tirage m; comme ces traversines g sont d'un équarrissage qui ne permet aucune flexion latérale, surtout avec des traversines intermédiaires h; comme les madriers k de la plate-forme sont de véritables étrésillons chevillés d'une traversine à l'autre; comme enfin rien ne tend à faire varier la position ou la forme des traversines maîtresses g, nous restons convaincu que cette précaution n'était pas nécessaire.

Tinglage des joints.

(44) Ajoutons même à l'appui de ce sentiment une dernière considération.

Pour étancher le caisson, il faut le tingler sur tous les joints; cette opération se fait avec du merrain, c'est à dire du cœur de chêne fendu à droit fil, et refait à la plane sur 0^m.08 de largeur et 0^m.02 d'épaisseur avec chanfrein sur les arêtes supérieures; on perce des trous au vilebrequin à 0^m.15 de distance au plus sur les rives de chaque latte ainsi préparée, afin qu'elle ne fende pas au cloutage; on garnit le dessous du merrain d'un peu de glaise et d'une couche de mousse; et on l'applique sur chaque joint, avec des clous en fer doux de 0^m.06 de longueur.

Or ces merrains sont tellement multipliés, tellement croisés dans tous les sens; le choix de ces bois, leurs nombreux points d'attache relient si solidement toutes les parties d'un fond de caisson, que la plate-forme peut en être réellement considérée comme d'une seule pièce (*Note* 11).

(*Note* 11.) Tous les merrains nécessaires aux quatre caissons du Pont d'Ivry ont été refendus à la journée dans les recepages de pieux qui présentaient 0^m.70 à 1^m.00 de longueur. On a substitué au merrain refendu des voliges en chêne débité à la scie, et d'une longueur

Bords des caisson·.

(45) Les bords des caissons se composent presque toujours (*), Elémens des bords d'un caisson.
comme ceux du Pont d'Ivry, (*Pl.* 5. *fig.* 2, 3 *et* 4; *Pl.* 6. *fig.* 5 *et* 6) :
1°. de poteaux montans *p* assemblés dans le chapeau de ceinture *f* du Planches 5 et 6.
caisson; — 2°. de panneaux *q*, engagés dans les rainures verticales des
poteaux montans *p*, et dans les rainures horizontales du même chapeau *f*; — 3°. de moises *r*, *s*, tant transversales que longitudinales, et
de tire-fonds *t* en fer.

Comme premières bases de ces travaux accessoires, le constructeur
doit déterminer et le nombre de garnitures de bords nécessaires, et
la hauteur de ces garnitures.

La translation et l'application des mêmes bords à plusieurs piles Nombre de garni-tures.
peut en effet s'allier avec une grande célérité dans les travaux. Au
Pont d'Ivry, nous n'avons eu que *deux* garnitures de bords, et cependant *quatre* caissons ont été lancés à l'eau dans *le même mois*. Mais,
pour obtenir un résultat aussi avantageux, il faut effectuer avec une
rapidité extrême le lançage, la mise en place des premiers caissons,
l'élévation hors d'eau de leurs maçonneries, et l'arrachage de leurs

---

de 4^m.00 sur 0^m.10 de large au nombre de 34, pour les grands joints transversaux, et pour
le pourtour de chaque fond de caisson.
Le dévelop ement des tinglages s'est composé :

Pour 4 fonds de caissons de	1,400 ^{m. cour.}	00
Pour 2 garnitures de bords de	240	00
Pour le 2°. emploi de ces bords de	160	00
	1.800 ^{m. cour.}	00

Il n'a été employé que 450 kil. de clous doux et 88 paquets de mousse pesant chacun
6 kil. 50; le paquet de mousse coûtait 1 fr. 25, prix de facture.
Pour ce tinglage nous avons fait venir quatre charpentiers de bateaux de la Haute-Marne,
ils étaient payés 5 fr. par jour. La journée s'étendait, d'après les usages, et par suite aussi
des conventions faites, depuis le point du jour jusqu'à la nuit. Du 17 juin au 2 août, c'est-
à-dire en moins de 2 mois, et en 225 jours de travail effectif, ces 4 charpentiers ont tinglé
les 4 caissons.
Le prix du merrain à part, on pourrait en conclure le sous-détail suivant pour 10 mètres
courans de joints : 2 kil. 50 de clous doux ; un demi-paquet (ou 3 kil. 75) de mousse ; un
jour un quart (15 heures de travail effectif) de charpentier de bateaux, à préparer, percer,
mousser, poser et clouer.

(*) On a cependant vu les bords du caisson de l'écluse de Froissy composés au contraire
d'aiguilles verticales et jointives. (*Annales des Ponts et Chaussées*, 1831, 1er semestre, p. 318.)

bords par panneaux; il faut, au moment où les bords reviennent sur
la berge, que les plates-formes des derniers caissons soient terminées,
tinglées et bardées sur la cale de lançage avec toutes les rainures et
mortaises préparées pour recevoir ces panneaux. Deux jours doivent
suffire ensuite pour replacer une garniture de bords, et compléter
le calfatage des coutures.

Hauteur des bords.   La hauteur des caissons, à son tour, doit être étudiée de manière
à satisfaire, avec la moindre dépense possible, aux conditions imposées
par les crues à redouter en rivière à l'époque choisie pour l'échouage
de ces batardeaux.

À Pont d'Ivry, nous avions calculé que les quatre caissons seraient
posés dans le courant de juillet; et, d'après le tableau ordinaire des hauteurs d'eau de la Seine, il était probable que la rivière baisserait à cette
époque de $0^m.50$ à $1^m.00$ au-dessus de l'étiage. Nous avions en conséquence adopté $1^m.50$ de hauteur de bords, laquelle hauteur, avec $0^m.35$
d'épaisseur de plate-forme, formait $1^m.85$ d'élévation totale, c'est-à-
dire $1^m.10$ au-dessus de l'étiage, puisque le plan de recepage était à $0^m.75$
sous les basses eaux (*Pl.* 6. *fig.* 5 et 6.)

Autres détails uti-   (46) Ces questions fondamentales une fois résolues, nous croyons
les.   ne devoir signaler qu'un petit nombre de questions accessoires.

1°. Les abouts inférieurs des poteaux montans *p* ne doivent s'encastrer dans le chapeau *f* du caisson que par un simple embreuvement
d'une profondeur au plus égale à celle des rainures des bords; il ne faut
point y ajouter de tenon : une addition de mortaise, une plus grande
profondeur d'encastrement affaiblirait inutilement la moise de ceinture;
et telle est en effet la pression exercée par les tire-fonds, et la solidité
des tinglages intérieurs, que tout constructeur, familiarisé avec ces
sortes d'ouvrages provisoires, ne craindra pas de réduire encore la
profondeur de $0^m.06$ que nous avons donnée à ces entailles.

2°. Les bords du caisson n'ont pas besoin, comme la plate-forme,
d'être composés de bois de première qualité; on peut, on doit au contraire
y employer, avec leur aubier et à leur état demi-brut, les dosses, croûtes
et autres bois de sciage de qualité inférieure. Il en résulte à la vérité un
ouvrage en apparence grossier et défectueux, mais la dépense est

moindre, et la durée des matériaux satisfait toujours et au delà à l'emploi éphémère de ces batardeaux.

3°. Il est nécessaire de relier fortement avec des barres extérieures, tant verticales que diagonales, les bordages des diverses travées de bords, afin que chaque panneau puisse s'arracher *tout entier*, et qu'on n'ait à tingler, lors de la repose de ces bois, que les coutures d'assemblage des panneaux, tant avec les poteaux montans qu'avec le fond des caissons.

4°. Pour éviter de laisser sous l'eau, au pourtour du fond du caisson, des crampons saillans destinés à accrocher la partie inférieure des tire-fonds, nous nous sommes borné à pratiquer une simple entaille dans le chapeau de rive à l'extérieur du caisson; on y engageait l'extrémité disposée à crochet du tire-fond t (*fig.* 9); mais ce crochet doit être renforcé avec soin, afin de résister lorsque, avec les vis de tirage, on serre toutes les moises et partant tous les bords dans leurs rainures inférieures.

5°. Aucun de ces tire-fonds n'a manqué, et néanmoins dans la prévision de cet accident, et pour suppléer à une de ces tiges verticales, on avait préparé deux vigoureux serre-joints, qui eussent au besoin accroché ensemble et le dessous du caisson, et la moise supérieure privée de son tirant.

Mouvement et mise en place des caissons.

(47) La marche que nous avons adoptée pour la mise en place d'un caisson peut se résumer ainsi qu'il suit :

Ordre et ensemble des opérations nécessaires.

Établir et assembler les bois le plus près possible de la cale de lançage; transporter sur rouleaux jusqu'à cette cale le fond entier du caisson tout tinglé; mettre en place les bords et tingler ces parois; lancer le caisson de travers, en ne lui faisant parcourir à grande volée que l'espace nécessaire pour le mettre à flot; conduire le caisson à une cale d'embarquement du chantier de pierre de taille, laquelle cale doit être située en aval du pont en construction; y faire barder et poser les premières assises de la pile jusqu'à concurrence du tirant d'eau observé sur la tête ou plan de recepage des pieux de fondation; faire remonter le caisson au droit de la pile à laquelle il appartient; l'y fixer invariablement, soit dans des coulisses, soit au moyen d'amarrages; achever de le charger; vérifier s'il porte quarrément sur tous les pilotis; et enfin en démonter les bords.

Bardage des fonds
de caissons entiére-
ment achevés, et
munis ou dégarnis de
bords.

(48) *Mouvement.* Au Pont d'Ivry, le chantier de charpente n'était séparé de la cale de lançage que d'une centaine de mètres au plus; ce chantier présentait un vaste hangard très-commode pour établir les bois, tandis
qu'au contraire le bord de la Seine, au droit de la cale, était embarrassé
par le halage ordinaire de la navigation; dans ces circonstances nous
nous sommes proposé d'économiser la double main-d'œuvre nécessaire
pour le démontage des bois au chantier, et pour leur réassemblage sur
le bord de la rivière.

C'est dans ce but que les deux premiers caissons, après avoir été entièrement achevés et tinglés au chantier, ont été bardés sur huit rouleaux de
chêne, lesdits rouleaux armés de frettes et garnis de lumières à leurs
extrémités, afin qu'on pût y barrer des leviers, à la manière des treuils de
chèvre. Pour ce transport il a fallu établir de niveau un chemin de service, tout en madriers longitudinaux, du chantier à la rivière; on levait
ensuite sur cales et sur rouleaux le caisson, on le redressait suivant les
diverses directions à parcourir, et on le maintenait toujours de niveau,
pour éviter des torsions dans les assemblages. Au surplus nous avons
remarqué que, même pour les caissons d'une médiocre grandeur, comme
ceux du Pont d'Ivry, toutes ces manœuvres sont d'une pénible exécution.
Aussi avons-nous adopté une autre marche pour les caissons des troisième et quatrième piles.

On se rappelle que les bords à appliquer à ces deux derniers caissons
étaient les mêmes garnitures que pour les deux premières piles de la rive
droite.

Après avoir terminé, ferré et tinglé au chantier les fonds de ces caissons, nous les avons bardés sur les rouleaux jusqu'à la cale de lançage.
Là ils ont reçu leurs bords et ont été immédiatement mis à flot (*Note* 12).

Dans certaines circonstances, lorsque par exemple le chantier est
beaucoup trop éloigné de la rivière, le bardage d'un fond de caisson tout
entier n'est pas possible; mais c'est une chose regrettable; car, à en juger
par le Pont d'Ivry, il y a généralement de l'avantage à adopter ce parti :
il épargne le bardage à l'épaule des pièces colossales d'un fond de caisson;

(*Note* 12.) Pour barder les deux premiers caissons avec leurs bords à 250^m.00 de distance,
et pour les lancer à l'eau, il a fallu 190 jours de charpentier et 130 jours de coltineur.
La dépense s'est réduite, pour le bardage des fonds seulement des 3e. et 4e. caissons (même
distance), à 35 jours de charpentier et 30 jours de coltineur.

il dispense de désassembler et de réassembler les bois, opération qui exige assez de temps, et qui a l'inconvénient de donner du jeu dans les mortaises ou d'éclater les tenons; il affranchit enfin de tout encombrement au droit de la cale de lançage, pendant l'assemblage des bois, la pose des fers, le chevillage et le tinglage de la plate-forme de chaque caisson.

(49) *Lançage des caissons.* On donne ordinairement au lançage des caissons une sorte d'appareil propre à piquer la curiosité du public; et pour que l'opération présente plus d'intérêt, on laisse à la cale une assez notable étendue, que le caisson doit parcourir à toute volée.

Il en résulte la nécessité de régler les cales suivant des pentes de 0^m.075 à 0^m.10 par mètre, et de donner à toutes les coulisses une grande stabilité, ce qui en accroît beaucoup la dépense.

Au contraire, en lâchant le caisson sur cordes le long de la cale, et en ne le laissant partir à toute volée que sur les derniers mètres de sa course, il a suffi au Pont d'Ivry d'une cale de quinze mètres de longueur sur une hauteur de cinq mètres à franchir, c'est-à-dire avec une pente, (avec un talus plutôt) de trois pour un. Cette cale avait une largeur de 18^m.00 pour recevoir le caisson en travers avec un certain jeu à ses deux abouts.

Sur cette étendue de 18^m.00, il n'a été placé que trois cours de solives longitudinales appuyées sur le terrain; les diverses pièces composant chaque cours étaient boulonnées ensemble latéralement. .

Il n'a fallu rendre fixe que le dernier cours inférieur de longrines, en boulonnant ces pièces avec de petits pieux enfoncés presqu'à fleur du sol, et par conséquent plus bas que le plan de glissement.

La pose de ces coulottes n'a exigé, au Pont d'Ivry, que dix journées de charpentier.

Le caisson n'est descendu à toute volée que sur le dernier tiers de sa course. Comme il se lance toujours sur son travers, on avait eu soin d'étrésillonner les bords dans l'intérieur par trois croix de Saint-André distribuées sur la longueur du caisson et appuyées sur les poteaux montans. Un charpentier était à bord, pour réparer à l'instant même les gerçures que le mouvement et le lançage peuvent occasioner dans les coutures et tinglages.

Au demeurant, avec la précaution de prolonger en rivière le dernier cours de longrines et de n'avoir ni entailles ni chevillettes sur la coulisse, il

Lançage à l'eau, méthode économique.

ne faudrait nullement s'inquiéter si le caisson restait en route lors de sa dernière course ; car avec des crics, sur les coulisses qu'on a eu soin de savonner (dans cette partie seulement), on fait sans peine avancer et flotter le caisson.

Chargement du caisson (flottant) en maçonneries et en matériaux.

(5o) *Chargement du caisson.* Nous avons considéré le caisson comme un bateau de transport ; on l'amenait près de la berge du chantier de pierre de taille, on posait et on arasait en maçonnerie de moellon l'assise courante en pierre, formant le premier empatement de chaque pile.

Comme le caisson est susceptible d'inflexions lors de la pose des pierres, il faut toujours le maintenir de niveau à ses quatre angles, et jalonner constamment d'un angle à l'autre, pour poser la pierre et la maçonnerie de remplissage sans faire gauchir le fond.

Avec cette première charge, le caisson ayant encore une flottaison moindre que la hauteur d'eau sur le plan de recepage, on bardait à bord presque la totalité de la deuxième assise courante en pierre, mais sans la sceller, dans la crainte d'une baisse en rivière.

Conduite en place.

Nous avons ainsi halé chaque caisson en place ; cette manœuvre, qui demande une attention extrême, doit s'exécuter de l'*aval* à l'*amont* ; car une corde peut rompre, et il ne faut pas s'exposer au danger de voir le caisson tomber à la dérive sur les échafauds du pont.

Pose sur les pieux de fondation.

(51) *Mise en place.* Le caisson entre ainsi d'aval au milieu des deux lignes de pieux d'échafaud de la pile.

On achève de le charger, soit en posant et garnissant la deuxième assise et les assises suivantes, soit par une accumulation de pierres et de moellons non posés.

Vérification ; déchargement et déplacement de caisson en cas d'irrégularité.

Lorsqu'on s'aperçoit que le caisson est presque rendu sur les pieux, on s'assure par des plongeurs qu'il porte à l'extérieur sur tous les pilotis ; on examine si le fond du caisson, si les assises courantes sont sans inflexions et parfaitement de niveau au pourtour entier de la pile.

Découvre-t-on quelques irrégularités, on multiplie les plongeages au point signalé, à l'aide d'une perche fichée dans le sol, et le long de laquelle descend et remonte le plongeur.

Si le caisson ne porte pas sur certains pieux, on augmente la charge au droit de ces pieux : si, avec une charge notable, on ne parvient pas à rapprocher le caisson du pieu, on est conduit à supposer l'existence d'un obstacle insurmontable.

On décharge alors le caisson, on le déplace ; on visite les pieux et enrochemens qui entourent le point où la pose a éprouvé quelque imperfection, et ce n'est qu'après avoir fait disparaitre la cause du mal que l'on ramène le caisson.

L'habileté du constructeur consiste autant à prévenir ces fâcheuses mains-d'œuvre qu'à parer aux accidens qui se jouent quelquefois de tous les soins possibles. Au Pont d'Ivry, avant le démontage des bords, on a vérifié, au moyen de plongeages repétés, la juxta-position parfaite du fond du caisson sur la tête de chaque pieu extérieur de fondation ; on a compté 1,200 plongeages pour les quatre piles (*).

(52) *Démontage des bords.* Lorsque, comme au Pont d'Ivry, on fait économie de hauteur de bords, il arrive quelquefois que les moises transversales et longitudinales du caisson deviennent gênantes pour la pose de la dernière assise à fleur d'eau.

Démontage des moises. Arrachage des bords.

On peut alors ôter, mais avec précaution et successivement, les moises et par conséquent les tire-fonds, et se borner à étrésillonner les bords sur les assises posées.

L'expérience nous a du reste prouvé que par suite du renflement des bois dans les feuillures, et de l'addition des tinglages, les bords sont tellement adhérens à la plate-forme, qu'aucun panneau n'a fait voie d'eau, et qu'il a fallu même un grand effort pour en opérer l'arrachage après l'achèvement des maçonneries.

Pour effectuer cette dépose sans faire éclater le madrier engagé dans les rainures, il faut encore, avant d'introduire l'eau, commencer par fendre le tinglage ou chanlatte qui réunit les bords au fond du caisson. On perce ensuite des trous de lacerés dans les poteaux montans des bords, et on y passe de forts boulons en travers. Puis, on démoise le caisson, on démonte successivement tous les tire-fonds, et au moyen de crics appuyés sur l'échafaud extérieur de la pile et de chaines embrassant les boulons, on enlève aisément les bords ; souvent même on retire deux et trois panneaux à la fois.

On doit avoir soin de charger les bords sur bateaux pour les reporter à

(*) Chaque plongeage était payé o fr. 25.

terre , car ces bois sont fondriers, et l'on ne peut guères les passer à la remorque d'un batelet conduit avec aviron (*).

Le placement des premières garnitures de bords sur de nouveaux caissons s'est opéré avec promptitude et facilité; il n'y a eu , en quelque sorte , aucun déchet dans cette double pose.

5°. MAÇONNERIES.

Dimensions , formes et épaisseurs.

Épaisseur et longueur des piles.
Planches 1, 7, et 9.

(53) Les quatre piles du Pont d'Ivry , projetées pour recevoir par la suite des voûtes en maçonnerie, présentent comme épaisseur un caractère de force et de résistance que n'ont pas ordinairement les piles d'un simple pont en charpente.

Cette épaisseur a été fixée à 3^m.00 à fleur de l'étiage , c'est-à-dire au pied de la pile , et à 2^m.75 au niveau des naissances des arches du Pont (*Note* 13).

(*) Un marinier , lors de la crue de juillet 1828 et par une vitesse assez grande en rivière , crut pouvoir remorquer ainsi un double panneau de bords; il fut entraîné fort loin et faillit sombrer contre un trait de bateaux montans , qui se croisait alors en aval de l'arche navigable avec un margotat chargé descendant ; nous étions seul avec le marinier sur le batelet si dangereusement menacé , nous parvînmes cependant à la rive gauche de la Seine avec les bords que nous avions eu l'imprudence de flotter après nous ; mais nous nous sommes promis de profiter de la leçon.

(*Note* 13.)

1°. *Tableau comparatif des dimensions de divers ponts sur la Seine.*

DÉSIGNATION DES PONTS.	PILES.			ARCHES EN ARC DE CERCLE.		NATURE DE CONSTRUCTION DES ARCHES.
	Hauteur entre les retraits inférieures et à la naissance des arches.	ÉPAISSEUR.		Ouverture.	Flèche.	
		au pied.	au sommet.			
	mèt.	mèt.	mèt.	mèt.	mèt.	
Pont d'Austerlitz en amont de Paris. .	7.00	3.50	3.00	32.36	3.236	En fer.
Pont d'Iéna en aval de Paris.	6.20	3.50	3.00	28.00	3.40	En pierre.
Pont de Rouen. . .	6.25	3.60	3.00	6.00 / 31.00	3.25 / 4.20	En pierre.
Pont d'Ivry	5.50	3.00	2.75	21.25 / 22.50 / 23.75	3.05 / 3.34 / 3.617	En charpente d'abord, pour être reconstruit par la suite en pierre.

2°. *Calcul de la charge des assises inférieures du Pont d'Ivry dans l'hypothèse où les arches seraient reconstruites en pierre.*

La surface de la 1re assise basse de 10^m.80 de largeur entre les têtes et de 3^m.00 d'épaisseur est de. . . . . 314$^{m.quarrés}$.00

Le poids total d'une pile et d'une arche est au maximum (*Note* 7) de.   2,371,500 $^{kilog.}$

Pour diminuer le plus possible la longueur des piles, on a placé à l'aplomb *du dehors même des parapets*, le nu du corps quarré supérieur et le *centre* des avant et arrière-becs (*Pl.* 7 , *fig.* 1 , 2 et 4).

La longueur du corps quarré a été donnée par cette condition : d'obtenir, au delà des fermes de tête, un champ de maçonnerie d'une largeur en harmonie avec les autres masses du travail ; ce champ est de 0^m.775 au Pont d'Ivry ; il est suffisant, mais c'eût' été se préparer des regrets que de le réduire.

Il en est résulté 10^m.80 de corps quarré, et cette base première, combinée avec les diverses épaisseurs, fruits et retraites du profil en travers , a déterminé les plan et tracé de chaque assise.

D'un autre côté, dans la coupe en travers du pont, les champs de maçonnerie extérieurs à la charpente sont couronnés par des parapets de même épaisseur.

Du reste, comme le pont est en pente, et qu'ainsi les deux premières piles près des culées sont moins élevées que celles qui accompagnent la troisième arche, il en résulte pour celles-ci une assise de plus de hauteur. *(Hauteur différente des piles ; évidement à leur partie supérieure.)*

Dans l'élévation générale du pont, les piles ont aussi leur couronnement et leurs parapets rampants suivant la pente du plancher.

Enfin ces piles (*Pl.* 7, *fig.* 2 , 3 , 4 et 5 ; Pl. 11 , *fig.* 1) sont montées pleines en maçonnerie sur les têtes d'amont et d'aval du corps quarré, mais le massif en est évidé sur la hauteur ensemble, et de la plinthe *s* à deux membres et de l'assise *r* de 0^m.40 de hauteur qui la supporte ; ces deux hauteurs *(Planches 7 et 11.)*

Ce qui donne { d'un mètre quarré. . . . . 75,525 $^{kileg.}$ 00
pour la charge { de chaque surface en quarré de 0^m.05 de côté (0$^{m. quar}$.0025.)   188, $^{kileg.}$ 75

On sait que d'après les expériences faites à la suite des dissertations relatives à la résistance des piliers du dôme du Panthéon à Paris, on trouva que la dureté de la roche de Châtillon (la même qu'on a employée au Pont d'Ivry) donnait pour limite de l'écrasement (*).
Sur une surface de {1^{ere}. qualité. . . 4,320 ^{k} | par mètre superfi- {1^{men}. qualité. 1,728,000^k
0^m.q.0025. . . . {2^{me}. qualité. . . 3,029 | ciel. . . . . . {2^{me}. qualité. 1,211,600

(*) La charge des piliers du dôme du Panthéon est de :
Sur une surface de 0^m.q.0025. . . . . . 736^k.   et par mètre superficiel. .   . . . . . 294,150 ^{k}.
   La charge des piliers du dôme des Invalides est de :
Sur une surface de 0^m.q.0025. . . . . 369^k.   et par mètre superficiel. . . . . 147,826 ^{k}.

d'assise répondent en effet à l'épaisseur des longerons et du plancher ; au moyen de cet évidement les bois sont isolés de la maçonnerie.

Pour atteindre ce même but (*Pl.* 12, *fig.* 2), les carreaux de remplissage en assise courante entre les longerons *g* sont à 0^m.05 d'écartement de ces solives. De là une claire-voie et des courans d'air qu'on ne ne saurait trop multiplier sous le plancher pour la conservation des bois.

Appareils en pierre de taille.

(54) De même que pour les culées (24), il n'a été employé de pierre de taille pour les piles du Pont d'Ivry que sur les paremens menacés de chocs ou de fatigue, sur les arêtes, sur les couronnemens, et aux points où viennent s'appuyer les diverses pièces de charpente (*Pl.* 7, *fig.* 2, 3, 4, 5 et 6). Ainsi , pour résister aux glaces, aux chocs des bateaux, on a mis en pierre la totalité des avant et arrière-becs (appareils et chaines *l*) ; aux quatre angles du corps quarré supérieur, il a été disposé une chaine *m*, *m*² formant parement sur les deux faces contiguës de la pile ; pour former les arêtes des retraites inférieures d'empatement de la pile, il a été placé deux assises courantes *o*¹ *et o*². Ainsi, on a couronné en pierre tant les avant et arrière-becs des piles, que le pourtour entier de la partie supérieure du corps quarré (appareils *p et q, r et s*), et, pour présenter, comme résistance, des blocs de pierre considérables au point le plus menacé, le chaperon *q* de chaque pile n'a été composé que de deux morceaux égaux et symétriques (*fig.* 6) qui se prolongent de manière à former la première assise (sur l'angle) de la chaine montante *m* (*). Ainsi, pour recevoir les abouts et retombées des sept fermes, on a élevé sur chaque parement latéral des piles sept chaines verticales *n*, absolument semblables en longueur d'appareil et en épaisseur de queue, aux chaines analogues des culées (24).

Comme dispositions de goût, on a réuni en une seule chaine *m*, appareillée sur 1^m.15 à 1^m.35, la chaine d'angle du corps quarré avec la première chaine destinée à recevoir la ferme de tête ; on a encore pro-

---

(*) Ces 16 morceaux de pierre , de 2^m.00 de longueur sur 1^m.65 de large, ont été difficiles à trouver en roche parfaitement saine ; il a fallu en rebuter plusieurs , même après la taille entièrement achevée.

Il serait juste d'estimer à la pièce , en dehors des sous-détails ordinaires, et avec quelques avantages particuliers , ces morceaux de sujétion.

longé sur la longueur entière de la pile le bandeau *p* des avant et arrière-becs, de manière à former en quelque sorte coussinet ou point d'arrêt sous les retombées des fermes en charpente. Mais aussi, par économie, on a supprimé toute chaine intermédiaire verticale entre les avant et arrière-becs, et l'on n'a prolongé en partie droite au delà du point de centre, que sur 0^m.5o à 0^m.3o de longueur, l'appareil *l* des avant et arrière-becs.

Diverses écono-mies de pierre.

(55) Il a fallu encore étudier les hauteurs d'assises du dessous du bandeau, et celles du corps quarré des piles, tant hautes que basses, afin de maintenir entre 0^m.4833 et 0^m.5066 toutes les hauteurs d'appareil.

Études de détails et de goût.

La disposition variée et pourtant régulière des carreaux et boutisses visibles dans l'élévation latérale, et dans l'élévation de face de la pile, a aussi demandé quelque attention.

Il en a été de même pour ces assises courantes obligées sur une face de la pile qui, par un artifice d'emmanchement, sont devenues de simples chaines sur l'autre face; ainsi, l'assise *q* du chaperon forme assise courante dans l'élévation de face, et redevient chaine sur l'élévation latérale; ainsi, dans l'élévation latérale, l'assise *r* au-dessous de la plinthe couronne la maçonnerie à la hauteur des longerons, et cette même assise redevient une simple chaine sur l'élévation de face.

(56) Le rang supérieur *VX* de moellon de la maçonnerie de la pile, lequel affleure le dessous de l'assise *r* (*Pl. 7, fig.* 3 et 5), a été recouvert par un très-fort rejointoyement formant une espèce de renformis en mortier hydraulique. Les claires-voies (*Pl.* 12, *fig.* 2), laissées aux abouts des carreaux en pierre de l'assise courante de remplissage entre les longerons *g*, forment barbacanes, pour le cas où des eaux pluviales viendraient à percer le plancher et à tomber sur la pile.

Renformis hy-drauliques sur les piles.
Planches 7 et 12.

Service, approche des matériaux.

(57) Nous nous sommes imposé, par économie, la privation d'un pont de service général ou partiel pour le bardage de la pierre de taille aux quatre piles du pont.

Marche économi-que pour le bardage de la pierre.

Toute la pierre a été bardée au chariot jusqu'à l'embarcadère, et puis chargée sur barquettes; la barquette était conduite à la pile; le mode de déchargement a varié suivant la hauteur des maçonneries au-dessus de l'eau. Jusqu'à la huitième assise des avant et arrière-becs, on a conduit la pierre avec des rouleaux sur des plats-bords plus ou moins inclinés de la barquette au tas. Au delà de la huitième assise, il a été employé une très-haute potence verticale appuyée et fixée au parement de la pile avec de forts colliers en fer, ou moises en bois scellées dans les maçonneries; cette potence était garnie à son nez d'une poulie; un treuil à engrenage était établi sur l'ancien échafaud de pilotage, et les barquettes étaient successivement déchargées par cette espèce d'engin; cette méthode est bonne, lorsqu'on a soin de donner à la potence une grande hauteur au-dessus des dernières assises de la maçonnerie; il faut en effet pouvoir ramener facilement sur le tas les pierres de l'assise supérieure, sans trop faire dévier de la verticale la corde de tirage. C'est de cette manière que les bandeaux, chaperons et autres assises supérieures ont été bardés. On a interrompu le bardage de la pierre lorsqu'on est arrivé à l'assise *r* au niveau des sous-poutres des fermes en charpente. Cette dernière assise de couronnement *r*, la plinthe *s* et les parapets *t* n'ont même été posés qu'après l'achèvement du premier plancher, afin que l'on pût transporter les pierres au chariot, au moyen de simples plats-bords formant chemin de service sur les pièces de pont (77).

Bardage du mortier, du moellon, de la meulière.

Le moellon, la meulière et le mortier ont été roulés à la brouette ou conduits en bateau au pied de la pile.

Une fois à pied d'œuvre, le mieux eut été d'organiser des écoperches et des paniers pour monter ces matériaux; au Pont d'Ivry, nous avons été frappé de la perte qu'a faite l'entrepreneur, en s'obstinant à faire tout monter à l'épaule. On sait que les moellons et meulières sont alors transportés par l'atelier tout entier formant chaîne le long d'une échelle; chaque moellon passe quelquefois dans trente mains différentes, et la perte de temps de chaque ouvrier doit ainsi être multipliée par le nombre total des travailleurs.

Un entrepreneur intelligent prévient cet inconvénient grave en divisant ses ateliers par petites sections, et en isolant autant que possible la besogne de chaque ouvrier; de cette manière non-seulement le temps perdu n'est qu'individuel, mais on se réserve la possibilité de donner la plupart des ouvrages à la tâche, et de distinguer dans les travaux à la journée les ouvriers les plus laborieux.

TRAVÉES EN CHARPENTE.

1°. DISPOSITIONS ET DIMENSIONS GÉNÉRALES.

(58) On a disposé le Pont d'Ivry en pente (*Pl.* 1 et 2, *fig.* 1), afin que, sans trop sur-hausser les abords des culées, on obtint une ou plusieurs arches assez élevées pour le libre passage des bateaux haut-chargés, lors des grandes eaux navigables.

Ordonnance des
arches.
Planches 1 et 2.

Rien ne commandait d'ailleurs sur l'une ou l'autre rive le niveau des abords, ce qui a permis d'adopter deux culées de même hauteur, et par conséquent une ordonnance d'arches symétriques à partir de ces culées.

Enfin les naissances de toutes les travées ont été placées sur une même ligne de niveau, pour que les charpentes inférieures se trouvassent uniformément à l'abri et des submersions lors des crues, et du choc des glaces. De ces conditions est résultée la nécessité de faire varier, mais régulièrement, la flèche des diverses arches. Quant à leur courbure en arc de cercle sur l'intrados, on avait à choisir entre ces deux partis : ou d'assigner à toutes les arches une ouverture égale, auquel cas les rayons eussent différé les uns des autres, et les courbes présenté des disparates sensibles ; ou d'adopter des cordes inégales, ce qui permettait de tracer les cinq intrados avec des rayons presqu'égaux. Ce dernier mode, en donnant des arcs pour ainsi dire semblables, présente des dispositions harmoniques pour toutes les arches; nous l'avons préféré.

(59) Trois bases essentielles restaient à fixer : la hauteur des naissances au-dessus de l'étiage, la hauteur des arches sous clef, le rapport entre la flèche et la corde de l'arc intrados de chaque travée.

Pour la hauteur des naissances, et attendu que ce niveau est précisément le point de départ des charpentes, on a adopté une ligne horizontale assez relevée pour mettre les abouts inférieurs des bois à l'abri tant des inondations ordinaires que des glaces; de nombreuses

Hauteur des naissances.

observations sur les débâcles de la Seine avaient fait adopter la cote de 6 mètres au-dessus de l'étiage (*Note* 14). Cette hauteur répond, avec un excédant de 0^m.20, au niveau minimum de 5^m.80 arrêté pour les chaussées des routes neuves exécutées en remblais aux abords du pont dans les plaines basses de Maisons-Alfort et d'Ivry.

Hauteurs sous clef. Pour la hauteur sous clef nécessaire à la navigation, nous nous sommes réglé sur les ponts déjà construits, et qui satisfont le mieux, en toute saison, au passage des plus hauts chargemens; c'est ainsi (*Pl.* 2, *fig.* 1) que nous avons établi les travées de charpente du Pont d'Ivry à 9^m.00, 9^m.34 et 9^m.617 au-dessus de l'étiage en nous guidant sur la hauteur moyenne de 9^m.50 du Pont d'Iéna (*), hauteur qui nous a semblé suffisante pour répondre non-seulement aux besoins du moment, mais encore aux vœux à venir du commerce.

Ouvertures et flèches des arches. On avait du reste arrêté, que comme flèche on ne dépasserait pas sensiblement le septième de la corde ou de l'ouverture de chaque arche (**). On a en conséquence adopté les flèches et ouvertures suivantes.

	Ouvertures.	Flèches.
1re. et 5e. arches près les culées.	21.25	3.00
2e. et 4e. arche.	22.50	3.34
3e. arche (ou du milieu).	23.75	3.62

Pentes du Pont. Ces flèches et ouvertures ont permis de conserver une épaisseur toujours égale à la clef des fermes pour les cinq arches, et de régler cependant l'extrados des travées de charpente, dans la longueur entière du pont, suivant deux pentes symétriques, raccordées à leur sommet par un arc de parabole; chaque pente, de 0^m.014 par mètre, règne, à partir de la culée jusqu'à l'arche du milieu; la parabole de raccordement

---

(*Note* 14.) Les débâcles de la Seine, près Paris, ont lieu avec des hauteurs d'eau et des circonstances singulièrement variées : la débâcle de 1822 s'est effectuée à 1^m.30 au-dessus de l'étiage, avec baisse en rivière ; la débâcle de 1821 a eu lieu avec 2^m.80 de hauteur d'eau, et avec une crue de 2^m.30 en 48 heures, c'est-à-dire avec une hauteur totale de 5^m.10. Enfin la débâcle de 1820 s'est opérée à la hauteur de 5^m.50, favorisée par une baisse de 2^m.50 en quatre jours.

En 1830, un an après l'achèvement du Pont d'Ivry, la débâcle eut son cours à une hauteur qui dépassait celles données par toutes les observations antérieures ; ce départ de glace affleura précisément le niveau des naissances du nouveau pont (6^m.00 au-dessus de l'étiage.)

(*) Sur la Seine également, mais en aval de Paris, en face de l'École militaire.

(**) Un avis du Conseil général des Ponts et Chaussées avait mis cette condition à l'adoption du projet. (*Décision du Directeur-général, du* 2 *mars* 1827.)

tangente aux deux pentes de o^m.o14, présente une corde de 23^m.75 égale à l'ouverture de l'arche milieu, et une flèche de o^m.o83 égale à la demi-hauteur du triangle qu'eussent formé les prolongemens en ligne droite des deux pentes du Pont.

(6o) Chaque arche ou travée en charpente présente, comme ossature, sept fermes de o^m.25 de force ou de largeur en plan, et espacées de 1^m.5o de milieu en milieu (*Pl.* 8, 9, 10, 11 et 13, *fig.* 1).

Composition des travées en charpente.
Planches 8, 9, 10, 11, et 13.

Chaque ferme a été composée : 1°. *à l'intrados*, de trois cours jointifs d'arbalétriers courbes, contigus bout à bout, tous d'une égale hauteur, et disposés concentriquement en arc de cercle ; 2°. *à l'extrados*, d'un cours de longerons, appuyé tant sur les piles ou culées que sur le sommet de chaque travée d'arbalétriers courbes, et soulagé à chaque retombée d'arche par des sous-poutres et des contre-fiches ; 3°. *Sur la hauteur de chaque travée*, de moises pendantes et de brides en fer, toutes concourant au centre de courbure, et destinées à former en quelque sorte les joints montans ou armatures nécessaires à la solidarité parfaite de l'intrados et de l'extrados.

Les sept fermes de chaque travée sont reliées et butées ensemble (*Pl.* 8 *et* 13, *fig.* 1), 1°. par des moises doubles horizontales, 2°. par des contrevents à cours interrompus diagonaux et rampants.

2°. ÉPURES.

(61) Les cinq arches en charpente du Pont d'Ivry ont été établies sous un vaste hangard construit à cet effet par l'entrepreneur au milieu de son chantier.

Pour tracer l'épure de chaque arche, on a calculé le rayon de courbure de l'intrados. On connaissait (*Pl.* 2, *fig.* 4), la flèche f et la demi-corde c de chaque arche, on connaissait par conséquent le rayon de l'arche $r = \dfrac{c^2 + f^2}{2\,f}.$

Épure en arc de cercle à l'intrados.
Planche 2.

Au moyen de ce rayon et d'un point de centre pris sur une des lignes magistrales de l'épure, on traçait l'intrados de chaque arche avec un énorme trusquin, ou règle à pivot d'une longueur égale au rayon de courbure de chaque travée.

Pour s'assurer de ce premier tracé, on vérifiait par points, c'est-à-dire par abscisses et par ordonnées, l'intrados de chaque arche :

13.

Soit r le rayon de courbure,

d la différence du rayon à la flèche de l'arc,

x l'abscisse rapportée au centre du cercle,

y l'ordonnée $= \sqrt{r^2 - x^2}$

Si l'on appelle h la portion d'ordonnée située en contre-haut de la corde (*fig.* 2 et 3),

On a : $h = y - d = -d + \sqrt{r^2 - x^2}$

On avait ainsi calculé toutes les valeurs de h :

1°. Pour obtenir de mètre en mètre les points principaux de chaque intrados, en faisant successivement $x = 1^m.00$, $2^m.00$, $3^m.00$, etc.

2°. Pour établir, au moyen de points rapprochés de $0^m.10$ en $0^m.10$, des règles de 2 mètres environ de longueur, en faisant successivement $x = 0^m.10$, $0^m.20$, $0^m.30$, etc.

Ces règles permettaient de compléter le tracé de l'intrados entre les points principaux calculés de mètre en mètre.

L'intrados ainsi vérifié, on traçait les courbures concentriques des arbalétriers jointifs, et les axes (concourant au centre de courbure) des différentes brides en fer ou moises pendantes de chaque ferme; il est inutile d'ajouter que, ces lignes une fois données, le reste de l'épure en dérivait.

Épure en arc de parabole à l'extrados. Par une méthode analogue on a déterminé (*fig.* 5 *et* 7) la parabole suivant laquelle devaient être débitées en sciage les faces supérieures et inférieures des longerons formant l'extrados de l'arche milieu.

Si cet arc de parabole avait été d'une flèche plus accentuée, on aurait pu le décrire comme les courbes de raccordement des routes :

1°. En divisant par moitié la ligne ab menée du sommet a du triangle man, au milieu b de la base mn, ce qui donne le sommet e de la courbe;

2°. En traçant par le point e la ligne oq parallèle à la base mn, et en divisant de même par moitié la ligne ol menée du sommet o au milieu de la base me, ce qui donne le point i^2,

3°. En traçant semblablement par le point i^2 la ligne gk parallèle à la base me, pour obtenir de même dans les triangles mgi, i^2ke les milieux i^1, i^3 des lignes gw et ku, etc.

Lesquels points i^1, i^2, i^3, etc., donnent la courbe cherchée *men*.

Mais, avec une flèche de $0^m.083$ seulement, ces procédés graphiques deviennent d'une approximation trop imparfaite, et il est nécessaire de tracer la courbe par points, au moyen d'ordonnées exactement calculées.

On s'est donc servi de l'équation de la parabole rapportée à l'extrémité de son diamètre, c'est-à-dire au sommet e (*fig.* 7) de l'arche, ce qui supposait les ordonnées y parallèles à la corde mn, et les abscisses x parallèles à la flèche de courbure eb.

Dans l'équation de la parabole $y^2 = 2\,px$, on a trouvé $2\,p = 1699^m.036$ en faisant y égal à la flèche de la courbe de raccordement, flèche que l'on a supposée toujours $= ab = 0^m.083$.

Soit donc $2\,p = 1699^m.036$,

f la flèche de l'arc $= 0^m.83$,

$y =$ l'ordonnée parallèle à la corde de l'arc,

$x =$ l'abscisse parallèle à la flèche de la parabole.

Si l'on appelle h la hauteur du point de la courbe prise au-dessus de la corde de l'arc, suivant des lignes normales à cette corde ;

On aura : $h = f - x = f - \dfrac{y}{2p}$.

On a calculé ainsi les valeurs de h, en supposant (*fig.* 6) successivement $y = 1^m.50$, $3^m.00$, $4^m.50$, etc., c'est-à-dire pour des écartemens réguliers de $1^m.50$ à partir du point milieu de l'arche ; ce sont ensuite les diverses ordonnées h^ι, $h^{\iota\iota}$, $h^{\iota\iota\iota}$, $h^{\iota\nu}$, (*fig.* 6) que l'on a rapportées et piquées avec le dernier soin sur les pièces de charpente destinées à former les longerons de la troisième arche. Tous ces détails paraîtront peut-être minutieux, mais nous regardons la très - grande régularité d'une courbe de raccordement comme une de ces conditions impérieuses dont justice est rigoureusement faite, même par un œil peu exercé, lorsque le tracé présente le moindre jarret, soit dans la courbe même, soit à ses points de tangence.

3°. CAUSES GÉNÉRALES DE DÉPÉRISSEMENT A PRÉVENIR.

Pour savoir comment périssent les grandes charpentes exposées à toutes les intempéries des saisons, il faut examiner les vieux ponts de bois, en sonder toutes les parties faibles ou détériorées et scruter les causes qui en ont accéléré la ruine.

(62) Au nombre et peut-être en tête de ces causes de destruction , l'on mettra le mouvement de torsion ou de va-et-vient, d'abord insensible , mais à la longue ruineux, que chaque passage de voiture imprime

Mouvemens oscillatoires.—Moises, brides , et contre-vents

à la charpente, par suite ou de la vétusté des bois ou du peu de rigidité de la construction.

Pour prévenir ces oscillations, les constructeurs multiplient les brides en fer, les boulons, les moises tant horizontales que pendantes. Ils étudient encore les contrevents qui doivent trianguler les élémens de la construction. Ils prévoient aussi le jeu que la sécheresse ou l'âge des bois pourra introduire dans toutes les juxta-positions des solives, et se réservent, dans les entailles des bois et dans le taraud des fers, la marge nécessaire pour resserrer à des intervalles assez rapprochés et comme à neuf la totalité de la charpente.

Planches 8 *et* 9.

Ainsi au Pont d'Ivry (*Pl.* 8 *et* 9, *fig.* 1) on a consolidé chaque ferme par 10 moises doubles pendantes h et par 11 brides en fer k; de même qu'on a réuni et buté entre elles les 7 fermes de chaque travée et par 16 cours de moises doubles horizontales l, et par deux cours i de contrevents en bois.

Assemblages à tenon et mortaise ; leur inconvénient.

(63) Une seconde cause d'altération résulte de l'emploi plus ou moins répété (sans nécessité urgente) de tenons et de mortaises; de tenons où le bois est ordinairement réduit aux plus petites dimensions ; de mortaises où l'eau s'introduit et séjourne souvent; toutes circonstances qui doivent accélérer la destruction et la pourriture de ces assemblages.

C'est qu'il n'en est pas des constructions exposées à l'air comme des constructions couvertes; celles-ci promettent encore une certaine durée à des bois d'un faible échantillon ; mais lorsqu'au contraire le soleil, la pluie, la gelée, les brouillards, et toutes les circonstances thermométriques et hygrométriques qui en sont la conséquence, doivent tour à tour affecter les bois d'une manière souvent notable, il faut proscrire (autant que possible) les tenons et les mortaises afin de donner au bois, d'une part le moindre développement extérieur en prise à toutes ces altérations, et de l'autre part la plus forte section pour y résister.

Planche 11.

Ainsi, le long des piles, il n'a pas été placé de poteaux montans pour recevoir en assemblage les retombées tant des arbalétriers courbes de l'extrados que des contre-fiches des sous-poutres; ainsi (*Pl.* 11, *fig.* 2), il n'existe d'assemblages à tenon dans la totalité des travées en charpente du Pont d'Ivry qu'à la rencontre des contre-fiches avec les sous-poutres, assemblages qu'on a même disposés avec mortaise en contre-haut, c'est-à-dire à recouvrement.

(64) La construction fléchit aussi quelquefois par la pénétration des bois de bout ; avec le temps les parties tendres du bois se détruisent, et les fibres dures qui restent, et qui sont juxta-posées les unes contre les autres, s'écrasent et se pénètrent à la façon des deux membres d'un gaufrier. Pour éviter cette pénétration, nous avons, comme au Pont de Grenelle près Paris, introduit des plaques de cuivre entre tous les abouts contigus des trois cours d'arbalétriers qui forment l'intrados ou la partie réellement rigide de chaque ferme. Les plaques de cuivre avaient 0^m.25 en quarré et pesaient moyennement, la pièce, 0 $^{kilog.}$ 40.

Pénétration des bois de bout. — Plaques de cuivre.

(65) Enfin les bois périssent par leurs abouts, lorsque ces abouts, comme on le pratique généralement, sont scellés dans des maçonneries ou dans d'autres substances avec privation d'air.

Dépérissement des abouts engagés dans la maçonnerie.

On sait ce qui advient aux bois peints à leur pourtour, et dont l'about est plongé dans un milieu humide ; par l'effet de la capillarité des fibres, l'eau remonte très-avant dans les réseaux du bois ; et comme les parties ainsi humectées sont isolées de l'air ambiant par la peinture qui recouvre les surfaces, il s'opère une fermentation, et la pourriture qu'elle produit s'étend successivement du centre jusqu'au pourtour extérieur de la solive. Cette fermentation intérieure nous parait d'ailleurs provoquée par des restes de séve, aussi bien que par les effets de la capillarité. Un dépérissement de cette nature est surtout sensible dans des poteaux de barrières, scellés en terre et débités dans des cœurs de chêne sans le moindre aubier : la partie du poteau hors terre, peinte ordinairement à deux ou trois couches semble parfaitement conservée, même lorsque le poteau vermoulu au pied tombe de vétusté ; mais dans la réalité toute la section interne est déjà vide ou du moins en poudre dans une grande partie de sa hauteur.

Pour atténuer la fermentation à craindre de la séve, on a, dans le devis du Pont d'Ivry, et conformément aux usages des Ponts et Chaussées, exigé que les bois de charpente fussent flottés avant d'être travaillés.

Quant aux moyens de se garantir de l'humidité extérieure, les constructeurs varient de procédés ; les uns se bornent à sceller les bois dans

Scellemens ; — corps isolants ; enveloppe en plomb.

les maçonneries; les autres laissent un interstice entre le bois et la pierre, et remplissent le vide par un corps isolant tel que le brai minéral, puis ils calfatent les joints extérieurs apparens entre la maçonnerie et le bois; enfin il est des constructeurs qui enveloppent les abouts de la charpente avec du plomb laminé.

Quant à nous, notre avis serait, au contraire, de laisser circuler l'air le plus librement possible aux abouts des bois, et de ménager une sorte de puisard d'assèchement ou d'exutoire sous les extrémités inférieures de la charpente.

Diverses expériences et observations motivent notre opinion :

1°. Au Pont de Choisy (au-dessus et près de Paris), dont on a renouvelé la charpente en 1828, après 18 ans d'âge, les extrémités inférieures des arbalétriers avaient été scellés à bain de mortier dans les maçonneries, et lors de leur démolition, la totalité de ces abouts se trouvait dans l'état de pourriture le plus déplorable, quoique le reste des bois fût assez bien conservé. Cet exemple, qu'on pourrait appuyer d'une foule d'autres, dit assez qu'il ne faut point sceller les bois à bain de mortier dans les maçonneries.

2°. Au Pont de la Cité (à Paris), quand on vint à en reconstruire la charpente, les bois dont une face était aérée, se trouvèrent dans un assez bon état de conservation, tandis que les bois privés d'air, et notamment ceux qui avaient été revêtus de cuivre, étaient champignonés et pourris dans leur épaisseur entière. En faut-il plus pour conclure qu'on ne doit envelopper les bois ni de cuivre ni de plomb ?

3°. Des constructeurs fort distingués ont reconnu que, si l'on enduit un plancher de bitume sur sa face supérieure en laissant à l'air la face de dessous, le bitume conserve les bois; mais, que lorsqu'on garnit de bitume les deux faces supérieure et inférieure, en plafonnant cette dernière de manière à ce que l'air ne parvienne plus jusqu'au bois, le plancher est à renouveler au bout de trois ans.

D'après ces faits, c'est donc une erreur d'admettre que le bois se conserve parce qu'on l'enferme sans air, soit dans un scellement soit en l'entourant d'une matière isolante.

Aussi avons-nous adopté un système tout opposé, au Pont d'Ivry (*Pl.* 11, *fig.* 4) :

1°. On a laissé un centimètre de jeu latéralement entre la pierre et le bois, afin que l'air circulât sur les deux faces longitudinales et verticales

Planche 11.

Coupe des bois; refouillemens dans la pierre; isolément latéral.

des charpentes; il serait même convenable d'augmenter encore cet intervalle de o^m.01, parce que, pour peu qu'il y ait gauchissement dans les bois lors de la pose, il y a juxta-position contre la pierre.

2°. On a donné le moins de profondeur possible aux refouillemens dans la pierre; l'air s'introduit alors plus facilement dans ces tranchées; la pierre est moins affamée, la main-d'œuvre moins coûteuse; et l'encastrement des bois est du reste toujours suffisant pour résister à une torsion latérale, et prévenir toute espèce de glissement dans les extrémités inférieures des arbalétriers et contre-fiches.

Ces renfoncemens sont, en outre, disposés de manière que les cours supérieurs des arbalétriers ne soient pas engagés dans les maçonneries sur une plus grande longueur que les cours inférieurs. Ils sont encore tracés de façon à supprimer tout angle aigu dans la butée des bois, et à recevoir dans des redans, en quelque sorte distincts, les divers cours, soit de contre-fiches, soit d'arbalétriers.

3°. Les refouillemens dans la pierre se composent de plans inclinés qui tendent tous à abandonner et à rejeter dans la partie la plus basse de la tranchée les eaux extérieures qui pourraient tomber ou se réunir sur les bois, et les transsudations de séve intérieure qui pourraient se manifester aux abouts de ces diverses pièces.

4°. Le cours inférieur d'arbalétriers est soutenu au moyen d'un coussinet de fonte, (*fig.* 5), à o^m.10 au-dessus du fond de la tranchée.

Coussinets creux en fonte.

Cette pièce de fonte n'occupe même pas toute la profondeur des encastremens; ceux-ci présentent o^m.20 de renfoncement dans la pierre, et le coussinet n'a que o^m.15 de largeur, afin qu'il reste o^m.05 de vide au droit du parement le long duquel les eaux doivent descendre dans le puisard.

Ce coussinet est d'ailleurs évidé, tant pour diminuer le poids de la fonte, que pour permettre aux eaux qui se trouveraient rassemblées dans la région postérieure de la tranchée, de venir librement dégorger sur le parement extérieur des maçonneries. Enfin la fonte nous a paru avoir cet avantage de ne point présenter au contact avec le bois dans le fond de l'exutoire une surface susceptible de s'imprégner d'eau; toutes les pierres filtrantes, au contraire, eussent formé une sorte d'éponge, et alimenté presque constamment l'aspiration capillaire de la charpente.

Peu importe du reste, selon nous, que les eaux pluviales arrivent le long des charpentes dans ces tranchées d'encastrement, car elles tombent immédiatement au fond du puisard, et de là sont rejetées au dehors même des maçonneries, ainsi qu'on le remarque souvent au Pont d'Ivry.

Quant à l'exécution de ces refouillemens, nous l'avons ordonnée après coup, sur le tas, et nous avons ainsi obtenu une grande précision.

Toutes ces tranchées étant situées au-dessus du cordon des piles et culées, il fallait que le travail s'opérât sur échafaud ; on tâchait de se servir des mêmes planchers volans que pour les ragrémens et les rejointoyemens de la maçonnerie. Chaque trou ou tranchée d'encastrement était creusé à la masse et au poinçon, conformément au panneau relevé sur l'épure. Les ouvriers travaillaient à leur tâche ; les prix de chaque espèce de refouillement avaient été réglés d'après des expériences spéciales.

Les coussinets en fonte ont été coulés d'après un modèle conforme au dessin que nous en donnons ; chacun d'eux se compose : 1°. de deux demi-cylindres creux et accolés ; 2°. d'une cloison transversale à la partie postérieure du coussinet, et qui ferme presqu'entièrement les demi-cylindres pour donner à la pièce toute la résistance désirable ; dans cette cloison on a seulement pratiqué deux petits évidemens pour donner passage aux eaux. Chaque coussinet pesait 13 kil.

4°. ÉTUDES PARTICULIÈRES AUX TRAVÉES EN ARC DE CERCLE.

Ordre à suivre dans cet examen. *Nota.* Suivant le plan que nous nous sommes tracé dans cette notice, et sans nous arrêter à des détails trop connus par suite de l'application fréquente qu'on a faite du système de charpente en arc de cercle adopté également pour le Pont d'Ivry, nous parcourrons néanmoins rapidement les réflexions essentielles que cette étude nous a suggérées. Ces réflexions seront disposées dans l'ordre que nous avons suivi dans la description sommaire de ces arches en bois (60), et s'appliqueront successivement :

Aux arbalétriers courbes de l'intrados

Aux longerons, sous-poutres et contre-fiches de l'extrados

Aux moises pendantes et brides de liaisons } de chaque ferme.

Aux moises horizontales

Aux contrevents } de chaque travée.

Arbalétriers courbes.

(66) Les arbalétriers courbes forment ici les voussoirs de la voûte en bois; les abouts de ces arbalétriers sont les plans de joints. On ne peut donc trop étudier l'arrangement de ces solives (*Pl.* 9, 10 et 11, *fig.* 1), ni apporter trop de précision dans la taille et dans la juxta-position de leurs abouts; ainsi, pour la régularité des pressions latérales, les joints doivent exactement tous concourir au centre de courbure; ainsi, pour maintenir les trois cours de voussoirs dans les mêmes plans verticaux, il faut placer tous les abouts sous les moises pendantes; ainsi il faut liaisonner les trois cours jointifs d'arbalétriers entre eux de manière à éviter, sous la même moise pendante, la double rencontre, ou les joints superposés de deux cours consécutifs de ces voussoirs. Dispositions des joints.
Planches 9, 10 et 11.

L'importance de ces pièces a même semblé telle, comme membrures maîtresses des fermes, qu'on s'est invariablement astreint à n'en affaiblir aucune partie, soit par des percemens, soit par la moindre entaille; ainsi pour armaturer ces arbalétriers entre eux, non-seulement on a substitué des brides aux boulons, mais toutes ces brides ont été posées sans encastrement, et en saillie sur les bois, de l'épaisseur entière des fers; ainsi ces solives courbes ne portent aucun refouillement, ni au droit des moises pendantes, ni au droit des moises horizontales, ni au droit des contrevents. Aucune entaille; aucun percement.

C'est aussi pour la réception de ces arbalétriers que nous avons été d'une rigueur extrême, non-seulement pour qu'il ne se trouvât point de veine de bois de médiocre qualité, même sur les quarres, mais pour que chaque solive fût à vive arête sans la moindre flache; de là dépend la bonne apparence, pendant toute la durée de la charpente, de ce bandeau extradossé de chaque ferme. Seulement la varlope a passé sur toutes les arêtes, de manière à y former une petite face régulière de 0^m.0025, précaution qui empêche les bois d'éclater lors de leur emmanchement, de leur bardage, de leur pose. Arêtes vives.

(67) Nous avons étendu aussi loin que possible nos recommandations et nos exigeances, pour que les arbalétriers fussent pris dans des bois d'une courbure naturelle analogue à celle de chaque épure, mais il est impossible que, dans la pièce même la plus favorablement cintrée, il ne se trouve point de fils tranchés, lorsqu'on vient à la régler suivant un arc mathématique donné. Débitage à la scie. — Madriers pliés à la vapeur.

14.

Nous avions espéré nous affranchir de ce dernier inconvénient au Pont d'Ivry, en supposant au projet primitif que l'épaisseur verticale ensemble de 0^m.75 des arbalétriers courbes et jointifs de l'intrados serait formée de cinq rangs de madriers de 0^m.15 d'épaisseur, pris en bois droit, et courbés à la vapeur suivant l'épure.

Nous avions même fait à ce sujet quelques expériences préparatoires, sous la direction de M. Eustache, ingénieur en chef du département de la Seine ; et, bien que nous n'eussions à notre disposition qu'une chaudière et une étuve de peu d'efficacité, nous reconnûmes que rien ne serait plus facile que de courber des madriers de 0^m.25 de large, et de 0^m.15 à 0^m.20 d'épaisseur, surtout en appliquant des lames d'acier, en guise de frette, sur la surface convexe du bois (*Note* 15).

(*Note* 15.) Deux pièces de chêne de 8^m.00 de longueur, de 0^m.16 d'épaisseur et de 0^m.25 de largeur, ont été exposées pendant 9 heures à l'action de la vapeur d'eau bouillante sous la pression ordinaire de l'atmosphère ; elles ont ensuite été retirées de l'étuve et placées immédiatement sur un mandrin ou cintre fixe en charpente disposé en arc de cercle, et de 0^m.47 de flèche pour un arc de 8^m.00 de développement ; ces pièces ont pris la courbure du mandrin avec le secours de verrins et de sergens ; mises en place le mercredi 22 mars 1826, à trois heures de l'après-midi, elles n'ont été relevées du mandrin que le samedi suivant 25, à la même heure, c'est-à-dire après un intervalle de trois jours.

En quittant le mandrin, ces solives ont perdu une partie de leur courbure ; la flèche s'est réduite de 0^m.47 à 0^m.36, cette courbure a également cessé d'être uniforme ; l'arc partagé en cinq parties égales présentait une flèche :

    de 0^m.011 (5 lignes) vers les deux extrémités de la solive,
    de 0^m.02   (9 *id.*) vers les deux arcs partiels intermédiaires,
    de 0^m.034 (15 *id.*) sur l'arc au sommet de la courbe.

Mais il est inutile de faire remarquer qu'une suite de pièces ainsi courbées, réunies et bridées ensemble auraient pris toutes les flexions et formes régulières qu'on eût voulu assigner au système.

Les verrins ou sergens appliqués sur le développement des pièces à plier n'ayant pas été assez rapprochés, et d'un autre côté la pénétration de la vapeur ayant été probablement incomplète par suite de l'insuffisance de l'appareil, on remarqua des éclats assez nombreux et profonds sur la surface convexe extérieure des bois.

On eût évité certainement cet inconvénient en appliquant une lame d'acier en guise de frette sur la surface convexe du bois à plier, et nous citerons à l'appui de cette assertion les observations suivantes :

Nous nous servîmes, pour ces expériences, d'une étuve et d'appareux destinés par leur inventeur, M. Sargent, à la courbure des bois de charonnage ; cet atelier prépare, par exemple, des jantes d'une seule pièce ; des tringles de bois, d'un équarrissage égal aux jantes ordinaires de voitures, sont soumises à la vapeur dans une caisse en communication avec la chaudière ; lorsque les fibres sont profondément humectées à une haute température, on attache immédiatement l'about de la tringle à une des extrémités d'un mandrin mobile circulaire, on met le mandrin en mouvement par un puissant engrenage, et la solive engagée entre la gorge fixe de l'appareil et le mandrin mobile se trouve ainsi pliée avec une prodigieuse facilité.

Mais le bois éclaterait certainement à sa surface convexe, si cette face n'était garnie

Mais l'idée d'un premier essai, et la crainte surtout d'être entraîné dans de grandes dépenses, effrayèrent l'entrepreneur qui s'était obligé à exécuter le travail à ses risques et périls.

Les arbalétriers courbes ont donc tous été débités à la scie; et nous avons eu à regretter que, dans cette circonstance encore, il ait fallu souvent, et notamment à cause de l'arc assez accentué de la troisième arche, sacrifier des bois d'un équarrissage considérable, pour obtenir des solives courbes de 0^m.25 seulement de grosseur (*Note* 16).

Longerons, sous-poutres et contre-fiches.

(68) Les longerons (*Pl.* 9, 10 *et* 11, *fig.* 1), sont les poutres qui reçoivent directement la charge du plancher; ils s'appuient d'une part sur les piles et culées, et de l'autre sur le cintre formé par les arbalétriers de l'intrados; ils sont soulagés dans leur longueur par des sous-poutres et contre-fiches et par des moises pendantes.

Au sommet de chaque arche (*Pl.* 11, *fig.* 13), et pour diminuer l'épaisseur du plancher, on a interrompu les longerons, et on s'est borné à les ajuster en onglet sur les arbalétriers courbes supérieurs de chaque ferme. Celui de ces arbalétriers courbes, situé à la clef, a été extradossé

Ajustement et armature au sommet de chaque arche.
Planche 11.

---

d'une lame d'acier, pliante, armée de deux tarauds vissés dans une frette à chaque about de la solive ; cette lame sert de frette ou de cercle , et appuie avec assez d'énergie sur le bois pour l'empêcher de s'exfolier en éclats ; on lâche les tarauds de la frette en raison du rallongement des fibres extérieures ; ce rallongement est de 0^m.05 à 0^m.07 sur le développement d'une roue ordinaire.

C'est un ajustement analogue que nous eussions appliqué aux madriers à plier pour les arbalétriers courbes du Pont d'Ivry.

(*Note* 16) Il reste sûrement, au sujet des bois à plier à la vapeur , quelques expériences complémentaires à faire pour reconnaître , 1° l'influence de la pénétration de la vapeur sur la résistance et la durée des bois ; 2°. l'influence que peut avoir à son tour , sur la force d'une solive ainsi courbée , l'opération du pliage , c'est-à-dire l'allongement des fibres extérieures et le refoulement des fibres intérieures. Ce sera encore une donnée importante que le moindre prix d'une semblable opération , afin qu'au lieu d'avoir à redouter quelque surcroît de dépense on soit toujours assuré d'y trouver de l'économie.

Mais le lavage de la sève doit nécessairement être une circonstance favorable à la moindre fermentation intérieure , et au surplus il devient, avant tout , d'un si grand intérêt de diminuer la consommation des bois d'un haut équarrissage , de ne point surtout en prodiguer inutilement l'emploi pour des débitages courbes à la scie ; il est d'un autre côté tellement utile pour la solidité, pour la durée des charpentes de proscrire toute solive dont les fibres sont tranchées, qu'on ne peut assez désirer l'application , à toutes les constructions en bois courbes , des procédés employés dans les ports de mer, pour plier les bois de marine. (Voir à ce sujet *les Annales des Ponts et Chaussées*, 1831 , 1er. semestre , pag. 386.)

en ligne droite dans le prolongement de la face supérieure des longerons, de manière à présenter un ressaut vertical sous la première
bride en fer : c'est contre ce ressaut que vient s'abouter chaque longeron ; pour réunir à ce point de jonction le longeron et l'arbalétrier
courbe supérieur, on a placé sur la face supérieure et horizontale des
bois une plate-bande d'un mètre de longueur avec talons de 0ᵐ.05.

Planche 10.

Les longerons (*Pl.* 10, *fig.* 1) règnent sans interruption sur l'épaisseur de toutes les piles pour que le plancher soit également aéré dans
sa longueur entière ; toutes les parties de chaque longeron sont boulonnées entre elles afin que ces solives forment tirant d'un sommet
d'arche à l'autre.

Assemblage   de
champ.
Planches 10,11 et 13.

Nous avons exigé que chaque longeron fût d'une seule pièce à partir
du sommet de chaque arche, jusqu'à chaque pile ou culée (*). Pour les
longerons de tête, destinés à faire partie du système des contrevents du
plancher (78), nous avons même obtenu que sur la pile (*Pl.* 13, *fig.* 5 et 6),
il y eût réunion directe sans rallonge, et par conséquent suivant
un seul joint. Quant aux longerons des fermes intermédiaires (*Pl.* 10
et 11, *fig.* 1), ils portent rallonge et *doubles joints* sur chaque pile.
Tous les joints, sans différence aucune, sont ajustés à mi-bois, mais
de champ, et de manière à laisser toujours la hauteur entière du longeron
de 0ᵐ.30 à chaque membre ; au moyen de cette disposition, lors même que
la pièce plierait sous la charge, il n'en résulterait jamais de fente longitudinale, ainsi qu'il arrive aux grillages entaillés (15). Les deux joints des
longerons des fermes intermédiaires ont été consolidés par un simple
boulon ; le joint des longerons des fermes de tête a été armaturé (*Pl.* 13,
fig. 6) avec une double plate-bande de champ à talon et avec trois boulons.

Isolement   entre
les longerons et les
maçonneries.
Planche 12.

On ne peut du reste prendre trop de précautions pour la conservation des longerons, et c'est dans ce but que nous avons cherché à les
environner d'air le plus possible. Leurs faces latérales et verticales sont
donc isolées de la pierre (*Pl.* 12, *fig.* 2), d'abord sur les piles, au moyen

---

(*) Cette condition assez importante est souvent difficile à remplir ; au Pont d'Ivry,
par exemple, chaque longeron de la 3ᵉ arche devait avoir 10ᵐ.00 de long pour porter de
0ᵐ.50 à 0ᵐ.60 sur les 2ᵉ. et 3ᵉ. piles, et bien qu'on eût réduit à 0ᵐ.30 la hauteur de ces
poutres, les travaux ont été retardés par la presqu'impossibilité de trouver des bois sans
démaigrissement, sans aubier, tant aux deux abouts que sur les quatre arêtes.
    On a même été obligé de tolérer un chanfrein sur les arêtes supérieures des longerons
des fermes intermédiaires.

de claires-voies de 0^m.o5 de largeur, au droit des carreaux de remplissage de l'assise courante, puis sur les culées, par des entailles qui laissent un centimètre de jeu entre la pierre et le bois.

Quant à leur points d'appui, ils se réduisent à des tasseaux placés sur les piles de telle manière que l'air circule autour et même au-dessous des longerons, dans toute la largeur des maçonneries où ils sont logés.

(69) Nous avions d'abord eu l'intention d'assembler les contre-fiches et les sous-poutres avec un joint anglais. Le joint anglais (*Pl.* 11, *fig.* 6 *et* 7), est sans tenon proprement dit; il ne se compose que d'un embreuvement à gueule, évidé dans le cœur de la contre-fiche pour recevoir une barbe saillante que l'on conserve sur la ligne milieu de la solive.

Joint anglais.
Planche 11.

De cette manière, non-seulement on évite les mortaises qui (placées en contre-bas) accélèrent la pourriture des bois en retenant l'eau; non-seulement encore, comme embreuvement, la solive, qui n'est pas découpée sur sa largeur entière, conserve une sorte de côte ou de renfort sur sa hauteur totale; mais les deux lèvres de l'embreuvement de la contre-fiche offrent une bien autre résistance qu'un simple tenon, et semblent mieux maintenir le devers de la pièce qu'un embreuvement ordinaire.

C'est en quelque sorte un système inverse de nos assemblages français. La solive, au lieu de présenter la partie semelle de l'assemblage, conserve un membre saillant, tandis que la contre-fiche, au lieu d'être terminée par toutes parties saillantes et souvent assez faibles, reçoit comme dans une profonde feuillure la saillie de la solive et embrasse, à la façon d'une moise, de ses deux joues la portion évidée de la même solive.

Nous croyons ce système très-bon quand la solive se trouve former semelle sous la contre-fiche (*fig.* 7), parce qu'alors il y a évidemment avantage à supprimer les mortaises françaises qui sont autant de réservoirs à eau, et par conséquent de causes de pourriture, pour les remplacer par une feuillure placée en contre-haut.

Avantage de ce joint, lorsque la solive est en contre-bas.

Mais il n'en doit pas être de même lorsque la solive est placée (*fig.* 6), comme les sous-poutres du Pont d'Ivry, en contre-haut de la contre-fiche; car les joints de l'épaulement doivent alors conduire l'eau pluviale dans la gueule de l'assemblage; aussi avons-nous préféré, au joint anglais, un embreuvement ordinaire à recouvrement (*fig.* 2).

Ce dernier assemblage présente les avantages suivans : 1° La face de dessous de la solive se trouve former le joint apparent de rencontre avec

Embreuvement à recouvrement à préférer lorsque la solive est en contre-haut.

la contre-fiche, ce qui est plus franc et plus agréable à l'œil ; 2°. la solive conserve sa hauteur totale sur ses deux faces latérales ; 3°. la mortaise est en
contre-haut, et, bien loin de recevoir les eaux, elle sert à tout l'assemblage de chapeau ou de recouvrement; 4°. l'embreuvement peut avoir la
même force que dans le système anglais ; 5°. l'eau, en descendant le long de
la sous-poutre, ne peut séjourner sur la contre-fiche qu'au droit des deux
faces étroites qui épaulent l'embreuvement.

Moises pendantes.

Chanfrein sur les arêtes non-apparentes.

Planche 10.

(70.) Chaque moise pendante (*Pl.* 10, *fig.* 3 *et* 4), devant former armature, est d'un seul morceau de 0^m.25 sur 0^m.22 d'équarrissage. Les
moises des fermes de tête sont toutes à vive arête sur leurs quatre
quarres.

Nous n'avons pas cru devoir être aussi exigeant pour les moises pendantes des fermes intermédiaires; mais pour atteindre cependant le double
but et de purger le bois des moindres portions d'aubier, et de conserver une régularité parfaite dans cette partie de la charpente, nous avons
prescrit un chanfrein régulier et partout égal de 0^m.05 sur chaque arête
intérieure. Ce chanfrein n'affaiblit nullement les moises ; il est à peine
visible, même pour l'observateur qui cherche à le découvrir ; les entailles pratiquées sur 0^m.075 de profondeur, dans la face intérieure des
moises pendantes, en ont d'ailleurs fait disparaître la majeure partie.

Moises horizontales.

Assemblage à trait de Jupiter de ces moises ou tirans.

Planche 10.

(71) Les moises horizontales doivent être considérées comme de
grands tirans transversaux.

Aussi (*Pl.* 10, *fig.* 5 *et* 6) avons-nous exigé, quand une moise a dû être
formée de deux morceaux, que les deux parties fussent assemblées à trait
de Jupiter et rattachées en outre l'une à l'autre par un boulon.

Ce cas s'est présenté pour la presque totalité des moises horizontales
du Pont d'Ivry ; il est bon de rappeler que ces moises avaient 10^m.00 de
longueur, 0^m.25 sur 0^m.16 de force, et que l'on n'a souffert ni flache ni
chanfrein sur aucune arête.

Coupe à plan biseau contre les moises pendantes.

On remarquera les entailles (*) à plan bizeau (*fig.* 4), destinées à empêcher

(*) Ces coupes à plan bizeau sont imitées des ajustemens de moises employés par M. Eustache pour le cintrement du Pont aux fruits de Melun. (*Annales des Ponts et Chaussées*
1re. série, *Pl.* VII.)

les moises horizontales de l'intrados de glisser et d'échapper le long des abouts des moises pendantes. Ces plans inclinés, lorsqu'on serre les boulons des moises horizontales, rapprochent les moises des arbalétriers courbes, et par suite pressent fortement ces mêmes arbalétriers les uns contre les autres.

Cette disposition à plan bizeau est d'ailleurs plus gracieuse que les boulons extérieurs employés quelquefois pour suspendre en quelque sorte les moises de l'intrados à celles de l'extrados; ces boulons forment alors tirans, et, appliqué à cet usage, du fer rond de 0^m.02 à 0^m.03 semble toujours grêle, surtout s'il n'est pas engagé dans le bois (*)

Les deux jumelles appartenant à la même moise double horizontale sont reliées et serrées entre elles par des boulons placés avec discernement (*Pl.* 10, *fig.* 5; *Pl.* 13, *fig.* 1). Il en faut à chaque rencontre de moises pendantes à embrasser, et aussi près d'elles que possible, afin de mieux rapprocher les bois. Cependant, pour ne pas prodiguer ces attaches, ce n'est que sur les fermes de tête, que l'on a placé doubles boulons, l'un en-deçà, l'autre au-delà de la ferme, afin d'empêcher les abouts des moises doubles de bâiller; tandis qu'à chaque ferme intermédiaire on s'est contenté d'un seul boulon entre les deux jumelles qui composent la moise double pendante.

Emplacement des boulons.
Planches 10 et 13.

Contrevents en bois.

(112) Les contrevents en bois, disposés comme ceux du Pont d'Ivry (*Pl.* 10, *fig.* 1 *et* 2), ne sont autre chose qu'une suite d'étrésillons, placés sur l'intrados de chaque ferme suivant les diverses séries de diagonales des caissons à claire-voie de la voûte en bois. Ces étrésillons ont pour double objet, et de compléter les butées des fermes les unes sur les autres, et de prévenir le glissement des moises pendantes le long des arbalétriers courbes; ces moises s'appuient ainsi de proche en proche jusque sur le cours placé immédiatement à la retombée de chaque arche près des piles et culées; nous avons considéré ces dernières moises inférieures comme invariables de position, par suite de leur grande inclinaison avec la verticale, et de leur solidarité avec les contre-fiches des sous-poutres.

Utilité de ces étrésillons.
Planche 10.

(*) Quand au contraire un boulon est noyé à plein bois, ou qu'il n'est apparent que sur de faibles longueurs de 0^m.07 à 0^m.10, par exemple, ainsi que cela a lieu entre les moises doubles pendantes ou horizontales du Pont d'Ivry (*Pl.* 10, *fig.* 4), il présente le caractère d'une parfaite rigidité et d'une grande résistance.

Nous avons du reste regardé les contrevents comme appartenant
au système des moises, et non au système des pièces portant charge,
et nous en avons par conséquent ramené les dimensions à celles
des moises horizontales, c'est-à-dire à 0^m.25 sur 0^m.16. Seulement pour
le meilleur effet du dessous de chaque travée, et afin que tous les bois
vus en douelle eussent la même largeur de 0^m.25, nous avons posé
tous les contrevents sur leur plat.

Enfin nous avons ramené le débitage et la pose de ces contrevents
aux termes les plus simples; nous leur avons donné en douelle une
courbure analogue aux arbalétriers de chaque arche, mais nous n'avons
nullement délardé ces pièces, ainsi qu'on le fait quelquefois pour que
les faces latérales se trouvent dans des plans verticaux; nous nous
sommes borné à appuyer ces arcs-boutans sur les moises horizontales,
et à en découper les abouts de manière à étrésillonner avec précision
les angles rentrants formés par les arbalétriers et les moises pendantes;
l'ouvrier relevait sur le tas la longueur et la coupe de chaque contrevent avec une règle à coulisse, garnie d'une fausse équerre à chacune
de ses extrémités; il avait soin à la pose de raidir chaque pièce en
joint; du reste aucune ferrure n'a été ajoutée pour rattacher les contrevents aux diverses moises tant horizontales que pendantes.

5°. LEVAGE DES ARCHES.

Divers modes de
levage, échafaud de
pose; pont de ser-
vice pour bardage.

(73) On peut mettre au levage une arche en bois, au moyen d'écoperches et d'équipages à palans établis sur des barquettes pontées;
mais il est généralement plus économique, plus expéditif et plus sûr
d'établir préalablement un échafaud fixe sur la longueur et la largeur
entière de chaque travée.

On ne confondra pas cet échafaud local et par travée, avec le pont
de service général que l'on construit quelquefois en dehors des piles
pour l'approche des matériaux. Ce pont de service sert alors à l'approche des bois comme à l'approche des pierres; mais il se rattache
uniquement à la question des bardages. L'autre échafaud, dit de levage,
a pour unique objet la mise en place des charpentes, et son indispensable nécessité resterait toujours la même, quelqu'eût été le mode de
bardage, soit que les bois eussent été apportés à l'épaule sur le pont
de service extérieur, soit que, comme au Pont d'Ivry, on les eût amenés
en barquette et remontés à la chèvre sur l'échafaud de pose.

(74) La disposition des fermes d'un échafaud de levage, pour une arche de 20 à 28 mètres, peut être arrêtée dans deux systèmes différens : ou comme ferme retroussée portant sur les deux piles du pont sans point d'appui intermédiaire, ou comme ferme à petites travées avec une ou deux palées pilotées en rivière. Nous engageons les constructeurs à méditer ces deux systèmes, relativement à leur dépense et à leurs avantages respectifs, suivant les diverses localités. Nous leur soumettrons seulement les observations d'expérience suivantes : Échafaud de pose, à grandes ou à petites travées.

L'entrepreneur du Pont d'Ivry a préféré une ferme retroussée (*Pl.* 9, *fig.* 2); mais nous y trouvons le double inconvénient du cube considérable des entraits, des sous-poutres, des contre-fiches et de la lourde et longue manœuvre de ces pièces lorsqu'il faut les mettre en place. Système à grandes travées. *Planche* 9.

On levait les poteaux montants qu'on arrêtait avec des cordages, et après avoir dressé verticalement les contre-fiches le long des piles, on enlevait à leur tour, et on posait les poutres principales de la ferme, boulonnées avec les sous-entraits; cette dernière opération était la plus importante. On avait d'abord essayé de débarder ces énormes solives par eau; mais, du moment que la sapine formait barrage, le moindre courant la faisait plonger des deux tiers de son épaisseur, et il n'était plus possible de continuer à la ramener normalement, ni de la lever à la chèvre. Aussi, a-t-on été forcé de charger les entraits sur barquette, d'avoir une chèvre sur chaque pile et une troisième sur bateau ponté, pour mettre ces entraits en place. Ces solives de 22 mètres de longueur étaient en sapin (elles avaient 0^m.35 à 0^m.40 de force, tant au milieu qu'à leur gros bout); on les avait garnies d'une doublure au petit bout; et néanmoins ces précautions n'ont pas empêché plusieurs fermes de fléchir sous la charge, bien que l'entrepreneur se gardât de mettre tous les bois d'une arche sur chaque échafaud.

À notre avis, il eût été beaucoup plus simple et moins dispendieux de n'avoir que de petites travées de 7 à 9 mètres d'ouverture, et de composer chaque ferme : 1°. avec des poteaux montants d'un faible équarrissage; 2°. avec des plats-bords moisés et boulonnés (au lieu de poutres), pour former les sommiers et les contre-fiches. Deux lignes de pieux provisionnels sont si vite battues; l'on a si promptement mis en place des bois de cette légèreté. Préférence à donner aux petites travées.

Quant à la solidité de ces échafauds en petits bois et plats-bords, nous

15.

avons eu occasion de faire construire, dans ce genre, des ponts de
service pour voitures, d'une assez grande ouverture, et nous en avons
été extrêmement satisfait.

Planche 17. Remarquons un autre inconvénient des fermes à grande portée dans le
genre de celles qui ont été employées au Pont d'Ivry : l'entrait de la ferme
est toujours trop bas pour que les grands bateaux puissent passer sous
ces échafauds, de sorte qu'il faut suspendre le levage de l'arche affectée
à la navigation, jusqu'au moment où l'on a terminé le levage des fermes, et démonté les échafauds des arches voisines. C'est ainsi qu'au
Pont d'Ivry, la deuxième arche, rive gauche, n'a pu être échafaudée et
mise au levage qu'après l'achèvement entier des autres arches du pont
(138), (*Pl. 17, fig. 1*); il en est résulté un retard considérable dans les
travaux, et la nécessité même de forcer d'activité de nuit et de jour,
sous peine de n'avoir pas démoli avant l'hiver les derniers échafauds
de service.

Pour s'affranchir de ces sujétions coûteuses, il aurait suffi de réduire
à une travée d'échafaud de 14 mètres la portée de $22^m.5o$ de l'arche
de la navigation, et d'employer des fermes qui, en épousant la forme
de l'intrados de l'arche définitive à mettre au levage, eussent laissé sous
clef la hauteur nécessaire au passage des bateaux.

Nombre de fermes
nécessaires. L'entrepreneur a du reste employé, tantôt six, tantôt cinq fermes
d'échafaud sur la largeur de 10 mètres environ de chaque arche; nous
croyons que quatre fermes eussent été suffisantes. Il n'a été établi que
trois travées complètes de ces mêmes échafauds; ces travées différaient
entre elles de dimension, et s'adaptaient chacune aux trois ouvertures
de $21^m.25$, de $22^m.5o$ et de $23^m.75$ des arches à lever. Les deux premières travées destinées d'abord aux première et deuxième arches, rive
droite, ont été démolies et réemployées pour les cinquième et quatrième
arches, rive gauche; la troisième travée n'a servi qu'une fois et bien
entendu pour l'arche du milieu.

Temps et atelier
nécessaires pour le
levage d'une arche.
Planche 9. Nous terminerons ce qui concerne le levage des arches du Pont d'Ivry,
par deux observations importantes :

La première a pour objet de fixer le temps et le nombre d'ouvriers
nécessaires à cette pose.

Or, nous avons remarqué que, l'échafaud étant achevé, quinze jours suffisent pour lever, poser, moiser et boulonner une arche composée de sept fermes et de seize moises doubles horizontales.

On commençait par enlever, à la chèvre, de dessus la barquette, les moises horizontales de l'intrados de la travée. Ces moises placées en travers servaient d'échafaud pour soutenir les arbalétriers d'abord, et ensuite la totalité de chaque ferme (*Pl.* 9, *fig.* 3).

Un atelier de charpentiers était constamment employé à monter les bois à la chèvre de dessus la barquette sur l'échafaud; deux autres ateliers s'occupaient de la pose des arbalétriers courbes. Indépendamment de ces ateliers et lorsque le levage s'avançait, d'autres ouvriers en nombre suffisant perçaient les trous de boulons, fesaient les entailles, posaient les ferrures etc. Chaque travée occupait ainsi de 16 à 20 charpentiers.

(75) La deuxième observation se rapporte à un fait qui a été contesté, mais que nous regardons comme positif : nous voulons parler de la poussée des grandes travées de charpente, en cintres retroussés.

Poussée des grandes travées de charpente.

Au Pont d'Ivry, on a d'abord levé la première arche, rive droite, et presqu'en même temps on a mis au levage la deuxième arche à la suite.

Ce n'est qu'un mois plus tard que l'on a posé l'échafaud de service de la troisième arche.

Enfin la cinquième arche a été mise au levage avant la quatrième, et ce n'est qu'un mois après que cette quatrième a été mise en place.

Aussi remarque-t-on (*Note* 17) :

(*Note* 17).

Relevé général des Aplombs des corps quarrés des Piles du Pont d'Ivry, sur 4 mètres de hauteur.

DÉSIGNATION DES PILES.		APLOMBS, lorsque les 1re., 2e., 3e. et 5e. arches étaient posées et qu'on allait lever la 4e. et dernière arche.	Moins aplomb deux ans après.	OBSERVATIONS.
A partir de la rive droite de la Seine.			mètres.	
1re. pile.	Tête d'amont.	Parfaitement d'aplomb.	»	
	Tête d'aval.	*Id.*	»	
2e. pile. .	Tête d'amont.	Déversement vers la rive gauche de la Seine.	0.01	0.006	La pile est revenue un peu sur elle-même.
	Tête d'aval.	*Id.*	0.009	0.008	
3e. pile. .	Tête d'amont.	*Id.*	0 017	»	La pile s'est totalement remise d'aplomb.
	Tête d'aval.	*Id.*	0.007	»	
(*Nota.* C'est entre ces deux piles qu'il restait à poser la quatrième arche.)				
4e. pile. .	Tête d'amont. . .	Déversement vers la rive droite de la Seine.	0.013	0.015	Le déversement est resté le même.
	Tête d'aval.	*Id.*	0 016	0.015	

Que la première pile, rive droite, est restée d'aplomb.

Que la deuxième pile, même rive, s'était déversée d'un centimètre environ dans le sens de la pression des échafauds.

Que la troisième pile avait obéi encore davantage à la poussée de la troisième arche, puisque le déversement était à peu près d'un centimètre et demi.

Et que la quatrième pile, pressée par la cinquième arche, s'était également renversée de trois quarts de centimètre, mais en sens contraire.

C'est-à-dire, que les piles ont cédé à la poussée de toutes les arches mises successivement en place, et qu'il est par conséquent nécessaire, lorsqu'on ne peut pas poser à la fois la totalité des travées d'un pont à grandes portées, d'étrésillonner au sommet des piles les arches à mettre en place les dernières.

Nous n'avons pu du reste distinguer si ces déversemens de piles n'avaient pas été produits en partie par les travées d'échafauds, ou s'ils s'étaient opérés principalement par la pression des arbalétriers courbes avant qu'ils fussent moisés. Il est encore possible que quelques forces vives, pour raidir les arbalétriers courbes à leurs abouts inférieurs, agissant au sommet des piles, c'est-à-dire avec un bras de levier considérable, aient également concouru au même effet.

Quant à l'exactitude des aplombs relevés, on doit dire que la vérification n'en a pas été faite préalablement à la construction des échafauds, et qu'il pourrait se rencontrer que de légères incorrections de pose de pierre en eussent altéré la précision mathématique.

Mais, d'un autre côté, il serait bien extraordinaire que toutes les chaînes de pierre eussent eu leur aplomb altéré précisément dans un sens analogue à celui de la pression des arches en pose; et il est infiniment plus probable que la cause en est due à la pression latérale et très-réelle, d'abord des échafauds, puis des arbalétriers courbes dont les dernières pièces étaient mises en place avec difficulté, et souvent à l'aide de pesées ou de percussions.

Les aplombs relevés deux ans après viennent d'ailleurs confirmer cette présomption, puisque, par l'effet de la charge entière et respective de toutes les arches, la deuxième pile est un peu revenue sur elle-même, et que la troisième pile s'est totalement remise d'aplomb.

Le fait nous a paru important à constater; nous ne le croyons pas nouveau; mais il faut avoir le courage d'éclairer ses camarades par l'aveu d'une faute ou d'un manque de précaution.

PLANCHER.

(76) Le plancher du Pont d'Ivry (*Pl.* 1 , *fig.* 1 ; et *Pl.* 12 , *fig.* 2) a pour caractère distinctif la légèreté de sa charpente, et la régularité de son ordonnance. C'est en effet sur la hauteur de 0^m.55 de la plinthe des piles et culées que se trouvent réparties les épaisseurs de tous les bois du plancher et des trottoirs. C'est aussi, suivant une ligne continue, non brisée et presqu'à la façon des ponts de niveau , que sont réglés les modillons qui portent les auvents extérieurs. Enfin ces modillons, qui ne sont autre chose que les abouts des pièces de pont sont en même nombre pour toutes les arches, et divisent uniformément les ouvertures, (quoique inégales) de ces arches en un nombre égal de travées de garde-fous.

Caractère et composition du plancher.
Planches 1 et 12.

Ce plancher se compose :

1°. D'un solivage général appuyé sur les longerons; ce solivage est formé de pièces de pont transversales, qui se prolongent en encorbellement au delà des fermes de tète; sur ces pièces de pont sont attachés les contrevents en fer de l'extrados de chaque arche.

2°. D'un second solivage partiel sur chaque rive ; ce second solivage est disposé en grillage; il est recouvert d'un plancheiage pour piétons sur la largeur des trottoirs , et d'un jet-d'eau avec couvre-joints sur la largeur des auvents.

3°. De deux rangs de madriers superposés l'un sur l'autre, entre les deux trottoirs , et défendus par des garnitures en fer ou en bois.

1°. SOLIVAGE GÉNÉRAL.

Pièces de pont.

(77) La division de chaque arche en quinze travées égales de garde-fou a déterminé le nombre , l'écartement et la position des pièces de pont (*Pl.* 8 , *fig* 2); de là , une pièce de pont à l'aplomb de chaque montant

Nombre et écartement de ces solives.
Planche 8.

des quinze travées de garde-fou, et une autre au milieu de chacune de
ces travées. De là, une pièce de pont, aux extrémités de chaque arche
jointive, contre la saillie de 0ᵐ.10 des plinthes des piles et culées, ce qui
a conduit à placer trois pièces de pont intermédiaires sur chaque pile
et deux pièces de pont additionnelles sur chaque culée, pour prolonger
le plancher jusqu'à la ligne extérieure des dés de scellement.

Il en est résulté les écartemens suivans entre les pièces de pont :

1ʳᵉ. et 5ᵉ. arches . . . de milieu en milieu 0ᵐ.695 et dans œuvre. 0ᵐ.495
2ᵉ. et 4ᵉ. arches. . . . *idem.* . . . . 0ᵐ.736 *idem.* 0ᵐ.536
3ᵉ. arche. . . . . *idem.* . . . . 0ᵐ.778 *idem.* 0ᵐ.578
Au droit des piles. . *idem.* . . . . 0ᵐ.735 *idem.* 0ᵐ.535
Au droit des culées. . *idem.* . . . . 0ᵐ.40 *idem.* 0ᵐ.225

Equarrissage et longueur.

L'équarrissage de toutes les pièces de pont a été réglé à 0ᵐ.20 de largeur,
sur 0ᵐ.25 de hauteur (*). Le devis avait permis 0ᵐ.03 de flèche sur les
arêtes non apparentes (c'est-à-dire sur les deux arêtes supérieures).
Chaque pièce de pont a été considérée comme devant former une moise
horizontale, et a été entaillée en conséquence de 0ᵐ.05 sur sa face inférieure, au droit de chaque longeron des sept fermes. La longueur des
pièces de pont était de 10ᵐ.25.

Solives d'un seul morceau ; solives avec assemblage.
Planche 13.

On a choisi des solives d'un seul morceau (*Pl.* 13, *fig.* 2), 1°. pour la
pièce de pont située à la clef de l'extrados de chaque arche, parce que
cette solive, ainsi qu'on le verra bientôt, se rattache au système des
contrevents du plancher ; 2°. pour les premières pièces de pont des
piles et culées, sur lesquelles sont également fixés les faux-mandrins
et attaches des contrevents. Toutes les autres pièces de pont ont été
formées de deux morceaux assemblés et boulonnés ensemble.

Assemblages à trait de Jupiter.
Planche 8.

Par suite de ce que chaque pièce de pont devait former moise et tirant,
nous avions d'abord arrêté que l'assemblage des deux élémens de chaque
solive serait à trait de Jupiter (*Pl.* 8, *fig.* 9) ; mais après avoir fait exécuter un quart environ des pièces de pont dans ce système, nous avons

---

(*) La seule pièce de pont de remplissage sur chaque culée a été diminuée de force
et réglée à 0ᵐ.15 de largeur par suite de ce qu'elle se trouvait très-rapprochée des pièces
de pont voisines.

préféré, pour le reste de ces solives, le joint fourchu détaillé (*fig.* 10). Ce joint présente deux avantages : le tenon n'a que o^m.15 de longueur, ce qui diminue le cube des bois à compter pour assemblage à l'entrepreneur (175), et de plus cette moindre longueur permet aux deux portions de solive ainsi assemblées de porter sur o^m.05 de longueur et avec leur section entière, à l'aplomb des longerons. Chaque pièce de pont devant former tirant, il eût été utile encore de disposer la fourchette à queue d'aronde; mais sous ce rapport on a suppléé aux assemblages, en plaçant à tous les joints de pièces de pont, un boulon pesant 1^k.40. Enfin, de même que pour les longerons (68), tous les joints des pièces de pont ont été disposés de champ, afin que la charge ne tendit pas à faire fendre longitudinalement ces solives au droit des sciages des entailles.

Lors de la pose des pièces de pont, on a piqué sur place et avec précision chaque entaille au droit des longerons; et c'était même avec force et à coups de masse que s'effectuait cet encastrement. Une autre difficulté s'y joignait souvent; parmi les pièces de pont, bien que débitées parfaitement droites à la scie, plusieurs s'étaient déjetées par l'inégal retrait des fibres intérieures du bois mises à nu, effet que les charpentiers appellent *tirer à cœur.* Pour faire disparaître ce gauchissement, on perçait la pièce de pont, on la redressait au moyen de deux crics, et on enfonçait de longues chevillettes pesant o^k.40 dans la ferme aux points de rencontre les plus rapprochés du gauche de la solive; sur 1,200 points de rencontre, il a été nécessaire d'en fixer de cette manière 150, c'est-à-dire un huitième.

Contrevents en fer.

(78) Les contrevents en fer sont presque toujours des fers forgés méplats de peu d'épaisseur, et destinés à n'agir que comme tirans.

C'est au moyen de ces tirans appliqués deux à deux, à des points déterminés d'une arche en charpente, et rattachés d'une manière fixe aux piles et culées, qu'on établit des triangulations qui s'opposent aux changemens de forme, et surtout au moindre déversement dans les fermes du pont. Il faut donc que, non-seulement chaque tirant soit appliqué sur une surface plane, mais que tous les tirans de chaque arche soient dans un même plan.

Cette condition posée, on recherche ensuite le plan par lequel les contrevents devront passer dans la hauteur du plancher, pour se rattacher le plus efficacement possible aux fermes de chaque arche, sans toutefois trop entailler les longerons ou les pièces de pont ; et c'est ainsi qu'au Pont d'Ivry on a placé les contrevents, entaillés de leur épaisseur seulement, dans la face supérieure des pièces de pont.

Choix, sur les arches, des points à trianguler.

(79) Le double but qu'on se propose ensuite est de contreventer vigoureusement les deux fermes de tête de chaque arche, et de rendre à la fois toutes les fermes intermédiaires, solidaires des deux fermes extérieures. C'est encore le point milieu, ou la clef des deux fermes de tête, que l'on choisit comme sommet des triangulations.

Pièce de pont appartenant au système.
Planche 13.

Voici les dispositions qu'on a adoptées à ce sujet pour le Pont d'Ivry (*Pl.* 13, *fig.* 2).

1°. Une pièce de pont p d'un seul morceau est placée en dd au milieu et à l'extrados de chaque arche. Elle est rattachée à chaque ferme au moyen d'une bride k^2 qui embrasse les arbalétriers courbes à la clef ; les branches prolongées de cette bride k^2 (*fig.* 7) viennent traverser la pièce de pont p, et sont terminées par de forts écrous.

2°. Chaque extrémité de cette pièce de pont est saisie par deux tirans en fer c, directement rattachés avec les piles et culées ; ces tirans agissent concurremment sur la pièce de pont, et empêchent, de cette manière, l'arche de pousser au vide.

Attache à la clef de chaque ferme de tête.

3°. L'attache des tirans c, avec l'extrémité de la pièce de pont, s'opère (*fig.* 7 et 8), au moyen d'une équerre à moufle d, dont l'ouverture a été relevée sur l'épure. La tête de l'équerre est noyée de son épaisseur dans la pièce de pont, et traversée par la branche extérieure de la bride k^2 placée à la clef des arbalétriers courbes de la première ferme. Chaque extrémité des branches de l'équerre d forme *tenaille*, et reçoit l'extrémité des tirans c ; la tenaille et le tirant sont solidaires au moyen d'une très-forte clavette à tige ronde et à tête plate arrondie.

Pénétration des fers au moyen de moufles.

4°. Chaque tirant c, destiné à rattacher l'about de la pièce de pont de l'extrados de l'arche avec les piles et culées, se compose (*fig.* 9) de deux parties ajustées ensemble (vers le milieu f de l'arche) à moufles et à clef. Nous avons, au Pont d'Ivry, adopté des moufles, pour que le tirage s'effectuât plus exactement dans le même plan. Ces moufles permettent en effet aux deux cours de tirans en X sur chaque demi-travée, de se pénétrer l'un l'autre (*) ; les moufles sont à plat, et les coins de tirage

Moufles à plat — Coins verticaux.

_____

(*) Cet ajustement à moufles n'a coûté que deux journées de serrurier de plus-value pour chaque branche de tirant.

verticaux; il résulte de cette position verticale que, s'il y avait relâchement sur un des tirans, le coin de tirage descendrait; du reste, on en
a rivé la tète de manière à l'empêcher de passer à travers les lumières.

Quant aux deux tirans (*fig.* 2), qui semblent former X en plan
dans la même demi-travée, ils sont tout-à-fait indépendans l'un de
l'autre; au contraire les deux tirans, appartenant à deux moitiés différentes de la travée, concourent ensemble à rendre une des équerres
d et par conséquent une des têtes de l'arche, invariable de position.

Les branches c des tirans avaient o^m.o68 de largeur sur o^m.o2 d'é-
paisseur.

5°. Les contrevents c sont enfin rattachés aux piles et culées de la
manière suivante (*fig.* 2): Et d'abord , pour rapprocher de 90° l'angle
de tirage des contrevents, on a le plus possible augmenté la largeur
et diminué la longueur des grandes croix de Saint-André que présente le plan des contrevents; ainsi, dans le sens transversal, on
a pris tous les points d'attache sur les fermes de tête d'amont et d'aval,
et, dans le sens longitudinal, on s'est rattaché sur les pièces de pont
les plus voisines du nu des piles et des culées. D'un autre côté, pour
la plus grande solidité des points fixes sur les piles et culées (*fig.* 3 et 4, 5
et 6), on a boulonné les longerons g des fermes de tête avec des mandrins en fer a scellés, soit dans le milieu même de l'épaisseur des piles,
soit dans les culées, à une distance du parement égale à une demi-pile.
Enfin c'est à ces longerons de tête g ainsi arrêtés que les contrevents c
de chaque arche ont été rattachés avec de faux-mandrins b, et qu'on a
également ajusté les entretoises e (*fig.* 5 *et* 6), destinées à relier ensemble les contrevents de deux arches consécutives.

*Attache des con-
trevents sur les pi-
les et culées.*

(80) Les points fixes sur les piles et culées ont surtout appelé toute
notre attention (*fig.* 3 *et* 4 ; *fig.* 5 *et* 6).

Sur l'axe de la pile, un mandrin en fer a, de 1^m.5o de longueur y compris scellement, vient traverser le longeron g. A une distance du nu de
la culée égale à une demi-pile, c'est-à-dire de 1^m.3₇5, un mandrin en
fer a, également enfoncé dans les massifs en moellons, traverse aussi les
longerons de tête g. Ces mandrins ont été consolidés à leur pied et à
leur collet par des plates-bandes scellées avec ancre ou crampons dans la
maçonnerie.

*Mandrins de scel-
lement dans les piles
et culées.*

16.

D'une autre part des faux mandrins *b* boulonnent ensemble et les longerons de téte *g* et les pièces de pont *p* destinées tant à recevoir les extrémités des contrevents *c* qu'à former moises entre les deux têtes du pont. Il en résulte que les points d'attache de ces contrevents *c* sur les piles et culées se trouvent à la fois solidaires des maçonneries et solidaires entre eux, au moyen des pièces de pont qui les étrésillonnent.

Faux - mandrins d'attache sur les longerons.

Les faux-mandrins *b* (*fig.* 10 *et* 11) ont 0^m.04 de force; ils sont quarrés dans toute leur longueur (excepté à leur partie supérieure, où ils se trouvent arrondis pour recevoir les contrevents); leurs deux abouts sont taraudés en sens contraire l'un de l'autre. Ces faux-mandrins entraient de haut en bas dans des lumières de la même dimension de 0^m.04, et en traversant la pièce de pont et les longerons; on plaçait alors l'écrou inférieur, ce qui se faisait facilement à l'aide d'un peu de jeu sous le longeron; on emmanchait ensuite l'œil de l'extrémité des contrevents *c* dans l'about supérieur cylindrique du faux-mandrin *b*, de manière que le contrevent fût encastré de son épaisseur sur la face de dessus de la pièce de pont, et l'on plaçait l'écrou supérieur qu'on serrait avec force. Le taraud en sens contraire de l'about inférieur servait à tenir coup avec une clef à manche lorsqu'on vissait l'écrou supérieur. Le double écrou permettait de poser chaque faux-mandrin après la mise en place de la charpente, et sans laisser des vides considérables dans la maçonnerie, pour emmancher ce faux-mandrin par dessous, ainsi qu'il l'eût fallu, si on l'avait disposé à téte fixe.

2°. SECOND SOLIVAGE PARTIEL, ET PLANCHEIAGE DES DEUX RIVES.

Trottoirs.

Fausses pièces de pont transversales. *Planche* 12.

(81) Sur chaque rive du plancher (*Pl.* 12, *fig.* 1 *et* 2), on a placé une fausse solive transversale *q* à l'aplomb de l'extrémité de la pièce de pont *p*. Ces solives additionnelles *q* ont pour objet de relever le trottoir au-dessus de la voie des voitures, et de porter des auvents *w* en dehors des garde-fous pour garantir des pluies ordinaires les fermes de tête des travées.

En prolongeant les pièces de pont et les solives du trottoir au dehors des fermes, on a encore voulu faciliter l'emmanchement et la pose, tant des montans que des arcs-boutans extérieurs des garde-fous en fer.

Cette saillie, jointe au quart-de-rond avec filet qu'on a profilé à l'about des pièces de pont, forme enfin une sorte de modillon d'un effet assez agréable, surtout dans l'ombre porté par les auvents. Ce profil, ainsi que les hauteurs réunies des pièces de pont et du trottoir, a d'ailleurs été mis en harmonie (100) avec les membres, hauteurs et saillies de la plinthe en pierre qui couronne les piles et culées. De même que, pour la bonne grâce du modillon, la largeur des fausses solives du trottoir a dû être égale à celle des pièces de pont.

Comme il est tout-à-fait préférable de marcher sur des bois disposés en travers, et avantageux d'employer des bois courts ; comme l'entrepreneur tire ainsi parti des moindres sciages, et que d'un autre côté le plancher se coffine moins, il avait été décidé que les madriers des trottoirs du Pont d'Ivry seraient transversaux.

De là l'emploi obligé de longrines, et la disposition forcée en quelque sorte de trois longrines r, s et t, savoir : deux sur les rives et une au milieu. De là aussi la possibilité (*Pl.* 8, *fig.* 4), en mettant à profit ces trois cours de longrines, de moiser longitudinalement et de rendre solidaires entre elles toutes les fausses solives transversales q, et l'avantage d'obtenir, en boulonnant cette espèce de grillage avec les pièces de pont p, une rigidité notable sur les deux rives de chaque arche.

(82) Toutes les entailles de ce grillage ont été piquées sur place ; ce travail est long et demande beaucoup de soin. Il avait été donné (*fig.* 11, 12 *et* 13) aux longrines de rive r et t o^m.20 de force environ, et seulement o^m.20 sur o^m.125 à la longrine intermédiaire s ; les entailles se sont faites à mi-bois dans les longrines et dans les fausses pièces de pont. Les entailles des longrines de rive r et t ont été de o^m.10 de profondeur ; cette profondeur de o^m.10 a encore été partagée sur les deux pièces jointives, en deux entailles à mi-bois de o^m.05 ; les entailles de la longrine intermédiaire s ont été de o^m.07, également partagées à mi-bois entre les traversines et les longrines. Ainsi les pièces du grillage n'ont été entaillées que de o^m.05 et de o^m.035, c'est-à-dire du quart seulement de leur épaisseur. On remarquera, au surplus, qu'ici les trottoirs *n'ayant aucune charge à porter*, ce n'est plus le cas de craindre que les sciages et les entailles fassent fendre le bois, ainsi qu'il arriverait à un plancher (ou plate-forme) destiné à porter un poids considérable (15, 68).

Avant de poser les longrines, on avait exécuté toutes les feuillures et rainures obligées sur les arêtes de ces solives (*Pl.* 12, *fig.* 2), pour recevoir par encastrement, sur leur épaisseur entière, les abouts des ma-

Longrines de rive ; longrine intermédiaire.

Grillage formé par ces deux systèmes de solives.
Planche 8.

Pose des trottoirs.

driers des trottoirs, et l'about supérieur des planches des auvents. Ces feuillures et rainures ont été creusées avec beaucoup d'intelligence et de rapidité, au moyen d'un rabot d'un demi-centimètre de large, qu'on faisait courir le long de l'arête de la solive, et qui, rapporté dans les deux sens, s'enfonçait de 0^m.04 de profondeur : on levait ainsi la tringle toute entière de la feuillure.

Assemblages des longrines.
Planche 8.

Les assemblages des diverses parties des deux longrines de rive *r* et *t* sont à tenon recouvert (*Pl.* 8, *fig.* 11, 12 *et* 13). Les assemblages de la longrine intermédiaire *s* sont à joints fourchus, apparens comme ceux des pièces de pont. Les joints de la longrine intérieure *r*, formant garde-roue, répondent à l'aplomb des pièces de pont, et à chaque joint il a été placé un boulon avec tête en T, qui accroche les deux parties contigues de la longrine (*fig.* 11).

Boulonnage et chevillage.

Les longrines ont été fixées (*fig.* 6 *et* 7), savoir :

1°. La longrine extérieure *t*, par les montans même du garde-fou qui forment boulons et traversent les longrines, les fausses solives et les pièces de pont.

2°. La longrine intérieure *r*, portant garde-roue, par des boulons remplissant le même office, et placés aussi à l'aplomb des pièces de pont. On avait en outre placé des chevillettes de 0^m.30 de long, pour clouer les fausses solives *q* et de deux en deux sur les pièces de pont *p*. Les boulons avaient 0^m.027 de force, et pesaient 3 kilog.; les chevillettes pesaient 0^k.40.

3°. Chaque longrine intermédiaire *s*, par des chevillettes de 0^m.20 de longueur, pesant 0^k.17, lesquelles chevillettes attachent seulement les longrines *s* avec les fausses solives *q*.

Madriers transversaux jointifs.

Après la pose des garde-fous, boulons et chevillettes, on a mis en place les madriers transversaux *v* du trottoir; pour prévenir tout coffinage, il n'a pas été employé de madriers au-dessus de 0^m.20 de largeur; on clouait ces madriers (de 0^m.05 d'épaisseur) avec des clous doux, dits à tête de mouche, c'est-à-dire à tête étroite, afin qu'on pût la noyer dans le bois.

Garde-roue en fer le long des trottoirs.
Planches 12 et 14.

(83) Il reste à signaler le mode de garde-roue qu'on a adopté le long des trottoirs (*Pl.* 12, *fig.* 1 *et* 2; *Pl.* 14, *fig.* 2, 3, 4 *et* 5).

On a d'abord délardé la longrine de rive, et on a réglé suivant un chanfrein de 0^m.04 de fruit pour 0^m.15 de hauteur, la face exposée à recevoir le choc ou le frottement des roues. Il résulte de cette précaution que les roues qui tendraient à monter sur le trottoir, sont, malgré la faible hauteur de la longrine de rive, vivement déportées sur la voie basse.

Pour garantir cette face du frottement continuel des roues, et pour empêcher aussi qu'il ne s'y manifeste quelque éclat, quelque entaille qui donnerait prise aux roues, on y a appliqué une bande de fer de 0^m.10 de large, et de 0^m.0135 d'épaisseur, posée de champ avec une couche de goudron bouillant (*). Ces bandes ont été percées de 0^m.12 en 0^m.12, pour recevoir des vis anglaises à tête fraisée de 0^m.05 de longueur; chaque about est en outre arrêté avec des boulons à tête fraisée; ces bandes de garde-roue ont été posées en saillie de leur épaisseur entière sur la longrine de rive.

Auvents.

(84) Les auvents ou jets d'eau (*Pl.* 8, *fig.* 6 *et* 7; *Pl.* 12, *fig.* 1 *et* 2) sont composés de madriers transversaux en pente, pour que l'eau s'écoule librement au dehors, et à la plus grande distance possible des fermes de tête.

Planches 8 *et* 12.

Ces madriers, dont l'inclinaison a été réglée à 0^m.035 sur leur longueur entière de 0^m.60, sont engagés à leur about supérieur et arrêtés, au moyen de clous d'épingle, dans une rainure pratiquée sous l'arête de la longrine extérieure *t* du trottoir; ils portent à leur about inférieur sur une plate-bande en fer de 0^m.05 de large et de 0^m.01 d'épaisseur, clouée et entaillée de son épaisseur sur l'extrémité des fausses pièces de pont *q*.

Jet d'eau transversal. — Couvrejoints régulièrement espacés.

Les joints de ces madriers sont recouverts avec des tringles en saillie; ces tringles ont toutes 0^m.06 de largeur et 0^m.015 d'épaisseur; elles portent chanfrein sur chaque arête longitudinale supérieure. Ces couvrejoints sont disposés d'une manière symétrique, c'est-à-dire également écartés, et en même nombre au droit de chaque travée de garde-fou; ils sont arrêtés sur les auvents avec des clous d'épingle.

(*) Une épaisseur de 0^m.01 eût été suffisante, mais l'entrepreneur a manqué de fer de cet échantillon; il avait proposé de mettre deux bandes jointives de 0^m.05 de largeur; nous nous y sommes refusé, c'eût été sacrifier tout le bon effet de ce garde-roue.

3°. MADRIERS FORMANT PLANCHER, ET GARNITURES EN FER
ENTRE LES TROTTOIRS.

Madriers formant plancher.

Nota. Deux rangs de madriers ont été appliqués sur les pièces de
pont entre les deux trottoirs ; le rang inférieur de madriers est disposé
longitudinalement ; le rang supérieur de madriers est transversal.

1er. plancher; ma-
driers longitudinaux
à claire-voie.

Planches 8 *et* 12.

(85) Pour la libre circulation de l'air , et par conséquent pour la conservation des bois , le premier plancher *m* (longitudinal) qui recouvre les
pièces de pont est à claire-voie (*Pl.* 8 , *fig.* 3 , *Pl.* 12 *fig.* 1 *et* 2).

Ces claires-voies ont très-régulièrement 0^m.03 de jour. Après avoir
essayé divers intervalles , c'est à cet écartement, égal au tiers de l'épaisseur des madriers , que nous nous sommes arrêté ; il en est résulté une
économie d'un dixième environ sur la surface du plancher.

Moise en long sur
l'axe du pont.

Il a été en outre établi , sur l'axe même et dans la longueur entière du
pont, une moise intermédiaire *m*² entre les deux trottoirs, de 0^m.13 d'épaisseur , entaillée de 0^m.03 à chaque pièce de pont, ce qui en réduit
l'épaisseur à 0^m.10.

Régularité   des
cours de madriers.—
Emploi de bois de
toute largeur.

Les autres madriers *m* sont également de 0^m.10 de hauteur ; il en a été
placé 11 cours sur chaque moitié du pont, en tout 23 la moise *m*² comprise.
Chaque cours a conservé une même largeur dans la longueur entière
du pont; et néanmoins l'entrepreneur a pu placer tous ses bois au
moyen des tolérances suivantes : 1°. Il lui a été permis de varier la largeur des différens cours de madriers, à la condition seulement que les
plus larges fussent symétriquement appuyés au trottoir sur les deux
rives, et eussent ensuite à décroître le plus régulièrement possible en
se rapprochant de la moise de 0^m.20 de largeur sur l'axe du pont; 2°. Au
droit des piles , et par conséquent sur les parties où le dessous du
plancher ne se voit pas, on a encore autorisé une augmentation ou une
diminution de quelques centimètres dans la largeur du même cours de
madriers, à la condition toutefois de conserver, pour les cinq arches,
le même nombre de madriers et de claires-voies.

De cette sorte, dans toutes les parties apparentes du dessous du pont,
(et même sur la face supérieure lors de la pose de ce premier plancher)
l'œil trouvait et trouve encore un ordre qui équivaut à la plus complète régularité.

Chevillage du
1er. plancher.
Planche 12.

(86) Ce premier plancher *m* a été fixé aux pièces de pont *p* par des che-villettes en fer forgé de 0^m.19 de longueur (*Pl.* 12, *fig.* 9), pesant 0^k.17. Il en a été placé 6,900 sur une surface de madriers ensemble de 692^m.44, c'est-à-dire 10 environ par mètre quarré. Il s'en est trouvé assez ré-gulièrement, pour les 23 cours de madriers, 40 par pièce de pont sur 6^m.25 de longueur, c'est-à-dire double chevillette à 17 rencontres sur 23. On consigne ici ces résultats, parce que la largeur réduite des ma-driers a été de 0^m.25, que les cours de madriers ont été exécutés avec des bois d'une longueur ordinaire, et que le travail a été conduit sans em-ploi superflu de chevillettes.

Nous n'avons du reste rien négligé pour fixer avec soin ce premier plancher. Sur ce point toute économie serait mal entendue : il en résul-terait des désunions, des balancemens; et c'est à la rigidité la plus par-faite qu'il faut tendre dans les constructions élastiques et facilement altérables, telles que celles en bois.

Nécessité de rai-sonner la forme des chevillettes.

Nous avons en outre étudié la forme et le mode d'enfoncement des chevillettes. Voici ce que les constructeurs ont remarqué à ce sujet.

1°. Pour la partie inférieure et incisive de la chevillette :

Lorsqu'on enfonce dans une solive une chevillette disposée en pointe soit conique, soit pyramidale, elle détermine presque toujours une fente dans le bois.

Lorsqu'une chevillette est disposée en pointe méplate et qu'on l'en-fonce en dirigeant la lame du ciseau parallèlement aux fibres du bois, elle fait également coin entre ces fibres, et la solive se fend encore.

Mais si on présente la lame de cette même chevillette méplate, d'équerre aux fils du bois, on tranche ces fils sans les écarter, et lors même qu'il ne se trouverait pas de trou percé à l'avance, la chevillette pénétrerait de toute sa longueur dans le bois, sans qu'aucune fente se manifestât.

2°. Pour la forme des têtes de chevillettes :

Quand on doit employer des chevillettes pour échafauds provisoires, comme ces fers sont destinés à être arrachés avec la pince à fourchette appelée pied-de-biche, leur tête doit avoir une face plate en dessous, qui l'empêche de pénétrer dans le bois (*Pl.* 12, *fig.* 10), et une forme de pointe de diamant en contre-haut, qui lui donne une saillie très-prononcée, et en facilite l'enlèvement.

Mais s'il est question du chevillage définitif d'un plancher exposé à la pluie et à la neige, il faut alors que la tête de la chevillette, sans présenter moins de force, puisse non-seulement être noyée dans le bois, mais remplir exactement le trou ordinairement amorcé à l'avance, afin que les eaux n'y puissent jamais pénétrer; c'est-à-dire qu'il faut presque renverser la forme de la tête de la chevillette d'échafaud, en terminant le dessus de la chevillette par un plan d'équerre à la tige, et en raccordant par deux congés la tête avec le corps.

Toutes les chevillettes du Pont d'Ivry (*fig.* 9) ont donc été disposées en fer quarré, sans pointe pyramidale, amincies sur les deux faces seulement comme la lame d'un ciseau, avec tête plate en dessus, se projetant en plan suivant un rectangle et se profilant avec deux congés en renfort.

Les madriers ont été percés avec un lacré d'un diamètre à peine égal au quarré des chevillettes, et l'on a enfoncé celles-ci en plaçant la lame de ciseau d'équerre sur les fils de la solive sur laquelle on fixait les madriers.

Chevillettes barbelées. Toutes les chevillettes ont été en outre barbelées au ciseau à froid, sur les angles et sur la longueur entière qui devait pénétrer dans la solive fixe.

2me. plancher; madriers transversaux et jointifs. *Planches* 8 et 12. (87) Le second plancher *n* (*Pl.* 8, *fig.* 5; *Pl.* 12, *fig.* 1 et 2), posé transversalement au pont, et destiné à recevoir les vis et cloutages des garnitures en fer et bois, a été composé de madriers jointifs.

Régularité de l'ajustement des madriers; leur largeur moyenne. Quelques constructeurs permettent aux entrepreneurs de poser des madriers d'une largeur inégale dans les abouts, et même de les ajuster en plan avec ressauts et entailles. Au Pont d'Ivry, nous avons formellement interdit les ressauts avec entailles qui sont d'un effet désagréable, et chaque cours de madriers se suit uniformément dans la largeur entière du pont. Nous n'avons même admis qu'une variation de largeur insensible à l'œil, c'est-à-dire de 0^m.05 au plus sur l'ouverture de 6^m.25 du plancher. De cette manière tous les madriers semblaient exactement d'équerre sur le pont.

Puisque ce plancher est exposé au soleil et à la pluie, il exigeait les madriers les plus étroits possible; nous avions interdit toute largeur au-dessus de 0^m.25; il eût été mieux encore de s'en tenir à une largeur de 0^m.20 pour maximum, de même que, pour le cas où la largeur passe 0^m.25, les madriers doivent être indispensablement refendus.

Il le faut surtout afin d'éviter tout coffinage, si le projet suppose des garnitures de fer fixées avec des vis à bois; nous reviendrons sur cet objet à l'article de la garniture en fer du Pont d'Ivry.

(88) Dans cette même prévision, et pour nous mettre à l'abri du gauchissement des bois, nous avons porté toute notre attention sur le chevillage du second plancher. Les chevillettes ont été réglées à o^m.12 et à o^m.13 de longueur (*Pl.* 12 , *fig.* 9); elles pesaient 9 kil. le cent, et avaient la même forme que celles du premier plancher. On s'étonnera sûrement qu'il en ait été employé 22.500 sur 785^{m. qu.}00 de surface, ce qui donne près de 30 chevillettes par mètre quarré, mais il est facile de se rendre compte de leur répartition. Il a été reconnu sur place qu'en admettant dans les 6.^m25 de largeur du pont des madriers de deux morceaux, et qu'en partant de la largeur de o^m.20 à o^m.25 qu'avaient effectivement les madriers, il fallait, terme moyen, 46 chevillettes par madrier transversal (ou 2 chevillettes à la rencontre de chacun des 23 cours de madriers longitudinaux du premier plancher); et puisque chaque madrier transversal de o^m.25 de largeur reduite offrait une surface de 1^m.55, il en résultait 30 chevillettes par mètre superficiel.

Comme le second plancher avait à recevoir les vis destinées à fixer les chemins de fer, et qu'il fallait éviter la suppression forcée des vis qui auraient pu tomber à l'aplomb de quelques chevillettes, on avait tracé au blanc l'emplacement des vingt bandes longitudinales de fer qui devaient régner dans toute l'étendue du pont; de cette manière on évitait de mettre aucune chevillette dans la largeur de o^m.065 de ces bandes; et au contraire les intervalles entre les emplacemens de ces bandes étaient lardés de chevillettes avec une sorte de profusion.

Chevillage du 2e. plancher.
Planche 12.

Garnitures en fer et bois.

(89) Ce n'est pas seulement dans les dispositions architectoniques que l'on se propose d'alléger les constructions à mesure qu'elles s'élèvent; dans les autres travaux également, le goût et la raison sont choqués lorsque des matériaux peu résistans ou des parties légères et à claire-voie soutiennent des masses pesantes.

Lorsqu'un pont est en pierre, il est tout simple que son sol soit pavé; le poids de la chaussée, tout notable qu'il est, disparait en quelque sorte devant la pesanteur du reste de la construction. On remédie d'ailleurs

Inconvéniens d'un pavage sur un pont de bois.

17.

au moyen de chapes, à l'humidité que produiraient des infiltrations
dans le pavage; et l'ouvrage, sous tous les rapports, est à l'abri de
graves altérations.

Il n'en est pas de même d'un pont en charpente. Pour la conservation
des bois, il faut le plus d'air possible. On doit surtout éviter le contact
de corps spongieux, et perméables à la pluie; et un pavage établi sur
un sable ordinairement graveleux est tout ce qu'il y a de plus fâcheux
pour le plancher qui le supporte. Un pont de charpente demande
d'ailleurs qu'on allège les fermes le plus possible, afin d'atténuer, notamment dans les dernières années qui précèdent sa reconstruction, la
pénétration des bois et le fléchissement général des arches. Enfin tout
doit être en harmonie; et, comme conséquence nécessaire d'une chaussée
pavée ou en empierrement, il faut admettre un dallage en pierre au
droit des trottoirs, nouvelle cause de surcharge pour le pont et de dépense considérable dans les frais de premier établissement.

Plancher du Pont
d'Ivry avec garnitu-
res en fer.

Par ces motifs nous avons adopté pour le Pont d'Ivry un plancher
en bois, défendu par des garnitures en fer sur les lignes de plus grande
fatigue.

(90) Mais la disposition de ces armatures était subordonnée au
nombre de voies que la largeur du pont devait présenter, et aux divers
attelages auxquels chaque voie devait être de préférence consacrée.

Voitures avec che-
vaux de front; voi-
tures avec chevaux
en arbalète; dispo-
sitions de voies y
relatives.

Or les voitures peuvent être divisées en deux catégories relativement
aux lignes respectives que les chevaux et les roues parcourent. Lorsque
les voitures sont attelées en arbalète, les chevaux sont dans l'axe de la
voiture et suivent une ligne milieu entre les deux roues. Pour ces attelages, le plus convenable est de disposer deux voies de fer en bandes
longitudinales au droit du parcours des roues, et de placer entre ces
voies des madriers transversaux pour la voie des chevaux. Mais, lorsque
les chevaux sont accouplés, ils suivent à peu près les mêmes lignes
que les roues de la voiture; et pour ces attelages, au lieu de bandes longitudinales sur lesquelles les chevaux glisseraient, il faudrait ou des

Affectations diver-
ses des trois voies du
Pont d'Ivry.

Planches 8, 11 et 13.

bandes transversales ou des voies tout en bois. Ces derniers attelages
sont bien moins nombreux que les autres; il a été reconnu par dif-
férents relevés préalables qu'ils ne formaient que le dixième des passages sur les routes qui devaient mener au Pont d'Ivry; en conséquence
la largeur de 6ᵐ.25 existant entre les trottoirs, pouvant être partagée

en trois voies (*Pl.* 8, *fig.* 5 *et* 7 ; *Pl.* 12, *fig.* 1 *et* 2 ; *Pl.* 13, *fig.* 1), les deux rives ont été disposées pour des voitures attelées en arbalète, et le milieu pour des voitures avec chevaux accouplés (*Note* 20).

(91) Les deux voies de rive ont 2^m.00 de largeur, savoir : 1^m.00 au milieu garni de madriers transversaux pour les chevaux, et 0^m.50 des deux côtés de la voie des chevaux, garnis en bandes longitudinales pour les roues des voitures.

Largeur et subdivisions de ces voies.

La voie dans l'axe du pont de 2^m.25 de largeur, a été revêtue tout en bois, savoir : 1^m.25 au milieu en madriers transversaux, et de chaque côté 0^m.50 en madriers longitudinaux.

Du reste, ces trois voies ne sont isolées les unes des autres par aucune séparation, telles que solives courantes, oreilles en fer, etc.

§ 1. *Garnitures pour chevaux en arbalète, sur les deux rives du pont.*

(92) On vient de voir que chacun des chemins de rive se composait d'une voie de chevaux, large de 1^m.00, et de deux voies pour jantes de voitures chacune de 0^m.50.

Il résulte (*Pl.* 12, *fig.* 1 *et* 2) de cette division dans les largeurs, que, si une des roues touche au trottoir, l'autre roue est encore à 1^m.10 de la voie des chevaux, et que d'ailleurs la voiture en ripant le long du trottoir *z* ramène bientôt ses jantes au milieu des voies en fer de 0^m.50 qui leur sont destinées.

Éloignement des roues de la voie en bois pour chevaux.
Planche 12.

Le même effet a lieu du côté opposé au trottoir, au moyen d'une bande de fer *z*² relevée le long de la voie de 2^m.25 dans l'axe du pont ; lorsqu'une roue s'approche de cette bande, l'autre roue n'a pas encore dépassé la voie de fer, et pourtant la bande relevée fait à son tour riper la roue qui est venue la toucher, et rejette les jantes de la voiture vers le milieu des bandes de fer.

(*Note* 20.) On avait espéré que les voitures à chevaux de front prendraient seules la voie du milieu ; on croyait en effet que les autres voitures choisiraient de préférence les deux rives du pont, et on se reposait à cet égard sur les recommandations du gardien et du percepteur, sur l'habitude des voituriers à garder la droite, et enfin sur la moindre fatigue des chevaux, lorsque les roues suivent des chemins en fer. L'expérience du Pont d'Ivry semble cependant indiquer que, sauf le cas de croisement, presque toutes les voitures sans exception préfèrent la voie du milieu.

Tout en conservant les mêmes divisions, il eût donc été préférable de garnir en fer la voie du milieu comme la plus fatiguée, et de laisser seulement en bois les deux voies de rive ; ce serait précisément l'inverse du Pont d'Ivry.

(93) Chaque voie de 0ᵐ.50 de largeur pour roues de voiture (*Pl.* 14, *fig.* 3 *et* 5) est garnie de 5 cours de bandes longitudinales *e* ; ces bandes ont 0ᵐ.068 de largeur; elles sont séparées par quatre intervalles de 0ᵐ.04 chacun ; les bandes de rive sont par conséquent jointives, et contre le trottoir et contre la plate-bande relevée le long de la voie du milieu.

Chaque bande longitudinale est divisée sur l'étendue entière de 123ᵐ.65 du plancher, en 31 cours distincts de plates-bandes $e\,e'$, $e'\,e^2$, $e^2\,e^3$, $e^3\,e^3$, savoir : cinq cours par arche, un sur chaque pile, un sur chaque culée (*Pl.* 8, *fig.* 6 *et* 7 ; *Pl.* 14 *fig.* 1).

Chaque extrémité e, e', e^2, e^3 des vingt plates-bandes longitudinales distribuées sur les deux chemins de rive répond à une même ligne d'équerre au pont.

A cette régularité nécessaire (comme on le verra bientôt) entre les vingt cours des quatre voies en fer, se joint une symétrie parfaite dans la disposition et la longueur des diverses plates-bandes de chaque cours en particulier.

Chaque arche est divisée en cinq cours de longueur égale; chaque cours a précisément la longueur de trois des travées du garde-fou; les points de jonction de ces divers cours répondent au milieu d'une pièce de pont, et au droit d'un montant du garde-fou.

Sur chaque pile, une plate-bande réunit les deux cours extrêmes des arches limitrophes; les plates bandes des quatre piles sont de même longueur.

Sur chaque culée, un cours additionnel part de la dernière pièce de pont et garnit la portion de plancher appuyée sur la culée dans la longueur qui répond à l'épaisseur du dé de scellement du garde-fou; ces cours additionnels sont parfaitement semblables pour les deux culées.

Les bandes composant chaque cours ont en conséquence été réglées aux longueurs suivantes (*Pl.* 14, *fig.* 1) :

Au droit des première et cinquième arches.... 4ᵐ.17, *et pour*	10	.... 41ᵐ.70.
Id. des deuxième et quatrième *id.* ... 4ᵐ.42, *et pour*	10	.... 44ᵐ.20.
Id. de la troisième arche. .... 4ᵐ.67, *et pour*	5	.... 23ᵐ.35.
Au droit des piles .... 3ᵐ.15, *et pour*	4	.... 12ᵐ.60.
Id. des culées. .... 0ᵐ.90, *et pour*	2	.... 1ᵐ.80.

Nombre des bandes pour un même cours. 31

Longueur totale du plancher du pont. .... 123ᵐ.65.

Chaque bande e e^1, e^1 e^2, etc., est droite dans sa longueur, sauf à ses abouts qui sont coudés (vus en profil) à manche de manivelle, de manière à présenter un crochet à angle droit, forgé avec soin (*Pl.* 14, *fig.* 2, 6 *et* 7). La bande suivante du même cours présente un crochet en sens inverse.

Crochets de retenue aux abouts. Entretoise de retenue; boulons.
Planche 14.

Ces crochets, ménagés aux abouts des cinq bandes de chaque cours de la même voie, sont destinés à recevoir une même entretoise e, e^1, e^2, etc. On a donné à cette entretoise une longueur de 0^m.50 égale à la largeur de la voie, une largeur de 0^m.068 égale à la longueur ensemble des crochets des deux barres contiguës, et une épaisseur de 0^m.02 donnée par la profondeur de ces crochets.

Cette entretoise est percée dans sa longueur de plusieurs trous fraisés et coniques, destinés à recevoir autant de boulons b également à tête conique, noyés dans le fer (*).

La fente ou entaille conservée dans l'épaisseur de la tête fraisée de ces boulons permet de les visser et de les dévisser au moyen d'une clef.

Pour donner à ces boulons des points fixes dans l'épaisseur du plancher, nous avons placé sous le rang de madriers transversaux une deuxième entretoise f (*fig.* 2 *et* 3, 4 *et* 5, 6 *et* 7), formant projection de la précédente, et servant d'écrou commun à tous les boulons de la même entretoise. Les dimensions de ces entretoises inférieures f sont seulement de 0^m.05 de largeur sur 0^m.375 de longueur et 0^m.015 d'épaisseur.

Entretoises inférieures, formant écrous.

(94) La pose de ces chemins de fer, sans présenter de difficulté réelle, exige cependant de l'attention. On y procède ainsi qu'il suit :

Pose de ces chemins.

Lors de la pose du second plancher (87 et 88), on ajuste un madrier parfaitement d'équerre au pont, au droit de la ligne commune des quatre plates-bandes en travers, destinées à fixer sur les quatre voies en fer les abouts du même cours de bandes.

Ces madriers sont, de toutes les parties du plancher, celles qui doivent être chevillées les dernières; ils restent même mobiles pendant la pose des entretoises des chemins de fer.

On ajuste sur chacun d'eux les chemins de fer; on fait les incrustemens nécessaires pour les crochets des deux bandes contiguës des 5 cours

---

(*) En exécution, on n'a percé chaque entretoise que de trois trous fraisés. Il eût mieux valu évidemment en percer quatre, qui eussent répondu aux quatre vides entre les cinq bandes, ainsi qu'on l'a exprimé aux dessins

de chaque voie, et pour la demi-épaisseur de l'entretoise supérieure *e* qui doit coiffer ces doubles crochets.

<small>Entailles dans le plancher.</small>

On entaille le bois par encoches sur l'épaisseur des crochets des bandes, au lieu de mettre l'incrustement de niveau à fleur du dessous ; il en résulte 5 entailles ou refouillemens qui maintiennent dans le sens transversal les abouts des diverses bandes.

Ces entailles faites, on relève le madrier mobile du second plancher *n* ; on présente sur le premier plancher *m* l'entretoise inférieure *f* destinée à faire écrou, et on entaille ladite entretoise *f* de son épaisseur dans ce premier plancher.

Cette entretoise pourrait avoir encore deux trous fraisés et deux fortes vis qui la fixeraient au premier plancher ; mais ce surcroît de consolidation n'a pas été jugé nécessaire au Pont d'Ivry.

Ensuite on remet en place le madrier du second plancher ; on pose les chemins de fer *e e'*, *e' e²*, etc., et l'entretoise supérieure *e'*, etc. ; on cheville avec un soin tout particulier le madrier du second plancher, et on serre avec force les boulons *b* dont la tête fraisée vient affleurer l'entretoise supérieure *e*, et dont le taraud vient saisir, en guise d'écrou l'entretoise inférieure *f*.

<small>Goudronnage. — Brayage.</small>

Au moment de la pose définitive des bandes de fer, on a enduit d'une couche épaisse de goudron la largeur de 0^m.50 de chaque voie de fer, et toutes les entailles des crochets et entretoises, tant dans le premier que dans le second plancher.

On a en outre coulé un mélange semi-ductile de brai et de goudron dans les trous des boulons *b*, avant la pose de ces fers, de sorte qu'en faisant prendre l'écrou, et en amenant le boulon à profondeur, le brai soufflait de toutes parts.

Enfin, on a également formé, le long des entretoises supérieures transversales *e*, *e'*, etc., des bourrelets de brai gras, afin d'empêcher l'eau de s'introduire dans les entailles faites au bois pour les abouts des bandes *e e'*, *e' e²*, etc. (*).

Excepté les abouts à crochet, toutes les bandes sont saillantes de leur épaisseur et simplement appliquées sur le plancher.

(*) Les entailles dans le plancher pour chemins de fer ont été faites à la journée ; il a été employé une journée environ de charpentier à chaque entretoise double *e* et *f*, tant pour entailles de bois, et pour présentation des fers sur place à plusieurs reprises, que pour coulage de brai et de goudron dans ces refouillemens.

Il faut laisser (*fig.* 6 *et* 7) un jeu d'un centimètre entre les abouts des bandes consécutives, afin qu'elles ne s'appuient jamais fer contre fer, soit lorsqu'en les appliquant sur le plancher pour la pose des vis on fait disparaître les moindres inflexions en portant les bandes à leur maximum de longueur pour une température donnée, soit lorsqu'une élévation plus grande de température viendrait à les allonger encore.

Jeu aux abouts des bandes.

Nous recommandons de laisser aussi du jeu entre le talon de chaque crochet et l'entretoise de retenue ; car pour y avoir manqué au Pont d'Ivry il arrive que, dans les grandes chaleurs, ces fers butent les uns sur les autres, et tendent, quoique d'une manière insensible, à faire boursoufler les bandes voisines au-dessus du bois. Ce même inconvénient rend très-difficiles en été le levage et la réparation des bandes de fer, tant elles sont serrées à leurs faces de juxta-position.

On ne saurait trop surveiller le forage des trous fraisés des bandes et la pose des vis, pour que la tête, non-seulement se trouve parallèle au plan supérieur des bandes, mais pour qu'elle soit noyée dans l'épaisseur de ces mêmes bandes ; la moindre saillie, le moindre gauchissement déterminerait des ruptures de vis, sous la pression des voitures pesamment chargées.

Trous fraisés. — Pose des vis. — Vis dites anglaises.

Les trous de vis ont été placés sur les rives de chaque bande et disposés à tête-bêche à une distance de 0^m.15 les uns des autres, sur la longueur de la bande.

Ces vis (*Pl.* 12 , *fig.* 8; *Pl.* 14 ; *fig.* 2 *et* 3) doivent être à filets tranchans à la façon dite anglaise (*). Les vis appliquées aux chemins de fer du Pont d'Ivry avaient 0^m.055 de longueur. Comme il est arrivé que des trous en assez grand nombre se sont trouvés répondre à des joints de madriers, on a employé pour ce cas exceptionnel de ces mêmes vis anglaises, mais de 0^m.11 de longueur :

Planches 12 et 14.

(195) Il est une dernière précaution à signaler :

Dans la crainte que l'entrée sur le pont d'une voiture chargée, et la transition d'une chaussée pavée à un plancher ne produisissent une secousse susceptible d'altérer les premières bandes des voies de fer, si ces bandes étaient un peu longues, nous avons voulu amoindrir les ondula-

Bandes courtes additionnelles à l'entrée du pont.

(*) Ces vis sont exécutées par des procédés mécaniques ; il y en a de divers échantillons ; elles se vendent à la grosse de douze douzaines.

tions sur ce point et rendre le renouvellement de ces premiers fers moins fréquent et plus facile; en conséquence nous n'avons donné (*Pl.* 8, *fig.* 7 ; *Pl.* 14 , *fig.* 2 *et* 3) que 0^m.90 de longueur au premier cours contre les culées, et nous avons placé en travers de la largeur entière du pont, et comme seuil, une vigoureuse traverse *a* en fer, laquelle, en dehors de l'entretoise extrême *e* des premiers cours de bandes, est boulonnée au plancher, et reçoit le premier choc des voitures.

Planches 8 et 14.

6

Bons résultats de ce système d'armatures en bandes longitudinales.

(96) Toutes ces précautions ont eu un plein succès : après deux ans d'épreuve, l'observateur le plus attentif en suivant les roues d'une voiture pesamment chargée, sur les voies de fer du Pont d'Ivry, ne remarque encore aucune ondulation, aucune disjonction entre le fer et le bois : cette expérience nous paraît donc justifier ce système mixte de fer et de bois pour garniture de plancher.

Sans doute les phénomènes hygrométriques n'agissent guères que sur le bois, tandis que les influences thermométriques n'affectent guères que le fer. Mais les madriers tendent-ils à coffiner à la pluie, à la sécheresse, ces mouvemens peuvent avoir lieu dans les joints, sur les surfaces supérieures et inférieures. Les fers tendent-ils à s'allonger ou à se raccourcir, les trous de vis, le jeu aux abouts des fers, la faible longueur de chaque bande en rendent l'effet extrêmement peu sensible.

Qu'on veuille bien remarquer que l'application et la liaison du bois avec le fer, les variations si différentes de ces matériaux deviennent une sorte de compensateur qui atténue les changemens de forme des fers et des bois. Par conséquent, avec la précaution de cheviller vigoureusement le plancher, on s'explique le succès d'armatures en fer qui réunissent ces trois conditions : solidarité avec le bois, et par conséquent atténuation dans les effets de la dilatation et du retrait des fers ; isolement des bandes longitudinales les unes des autres de cinq mètres en cinq mètres, et dès lors solution de continuité dans les ondulations à craindre; enfin fixité parfaite à chaque extrémité de ces mêmes distances de cinq mètres au moyen de boulons, et préservation complète de *ce coup de fouet* si fatal (à chaque passage de voiture) aux bandes de fer parcourues sur leur longueur.

Condamnation des bandes transversales.

Ne confondons pas du reste un système de garnitures en bandes longitudinales, lesquelles n'offrent prise à aucun effort latéral, avec des bandes transversales, souvent isolées les unes des autres, que les fers des chevaux soulèvent à la manière d'une pince, et sur lesquelles les roues montent et retombent, en provoquant avec des forces vives le dévers de ces bandes.

Lorsqu'on pèse tous les inconvéniens attachés à ce dernier mode de bandes, on ne comprend que trop la prompte destruction de ces sortes de garnitures, quels qu'en soient d'ailleurs les scellemens, et même malgré le secours de bandes longitudinales fixées à leur tour par des boulons ou par tout autre moyen.

(97) La largeur de 1^m.00 pour voie de chevaux a été garnie de ce que nous appellerons des pavés longs en bois (*Pl* 12, *fig.* 1, 2 *et* 7) (*).

Voies pour chevaux ; pavés longs en bois.
Planche 12.

Ces pavés longs se composent de madriers transversaux, d'une seule pièce et jointifs, de 0^m.12 à 0^m.15 de largeur, et de 0^m.04 d'épaisseur, arrondis en quart de rond sur leurs deux arêtes supérieures longitudinales, et sur leurs abouts.

Il en résulte une crémaillère fort durable, fort douce, et assez profondément ondulée pour donner pied aux chevaux.

Ces madriers sont fixés au second plancher par des clous doux à large tête plate, et de 0^m.10 à 0^m.11 de longueur. On a percé les madriers au vilebrequin ; les trous étaient disposés à tête-bêche ; ils étaient rapprochés sur la longueur des bois de 0^m.15 à 0^m.20 les uns des autres, et éloignés de plus de 0^m.04 des rives longitudinales, afin qu'ils ne fussent pas appliqués dans la rainure même où les chevaux doivent prendre pied.

Cloutage. — Pose avec goudron.

Ces pavés longs ont été posés sur une couche épaisse de goudron bouillant dont on a enduit le second plancher, mais les faces apparentes de ces madriers n'ont ni peinture ni goudron.

§ 2. *Garnitures pour chevaux, dans l'axe du pont.*

(98) On a vu (91) que le chemin pour voitures dans l'axe du pont se composait d'une voie pour les chevaux de 1^m.25 de large, et de deux voies pour les roues de 0^m.50 chacune (*Pl.* 8, *fig.* 7 ; *Pl.* 12, *fig.* 1 *et* 2.)

Planches 8 et 12.

La voie des chevaux, bien que d'une plus grande largeur, a été exécutée d'une manière absolument semblable à la voie pour chevaux des chemins de rive.

(*) Nous voulions ces garnitures en orme, mais il ne s'est pas trouvé de bois suffisamment sec à notre disposition ; elles ont été exécutées en cœur de chêne dur.

18.

Traces des roues en madriers longitudinaux jointifs.

Chaque voie pour les roues a été formée de trois madriers longitudinaux jointifs de $0^m.04$ d'épaisseur ; seulement le dernier madrier longitudinal de droite et de gauche a été garni, ainsi que nous l'avons dit plus haut, d'une plate-bande z' posée suivant un plan incliné, pour former encaissement sans présenter aucun ressaut brusque entre le chemin du milieu et les chemins de rive (*). Ces madriers longitudinaux ont été cloués de la même manière que les pavés longs de la voie des chevaux.

3°. Inconvéniens des madriers transversaux pour voies de voitures.

(99) De nombreux exemples avaient déjà fait connaître combien des madriers longitudinaux conviennent aux roues de voitures ; en effet les madriers transversaux ont cet inconvénient que les voitures, en suivant les mêmes lignes, creusent de véritables ornières, et que la totalité des madriers transversaux d'un pont est en peu de mois tranchée sur ces points de fatigue, quand le reste est à peine entamé. D'où il arrive que, pour une altération partielle, il faut cependant renouveler le plancher tout entier. Avec des madriers longitudinaux, au contraire, il suffit de remplacer deux ou plusieurs cours sur les rives.

Nous savons que les fibres du bois offrent plus de prise à la destruction, lorsqu'elles sont attaquées sur leur longueur. Il s'opère alors des éclats assez étendus sur les arêtes, et beaucoup de madriers éprouveront même une sorte d'exfoliation, à partir du cœur du bois ; mais, tout calcul fait, il y aura évidemment une grande économie à renouveler un peu plus souvent une portion minime du plancher, au lieu de refaire le tout à neuf, même à des intervalles moins rapprochés.

Quant à la crainte que les chevaux prennent difficilement pied sur des madriers en long, c'est une erreur ; et nous avons reconnu, au Pont d'Ivry, que les chevaux ont le pied suffisamment assuré sur les madriers longitudinaux du chemin au milieu du pont.

Garniture de plancher, toute en bois, avec voies latérales en madriers longitudinaux.

Nous regardons par conséquent l'emploi des madriers longitudinaux comme tellement préférable à l'usage des madriers en travers, que, dans le cas où nous aurions été forcé par motif d'économie de renoncer à l'emploi des garnitures en fer, nous n'aurions pas hésité à diviser le passage du pont en plusieurs voies garnies en bois comme le chemin au milieu du Pont d'Ivry. Il en fût toujours résulté, selon nous, que

---

(*) Nous regrettons de n'avoir donné que $0^m.04$ d'épaisseur à ces madriers longitudinaux, nous pensons qu'il eût été de beaucoup préférable d'en porter l'épaisseur à $0^m.06$.

les voitures eussent été forcées, malgré la négligence des voituriers, d'affecter des lignes déterminées ; que les roues eussent parcouru dans toute l'étendue du pont les mêmes madriers longitudinaux ; que les chevaux eussent été aidés dans leur marche par les pavés longs situés entre les madriers en long pour voie de voiture ; et que, si quelques dégradations se fussent manifestées, soit dans les voies des roues, soit dans les voies des chevaux, les réparations en eussent été faciles, promptes et peu dispendieuses.

CINQUIÈME SECTION.

PLINTHES, PARAPETS, GARDE-FOUS.

1°. PLINTHES.

(100) La plinthe des piles et culées, de 0^m.55 de hauteur totale, a été profilée à deux membres (*Pl.* 7, *fig.* 7; *Pl.* 12, *fig.* 2). Par cette coupe, on s'est proposé, non-seulement de raccorder la pierre avec les mouvemens analogues du profil de la charpente (76), mais encore de concilier une certaine légèreté avec le système de haute assise qu'il convient d'adopter, soit comme couronnement de grandes masses de maçonneries, soit comme socle de parapets.

Profil de la plinthe.
Planches 7 et 12.

Afin de mieux juger ce que deviendrait en place ce profil, nous l'avions modelé de grandeur naturelle et en plâtre sur une certaine longueur à l'angle d'une des culées. Le membre supérieur se trouve avoir un peu plus d'une fois et demie la hauteur du deuxième membre ; la saillie totale de 0^m.10 est réduite à moitié (c'est-à-dire à 0^m.05) pour le membre inférieur.

Moyen d'en apprécier le bon effet.

Du reste, et ainsi qu'il est d'usage (*Pl.* 4, *fig.* 2 et 3), le dernier morceau de plinthe de la culée forme le couronnement du mur en aile, et c'est l'arête supérieure de la plinthe, laquelle est en saillie de 0^m.10 sur le nu du mur en retour, qui répond à l'arête supérieure des talus de la route en remblais aux abords du pont. Cette ordonnance est d'un goût pur en exécution.

Raccordement de la plinthe et des murs en aile.
Planche 4.

2°. PARAPETS.

Dés composés des
piles et des culées.
Planche 7.

(101) Un dé cesse d'avoir de la grâce quand on lui donne en longueur au delà de deux fois sa largeur. D'un autre côté une portion de parapet, surtout de peu d'étendue, paraîtrait nue si elle n'était pas terminée par un dé.

Afin de satisfaire à cette double exigence, nous avons adopté (*Pl.* 7, *fig.* 7.) une combinaison mixte, laquelle suppose deux dés quadrangulaires rattachés entre eux par une portion de parapet. Il en résulte des avant et arrière-corps d'un effet agréable et par le jeu des ombres et par la légèreté que présente à l'œil le renfoncement de l'arrière-corps. Ce système figure d'ailleurs comme une sorte de travée de parapets en harmonie avec le garde-fou, divisé lui-même en croix de Saint-André.

Le même système de dés composés se reproduit sur chaque pile et sur le mur en retour de chaque culée (*Pl.* 8, *fig.* 4 et 8). Un dé pour le scellement des garde-fous du pont, est en outre placé à la jonction en plan du garde-fou et du corps quarré de la culée. Ce dé se jalonne de face, d'épaisseur et d'alignement avec le dé des piles. Dans l'autre sens, c'est-à-dire normalement au pont, il se jalonne et se confond avec le dé d'angle du corps quarré de la culée. Enfin on a réuni par une portion de parapet, et sur chaque rive de la culée, le dé de scellement et le dé d'angle.

On remarquera encore ici un de ces artifices d'emmanchement si nécessaires pour dissimuler une irrégularité obligée. D'une part, sur les piles, la longueur totale du dé composé est égale à la largeur du corps quarré des piles, c'est-à-dire à 2^m.75; et d'une autre part, sur les murs en retour des culées, on a voulu que le deuxième dé extérieur couronnât le rampant du mur en aile, et que son arête verticale intérieure répondît au point de départ de l'arête rampante dudit mur en aile. Or il en résulte 2^m.70, c'est-à-dire 0^m.05 de moins de longueur qu'aux dés des piles; mais cette différence n'est nullement aperçue, parce qu'on a eu l'attention de la faire peser sur le parement renfoncé du milieu, sans rien changer aux longueurs des dés extrêmes.

Encore un exemple de ces études de détails : Les dés, tant des piles que des culées, ne sont pas exactement quarrés en plan; mais ils sont tous semblables, et leur dimension est constamment réglée : 1°. à 0^m.70 parallèlement au pont; (cette longueur a été donnée par l'épaisseur de

0^m.50 du parapet de la culée en retour sur le pont (*Pl.* 8, *fig.* 8);) 2°. à
0^m.775 normalement au pont; cette largeur a été donnée par l'épaisseur
obligée des dés des piles (*Pl.* 13, *fig.* 1), et il s'en est suivi une épaisseur de 0^m.575 pour les arrière-corps de tous les dés composés.

Au moyen de cette légère irrégularité, on a pu porter à son maximum
l'épaisseur des dés des piles, et ramener à son minimum l'épaisseur des
parapets des culées. Et comme la variation de 0^m.70 à 0^m.775 des côtés
de chaque dé rectangulaire n'est pas appréciable à l'œil; comme les parapets, formant dés composés, ont partout la même épaisseur; comme
enfin tous les dés correspondans se jalonnent parfaitement d'épaisseur
et de hauteur, dans quelque sens que l'œil puisse les saisir; comme
les saillies ainsi que les ombres portées sont partout les mêmes, il en
résulte une parfaite harmonie dans le système entier des dés et des
parapets, malgré la différence obligée entre la longueur et la largeur
de chaque dé extrême.

La saillie de 0^m.05 du cordon supérieur (*Pl.* 7, *fig.* 7 et 8), la très-
faible élévation des pointes de diamant des dés, le bombement du parapet, égal à la hauteur du filet des pointes de diamant, présentent des
proportions qui ont paru satisfaisantes en exécution.

Planche 7.

La hauteur totale des dés au-dessus de la plinthe (*Pl.* 12, *fig.* 2 et 4)
a été fixée à 1^m.16, y compris les pointes de diamant; la ligne supérieure ou main courante du garde-fou vient aboutir à la moitié de la
hauteur du bandeau. La saillie des dés sur le garde-fou a un double
avantage; en premier lieu les scellemens sont meilleurs, et plus propres que lorsque le fer est arrêté dans la face horizontale supérieure
des pointes de diamant de chaque dé; en second lieu, ces saillies
régulières au droit de chaque pile empêchent l'œil de jalonner les
garde-fous du pont d'une culée à l'autre, et de saisir les ondulations
que le tassement et la vétusté des bois peuvent produire au bout de
quelques années sur des arches en charpente.

Sur-élévation des
dés de scellement
au-dessus des garde-
fous en fer.
Planche 12.

(102) Comme appareil (*Pl.* 7, *fig.* 7), la hauteur de 1^m.16 des dés
et parapets n'a été divisée qu'en deux assises : l'une de 0^m.55, l'autre
de 0^m.61 d'épaisseur.

Appareils et armatures des dés
composés.
Planche 7.

Chaque dé composé, soit des piles, soit des culées, a été régulièrement formé de trois morceaux de pierre dans son assise inférieure, et
de deux morceaux dans l'assise supérieure formant bahut. Les trois

pierres de l'assise inférieure ont été réunies les unes aux autres par un crampon (*fig.* 9) sur chaque joint; ces crampons ont été exécutés en fer méplat, parce que, la séparation des pierres d'une même assise ne pouvant être sollicitée que par des efforts latéraux, le fer mis à plat se trouve ici de champ, relativement à son plan de résistance; les refouillemens dans la pierre ont été faits sur place et très-exactement; ces crampons ont été posés seulement à bain de mortier hydraulique, sans aucun autre scellement. Les deux pierres de bahut sont en outre solidaires de l'assise inférieure au moyen d'une clef en bois (*fig.* 10), de 0^m.15 de hauteur et de 0^m.20 de longueur sur 0^m.10 de largeur. Cette clef (*) est encastrée avec précision sur un tiers de sa hauteur dans l'assise inférieure, et, sur le reste de son épaisseur, dans les deux pierres contiguës du bahut. Il en résulte comme un point fixe central, au droit duquel toutes les cinq pierres de chaque dé composé sont solidaires.

Au moyen de ces précautions et de la consolidation que chaque bahut, à ses abouts, reçoit du scellement du garde-fou, ces dés ont la plus grande solidité possible. Ce n'est pas une circonstance indifférente; car il peut arriver que, pour amarrer une corde de marine, on prenne ces dés comme points d'appui, et l'on a vu sur plusieurs ponts des portions de parapet en être renversées.

Planche 8. Des crampons et des dés en bois, semblables à ceux qui viennent d'être décrits, consolident les dés de scellement qui au droit de la culée reçoivent le garde-fou (*Pl.* 8, *fig.* 8). Quant à la portion de parapet entre le dé de scellement et le dé d'angle, comme ce parapet est en grande partie couvert par les bureaux de perception, et qu'il est très-rapproché de bornes de granite qui serviraient au besoin de points fixes, on s'est contenté de placer des tenons cachés et cubiques de 0^m.10 de côté pour relier de l'une à l'autre toutes les pierres du bahut.

3°. GARDE-FOUS.

Largeur entre les garde-fous.
Planche 13. (103) Le garde-fou est en fer et se projette en plan sur la ligne milieu de la longrine extérieure t de chaque trottoir; il en résulte 9^m.45 de

---

(*) Comme le bois se détériore en peu d'années dans les maçonneries (65), il eût été mieux d'exécuter cette clef en fonte; on en aurait seulement diminué la masse et le poids au moyen d'évidemens analogues à ceux des coussinets des arches (*Pl.* 11).

largeur totale entre les points milieu des deux garde-fous (*Pl.* 13, *fig.* 1). (90 et 91).

Le garde-fou (*Pl.* 12 , *fig.* 2, 3, 4 et 6.) est disposé en croix de Saint-André; les travées sont séparées les unes des autres par des montants verticaux, et encadrées par deux lisses secondaires distantes entre elles de 0^m.75 ; ces lisses sont assemblées comme une suite d'entretoises à tenon et mortaise dans les montans verticaux. Pour donner plus de grâce à ces croix de Saint-André, on a relevé la lisse inférieure de 0^m.035 au-dessus du plancher, et disposé en conséquence les embases des montans du garde-fou ; ces montans sont prolongés de la même quantité de 0^m.035 au-dessus de la lisse secondaire supérieure de la croix de Saint-André ; afin de recevoir une troisième lisse non interrompue qui couronne le garde-fou : cette dernière lisse relie ensemble les tenons de tous les abouts supérieurs des montans, et porte une main courante.

Elévation longitudinale, régularité. *Planche* 12.

La distance en élévation des différentes lisses au plancher est toujours la même (*Pl.* 9, 10 *et* 11 ; *fig.* 1); Il en résulte une suite de lignes parallèles aux pentes des quatre arches latérales et à la forme parabolique du plancher de l'arche du milieu.

Planches 9, 10 *et* 11.

La longueur des travées du garde-fou embrasse deux écartemens de pièces de pont ; cette disposition a permis de placer les montans du garde-fou à l'aplomb du milieu de ces solives transversales. De là une position toute particulière à assigner aux pièces de pont, pour la régularité de l'élévation du garde-fou ; mais de là aussi un ajustement à la fois solide et commode pour les montans de cette balustrade.

Sous le rapport de l'ordonnance des fers, on remarquera encore : et le nombre égal de travées par arche ; et une travée de garde-fou placée au milieu de l'arche pour répondre au vide entre les moises pendantes ; et les deux pièces de pont accolées régulièrement à chaque plinthe des piles et culées pour ramener les premiers montans en fer à égale distance des dés de scellement.

(104) Comme ajustement (*Pl.* 12 , *fig.* 2 et 3), il a suffi de prolonger chaque montant du garde-fou à l'instar d'un boulon ; cette tige traverse à plein bois la longrine de rive, la fausse solive du trottoir et la pièce de pont qui la supporte ; puis un écrou, placé au-dessous de cette dernière épaisseur de bois, donne au garde-fou une rigidité tout-à-fait suffisante ; cependant, à l'aide de la saillie des fausses solives du trottoir on a

Ajustement du garde-fou sur les pièces de pont. *Planche* 12.

encore placé un arc-boutant extérieur, également boulonné sous cette fausse solive. Ainsi il suffit de mettre en place ou de dévisser deux écrous, pour poser ou enlever un montant du garde-fou et son arc-boutant. Le placement de ces écrous s'est fait avec un petit échafaud volant suspendu sur cordes au dehors des auvents.

La saillie des pièces de pont et des solives du trottoir est ici de nouveau justifiée : en reculant les garde-fous au-dehors des fermes de tête, on a donné plus de largeur au pont, et en rejetant les tiges du garde-fou au-delà de ces mêmes fermes on a simplifié l'ajustement et la pose de la balustrade.

Manchons pour la dilatation et le retrait des fers.

Planche 12.

La lisse courante supérieure est la seule pièce scellée dans les dés des piles et culées. Comme ces lisses avaient chacune 25ᵐ.oo environ de longueur, il était nécessaire de parer aux effets thermométriques de la dilatation et du retrait du fer. Nous avons employé des manchons en fonte (*Pl.* 12, *fig.* 5); ce sont des douilles calibrées sur la lisse courante des garde-fous ; on y engage chaque extrémité de la barre de fer, et l'on se borne à sceller ces manchons dans les dés des piles et culées. Il s'en suit que les douilles sont fixes, mais que la lisse ne l'est pas, et qu'au moyen d'un peu de jeu qu'on lui a ménagé en calibrant convenablement le manchon, elle obéit à la chaleur qui l'allonge ou au froid qui la raccourcit. Pour que ces manchons soient mieux scellés, mieux arrêtés, on en termine la surface extérieure par divers collets ou cordons en saillie.

Scellemens de ces manchons en mortier hydraulique.

Nous nous sommes affranchi de l'usage si coûteux de sceller en plomb; après avoir maintenu et serré les douilles contre les parois de chaque incrustement de pierre avec quatre coins en fer, on a seulement coulé les trous avec du mortier hydraulique, non, bien entendu, sans avoir bouché l'extrémité de la douille, afin d'empêcher le mortier d'y refluer. Ces scellemens en mortier ne sont pas les seuls de ce genre dont nous ayons fait usage; à notre avis il est rare que ce procédé, tout économique qu'il est, soit insuffisant (*Note* 21) sous le rapport de la solidité. Mais ce qui surtout nous paraît certain, c'est qu'on doit au moins

(*Note* 21) Les scellemens si nombreux de la lisse de halage du souterrain de Saint-Maur, les scellemens si importans des armatures du couronnement de la pile du barrage en tête de ce canal ont été ainsi exécutés; et, quoique recevant des fers debout dans des surfaces horizontales, ils n'ont encore, depuis un assez grand nombre d'années, éprouvé aucune altération.

en faire usage pour un scellement de garde-fou dans la surface verticale d'un dé saillant; en effet, il suffit dans ce cas extrèmement simple
d'empêcher toute variation latérale, et des coins sans scellement seraient à la rigueur suffisans; il n'y a d'ailleurs aucune torsion à craindre,
puisque la tige scellée est rendue invariable de position par les tenons
des montans du garde-fou, et il est encore moins possible qu'il y ait arra-
chement; enfin lorsqu'il n'y a ni *ébranlement* ni *choc* à redouter, lorsque par conséquent aucune cause ne peut épaufrer la pierre au pourtour
du scellement, on peut évidemment se dispenser d'isoler la pierre et le
fer au moyen d'un corps mou, tel que le plomb, et on peut sans inconvénient remplir l'intervalle avec une matière capable, comme le
mortier hydraulique, d'acquérir la même dureté que la pierre.

MORTIER, POSE DES MAÇONNERIES,

REJOINTOIEMENS, PEINTURES.

1°. MORTIER.

(105) Les maçonneries des piles et culées du Pont d'Ivry ont été
construites à bain de mortier hydraulique (*Note* 22). Il a été sévère-

Mortiers du Pont d'Ivry.

(*Note* 22.) Chaque constructeur ne peut trop rendre populaires les notions suivantes
qui doivent désormais être substituées aux idées et aux dénominations incorrectes de nos
devanciers.

Mortier. — Cette expression générique doit être appliquée à toute combinaison de
chaux et de sable avec ou sans ciment, opérée par voie de mélange ou de percussion.

Hydraulique. — Ce mot exprime la propriété de durcir sous l'eau.

Chaux. — On appelle ainsi toute substance généralement blanchâtre, provenant de
la calcination d'une pierre, d'une marne, d'une terre quelconque, et présentant à l'analyse un excès de chaux pure.

La chaux pure était classée autrefois comme une terre alcaline; on la considère aujourd'hui comme un oxide métallique (*oxide de calcium*).

Ciment. — On désigne ainsi toute substance, ou réunion de matières, calcinée, et ordinairement rouge ou brune, présentant un excès d'argile.

L'argile était classée autrefois parmi les terres non alcalines, sous le nom d'alumine;
on la considère aujourd'hui comme un oxide métallique (*oxide d'alluminium*).

Chaux et ciment hydrauliques. — La qualité hydraulique, soit d'une chaux, soit d'un

19.

ment défendu d'introduire sur les chantiers, sous quelque prétexte que ce fût, aucune autre chaux que de la chaux hydraulique. C'est encore avec une grande rigueur qu'un procédé uniforme et exclusif d'extinction de chaux, et de fabrication de mortier, a été imposé à l'entrepreneur.

Emploi de chaux non hydraulique. — Inconvéniens.

(106) Tout constructeur qui aura démoli d'anciennes maçonneries, ou observé dans des maçonneries neuves non hydrauliques les graves détériorations occasionées par les eaux, prendra comme nous la *détermination invariable* de ne jamais admettre, pour un travail en rivière, de mortier fabriqué avec des chaux médiocres, ou à plus forte raison avec des chaux tout-à-fait inertes.

Nous croyons également sage de repousser tout mélange de chaux inerte et de chaux hydraulique. Cette idée de mélange a pour motif l'économie à retirer de l'emploi d'une chaux de moindre prix, et pour excuse l'espoir de trouver encore assez de ténacité dans le mortier ainsi altéré. Cependant d'une part on ignore jusqu'à quel point la présence d'une chaux inerte doit paralyser l'action moléculaire de la chaux hydraulique soit dans la prise des premiers momens, soit dans l'accroissement de dureté que le temps donne aux bons mortiers; d'une autre part on s'expose aux abus inévitables dans les dosages, par l'entrepreneur, d'une chaux qui coûte cher et d'une chaux à un prix beaucoup moins élevé; il faut encore reconnaître que la plus petite négligence dans la manipulation ne donnera, au lieu d'un mortier homogène qu'un mélange de mortier hydraulique et de mortier non hydraulique; enfin nous

---

ciment, est due exclusivement à la réunion des deux conditions suivantes : 1°. à une proportion déterminée de chaux et d'argile; 2°. à un état déterminé de division moléculaire généralement produit par une calcination convenable, soit volcanique, soit artificielle. On dit aussi une chaux, un ciment peu, assez, très, éminemment hydraulique.

Chaux et ciment hydrauliques artificiels. — Cette qualité peut être obtenue par la combinaison directe d'une chaux et d'une argile naturelle non hydraulique.

Chaux inerte. — Le mot *inerte* (sans force) nous paraît convenir aux chaux et cimens non hydrauliques.

Conséquences. — De là : suppression des expressions inexactes de chaux *grasses*, pour les chaux non hydrauliques, et de chaux *maigres* pour les chaux hydrauliques. De là, généralisation du mot *ciment*, donné autrefois exclusivement à des tuiles, briques et poteries boccardées, et étendu aujourd'hui à toutes les pouzzolanes et matières volcaniques, au trass, au parker anglais et à une foule d'autres substances qui appartiennent au même genre. De là enfin : rectification des diverses opinions, qui attribuaient à tort la qualité hydraulique des mortiers au *mode d'extinction de la chaux*, à la présence *des oxides de fer, de manganèse*, etc.

croyons qu'on s'abuse sur l'économie dont on prétend appuyer l'adoption de ces mélanges. Au Pont d'Ivry, par exemple, pour les quatre piles et les deux culées, l'introduction *d'un tiers* de chaux inerte sur 300 m. cub. de chaux à employer n'eût diminué que de 2000 fr. la dépense entière de 155000 fr. de ces maçonneries; et les prix de la chaux inerte et de la chaux hydraulique étaient cependant dans le rapport de 2 à 3.

(107) Nous serons moins exclusif sur les divers procédés d'extinction de chaux et de fabrication de mortier hydraulique. Nous connaissons des ouvrages très-estimables pour lesquels la chaux a été coulée à grande eau dans des avant-bassins, et le mortier mélangé au moyen de diverses machines. Nous reconnaissons encore que, toute question d'économie à part, s'il faut fabriquer en peu de temps d'énormes quantités de mortier ou de béton, ce serait s'exposer à des retards souvent désastreux que d'exclure les machines à simple mélange. Et si nous parlons économie, nous ne contesterons pas que cette manipulation de mortier peut enfin, comme dépense, être réduite au tiers des prix qui ressortent des procédés à bras d'hommes que nous avons employés. Mais aussi ces machines exigent que les matières à mélanger soient beaucoup trop imprégnées d'humidité. Nous citerons à cet égard la meilleure peut-être de ces machines, le manége à cheval, composé d'une auge fixe circulaire et de deux lourdes roues mobiles; et nous avons remarqué qu'il fallait non-seulement employer la chaux en pâte molle, et du sable légèrement arrosé, mais encore verser dans l'auge une quantité d'eau quelquefois assez notable. Or, c'est parce que des mortiers fabriqués avec trop d'eau peuvent perdre jusqu'aux quatre dixièmes de leur résistance ultérieure (*Résumé des mortiers de Vicat*, 1828) ; c'est parce que la main-d'œuvre n'entre d'ailleurs dans le prix total du mortier que pour une assez faible fraction (*un quinzième* au Pont d'Ivry), que nous avons préféré l'extinction de la chaux à l'étouffée et la fabrication du mortier par percussion.

(108) De ces exigences au devis est résulté en exécution ce qui va suivre :

1°. Il n'a jamais été amené sur nos chantiers que de la chaux hydraulique soit naturelle de Senonches, soit artificielle de Meudon.

[marginal notes:]

Extinction de chaux en pâte molle. Fabrication de mortier par voie de mélange.

Nécessité d'ajouter de l'eau ; diminution de résistance du mortier.

Procédés employés au Pont d'Ivry.

2°. Cette chaux était mesurée et régalée vive sur une épaisseur en général de 0^m.66 dans des bassins étanchés. Elle était arrosée d'un quantité d'eau de 1$^{m.c}$.30 pour un mètre cube de chaux. L'eau pénétrait dans toutes les parties de la chaux au moyen d'un simple manche de pelle que l'ouvrier enfonçait sur les points où il jugeait cette précaution nécessaire. La chaux n'était nullement remuée ; il n'était question ni d'avant-trou, ni de coulage de chaux, ni de rabot pour la brasser. Au bout des vingt-quatre heures qu'elle mettait à s'éteindre, elle avait la consistance d'une marne tendre ; on la coupait avec la pelle de fer, et lorsque l'emploi en était différé la pioche était même nécessaire pour la régaler.

3°. Le sable était tiré de la Seine ; s'il était tros gros, on le passait à la claie, et pour qu'il eût le temps de sécher on en avait à l'avance de grands approvisionnemens. Cependant, par les grandes chaleurs de l'été, lorsque le sable était brûlant, il fallait l'arroser légèrement ; mais cette opération avait toujours lieu en présence et par les soins des employés de l'ingénieur, qui veillaient à ce qu'il ne fût mis que l'eau rigoureusement nécessaire pour désaviver le sable.

4°. Une brouette de chaux éteinte, et presque trois brouettes de sable étaient comme l'unité de mesure de fabrication.

5°. Les matières à mélanger étaient toutes deux solides. Par la massivation elles se liaient ensemble, passaient à l'état mou, et devenaient ainsi un mortier ductile, mais cependant assez ferme encore pour se soutenir en tas sur un angle d'environ un demi de base pour un de hauteur.

6°. Cette massivation était exécutée par des ouvriers à la tâche, et s'opérait toujours par le simple pilonnage des pieds ; chaque tâcheron avait sa pelle pour relever de temps en temps son tas, c'était le seul outil nécessaire. Dans ce genre de travail, il fallait du reste exercer une double surveillance, et dans l'intérêt de la bonne fabrication du mortier et dans l'intérêt personnel de l'ouvrier.

Surveillance et
soins, dans l'intérêt
de l'ouvrier.

La plupart de ces manœuvres étaient en souliers et en guêtres, quelques-uns avaient des sabots. Si la chaussure était trouée, les pieds s'attendrissaient et quelques ouvriers négligens les ont eus malades : on se trouvera bien de l'emploi du goudron liquide pour laver les pieds qui éprouveraient de la sensibilité. Nous recommandons ces moyens préservatifs ou curatifs, bien que l'action de la chaux hydraulique (probablement par suite de ce que la chaux y est intimement combinée avec l'argile) n'approche pas de la causticité de la chaux inerte ; et ce qui le prouve, c'est que les mêmes ouvriers sont restés attachés pendant plus de huit mois à cette fabrication de mortier. Afin d'empêcher d'une autre part que les ouvriers, pour hâter l'amollissement des matières, n'arrosassent le sable ou la chaux, il leur était défendu, même sous le prétexte de se désaltérer, d'apporter sur l'atelier de mortier aucun vase plein d'eau; de cette manière toute malfaçon était impossible, puisque le tas de mortier n'était reçu que lorsque la chaux et le sable, par l'effet de la massivation, étaient arrivés à former une matière molle et bien liée. Un chef-garçon surveillait l'extinction de la chaux, le dosage des matières et la réception du mortier (*).

Point de mal-façon possible.

Le mortier de la pierre de taille a subi la même manipulation, mais il était composé d'une partie de chaux éteinte sur deux parties et demie de sable; le sable était passé au tamis dans la crainte que de petits cailloux ne rendissent la pose irrégulière. Il était aussi arrosé à propos dans les grandes chaleurs, afin que le mortier, un peu moins serré que celui des maçonneries de meulière et de moellon, ne se desséchât pas trop vite dans les lits, toujours si exigus, des diverses assises.

2°. POSE DES MAÇONNERIES.

Maçonnerie en pierre de taille.

(109) Malgré toutes les idées saines, sur les constructions, de tant d'ingénieurs expérimentés, on ne s'explique pas qu'on pose encore dans des chantiers de Ponts et Chaussées, de la pierre de taille sur cales et avec mortier fiché dans les lits. Quant à nous, c'est parce que nous avons pratiqué pendant d'assez longues années l'un et l'autre mode de pose, c'est parce que nous avons cherché de bonne foi le perfectionnement de ces deux méthodes, c'est parce qu'enfin nous avons observé avec attention les résultats obtenus par nous dans les deux hypothèses, que

Pose de la pierre.

(*) Chaque tas était le produit d'une brouette d'un pied cube (0ᵐ.034) de chaux éteinte et de trois brouettes ou trois pieds cubes de sable (0ᵐ.012); il en résultait environ 0ᵐ·ᶜᵘᵇ·10 de mortier. La fabrication en était payée 0ᶠʳ·20; ce qui portait la façon du mètre cubé à 2 fr. L'ouvrier gagnait à la tâche de 2 à 3 fr. par jour, il faisait donc de 1ᵐ·ᶜᵘᵇ·00 à 1ᵐ.50 dans sa journée; à ce prix on a toujours trouvé le nombre de tâcherons nécessaires; il n'a guères été employé à la vérité que 20 mètres cubes de mortier par jour.

nous condamnons le mode de pose sur cale avec fichage. Voici nos
raisons :

Dans cette sorte de pose toute la charge des maçonneries ne porte
que sur des lattes et sur des coins en bois, substance qui hors d'eau se
détruit promptement. Le vide entre les lits est à la vérité rempli de
mortier, mais sans autre compression que celle des fiches de fer ou de
bois, découpées en crémaillères, à l'aide desquelles on introduit, lors
de la pose, le mortier dans les lits de la maçonnerie. Le mortier qu'on
emploie pour la fiche doit être d'ailleurs tellement fluide qu'il est souvent
nécessaire de le ramollir soit avec de l'eau, soit avec du lait de chaux,
opération nuisible à sa qualité, pour peu surtout qu'on y apporte la
moindre négligence. L'inconvénient des cales et du mortier non comprimé devient bien plus sensible encore lorsque l'appareilleur, pour
s'épargner le dérasement du tas et pour faciliter le fichage, laisse les
pierres démaigries sur la queue. A plus forte raison, cette pose devient-
elle défectueuse quand, les assises étant très-rapprochées ou portant sur
quelques points pierre à pierre, le mortier ne garnit pas la totalité des
lits. Ainsi, il nous est souvent arrivé, en faisant relever des pierres ou
en faisant dégrader des joints, de trouver des vides considérables. Nous
avons même vu des pierres entières qu'on avait oublié de ficher parce
qu'après avoir provisoirement garni les lits et joints d'étoupe l'ouvrier
avait été un instant détourné de son travail, et que les maçons chargés des
massifs de remplissage, voyant la pierre en place, l'avaient entourée de
moellons ou de meulières.

De là, l'explication de toutes ces traces d'eau et d'alluvions qui ont dé-
lavé les lits des pierres et qui ont pénétré si avant dans les piles et
culées des anciens ponts. De là, la cause trop palpable du peu de durée
de certains ouvrages soumis à des charges d'eau, à des remplissages et
vidanges alternatifs et répétés, comme les aquéducs, les bassins de retenue, les écluses, etc.

Pose de la pierre
sur mortier; avan-
tages de ce procédé.

Au contraire, quand on se détermine à poser sur mortier, le remplis-
sissage des lits se trouve complet, et le mortier placé entre toutes les
assises est comprimé au plus haut degré.

Prenons pour exemple le Pont d'Ivry : la pierre était d'abord présentée
sur place; par cette opération, on s'assurait si le tas demandait un déra-

sement préalable, et si la pierre satisfaisait aux conditions voulues pour la régularité tant du parement que des lits et des joints montans, etc. Bientôt on la relevait et, après avoir nettoyé le tas avec un soin scrupuleux, on la replaçait sur son lit dans la position qu'elle devait occuper, mais sur des tasseaux de 0^m.15 d'épaisseur. On arrosait alors à grande eau le tas et le lit inférieur de la pierre à poser, en lançant un ou deux seaux d'eau, sous le vide entre les tasseaux; la pierre s'abreuvait ainsi quelques instans, après quoi on faisait écouler ou l'on épongeait le surplus de l'eau. On disposait alors une couche de 0^m.08 d'épaisseur de mortier de pose sur le tas et dans toute la surface inférieure de la pierre; cette opération était facile, puisqu'on avait laissé 0^m.15 d'épaisseur libre au-dessous de l'assise; c'était à la pelle que se lançait d'abord et que se régalait ensuite le mortier. Enfin on lâchait la pierre sur son mortier en enlevant vivement tous les tasseaux sur lesquels on l'avait provisoirement placée. C'est à ce moment que le poseur doit faire preuve de dextérité, pour mettre en quelques minutes sa pierre parfaitement en place; car s'il ne réussit pas immédiatement, s'il est obligé de relever sa pierre, il lui faut aussi retirer tout le mortier devenu trop sec, en remettre de nouveau, et recommencer l'opération.

Le poseur doit placer d'abord chaque pierre un peu plus haut que son niveau définitif. Il la ramène ensuite à sa véritable position : 1°. en lui imprimant tout de suite un léger mouvement de va-et-vient sur le mortier, lequel reflue au pourtour du lit; 2°. en ordonnant à un de ses aides de frapper la pierre sur les points où elle est trop forte, avec une lourde demoiselle en bois; l'ouvrier qui manœuvre ce pilon est monté sur le lit supérieur de la pierre et le laisse tomber avec plus ou moins d'énergie selon le besoin. Non-seulement cette opération fait souffler le mortier de toutes parts sur le lit inférieur de la pierre en pose, mais ordinairement, par l'effet du poids seul de la pierre, le mortier s'élève jusqu'aux deux tiers de la hauteur des joints montans.

Les poseurs qui n'ont jamais essayé ce procédé sont au premier abord un peu déconcertés, et, s'ils sont esclaves de la routine, ils commencent par nier la possibilité de bien opérer de cette manière; cependant en moins de huit jours nous avons formé à cette méthode presque tous nos poseurs, jeunes comme vieux; il est vrai que les moins intelligens obligeaient l'appareilleur à déraser sur le tas un assez grand nombre de

pierres de chaque assise ; mais c'est à l'entrepreneur à prévenir cet inconvénient, et de nombreux exemples nous ont démontré que ce procédé s'allie avec la pose la plus régulière.

Ajoutons qu'il peut s'appliquer à tout morceau de pierre quelle qu'en
soit la sujétion. Les pierres de 2^m.90 sur 1^m.65 qui forment les demi-cha-
perons des piles du Pont d'Ivry en sont la preuve. Il faut seulement,
pour des pierres tout en parement comme parapets, etc., laisser des
bossages que l'on enlève au ragréement.

Épaisseur des lits, leur exact remplis-sage. A la vérité la pose sur mortier exige que les lits de la maçonnerie
aient environ un centimètre d'épaisseur ; mais cette condition même est
un avantage, parce que le mortier acquiert bien plus de consistance et
de qualité sur cette hauteur de 0^m.01 que sur une épaisseur moindre.

Enfin, la plus grande compression possible et un parfait remplissage
sont les conséquences naturelles de cette méthode. Et d'abord quant à
la compression qui, suivant nous, contribue si efficacement à donner
au mortier une grande dureté, il est évident qu'elle existe à un bien
plus haut degré dans ce dernier mode de pose ; Et quant aux remplissages des lits et des joints, il nous suffira de rapporter une observation
que nous avons faite à ce sujet au Pont d'Ivry. On a refouillé dans la
pierre et sur place tous les encastremens destinés à recevoir, à chaque
extrémité des fermes, les abouts des retombées de trois arbalétriers courbes, de deux contre-fiches, d'une sous-poutre et d'un longeron. Il en est
résulté un recreusement après coup de 0^m.20 à 0^m.25 dans six assises par
demi-ferme, et par conséquent au droit de 420 assises différentes pour
les 35 fermes ; et ce sondage n'a cependant signalé aucun vide dans les
lits de la pierre.

Maçonnerie de meulière et de moellon.

Régularité des rangs de meulière. (110) Pour la régularité de la pose de la meulière en parement, nous
avons exigé, au Pont d'Ivry, que tous les rangs fussent horizontaux,
que le même rang se prolongeât sans changer d'épaisseur entre deux
chaînes consécutives de pierre, et que chaque lit de meulière répondît
à un joint horizontal de ces chaines, sauf à multiplier au besoin les rangs
de meulière.

Il ne faut pas s'exagérer les conséquences de ces sujétions ; elles prescrivent seulement au maçon de poser dans les mêmes rangs horizontaux

des meulières de hauteur égale; mais elles sont conciliables avec l'emploi de toutes les meulières smillées, si on les distribue avec un peu d'intelligence dans leurs cases respectives.

Pour la maçonnerie de moellon de remplissage, loin d'exiger une pareille uniformité, nous avons au contraire recommandé de poser les moellons avec des élémens de différentes hauteurs pour une même assise. Ainsi, lorsque des maçons arasaient trop régulièrement leur tas, nous y faisions encastrer çà et là des moellons plus épais, afin de former des ressauts et de rendre, en quelque sorte, toutes les assises de moellon solidaires, dans le cas d'une tendance à un glissement horizontal.

Au demeurant, le tas toujours bien nettoyé; le lit de pose et les pierres, petites comme grosses, souvent arrosés; enfin un mortier ferme, et soufflant de toutes parts lorsque la hachette ou le marteau assurait la meulière ou le moellon : telles ont été nos instructions pour les maçonneries des massifs du Pont d'Ivry; ces ordres sont devenus bientôt des habitudes de chantier et la règle invariable des maîtres-compagnons, et même des simples ouvriers.

3°. REJOINTOIEMENS.

(111) La meulière, employée au pont d'Ivry, est en général une espèce de silex pyromac, très-lourd, très-difficile à smiller, et qu'il faut même faire éclater au marteau. Cette pierre est aussi, en presque totalité, d'une couleur de caillasse blanchâtre. Pour relever le ton de ces maçonneries, et laisser ressortir d'une manière plus agréable les appareils en pierre de taille, nous en avons refait tous les joints avec des éclats de meulière cuite au feu et poussée au rouge. Afin d'obtenir un mortier coloré et à la fois d'une prise très-prompte, nous avons également employé, au lieu de sable, des tuiles boccardées et de la pouzzolane artificielle.

Nous touchions à l'arrière-saison; et l'on sait combien il est aventureux d'exécuter alors des rejointoiemens, à moins qu'on ne donne promptement de la dureté aux mortiers, et c'est ce que nous avons obtenu avec la pouzzolane factice. L'emploi seul des tuiles pulvérisées n'aurait pas offert cet avantage, car il n'en résulte un véritable ciment hydraulique qu'autant qu'il s'y rencontre, par un hasard auquel il serait

20.

Marginal notes:

Irrégularité exigée dans les assises des moellons.

Meulière cuite, mortier avec tuiles pulvérisées, et pouzzolane factice.

imprudent de se fier, une combinaison d'argile et de chaux dans une proportion et à un état de division convenables. Ce mortier était excellent; il n'y a pas eu *un seul mètre courant de joint* à refaire après l'hiver, tant au droit des culées que dans les piles, soit dans les parties submergées, soit hors d'eau. Nous nous étions cependant écarté, dans cette circonstance, de l'usage généralement reçu, et selon nous très-bon, de faire lisser les joints. Après avoir dégradé les intervalles entre les meulières, aussi profondément que possible, après les avoir arrosés d'eau et remplis de mortier, les ouvriers introduisaient seulement des éclats de meulière cuite à coups de hachette, et plaçaient en outre, pour la propreté des paremens, de petits fragmens appliqués superficiellement à la maçonnerie, et scellés seulement dans le mortier.

Nous voulions donner une apparence rustique, un ton de couleur un peu chaud à nos maçonneries de remplissage; nous pensons avoir réussi. Nous croyons en outre, d'après des essais en grand qui remontent à plus de 15 années, que ce mode de joint est très-durable quand le mortier est de bonne qualité (*Note 23*).

(*Note 23.*) *Sous-détails relatifs à ces rejointoiemens.* Voir pour les prix élémentaires, le § (160).

(*Nota.* Les prix de fournitures comprennent un dixième de bénéfice ; les prix de journées comprennent un dixième de faux-frais et un dixième de bénéfice.)

Un mètre cube de meulière cuite.

	fr.
$1^{m.\,cub.}00$ de meulière.	9.90
Cassage	3.00
Cuisson.	5.10
	18.00

Un mètre cube de mortier de ciment et de pouzzolane.

	fr.
$0^{m.\,c.}60$ de ciment à $0^{fr.}33$.	19.80
$0^{m.\,c.}40$ de pouzzolane factice à $0^{fr.}55$.	22.00
$0^{m.\,c.}33$ de chaux hydraulique à $63^{fr.}25$	20.87
Extinction de la chaux. . . . . 10^h.	
Façon du mortier. 15	2 $^{jours\,\frac{1}{2}}$ de manœuvre.
2 jours et demi à $2^{fr.}66$.	6.65
	69.32

Un mètre quarré de Rejointoiement.

	fr.
$0^{m.\,c.}01$ de meulière à $18^{fr.}00$.	0.18
$0^{m.\,c.}01$ de mortier à $69^{fr.}32$.	0 693
Façon, un cinquième de jour de manœuvre à $3^{fr.}33$.	0.83
Echafaudage, 0^h.33 de maçon à $3^{fr.}33$.	0.11
Bardage par terre et par eau de $0^{m.\,c.}02$ de matériaux.	0.027
	1.840

4°. PEINTURES.

(112) Le nombre des couches de peinture ou de goudron a été réglé pour les bois d'après les bases suivantes :

1°. On a laissé bruts et découverts sur leur face extérieure les planchers formant marche-pied, exposés à un frottement qui aurait enlevé immédiatement la peinture ou le goudron.

2°. Quand deux faces devaient être superposées, elles ne recevaient chacune que deux couches ; c'était isoler le bois par une quadruple peinture (*). Au-dessous des pavés longs pour voies de chevaux, on a remplacé la peinture par une forte couche de goudron bouillant appliquée à chacune des faces adhérentes.

3°. Toute face apparente et exposée à l'air, sans être destinée à servir de marche-pied, a été peinte à trois couches.

On s'est astreint pour les fers à ce qui suit (**):

1°. Tous les fers, sans exception, ont reçu avant d'être mis en place, et sur toutes leurs faces, une couche de peinture en gris-blanc.

2°. Les fers apparens des fermes tels que brides et boulons, et les garde-fous ont en outre été rechampis en noir pour deuxième couche.

Les chemins de fer et garde-roues ont été posés sur une forte couche de goudron bouillant appliquée à chacune des faces adhérentes de fer et de bois.

(113) Les fermes (60) ont été établies au chantier ; chacune d'elles a ensuite été démontée et reçue pièce à pièce avant d'être peinte, afin que

---

(*) **Tous les membres d'assemblage**, et notamment les coupes à trait de Jupiter, ont reçu deux couches sur chacune de leurs faces intérieures ; on emploie actuellement, et cela nous paraît meilleur encore, des toiles apprêtées que l'on plonge dans le goudron bouillant, et que l'on applique entre les deux membres du même assemblage au moment de la juxta-position définitive des bois. Ce procédé eût été très-utile par exemple au Pont d'Ivry :

1°. Pour isoler les uns des autres les trois rangs d'arbalétriers courbes jointifs sur le développement entier de chaque arche.

2°. À tous les traits de Jupiter, joints de champ, joints fourchus et autres.

3°. À toutes les entailles de moises ou de pièces de pont.

Il faudrait cependant bien se garder d'envelopper de la sorte les abouts des bois à sceller dans la pierre (65), ou de pourtourner ainsi en général tout ou portion de solive.

(**) **Toutes les entailles dans le bois**, destinées à recevoir des ferrures (hors d'eau) ont été peintes à deux couches.

Les trous de boulons ont également reçu deux couches au moyen d'une brosse en queue de rat.

l'on pût rebuter les bois défectueux ou ceux qui présentaient quelque portion d'aubier. Les bois reçus ont été peints à deux couches ; les moises pendantes tout entaillées en faisaient partie.

C'est au chantier que les moises horizontales ont également été peintes à deux couches, mais les entailles s'en sont faites au levage, et c'est après avoir découpé et ajusté chacune d'elles, et avant de poser ces bois qu'on a donné deux couches aux nouvelles faces refouillées sur le tas.

On n'a ainsi mis en place les fermes, moises et contrevents de chaque arche, qu'après les avoir peints à deux couches sur toutes les faces.

Ajoutons que sur la face supérieure des pièces de pont on avait donné une troisième couche avant que ces bois fussent recouverts par les madriers à claire-voie du plancher.

Application de la 3ᵉ. couche, l'année suivante.   Quant à la troisième couche, et pour toutes les faces apparentes et extérieures du pont, elle n'a été donnée que plusieurs mois après la pose des charpentes ; le levage détériore ou salit toujours les peintures, surtout dans des travaux d'arrière-saison ; et ce n'est qu'au commencement de la campagne suivante, dans les premiers jours d'avril, qu'on a appliqué cette troisième couche sur toutes les charpentes et ferrures apparentes du pont.

Échafaud de service.   Cependant, il faut l'avouer, cette marche est dispendieuse ; elle nécessite un échafaud qui doit s'étendre successivement sur la largeur et la longueur entière de chaque arche. Cet échafaud est tellement coûteux que la dépense s'en est élevée, pour le Pont d'Ivry, *au tiers* du prix intégral de la troisième couche.

Planche 9.   C'était pourtant un échafaud volant d'une grande simplicité. On levait (*Pl.* 9, *fig.* 2) une ou plusieurs planches du trottoir pour descendre dans les travées les bois nécessaires. On suspendait en travers sous le pont, par des cordages attachés aux moises horizontales, de légères solives un peu plus longues que la largeur du pont. Sur ces solives, ainsi que sur les cordons des piles et culées, on posait des boulins dans le sens de la longueur de l'arche ; ces boulins étaient attachés aux solives ; ils étaient rampans vers la naissance de la travée, de manière à épouser la forme de l'arche et à venir, par leur poids, se buter contre les piles. Sur cette espèce de carcasse d'échafaud, on plaçait des planches jointives en travers des boulins (*Note* 24).

(*Note* 24) Il a été employé à ce travail près de 200 journées de charpentier ; on a été près de quatre semaines à échafauder successivement les cinq arches ; pendant que les peintres donnaient la troisième couche à une arche, on échafaudait la suivante.

Nous n'avons pas voulu de trois couches en couleurs différentes, expédient auquel on a recours quelquefois pour éviter la fraude; la première couche, qui ne couvre jamais le bois qu'imparfaitement, se reconnaît sans peine, surtout lorsqu'elle est en gris-blanc; il était également impossible de ne pas distinguer la troisième couche, puisqu'elle n'a été donnée qu'après un délai de plusieurs mois, et qu'elle s'appliquait à des surfaces dont la peinture avait déjà perdu toute fraîcheur, toute propreté.

Inconvénient des couches de peintures différentes.

Le gris-blanc est d'ailleurs une couleur trop transparente pour qu'elle puisse recevoir d'autre dessous qu'un gris ou un blanc; nous conseillons au surplus, même pour d'autres couleurs, de ne pas superposer des teintes différentes les unes sur les autres à moins d'avoir reconnu par expérience que les dessous qu'on aura choisis ne font pas écailler les teintes extérieures (*Note* 25).

Nous nous sommes applaudi d'avoir fait usage du goudron à chaud,

Emploi de goudron.

(*Note* 25.) Nous donnerons ici les relevés exacts des quantités de blanc, d'huile grasse et d'huile d'essence qui ont été employées dans la totalité des peintures du Pont d'Ivry.

Il en résulte un sous-détail qui présente peut-être d'autant plus d'intérêt qu'il s'applique à des quantités considérables d'ouvrages exécutées consciencieusement et mesurées avec un soin scrupuleux.

On n'a employé au Pont d'Ivry que de la céruse de Hollande ; elle a d'abord été broyée avec six fois son poids d'huile grasse.

	kil.
On a consommé de ce blanc, ainsi broyé, ...	6.125

Pour détremper ce blanc, il a été employé par kilogramme environ 0$^{k.}$33 d'huile mélangée en portion égale d'huile grasse et d'huile d'essence ; ou plus exactement, suivant les relevés qui en ont été faits :

16 pièces d'huile grasse pesant chacune 70 kilogrammes.	1.120
Huile d'essence.	1.100
Total de la couleur en poids.	8.345

Cette quantité de peinture a été appliquée aux surfaces ci-après détaillées, savoir :

		m.quar.
Sur bois	en 1re. couche.	14.387
	en 2e. couche.	14.387
	en 3e. couche.	8.200
Sur fers	en 1re. couche.	1.535
	en 2e. couche.	226
	Total ensemble des surfaces des diverses couches	38.735

Ainsi la réduite du poids de couleur employée par mètre quarré et par couche a été de 0$^{kil.}$215 au lieu de 0$^{kil.}$175, qu'on admet généralement.

Au reste, les peintres pensent que la couleur gris-blanc est celle qui laisse pénétrer plus librement l'huile dans le bois, et que dans les autres teintes, surtout lorsqu'on substitue l'ocre à la céruse, on emploie moins de peinture.

dans l'application de deux planchers cloués l'un sur l'autre; lorsqu'on posait ainsi la totalité des madriers, formant voie de chevaux, l'adhérence et le plein étaient tellement parfaits qu'avant même de clouer ces madriers on ne pouvait les détacher qu'avec effort du 2ᵉ. plancher; nous avons remarqué le même effet dans l'application des bandes de fer de 0ᵐ.10 de large, comme garde-roues le long des trottoirs.

ABORDS DU PONT.

Études particulières aux abords du Pont d'Ivry.

(114) Nous signalerons, comme études particulières aux abords du Pont d'Ivry, d'une part les trottoirs, le bornage, l'éclairage, les pentes de la chaussée à l'arrivée du pont; et d'une autre part, les perrés de défense, les doubles rampes pour voitures, les escaliers de service accollés à chaque culée.

1°. TROTTOIRS.

Dispositions générales.
Planche 8.

(115) Les extrémités des trottoirs d'un pont sont quelquefois arrêtées brusquement à la ligne d'équerre qui délimite l'about du plancher.

L'ouvrage aura plus de grâce, si l'on développe l'arrivée des trottoirs en épousant les formes de la culée, et si l'on cherche en même temps à satisfaire aux diverses exigences, aux besoins inhérens à chaque localité. Ainsi au Pont d'Ivry (*Pl.* 8, *fig.* 8) un trottoir additionnel règne sur les longueur et largeur entières des parapets en retour de chaque culée; ainsi ce trottoir additionnel est raccordé par un quart de cercle avec les trottoirs du plancher, et fait face d'une autre part aux bureaux de perception, avec une largeur de 2ᵐ.00 pour faciliter sans encombre les stationnemens provoqués sur ce point par l'acquittement du péage.

Dalles en lave de Volvic.

(116) Ce trottoir supplémentaire est du reste construit avec des dalles en lave de Volvic et des bordures en granit (*). Les dalles ont 0ᵐ.10 d'épaisseur; elles ont été posées avec forme de sable, sur un lit de mortier.

(*) C'est ainsi que sont établis tous les trottoirs de la ville de Paris.

Le piquage de cette lave n'est pas difficile parce que la matière est très-poreuse. On lui supposerait même peu de dureté, tant elle est facilement cassée par le moindre choc; mais au frottement elle offre une résistance très-remarquable, due aux parties vitrifiées qu'elle renferme (*Note* 26). Cette lave donne par conséquent un excellent dallage, et il suffit d'en protéger les angles et les arêtes.

(117) C'est le but qu'on se propose en l'encaissant avec des bordures de granit (*fig.* 8). Ces bordures ont 0^m.30 de largeur, et 0^m.18 à 0^m.22 de hauteur; elles ont été posées sur un petit massif de moellon à bain de mortier.

Bordures de granit.

Comme les trottoirs du pont portent un léger chanfrein ou talus (83), il a fallu raccorder, par une surface gauche et sur la longueur des premières bordures, le parement vertical du trottoir en granit, et le talus du trottoir en bois. Cette surface gauche a été piquée sur place.

2°. BORNAGE.

(118) Il y avait à défendre par des barrières ou par des bornes les rives du palier de route attenant à chaque culée, et à raccorder les plantations et les cuvettes de la route avec les bureaux de perception et les trottoirs du pont.

Pour atteindre ce double but, on a disposé régulièrement sur chaque

Dispositions générales.
Planches 1 et 15.

(*Note* 26.) Voici le résultat des expériences comparatives faites à ce sujet dans une scierie mécanique à vapeur, établie à Créteil près Paris.

Le châssis avait 20 lames; la voie du mouvement était de 0^m.50, le nombre des mouvemens était de 72 à 80 par minute, le poids sur chaque lame était de 30 kil. Or tel a été l'enfoncement des lames de scie pour 12 heures de travail :

Pierre de Liais tendre.	7	pouces.
id Liais dur.	5	*id.*
id. Château-Landon	5	*id.*
Marbre blanc ordinaire (le plus tendre).	4	*id.*
Marbre veiné dur.	3	*id.*
Lave de Volvic.	1	pouce à 15 lignes.

A la vérité, des points résistans isolés ont plus d'influence, comme cause de retard, sur un grand nombre de lames, que sur un moindre nombre, et par conséquent que sur un seul fer de scie. Ainsi, avec sept lames, on a reconnu que l'on descendait dans le Château-Landon de 6 pouces et demi à 7 pouces, au lieu de 5 pouces avec vingt lames. Ainsi, avec une seule lame, on obtiendrait un tiers d'accélération dans le sciage. Mais de quelque manière qu'on dispose l'expérience, les résultats comparés donneront toujours, pour toute espèce de frottement, un grand excédant de résistance en faveur de la Lave de Volvic.

rive de la culée un certain nombre de bornes (*Pl.* 1, *fig.* 5; *Pl.* 15, *fig.* 1). Les unes (et c'est le plus grand nombre) forment défense le long de la crête du talus de la levée en remblai; les autres sont placées symétriquement à l'angle du bureau de perception, et à l'angle intérieur de **Bornes en roche.** la dernière cuvette de la route. Ces bornes sont en roche dure de Chatillon, avec un scellement ordinaire en moellon et plâtre.

Bornes en granit.
Planche 15. Une dernière borne a été posée sur chaque rive du pont, à la rencontre, en plan, de la ligne transversale des bornes placées près des bureaux de perception, et du prolongement du garde-fou; Elle est en granit (*Pl.* 15, *fig.* 2, 3 *et* 4), elle porte 0^m.60 de diamètre, et 0^m.72 de hauteur de fût. Elle a été scellée dans un massif assez considérable de moellon et plâtre. Après sa pose, on a percé, dans l'axe et sur la pointe de diamant, un trou cylindrique vertical qui reçoit une tige ou colonne destinée à servir de porte-fanal.

3°. ÉCLAIRAGE.

(119) L'éclairage consiste en quatre fanaux placés symétriquement sur les deux culées dans la direction des garde-fous; il n'existe aucun autre feu intermédiaire dans la longueur du pont.

Colonnes en fonte. Chaque fanal repose sur une colonne verticale en fonte (*fig.* 2 *et* 3), arrêtée avec scellement de plomb dans la borne de granit dont il vient d'être fait mention (*Note* 27).

Appareils Bordier-Marcet. Le fanal, proprement dit, se compose d'un appareil Bordier-Marcet. Le support de la lanterne est à six branches et à jour, en forme de lyre; chaque branche à son extrémité saisit un des pieds de la lanterne, laquelle est à cage hexagone, avec chapiteau en cuivre, couvert d'un vernis fin couleur bronze, et orné de six pommes dorées. La lampe est disposée avec un bec conique à courant d'air, porte-verre, double porte-mèche, double pompe de huit onces et godet latéral à coulisses pour recueillir les gouttes d'huile. Chaque appareil se com-

---

(*Note* 27.) C'est en fonte d'étuve que ces pièces sont coulées. Il faut d'ailleurs payer le modèle et les moules en cuivre de ces sortes d'ouvrages; il en résulte un prix assez élevé. Les quatre candélabres ont pesé ensemble 340 kil.; cette fonte a été payée 1 fr. 50 le kil. Il n'a fallu, du reste, que 50 kil. de plomb pour les quatre scellemens.

pose d'un double réflecteur demi-parabolique. Les réflecteurs sont en cuivre plaqué en argent; les demi-paraboles ont leur axe légèrement convergent, soit vers le milieu du pont, soit vers l'axe des chaussées à éclairer. Chaque appareil consomme une once d'huile par heure. La lumière en est vive, blanche, intense, et l'emporte sur la plupart des autres modes d'éclairage à l'huile.

Ces appareils ont coûté fort cher (*), mais il importe tant, d'obtenir une lumière qui s'aperçoive de loin, même dans des temps brumeux, et qui dirige avec sécurité le voyageur aux abords d'un pont, sur de hautes levées, qu'il ne faut pas hésiter à prendre dans de pareilles circonstances ce qu'il y a de meilleur.

Importance d'un parfait éclairage.

Le service des fanaux se fait à l'aide d'une petite échelle double, que l'on couche ensuite, et que l'on enchaîne à un piton scellé dans la borne la plus éloignée du passage et la plus rapprochée du bureau.

4°. CHAUSSÉES.

(120) Nous nous sommes interdit de donner aux rampes, aux abords de chaque culée, plus de 0ᵐ.03 de pente par mètre (*Pl.* 2, *fig.* 1), nous avons même voulu adoucir cette pente, ou du moins supprimer les arêtes qui résultent du passage d'une partie de niveau à une partie en rampe, ou réciproquement; et nous avons substitué à ces angles rectilignes, comme coupe verticale, des raccordemens paraboliques (*fig.* 8 *et* 9). Ces raccordemens ont été exécutés avec soin conformément aux dessins que nous en donnons; l'épure en a été dressée par la méthode graphique indiquée à la *fig.* 5, pour l'arche milieu du pont.

Pentes en longueur de 0.03. Planche 2.
Raccordemens paraboliques aux points de brisement de pente.

Nous avons encore, par des caniveaux pavés, et sur chaque rive de la route, amené dans la première cuvette les eaux du palier de chaque culée, et même celles que déverserait la pente du plancher du pont.

Caniveaux pavés du palier supérieur.

Le relief donné à la chaussée et aux accotemens n'a du reste rien changé à la pente continue et régulière de l'arête supérieure du talus extérieur de la route en remblai. Il en résulte seulement certain plan gauche, sur le revers le long du sommet des perrés, mais ces sortes de raccordemens sont à peine sensibles, tandis que le moindre jarret dans une arête courante au sommet d'un talus eut produit un effet désagréable.

(*) Chaque fanal a été payé. . . . . 175 fr.

Profil en travers
de la route.

(121) Le profil en travers des routes neuves présente une chaussée
pavée, des accotemens en terre, une rangée d'arbres sur chaque
rive, et des fossés en cuvette d'un arbre à l'autre. La route a 20^m.oo de
largeur totale, savoir 6^m.oo de chaussée pavée, 4^m.oo pour chaque accotement, 2^m.oo pour chaque fossé et 1^m.oo de risberme extérieure. Il
en résulte 16^m.oo d'écartement entre les arbres. Le bombement de la
chaussée est de $\frac{1}{40}$ de sa largeur. Les accotemens ont 0^m.04 de pente
par mètre. Ainsi qu'on l'a pratiqué dans divers travaux de route, les
bordures de la chaussée (*fig.* 10) sont appareillées sur une largeur de
pavé, et forment alternativement deux longueurs et deux longueurs
et demie de ces mêmes pavés sur le sens transversal de la route. On
obtient ainsi une liaison parfaite sur les rives entre les bordures et le
pavage de la chaussée.

Du reste la raison et l'expérience veulent que tôt ou tard on modifie
le profil (*Pl.* 3, *fig.* 8), bien que ce profil soit le type en quelque sorte
des routes pavées de France, et entre autres changemens : 1°. qu'on
élargisse la chaussée; 2°. qu'on supprime tout accotement en terre de
plain-pied avec la voie des voitures; 3°. que la partie des accotemens
non convertie en chaussée soit élevée en relief, et forme trottoir pour
les piétons; 4°. qu'il soit ménagé sous ces trottoirs des buses ou issues
en nombre suffisant, pour que les eaux de la chaussée soient portées
hors de la route, et notamment aux points les plus bas des pentes
et contre-pentes du profil en longueur.

5°. PERRÉS.

Développement.
Planche 1.

(122) Une portion de perrés défend les talus de la route neuve
près de chaque culée (*Pl.* 1, *fig.* 2, 3, 4 et 5); nous n'avons prolongé
ces perrés que jusqu'au pied des doubles rampes, parce que ces rampes
semblent former comme des contre-forts des deux côtés de la route,
et dispenser en quelque sorte de toute autre consolidation.

Dimension et
construction.
Planche 15.

Ces revêtemens (*Pl.* 15, *fig.* 1 et 6) sont à pierre sèche en moellon et
meulière, avec une assise courante en pierre *p* pour former la naissance
du rampant à fleur du sol, et une autre assise également courante *r* au
sommet, pour servir de couronnement. Les perrés ont 1^m.25 d'épaisseur au pied, et 0^m.75 au sommet, dimensions prises horizontalement.
Le parement rampant est en meulière sur 0^m.30 d'épaisseur mesurée
normalement au talus. Les lits de moellon et de meulière sont disposés

par assises régulières; ils sont horizontaux en élévation, mais, dans la coupe en travers du profil des perrés, ces lits sont perpendiculaires au rampant. Les fondations sont généralement enfoncées de $1^m.25$ dans le sol sur $1^m.25$ d'épaisseur.

L'assise courante p au pied des perrés, porte $0^m.60$ de largeur de queue et $0^m.40$ de hauteur, savoir : $0^m.15$ de corps quarré en contrebas de l'arête inférieure du pied des perrés, et $0^m.25$ de hauteur de rampant en contrehaut et à 45 degrés. Cette assise présente en outre son lit supérieur taillé d'équerre au parement des perrés sur $0^m.25$ de longueur, pour recevoir le premier rang de meulière.

Assise courante au pied des perrés.

On a donné au couronnement r $0^m.75$ de force, savoir : $0^m.50$ en partie horizontale de plain-pied avec le dessus de la levée, et 0^m25 en talus à 45 degrés. Cette dernière face est dans le parement extérieur des perrés; l'angle aigu inférieur est seulement enlevé en chanfrein, d'équerre au parement, sur $0^m.05$ de hauteur; les lits supérieur et inférieur de la pierre sont horizontaux; le lit supérieur forme parement.

Couronnement.

6°. ESCALIERS ET DOUBLES RAMPES.

(123) Il a été exécuté deux grandes rampes accolées à chaque culée.

On a vu (8) que chacune des deux rives de la Seine présentait un marche-pied non interrompu, au droit du pont, au moyen d'un double chemin de halage (*Pl.* 1 , *fig.* 2 *et* 3). Mais ces chemins de halage étaient isolés de la route neuve, puisque cette route était élevée de $6^m.00$ au-dessus du marche-pied de la navigation. Il en résultait, pour les voitures arrivant le long des rives, la nécessité d'aller, par un circuit considérable, chercher le pied des rampes de chaque culée, pour gagner enfin le pont.

Utilité des doubles rampes; profil; dimensions.
Planche 1.

Les quatre rampes dont nous parlons préviennent cet inconvénient. Elles sont d'ailleurs accouplées et parfaitement symétriques pour la régularité des abords.

Ces rampes (*fig.* 3, 4 *et* 5), appuyées sur le talus même de la route, sont réglées suivant $0^m.075$ de pente par mètre, et sur $6^m.00$ de largeur; leur naissance est placée à la limite du chemin de halage. Pour préserver les voitures d'accident, ces rampes sont plantées sur leur rive extérieure, et garnies de barrières au droit de leur palier de réunion avec la route aux abords du pont. Elles seront pavées à mesure que chacune d'elles sera d'un service important; déjà l'on a pavé la rampe qui sert à l'arrivage des habitans du Port-à-l'Anglais et de la commune de Vitry.

(124) Nous avions espéré que ces rampes suffiraient au service des mariniers pour descendre des culées aux chemins de halage; mais nous avons été obligés de rattacher en outre et directement le palier supérieur de chaque culée et le halage sous le pont au moyen d'un escalier en pierre sur chaque rive de la Seine. Ces escaliers ont été placés en aval dans les talus de la route pour conserver une parfaite régularité sur les deux élévations du pont (*fig.* 2, 3, 4 *et* 5) (*).   •

Chaque escalier (*Pl.* 15, *fig.* 6 *et* 7) est établi sur des massifs *v* en maçonnerie de moellon à sec, disposés du côté des terres par redans horizontaux et verticaux; cette disposition tend à augmenter les surfaces qui reçoivent le poids de l'escalier, et qui déchargent ainsi, au moins en partie, les assises inférieures; on évite de la sorte des bouclemens dans le parement.

Chaque assise d'échiffre *t* (*fig.* 7 *et* 8.) est disposée horizontalement avec crossette de $0^m.05$ de hauteur sur l'angle aigu de la pierre. Ces assises d'échiffre ont $0^m.75$ de longueur dans les maçonneries, et sont dès lors de $0^m 50$ en revetissement les unes sur les autres; les marches *s* ont $0^m.40$ de largeur et se recouvrent de $0^m.10$. Ce système d'escalier réduit au moindre développement possible les arêtes de pierre en prise aux chocs; il permet en outre de conserver dans le même plan les arêtes des marches et les rampans de l'échiffre; on remarquera à ce sujet le chanfrein abattu à l'arête de la portion de marche encastrée de $0^m.05$ dans chaque échiffre, pour ne pas affamer les assises du rampant. Pour donner plus d'emmarchement à l'escalier qui se trouve à 45^r, et par conséquent très-dur à monter, le devant de chaque marche (*fig.* 7) porte encore un évidement en chanfrein de $0^m.05$ de profondeur sur $0^m.15$ de hauteur (**).

(*) L'expérience a même appris que, sur la rive du halage ordinaire, il est indispensable d'avoir un second escalier en amont du pont, afin d'éviter que les mariniers, en parcourant cette ligne plus directe et plus courte, ne descendent dans les semis de ce talus de route, et ne les dégradent sans cesse.

(**) Nous avons reconnu depuis, que l'on se plaignait généralement de la hauteur de $0^m.25$ des marches; et nous conseillerions, tout en maintenant l'appareil qu'on vient de détailler, de réduire cette hauteur à $0^m.20$.

Dans ces appareils (*fig.* 8.), chaque assise a $0^m.25$ de hauteur, et se compose d'une marche *s* et de deux pierres d'échiffre *t*; pour le couronnement seul (*fig.* 7) on forme d'une seule pierre s^2 et la marche et les deux échiffres. Ces escaliers ont $1^m.00$ de largeur dans œuvre.

HUITIÈME SECTION.

BUREAUX DE PERCEPTION.

(125) Dans le projet d'un pont à péage, l'étude des bureaux de perception n'est pas sans quelque importance; elle a pour pour objet la facilité du service et le bon effet des abords d'un grand ouvrage. Pour en faire ressortir l'intérêt, nous examinerons, d'abord d'une manière générale, le plan, la position, la symétrie à assigner à de semblables constructions; nous rendrons compte ensuite avec quelques détails des bureaux exécutés au Pont d'Ivry.

Questions diverses à examiner. — Solution particulière au Pont d'Ivry.

1°. GÉNÉRALITÉS.

Plan.

(126) Le plus ou le moins de développement à donner à des bureaux de recette dépend exclusivement du mode de perception qu'on adoptera.

Relation entre le plan du bureau, et le mode de perception.

Deux modes très-distincts ont été mis en œuvre.

La recette peut être faite par un employé logé à demeure sur le pont même; ce service *permanent*, *de famille*, exige un *bureau-maison*, c'est-à-dire une habitation suffisante pour le percepteur et les. siens.

Bureau - maison, pour un service permanent, de famille.

Les meilleures études dans ce genre ont admis un bâtiment de $6^m.00$ environ en quarré et deux étages qui donnent: l'un une pièce assez grande, une plus petite et l'escalier; l'autre le bureau, la cuisine et une dépendance. L'étage inférieur se place en soubassement dans l'épaisseur des remblais du pont; l'étage supérieur reste seul hors terre; cette condition est nécessaire pour le bon effet d'une petite construction placée sur un point déjà fort élevé.

Ce mode de perception nous semble devoir être adopté pour tous les passages qui ne sont pas au centre d'une grande population, et qui ne présentent que des recettes assez restreintes de 5o fr., et même de 100 fr. par jour. C'est aussi la marche la plus économique, puisqu'elle réduit les frais de recette au traitement d'un seul employé; et cependant, plus qu'aucune autre, elle assure au receveur une position et des émolumens certainement les meilleurs possibles, dans la supposition surtout d'un péage peu considérable.

Bureau-loge pour un service adminis-tratif et à roulement.

La recette peut, au contraire, être effectuée par des employés qui se succèdent les uns aux autres, après un nombre d'heures déterminé; ce service *administratif, à roulement*, n'exige qu'un *bureau-loge*. Cette organisation est la plus dispendieuse, et elle offre en outre moins d'avantages aux employés que la précédente; elle présente aussi l'inconvénient d'un déplacement fréquent de personnes et de deniers, déplacement inquiétant la nuit et pénible en hiver; mais elle peut être commandée, au milieu des villes surtout, soit par l'importance de la recette, soit par l'impossibilité d'avoir des *bureaux-maisons* sur une culée du pont. Le plan se réduit alors à une simple case de construction légère (*).

Position.

Affectation des angles des culées au placement des bureaux.

(127) Les bureaux doivent toujours être accolés aux angles des culées; mais ils peuvent être placés sur quatre points différens, à l'une ou à l'autre extrémité du passage, sur la tête amont ou sur la tête aval du pont.

Nécessité d'orienter les croisées de perception.

Pour choisir entre ces quatre emplacemens, il faut avant tout examiner la manière dont le pont est orienté, afin de placer la fenêtre de perception à l'exposition la mieux abritée contre les grandes chaleurs et contre les vents régnant lors des pluies (*Note* 28).

Condition qui détermine le nombre et la position des bureaux.

La fréquence des passages determine ensuite s'il est nécessaire d'établir simultanément une perception à chaque extrémité du pont. Ne doit-il y avoir, au contraire, qu'un seul bureau? Il faut opter entre l'une ou l'autre extrémité, et examiner s'il y aura un passage de nuit de quelque importance, et si ce passage doit avoir lieu dans une direction constante;

(*) Au Pont d'Ivry nous avions proposé à la compagnie des *bureaux-maisons*; mais le mode de perception à roulement ayant été préféré par la société, nous avons dû étudier les *buseaux-loges* que représente la *Planche* 18.

(*Note* 28) Au Pont de Besons sur Seine, il a fallu démolir, et reconstruire sur un autre point, le bureau qu'on avait d'abord établi pour les percepteurs; la pluie fouettait tellement dans la croisée destinée à la recette que le service était souvent impossible.

tels seraient, par exemple, des transports aux marchés d'une grande ville; car il est essentiel alors que l'employé ait toute la longueur du pont pour réprimer les fraudes.

Ces diverses combinaisons embrasseront encore la supposition d'un bureau de contrôle, et la possibilité d'y arriver sans être vu des percepteurs. On sait que le contrôle d'un pont à voitures consiste dans le relevé contradictoire des sommes perçues pendant un nombre d'heures déterminé; qu'à cet effet, la recette est arrêtée à des heures fixes, la clôture du compte indiquée par un signal extérieur, et le contrôle exercé à l'insu des employés.

Enfin, lorsqu'il s'agit de bureaux-maisons, toutes ces conditions se compliquent encore; car la construction projetée doit être alors placée de préférence sur la rive du fleuve qui se rapprochera le plus des habitations préexistantes ou des nouvelles constructions à prévoir, du logement du maitre de pont s'il en existe, de la mairie ou de la force publique chargée de la police du pont, d'une boucherie, d'une boulangerie, etc. De la sorte on augmentera en effet la sécurité du percepteur, et on abrégera autant que possible ses absences forcées, soit pour ses besoins domestiques, soit dans l'intérêt même du péage.

Symétrie.

(128) Il est rare que l'on se résigne à sacrifier la symétrie que réclament l'entrée et la sortie d'un pont. On place donc d'ordinaire deux bureaux absolument semblables entre eux sur les deux angles opposés de la même culée.

Dans quelques circonstances on a fait plus encore, en établissant des constructions symétriques aux quatre extrémités des deux culées; et alors il y a parfaite régularité, non-seulement pour le voyageur qui arrive au pont, mais encore pour l'observateur qui, saisissant une des deux élévations générales du pont, compare les deux culées l'une avec l'autre. C'est ainsi que la société du Pont d'Ivry a admis quatre bureaux-loges, placés symétriquement aux quatre angles des culées.

Régularité commandée aux abords d'un pont.

Bureaux-loges du Pont d'Ivry.

Pont d'Ivry.　　　　　　　　　　　22

2°. APPLICATION.

Bureaux-loges du Pont d'Ivry.

Dégagement de
l'entrée du pont.
Planche 8.

(129) Ces pavillons , reculés environ de deux mètres en deçà de la ligne des garde-fous (*Pl.* 8, *fig.* 8) , dégagent les abords du pont ; ils laissent en outre un espace libre de 1ᵐ.5o environ entre eux et les dés des culées. Cet intervalle est même le seul endroit des culées et des levées d'où l'on découvre l'élévation générale des têtes du pont. En adossant ainsi les bureaux à l'angle rentrant des parapets en retour de la culée , nous avons encore évité un vide d'un effet désagréable et qui serait certainement devenu un dépôt d'immondices (*).

Dimensions des
bureaux.
Planche 18.

Ces bureaux (*Pl.* 18, *fig.* 1, 3, 4 *et* 5) ont, hors œuvre, 2ᵐ.o5 de front sur 2ᵐ.15 de profondeur (**). La première dimension nous a été imposée par la longueur du parapet en retour de la culée. La seconde nous a été indiquée par l'alignement des arbres de la route, alignement qui répond à la ligne milieu des bureaux.

Renfoncemens for-
mant guérites exté-
rieures ; cloison mo-
bile.

On sait qu'auprès de chaque percepteur on place souvent un planton , qui va recevoir des charretiers et des cochers de voitures le péage autorisé. Jusqu'à présent , la plupart des bureaux avaient nécessité l'addition peu agréable d'une guérite pour ce planton ; nous avons cherché à nous affranchir de cette sujétion , et nous avons ménagé (*fig.* 1 et 2) , à droite et à gauche de la tablette de perception , un double renfoncement *a*, où le planton , quoique logé extérieurement , est abrité et où le voyageur surpris par un orage peut même se mettre à couvert.

Ces cases ont une porte *b* à hauteur d'appui, une armoire *c* formant siége , et un porte-manteau *c'*.

Nous n'avons cependant qu'en partie atteint le but que nous nous proposions ; car, sur les demandes réitérées des gardiens, nous avons été

(*) **En éloignant les bureaux de 2ᵐ.oo environ du garde-fou , on tombe à la vérité dans** l'inconvénient de forcer les piétons à se détourner de plusieurs pas pour acquitter le droit de péage , et d'obliger le gardien de planton à faire quelques pas de plus pour aller recueillir le droit de passage de chaque voiture ; mais ces sujétions , tout-à-fait minimes , ne peuvent évidemment point balancer l'ordonnance défectueuse à laquelle il aurait fallu se résigner en rapprochant les bureaux à l'alignement des garde-fous.

(**) Plusieurs bureaux de perception récemment établis à Paris , en menuiserie également, ont des dimensions moindres encore.

Il en est de même d'un grand nombre de bureaux à recette sur les ports et le long des rives de la Seine.

obligé d'ajouter pour la mauvaise saison une cloison mobile extérieure *d' d²* (*fig.* 2).

Cette cloison est disposée comme un volet à deux feuilles ; la deuxième feuille *d²* se subdivise en deux feuillets encore ; on peut à volonté développer soit deux feuilles, soit une feuille et demie, soit une seule feuille, ou démonter la cloison et la ranger dans un des quatre bureaux.

La saillie de cette cloison est égale à celle de l'auvent du bureau ; elle s'appuie du reste dans la feuillure formée par le corps avancé du pilastre, et repose au moyen de crochets dans des pitons rectangulaires fixés à ce même pilastre.

La cloison est enfin arrêtée haut et bas par des verrous qui ont leurs gâches, soit dans l'auvent du bureau, soit dans les dalles du trottoir.

Cette sorte de guérite pliante et mobile porte des jours vitrés dans les deux sens ; le sol en est formé par un tabouret en bois *a'* mobile aussi, réglé à fleur du plancher de la loge circulaire du gardien, et rendu solidaire du bureau au moyen de crochets à charnières.

(130) Les bureaux du Pont d'Ivry (*fig* 3 *et* 4) ont une façade régulière sur trois côtés. Le côté de la perception *VX* a une fenêtre *l* à deux châssis, l'un fixe et l'autre mobile dans des coulisses (*). La croisée *o* du côté opposé *UT* n'a qu'un simple vantail ; l'une et l'autre croisées ont des volets extérieurs. Deux was-ist-das *n*, placés dans les faces normales au garde-fou, donnent une vue directe sur la route et une vue oblique sur le pont ; le percepteur, assis à son bureau *q* ou même près du poêle *w*, voit et piétons et voitures assez long-temps avant et après leur passage ; ces was-ist-das *n* ont des volets intérieurs et à coulisseaux.

Façades régulières sur trois côtés. — Croisée de perception ; was-ist-das.

La face *XT* (*fig.* 4 et 5) qui plonge sur la route est celle de la porte d'entrée ; le parement extérieur de cette porte *k* est à pointe de diamant, la face opposée *UV*, la moins apparente de toutes, donne passage au tuyau du poêle (**).

_____

(*) Comme les employés souffraient, en hiver, de l'ouverture entière du châssis inférieur de la fenêtre de perception, on a rendu mobile à son tour le carreau *m* milieu des panneaux de vitrage à fleur de la tablette du receveur.

(**) Le tuyau extérieur du poêle laissait tomber une grande quantité de bistre, et sur le parapet du pont, et (par suite d'éclaboussure) sur une des faces du bureau. On a fait cesser cet inconvénient en adaptant, à la façon des godets à quinquets, un petit bassin mobile demi-sphérique au-dessous du tuyau montant ; on a soin de vider de temps en temps le bistre qui s'y dépose goutte à goutte.

22.

L'auvent de la facade de perception présente une saillie de 0^m.575. Il est soutenu par des consoles sculptées.

La couverture *j* est en plomb; la flèche du comble n'est que de 0^m.29; c'est la moindre élévation possible, ainsi le veulent ces sortes de constructions; le plomb de la couverture forme chaineau en *i*, et aboutit à une gouttière placée à l'angle *T* sur le côté de la porte d'entrée, pour rejeter l'eau près du parapet (*fig.* 1).

Le bureau entier (*fig.* 5, 6 *et* 7) est posé sur des parpaings *x* en pierre de taille de 0^m.20 d'épaisseur, et arasés à 0^m.16 au-dessus des trottoirs; les traverses intérieures *e*, en bois, sont ajustées sur ces parpaings de manière à empêcher les eaux pluviales d'y séjourner. La hauteur du trottoir a été rachetée au droit de la porte d'entrée par une marche en pierre *y*.

Ces bureaux (*fig.* 5) sont, suivant l'usage, plancheiés sur des lambourdes assemblées dans le châssis inférieur, et plafonnés en planches sur les entraits des petites fermes du comble.

On a pratiqué un tambour sous la tablette *p* de recette (*), afin que le buraliste fût assis à l'aplomb même de la fenêtre *l* de perception; des tiroirs *r* se trouvent à droite et à gauche du tambour.

Les coins du bureau (*fig.* 1 *et* 5) intérieurs et opposés aux deux cases du planton, sont occupés, l'un par une armoire à compartimens *v* et l'autre par le poêle *w*.

Les cloisons montantes de ce dernier angle *U*, sont revêtues, dans toute leur hauteur, d'un doublage en chêne et en bois de travers, isolé de quelques lignes des panneaux extérieurs, afin que ces derniers ne soient pas fendus par la chaleur.

Au fond du bureau, au pied de la fenêtre, est une petite table mobile *u* à charnière avec des contre fiches mobiles en fer.

Enfin, une dernière tablette *s* (*fig.* 5), placée plus haut que les croisées, règne dans tout le pourtour intérieur.

C'est ainsi que nous avons voulu obtenir sans encombrement la plus grande surface possible de tablettes, de tiroirs et d'armoires.

(*) Pour éviter que l'eau filtrât à travers les joints de la tablette de perception, on a recouvert cette tablette en zinc sur sa superficie entière, en dehors de la croisée de recette.

Afin de préserver également les loges extérieures pour gardiens des séjournemens d'eau qui pourraient pourrir le pied des panneaux circulaires de menuiserie, on a de même garni en zinc le plancher de ces loges.

Dans ces applications de zinc, on relève le métal au pourtour de toutes les arêtes rentrantes, et on laisse une légère pente pour rejeter les eaux à l'extérieur.

La serrurerie a été également soignée ; tout ce qui est armoire ou tiroir ferme à clef ; la serrurerie de la porte est un bon ouvrage, ainsi que la ferrure à charnière qui la rattache aux montans d'huisserie et qui se compose de trois pivots.

Des bureaux de cette dimension peuvent ne pas être assemblés sur place ; ceux du Pont d'Ivry ont été montés, ferrés et peints à deux couches dans un chantier de Paris. Ils ont été transportés sur un haquet, bien étrésillonnés, bien amarrés ; ils ont été mis en place tous quatre dans la même matinée. On a donné sur les lieux la troisième et dernière couche de peinture.

(131) Le tarif du péage devant être placé aux deux extrémités du pont, on l'a divisé en deux parties sur des tables de zinc, où l'on a peint soigneusement, et renfermé dans le moins de lignes possible, tout ce qu'il y avait d'essentiel. Ces doubles tables z (*fig.* 4) ont été fixées avec des vis, et symétriquement placées de chaque côté de la porte d'un des bureaux de perception (*Note* 29).

Serrurerie ; porte d'entrée.

Transport sur haquet.

Tarif sur plaques de zinc.

(*Note* 29). *Extraits des règlemens de compte des bureaux du Pont d'Ivry.*

			fr. c.
1°. Sculpture	Chaque console sous la tablette de perception *p*.		7,50
	Chaque console sous l'auvent, avec feuilles d'acanthe à revers sur la face, et des rosaces sur les côtés		36,00
	Chaque rosace aux angles du plafond de l'auvent.		5,50
			49,00
	Et pour la double garniture d'un bureau.		98,00
2°. Menuiserie.	Les tablettes intérieures d'un bureau.		6,00
	Une armoire *v*.		20,00
	Deux tiroirs *r* sous la tablette de perception. . .		7,40
	Deux armoires *c* sous le siége des plantons, avec serrures, estimées. . . . . , , . ,		25,00
	Deux porte-capotes *c'*		1,60
			60,00
3°. Serrurerie. . .	Porte d'entrée.	Trois pivots pour la porte d'entrée, à tête quarrée en cuivre, suivant la feuillure ; la pièce ci . . . . , ...	5,50
		Serrure de sûreté de 5 pouces polie, deux clefs forées très-soignées, avec gâche. . . . . . . ·. .	16,00
	Croisée de perception.	Crochet (à ressort d'acier pour le renvoi) au droit de la croisée de perception *p* afin de la maintenir fermée	1,80
		Crochet cintré à patte pour la tenir ouverte. .	0,90
	Chaque volet extérieur.	Deux poignées tournantes à chaque volet, ensemble	3,20
		Deux pannetons avec leurs gâches.	3,80
		Deux boulons de fermeture.	2,80
	Chaque coulisseau formant volet de vas-ist-das.	Un boulon rond en cuivre tourné.	0,40
		Deux paillettes de 27 lignes en mentonnet pour tenir le coulisseau ouvert et fermé.	1,50

Il est enfin un assez grand nombre d'autres détails de construction que nous avons donnés à l'explication de la planche 18 (*pages* 41 et *suivantes*), et qui complètent la description des bureaux de recette du Pont d'Ivry.

4°. Plomberie	La couverture en plomb de trois quarts de ligne d'épaisseur des bureaux, de 2ᵐ.15 sur 2ᵐ.05, c'est-à-dire sur 4ᵐ.40 de surface, avec galerie au pourtour, pour ramener les eaux à un seul angle du bureau, pese 165 kil. Le plomb a été payé le kil.	fr. 0.75
	Il a été employé à chaque bureau un peu moins de 3 jours de plombier pour la pose et soudure ; les journées étaient de.	4,00
5°. Transport et pose.	Il n'a été alloué par bureau, en sus du prix de la menuiserie, que les faux-frais suivans : Une journée de haquet , ... 12.00 3 jours un quart de menuisier à 4 fr. 00. 13,00	25,00
6°. Tarif . . , ...	Chaque plaque de zinc, formant un des tableaux z ou un demi-tarif, avec rouleau à son pourtour a été payée.	9,00
	La peinture en blanc de chaque plaque, à quatre couches.	2,50
	L'impression soignée de chaque centaine de lettres, caractère petit-romain.	4,00

Chaque bureau a coûté, non compris la maçonnerie,

	fr.
Sculpture et menuiserie.	835,00
Plomberie.	145,00
Serrurerie..	95,00
Peinture et vitrerie.	90,00
Transport.	35,00

Total, y compris 60 fr. de tiroirs et tablettes, etc. 1200,00

On pourrait faire les économies suivantes :

1°. Supprimer les sculptures évaluées environ. . , ... , 100,00
en les remplaçant par de simples consoles en menuiserie .
2°. Supprimer les panneaux circulaires et les loges de gardiens, ce qui diminuerait encore chaque bureau de. . . . . 100,00 } 200,00

La dépense d'un bureau se réduirait alors à. 1000,00

CHEMINS DE HALAGE.

1°. TRACÉ; HAUTEUR ET LARGEUR.

(132) Les chemins de halage du Pont d'Ivry (*Pl.* 1 *fig.* 3 ; *Pl.* 16 , *fig.* 1) ont été raccordés en plan avec les berges latérales de la rivière, au moyen de pans coupés dirigés parallèlement au biais des murs en aile des culées. L'évasement des murs en aile était donné (9) par un triangle rectangle de 11^m.00 de longueur sur 9^m.50 de largeur; de là un angle de 40° environ avec la berge longitudinale de la rivière. Cette direction des pans coupés a excité les plaintes de la navigation; les mariniers ont trouvé qu'il en résultait un changement de direction trop brusque (*). Nous avons effectivement reconnu que les coudes *g* et *h* occasionnaient une gêne sensible pour les traits de bateaux montants, ou plutôt pour les chevaux attelés, comme on le sait, par paire et souvent au nombre de 5 à 6 couples, à des traits de 10 à 18 bateaux tous attachés les uns aux autres à cul-pendant. Cette expérience démontre donc encore que les pans coupés des chemins de halage, au passage d'un pont, doivent avoir en longueur trois fois au moins ce qu'ils présentent de saillie en rivière; ou, en d'autres termes, que ces raccordemens ne doivent former avec les rives adjacentes qu'un angle de 18° à 20° au plus.

Les chemins de halage du Pont d'Ivry (*Pl.* 9, *fig.* 2) sont établis à 3^m.70 au-dessus des basses eaux ; ce niveau répond à la cote moyenne des chemins de halage de la Seine.

Il en résulte 2^m.25 de passage sous le point le plus bas de la retombée des arches de rive ; cette hauteur, à cause du sur-haussement immédiat de l'arc de cercle de chaque intrados , est parfaitement suffisante.

Les deux berges de la Seine n'avaient point du reste le même relief; la rive gauche était plus élevée que le chemin artificiel à établir sous le

Planches 1 et 16.

Direction et biais d'un chemin de halage au passage d'un pont.

Hauteur des chemins de halage; leur largeur.

Planche 9.

(*) L'administration des Ponts et Chaussées, en 1829, a fait immédiatement droit à ces réclamations ; et sur la rive gauche de la Seine, pour le halage ordinaire des bateaux, elle a substitué (*Pl.* 1 , *fig* 2) aux pans coupés *mg* et *hn* les lignes biaises plus allongées *lg* et *ho*.

pont; la rive droite se trouvait au contraire sensiblement plus basse. De-là l'obligation de raccorder par des rampes montantes sur la rive gauche, et par des pentes descendantes sur la rive droite, les berges naturelles de la rivière avec le niveau régulier et uniforme de 3^m.50 au-dessus de l'étiage des deux chemins de halage.

Planche 1.

Ces rampes, ces pentes ont été toutes quatre réglées suivant une longueur égale de 20^m.00 (*Pl.* 1, *fig.* 3). Elles ont eu chacune pour point de départ l'angle rentrant des perrés. On a considéré, au surplus, ces portions de berge comme un travail accessoire en dehors du terre-plein destiné à la traversée du pont, et on a traité le projet des perrés de ces rives comme appartenant plutôt à la rivière en général qu'aux abords du pont en particulier (*).

Planche 9.

La largeur de ces chemins (*Pl.* 9, *fig.* 2) a été réglée à 4^m.30 le long des corps quarrés de chaque culée ; nous ne pensons pas qu'il soit jamais nécessaire d'outre-passer cette dimension ; seulement il serait prudent, lorsque le passage du pont est difficile, de garnir le pourtour des cou-ronnemens d'une lisse de 0^m.40 en saillie sur le marche-pied, pour laisser, sans danger, aux chevaux et à leurs conducteurs le libre usage de la lar-geur entière de ces terre-pleins.

2°. PERRÉS.

Perrés de revéte-
tement; développe-
ment; maçonneries.
Planches 1 et 16.

(133) Chaque chemin de halage (*Pl.* 1, *fig.* 3) est revêtu de perrés ; ces perrés sont même prolongés au droit de chaque rive sur 20^m.00 de longueur au-delà des pans coupés de raccordement, tant en amont qu'en aval du pont.

La maçonnerie de ces revêtemens (*Pl.* 16, *fig.* 2) est disposée comme celle des perrés établis aux abords de la culée (**122**); on y retrouve la même épaisseur de massif, tant au pied qu'au sommet, et le même mode de construction.

Fondations.

Planche 1.

(134) Ces perrés sont établis sur le sol naturel dans les longueurs *lm* et *no* (*Pl.* 1, *fig.* 3); et, pour ces portions de revêtemens, on s'est borné à garnir la risberme extérieure des fondations d'un rang de piquetages

---

(*) On verra, en effet, que ces perrés diffèrent totalement des revêtemens du terre-plein sous le pont, et dans leur mode de fondation (134), et dans les appareils de leur pare ment (135).

de $1^m.50$ de longueur et de $0^m.10$ de force en chêne, bois rond, qu'on a espacés de $0^m.50$ les uns des autres, et qu'on a battus à la masse, de manière à descendre la tête de chaque piquet à fleur de l'étiage.

Mais au droit des arches du pont, sur le développement entier *mn* (*Pl.* 1, *fig.* 3) des pans coupés de raccordement et des escaliers, les perrés du chemin de halage sont établis sur pilotis.

Fondations sur pilotis.
Planche 16.

Cette fondation se compose (*Pl.* 16, *fig.* 1, 2, 3, 6 *et* 10) savoir :

1°. De pieux extérieurs de rive *e* de $4^m.00$ de longueur, espacés de $1^m.50$ de milieu en milieu.

2°. D'une file de pieux de retenue semblables $e_{,,}$ reculés de $1^m.50$ dans les terres, répondant de deux en deux aux pieux de rive, et par conséquent distants entr'eux de $3^m.00$. Les pieux, tant de rive que de retenue, ont été armés de sabots en fonte pesant 8 kil. (*fig.* 13).

3°. D'un cours de chapeaux de rive *f*, de $0^m.30$ d'équarrissage, refait sur les deux faces apparentes, et assemblé à tenon et mortaise sur les pieux extérieurs *e*.

4°. De traversines de retenue *g*, de $0^m.30$ sur $0^m.22$, en bois non refait, assemblées à queue d'aronde et renfort sur les chapeaux de rive *f*, et à tenon et mortaise sur les pieux isolés e^2 (*Note* 30).

Chapeaux de rive et traversines de retenue.

(*Note* 30.) La fondation de ces perrés nous fournit encore l'occasion de soumettre à un examen raisonné, non plus les dispositions à appliquer à une plate-forme destinée à porter charge, ainsi que nous avons essayé de le faire (15, 39 et 40), mais les conditions obligées des plates-formes disposées pour risberme et empatemens extérieurs.

Ce n'est point en effet à soutenir verticalement le poids des perrés qu'on destine une fondation avec pilotis, longrines et traversines, comme celle dont il vient d'être question, mais bien uniquement à former crèche au dehors, et à empêcher le pied de la construction de pousser au vide en rivière.

On considère alors la fiche dans le sol des pilotis de rive comme un premier point d'appui, on y ajoute presque à fleur d'eau un système vigoureux de moises; car les chapeaux de rive ne sont que des moises longitudinales, et les traversines ne sont que des moises transversales qui vont se rattacher dans les terres, au milieu des enrochemens ou bétonnages intérieurs, sur des pieux de retenue; ces derniers pieux sont à leur tour rejetés vers l'intérieur de la construction, noyés de toute leur longueur dans des masses pleines, et chargés de terre ou de maçonnerie; enfin les palplanches boulonnées à leur tête avec le chapeau de rive maintiennent le dévers de cette moise maîtresse extérieure.

Il n'est plus alors question de refus pour les pieux, on ne s'occupe que de la profondeur de la fiche dans le sol. Il est également inutile d'adopter des espacemens moindres de $1^m.50$ entre les pieux de rive, et il est même avantageux de reculer le plus possible dans les massifs les pieux de retenue. Enfin les traversines comme simples tirans doivent, au lieu de porter sur les pieux de rive, répondre au milieu des entr'axes, et peuvent se trouver distantes de $3^m.00$ environ les unes des autres.

Les chapeaux et les traversines sont placés à 0^m.10 au-dessous du plus bas étiage, pour être toujours submergés (*Note* 31).

5°. Enfin d'une file extérieure *h*, de palplanches de 3^m.09 de long, de 0^m.08 d'épaisseur, et de 0^m.25 chacune de largeur. Chaque palplanche a été armée d'un léger sabot de fonte (*fig.* 14) de forme ovale, pesant 5^k.50 ; elle était en outre boulonnée à sa tête avec le chapeau de rive *f*, et c'est avec intention que nous avions substitué des boulons aux chevillettes qu'on affecte ordinairement à cet usage (*se rappeler la Note* 3). Ces palplanches sont plantées à claire-voie. Il ne se trouve que deux palplanches dans chaque intervalle de 1^m.50 compris entre deux pieux de rive consécutifs, le tout de manière à présenter en projection verticale et alternativement 0^m.25 environ de plein (tant en pieux qu'en palplanches), et 0^m.25 de vide. Ce vide de 0^m.25 ne permet pas aux enrochemens dont on garnit le derrière des pilotis de couler en rivière, de sorte que de semblables palplanches à claire-voie retiennent les enrochemens intérieurs tout aussi utilement que des palplanches jointives (*Note* 32).

Appareils en pierre de taille.

(135) Pour rendre moins saillantes les diverses pentes et contre-

---

(*Note* 31.) Cette condition a nécessité des épuisemens pour la totalité de ces perrés ; il a même fallu, lorsque le pied des talus était avancé en rivière, remblayer extérieurement l'emplacement des pilotages, pour qu'il en résultât une sorte de batardeau ; et après la pose des chapeaux de rive on a été obligé de déblayer et de draguer ces batardeaux en rivière ; c'est ainsi qu'on a supporté trois sortes de faux-frais, le remblai, les épuisemens et le dragage. Il faut donc être sobre de ce mode coûteux de fondation, et sauf les exigences de certaines localités, au nombre desquelles nous avons cru devoir placer la traversée d'un pont, il sera presque toujours infiniment préférable pour des perrés en rivière de supprimer tout pilotage et de fonder sur de simples enrochemens.

(*Note* 32.) Nous avons fait de fréquentes et d'importantes applications de ces palplanches à claire-voie, notamment à la gare de Charenton où nous avons exécuté dans ce même système, et quelquefois avec une grande profondeur d'eau le pilotage de 1,100 mètres courans de perrés. Lorsqu'un affouillement se manifeste le long d'une pareille risberme, on le recharge simplement en moellons, d'abord vers l'intérieur des maçonneries et ensuite à l'extérieur ; et la réparation en est aussi facile que lorsque des affouillemens analogues se manifestent le long de palplanches jointives. On sait d'ailleurs que l'expression de palplanches *jointives* ne peut pas être prise dans un sens rigoureux, et que, surtout vers la partie inférieure et en fiche de ces pilotages, on remarque presque toujours, quand on met à sec une semblable fondation, des vides assez considérables, par suite de la double déviation du pied des palplanches, vides qui suffisent pour provoquer le coulage des terres intérieures, lorsqu'elles ne sont pas maintenues par des maçonneries réglées à pierres sèches ou par des enrochemens.

pentes qui raccordent le terre-plein de halage, sous le pont, avec les rives naturelles de la Seine, on a exécuté en meulière les couronnemens rampans de ces portions de berge.

On a construit, au contraire, en pierre de taille, les arêtes supérieures de niveau et symétriques des deux terre-pleins et de leurs pans coupés ; des assises courantes étaient d'ailleurs en quelque sorte commandées, tant pour couronnemens, que pour coussinets de fondation : ces deux assises relient ensemble les chaines montantes et les escaliers en pierre des chemins de halage ; il en résulte un encadrement général de plus grande résistance au pourtour des panneaux de meulière que présentent ces masses avancées en rivière.

Couronnement en pierre des parties de niveau sous le pont.

Les couronnemens r (*Pl.* 16 , *fig.* 1, 3, 6 *et* 8) ont été appareillés suivant le même profil que les perrés aux abords des culées (124). Ils se raccordent tant à leur jonction avec l'assise supérieure des chaines d'angle, qu'à leur rencontre avec la marche-couronnement s² des escaliers.

Planche 16.

C'est également suivant les coupe et dimensions adoptées pour les perrés des routes près des culées (124), que se trouve taillée l'assise courante en pierre p (*fig.* 3 *et* 4), au pied des talus du chemin de halage ; seulement cette assise porte un refouillement ou ressaut sur le lit inférieur, pour arrêter la pierre au chapeau de rive f, et pour prévenir le glissement des perrés.

L'appareil des chaines rampantes q, sur les angles, demande enfin une étude toute particulière.

On sait qu'il est difficile d'obtenir un appareil satisfaisant sur une arête rampante, à moins d'y employer des pierres d'un assez fort échantillon, et qu'il faut ordinairement ajouter à cette première dépense, des abattages, des refouillemens très-coûteux. Une arête de perré veut en effet que chaque assise soit d'une seule pierre, que chaque pierre forme parement dans les deux talus, et qu'il y ait liaison, tant sur l'assise inférieure que sur l'assise supérieure. Les longueur et largeur de chaque assise augmentent enfin, en raison de la hauteur d'appareil et de la plus faible inclinaison du rampant des perrés. C'est après avoir comparé et après avoir exécuté divers appareils de ce genre, que nous proposons comme économique, et cependant comme d'un bon effet, une nouvelle application de la coupe que nous avons désignée (26) sous le nom d'arête de poisson.

Chaines sur les angles saillans, sujétions de ces appareils.

Nouvel exemple d'appareil en arête de poisson.

Dans le dessin que nous en présentons (*fig.* 1, 10, 11 *et* 12) et qui est conforme à l'épure des quatre chaines saillantes des perrés du Pont d'I-

23.

vry, toutes les assises q (*fig.* 12) sont parfaitement semblables; chacune d'elles, quoique appareillée en parement sur o^m.40 de hauteur, a pu être prise dans un parallélipipède régulier de 1^m.00 de longueur, sur o^m.80 de large. Cependant, avec ce faible échantillon de pierre, la moindre épaisseur de la chaîne, mesurée horizontalement dans chaque plan rampant, est de o^m.40, et la liaison avec la meulière de o^m.20 ; et cependant les lits de pose sont horizontaux, et chaque assise est appareillée avec crossettes de o^m.05, pour supprimer tout angle aigu, et pour rendre toutes les assises solidaires les unes des autres. Du reste, on a eu soin, au moyen d'un chanfrein, de supprimer tout angle aigu sur les arêtes formées par le lit de dessous de la pierre, et par les plans de joint appuyés contre la meulière.

Remarquons au surplus à ce sujet que, dans une construction composée de pierre de taille et de meulière, les fortes assises des chaînes montantes éprouvant moins de tassement que les petits matériaux de remplissage, les lits supérieurs des assises en liaison de chaque chaîne finissent par porter seuls la meulière, tandis que celle-ci laisse un vide sous les lits inférieurs des harpes en pierre de taille.

3°. ESCALIERS EN PIERRE.

Escaliers placés dans des angles rentrants.

(136) Les escaliers (*fig.* 1) sont placés dans les angles rentrants, autrement dit, dans les noues formées par la rencontre de chaque pan coupé des chemins de halage et des berges naturelles de la rivière. Il résulte de cette disposition les avantages suivans : on s'est dispensé d'une chaîne en pierre dans la noue; on a placé chaque escalier au point le plus commode et le plus sûr pour l'abordage et le garage d'un batelet. Ce même angle rentrant, également à portée du chemin de halage et de l'ancienne rive, semblait d'ailleurs appeler un moyen d'arrivage, de descente jusqu'à l'eau pour puisage, etc. Enfin, cette disposition a donné à l'escalier une plus faible inclinaison, puisque, comme ligne rampante, l'arête de la noue a remplacé la ligne de plus grande pente des perrés.

Appareil des échiffres en arête de poisson.

Du reste, les escaliers des chemins de halage (*fig.* 5, 6, 7 et 8) ont été mis en harmonie avec les chaînes d'angle; on a appareillé également en arête de poisson les demi-chaînes rampantes t, nécessaires pour former les deux échiffres, et pour recevoir les marches s en encastrement. Ces deux demi-chaînes rampantes t sont tracées de telle sorte, qu'en les rapprochant elles formeraient une chaîne rentrante complète à arête de poisson. Chaque échiffre n'est donc qu'une demi-chaîne, terminée vers l'escalier par une arête continue parallèle à la ligne rampante de la noue, et formant au dehors, dans la meulière des perrés, des harpes en forme d'arête. Ces demi-chaînes *t* ont la même hauteur d'assise, la même épaisseur d'appareil sur chaque retour, et les mêmes liaisons sur la meulière que les chaînes entières *q* des angles saillans des perrés. Tous ces appareils présentent leurs divers lits aux mêmes hauteurs et dans les mêmes plans horizontaux. Le constructeur qui aura étudié quelqu'autre ordonnance d'escalier reconnaîtra ici que, même comme assise d'échiffre, il résulte de la disposition à arête de poisson pour une même hauteur d'assise, une économie réelle de pierre et de main-d'œuvre.

Quant aux marches *s* (*fig.* 5 *et* 6, 8 *et* 9), nous les avons disposées comme les marches des escaliers en contre-haut du halage (124). Elles viennent également s'encastrer de 0^m.05 dans les échiffres; on a placé leurs arêtes à fleur de l'arête rampante des deux échiffres, au moyen de sciages et de chanfreins qui empêchent la partie de la marche noyée dans l'échiffre d'en affamer l'arête. Seulement, comme il avait fallu régler les hauteurs d'assise des échiffres *t*, conformément à l'appareil *q* des chaînes d'angles, une discordance en est résultée entre les lits de pose des assises d'échiffre, et les lits supérieurs ou inférieurs des marches d'escaliers, bien qu'il n'en ressorte aucun effet désagréable à l'œil (*).

Les marches présentent du reste, sur leur parement antérieur, un chanfrein de 0^m.05 qui porte l'emmarchement, y compris chanfrein, à 0^m.33 de large pour 0^m.25 de hauteur. Enfin, de même que dans les escaliers en contre-haut du halage (124), une pierre unique *s^2* (*fig.* 8), a été placée à recouvrement sur l'escalier, pour former à la fois, et la dernière marche et la dernière assise de chacun des deux échiffres.

Marches d'escaliers.

(*) Il eût cependant été mieux d'appareiller toutes les chaînes rampantes des perrés suivant des assises d'une hauteur de 0^m.50 (double de celle des marches); alors il y aurait eu parfaite correspondance entre les lits de pose tant des échiffres et des marches d'escaliers, que des chaînes sur les angles saillans du chemin de halage.

OUVRAGES ACCESSOIRES

POUR LA NAVIGATION.

Nota. Nous terminerons la description et l'examen raisonné de tous les travaux d'art par rendre compte des ouvrages, provisionnels ou définitifs, qui ont été jugés nécessaires pour assurer le service de la navigation pendant et après l'exécution du pont.

Planche 1.

Nous croyons ces renseignemens d'autant plus utiles, qu'ils s'appliquent à une localité naturellement désavantageuse par suite du brusque changement de direction de la rivière immédiatement au-dessous du Pont d'Ivry (*Pl.* 1, *fig.* 1), et que d'un autre côté, dans le cours des travaux, des crues subites et inattendues sont venues ajouter encore aux difficultés de cette position.

1°. OUVRAGES PROVISIONNELS.

Balisage et rouleau de retour.

Balisage.
Planche 17.

(137) Afin que les bateaux montans ne rencontrassent point de bateaux descendans dans l'arche de navigation, il avait été dressé sur la berge de halage, à 150 mètres environ tant en amont qu'en aval, deux balises (*Pl.* 17, *fig.* 1), avec un jeu de poulie et des flammes de couleurs différentes; ces flammes hissées ou baissées servaient de signaux, l'une aux bateaux descendans, l'autre aux bateaux montans.

Rouleau de retour pour cordes de halage.

Pour *amener* au pont les traits de bateaux montans, et pour suppléer au halage, forcément interrompu au droit de la culée rive gauche, nous avions fait placer à 40 mètres environ au-dessous du pont un rouleau vertical *n*, monté sur châssis (*fig.* 1 et 4). Les chevaux des traits arrivaient jusqu'au rouleau, appuyaient la corde sur le cylindre mobile, et retournaient contre le courant, le long de la rive; ce qui produisait le même tirage que s'ils eussent pu librement parcourir le chemin de halage sous le pont, et en amont de la culée rive gauche. Ce rouleau sur châssis est aussi simple que solide; il nous a servi près de trois ans, il aurait pu servir plus long-temps encore. Les plans, coupes et éléva-

tion (*fig.* 4), indiquent jusqu'aux moindres détails de sa construction;
une description en a été donnée (*page* 40, *explication des planches*).

Trois pieux d'amarres *m* (*fig.* 1) ont été scellés, tant en âmont
qu'en aval du pont, afin que les bateaux pussent se reprendre à ces
points fixes.

Pieux d'amarre.

Les fouilles de la même culée, rive gauche, avaient été entourées
de barrières en bois *j* sur 70 mètres environ de développement, pour
obliger les chevaux de halage et autres, la nuit surtout, à s'éloigner de
ces excavations.

Barrières.

Coulisses et pattes - d'oie.

(138) Dans les travaux provisoires en rivière pour le passage sous
le pont, nous distinguerons trois périodes.

La première embrasse la construction et surtout le pilotage de la
culée, rive gauche; les deux piles à la suite n'étaient point encore com-
mencées; les bateaux descendants passaient librement à quelque distance
de la rive, les bateaux montants s'appuyaient au contraire à la berge.

1ere. période; pieux de garde près de la culée.

Pendant ce temps, pour que les sonnettes établies dans la fondation
de la culée fussent garanties des cordes de halage, il a suffi de deux
très-forts pieux de garde *i* placés chacun à un des angles de la fouille;
ces pieux étaient consolidés par des contre - fiches, les cordes étaient
soutenues le long de ces pieux, sans pouvoir s'échapper vers l'intérieur
de la fondation.

La seconde période embrasse la durée de la construction de la première et de la deuxième pile, rive gauche; lesquelles piles se trouvaient
précisément au droit du chenal ordinaire des bateaux. Pendant ce
temps le passage a été interdit dans la première arche, rive gauche,
et tout bateau montant ou descendant était obligé de prendre l'arche n°. 2.

2e. période; cou-lisses continues et pilotées dans la 2e. arche.

Pour faciliter ce passage (*fig.* 1 *et* 2), on a piloté sur chaque rive
une coulisse continue et intérieure *b c*, parallèle aux piles et distante
de 7m.00 de la ligne milieu de l'arche. Cette double coulisse a été prolongée en entonnoir sur 13m.30 de longueur en amont; et l'on a placé
une patte-d'oie *g* à 16m.70 au delà, c'est-à-dire à 30m.00 au-dessus du
pont, sur le prolongement même de l'axe longitudinal de la première

pile. La largeur de passage entre les coulisses bc était par conséquent de $14^m.oo$ dans œuvre.

Les bateaux et les trains descendants, ainsi guidés par la patte-d'oie, se dirigeaient dans l'entonnoir, et glissaient au besoin le long des madriers jointifs appliqués contre les pieux; ce glissement avait souvent lieu pour les trains flottés, et avec un frottement considérable; il en résultait même que ces trains arrachaient et brisaient fréquemment les madriers.

Les pieux de la patte-d'oie g avaient $9^m.oo$ de longueur, ainsi que les quatre pieux extrêmes b et c des deux lignes parallèles bc de la coulisse; ces quatre pieux de garde préservaient, des cordes de halage, les sonnettes des deux piles adjacentes. Les autres pieux d de la coulisse (*fig.* 3) avaient généralement $6^m.5o$; leur tête était descendue à $3^m.oo$ au-dessus des basses-eaux; les deux pieux de garde b et c du côté du halage ont été considérablement fatigués par le frottement des traits de bateaux remontants; il a fallu les enfoncer très-profondément, et en augmenter la solidité par des contre-fiches appuyées sur les pieux d'échafaudage a des piles voisines; les pieux de la patte-d'oie et des deux coulisses ont été plantés à $2^m.66$ les uns des autres, de milieu en milieu; on avait garni les pieux d des coulisses (*fig* 3) de cinq cours longitudinaux et jointifs de plats-bords en chêne de $o^m.4o$ de large et de $o^m.o6$ d'épaisseur; le madrier inférieur était placé le plus bas possible (généralement à $o^m.3o$ au-dessous de l'étiage), pour que les trains flottés ne pussent pas accrocher les pieux de la coulisse, en contre-bas de la ligne de flottaison.

Afin de fixer (*fig.* 3) solidement les madriers destinés à faire coulisses de navigation, nous avons été forcé d'avoir recours à des boulons; les chevillettes que nous avions mises d'abord avaient été très-promptement arrachées. Du reste, dans l'un et l'autre cas, on avait eu soin de noyer dans le bois la tête des boulons ou des chevillettes pour que la surface extérieure de la coulisse ne présentât aucune saillie qui pût déchirer les coutures et merrains des bateaux.

3ᵉ. période; deux arches libres.   La troisième période s'applique au levage de la deuxième arche. On avait, à cet instant du travail, démoli tous les échafauds de la première et de la troisième arche, de sorte qu'on avait pu livrer ces deux arches à la navigation, la première pour les bateaux montants, la troisième pour les bateaux descendants.

Enfin, après le levage de la deuxième arche, les échafauds de cette dernière travée ont aussi été démontés, et la navigation a été mise en jouissance de toutes les arches du nouveau pont (*).

2°. OUVRAGES DÉFINITIFS.

Pieux d'amarre formant pieux de garde aux angles des culées.

(139) Lorsque les travaux ont été entièrement terminés, et pour empêcher que les cordes de halage n'endommageassent les deux arêtes des corps quarrés de chaque culée, nous avons placé aux quatre angles menacés (*Pl.* 15, *fig.* 1 *et* 5) quatre grands pieux d'amarre *n* sur lesquels glissent les cordes de halage. Ces pieux d'amarre ont 0.40 de grosseur et 4^m.00 de longueur, savoir : 1^m.50 de scellement et 2^m.50 hors terre; ils sont arrondis avec tête quarrée à pointe de diamant; la partie hors terre est peinte à trois couches; la partie inférieure est charbonnée, les scellemens de ces poteaux sont exécutés en moellon et plâtre sur 1^m.20 de largeur réduite en tous sens. Mais comme la force de ces poteaux ne les eût pas préservés d'être promptement coupés par le sillonnement des cordes de halage, nous avons appliqué à la surface exposée au frottement une garniture ou plaque cintrée en fonte. Ces plaques ont été entaillées dans le bois et fixées avec des vis; chaque plaque, de 1^m.30 de hauteur, de 0^m.30 de largeur développée et de 0.015 d'épaisseur, pèse 43 kilog.

Pieux d'amarre.
Planche 15.

Garniture en fonte.

Organeaux.

(140) La disposition et la place à assigner aux organeaux des piles et culées d'un pont méritent quelque attention.

Hauteur à assigner aux organeaux des piles et culées d'un pont.

Sur les piles, il est inutile de placer des organeaux au-dessus des plus hautes eaux navigables, parce qu'il ne peut y avoir garage au milieu de la rivière lorsqu'il y a glaces ou débordement, et que ces anneaux ne doivent servir qu'aux mouvemens ordinaires de la navigation. Les culées au contraire, comme points fixes attenant généralement à une route élevée au-dessus des plus grandes crues, doivent porter des organeaux pour suppléer à l'insuffisance des pieux d'amarre placés sur les rives du fleuve alors submergées ; c'est en quelque sorte un balisage de secours pour les cas extraordinaires.

(*) On peut évaluer à 6,000 fr. la dépense des ouvrages provisionnels exécutés par la société du Pont d'Ivry pour le service de la navigation.

Il faut donc distribuer les organeaux sur les piles depuis la hauteur moyenne du bord des bateaux lors de l'étiage, jusqu'au niveau des grandes eaux navigables, tandis que les organeaux des culées doivent répondre au niveau des diverses inondations tant ordinaires qu'extraordinaires.

Application au Pont d'Ivry. *Planches* 7 et 9.

En partant de ces données, on a placé 36 organeaux au Pont d'Ivry, savoir : deux à chaque culée et huit à chaque pile. Les deux organeaux des culées ont été placés (*Pl.* 9, *fig.* 1) dans le mur en retour à 0ᵐ.90 de distance de l'arête verticale de la culée, et aux hauteurs de 6ᵐ.00 et de 7ᵐ.70 au-dessus de l'étiage, c'est-à-dire à la quatrième et à la huitième assise au-dessus du chemin de halage. Les huit organeaux de chaque pile ont été placés (*Pl.* 7), deux en amont et six en aval. Les deux d'amont ont été posés (*fig.* 4 *et* 5) à 4ᵐ.48 au-dessus de l'étiage et symétriquement de chaque côté de la pile. Les six d'aval ont été posés (*fig.* 2 *et* 3) à 1ᵐ.58, 3ᵐ.03 et 4ᵐ.48 au-dessus de l'étiage, c'est-à-dire à la quatrième, à la septième, et à la dixième assise au-dessus du fond des caissons, et symétriquement deux à deux de chaque côté de la pile. Toutes ces hauteurs, par appoint, résultent au surplus de ce que chaque organeau a été toujours encastré dans le lit supérieur d'une assise, et de l'épaisseur entière de ses branches de scellement(*).

Diverses espèces d'organeaux.

On a choisi pour le Pont d'Ivry des anneaux tombants. Cette espèce d'organeaux est à la vérité moins commode comme amarre que les anneaux de champ ; mais aussi, avec la précaution de laisser du jeu dans l'œil, ces anneaux tombants, comme leur nom l'indique, restent toujours naturellement dans une position régulière plus agréable à l'œil et moins dangereuse pour les bateaux. Sous ce dernier rapport, on ne peut même jamais trop diminuer la saillie des organeaux ; aussi remarquera-t-on (*Pl.* 9 *fig.* 7, 8 et 9) que d'une part au Pont d'Ivry l'anneau retombe au ras même des maçonneries, et que d'une autre part on a, en plan, rejeté l'anneau sur la partie arrondie des avant et arrière-becs, de telle manière qu'une règle ou un bateau glissant sur la partie droite du nu

Position en plan des organeaux des piles.

(*) Le but qu'on s'est proposé a été de placer ces anneaux d'amarre à des niveaux aussi rapprochés que possible des hauteurs suivantes : pour les culées à 6ᵐ.00 et à 8ᵐ.00 au-dessus de l'étiage. Pour les piles à 1ᵐ.50, à 3ᵐ.00 et à 4ᵐ.50 également au-dessus des basses-eaux.

de la pile, ne puisse jamais toucher (*fig.* 9) l'œil en saillie de ces amarres.

Les trois organeaux d'une même rive de chaque arrière-bec ont été du reste placés à l'aplomb les uns des autres (*Pl.* 7, *fig.* 2 *et* 3).

Chaque organeau, comme pièce de ferrure (*Pl.* 9, *fig.* 6, 7, 8 *et* 9) présente suivant l'usage, 1°. une tige à scellement composée d'un œil et de deux branches bifurquant symétriquement et portant talon à leur extrémité ; 2°. un anneau forgé et fermé après l'avoir engagé dans l'œil même de la tige à scellement. Ordinairement la force de l'anneau est égale au cinquième de son diamètre intérieur. Il est du reste évident que le fer de l'anneau tombant et le fer de l'œil fixe qui l'embrasse doivent être de même force. Quant aux branches de scellement nous leur avons donné o^m.o35 de grosseur, o^m.66 de longueur et o^m.1o de talon à chaque about ; l'amplitude de la bifurcation, au droit du talon, est de o^m.5o.

Chaque organeau a pesé 32 kilog.

On posait les organeaux à bain de mortier ; on serrait, avec des éclats de meulière et à grands coups de masse, les fers contre la pierre ; le mortier soufflait, le plein était parfaitement exact, et les fers invariablement arrêtés sur le développement entier des encastremens pratiqués dans la pierre de taille (*). Ces précautions ont pour objet d'empêcher que les organeaux puissent jamais vaciller dans leur scellement, et que les eaux s'introduisent un jour le long de ces fers dans l'intérieur des maçonneries, notamment dans les avant et arrière-becs des piles.

Détail, proportions et pose d'un organeau.
Planche 9.

(*) Les encastremens sur place exécutés avec précaution et la pose de ces fers ont demandé par organeau huit dixièmes de journée de tailleur de pierre.

DERNIÈRE OBSERVATION

DERNIÈRE OBSERVATION

Commune au texte entier de la Partie d'Art.

Nous ne quitterons point la partie d'art, sans rappeler au lecteur la liaison nécessaire et étroite de tous les développemens qui viennent d'être successivement exposés avec l'explication des planches, qui sert de préambule en quelque sorte à ce chapitre technique.

L'explication de chaque planche, de chaque figure, donne toujours le résumé très-court à la vérité, mais néanmoins presque complet, des faits exposés dans le texte.

Souvent encore l'explication des planches (*Pl.* 17 et 18 par exemple) présente des développemens qui jaillissaient naturellement de l'inspection même des figures, et qu'on a cru inutile de reproduire une seconde fois dans le cours de l'examen raisonné de ces mêmes ouvrages.

Nous nous sommes donc attaché à faciliter le rapprochement des dix sections du texte de la partie d'art avec l'explication des dix-huit planches y relatives.

Aussi aura-t-on remarqué que d'une part, dans le cours du texte, nous avons fait sortir en marge *le numéro des planches* à consulter (comme *dessin* et comme *explication*), et que d'une autre part, ainsi qu'on en a prévenu le lecteur, *page* 9, les divers alinéas de *l'explication des planches* signalent les *paragraphes du texte* qui peuvent concourir à l'intelligence de chaque figure.

PARTIE ADMINISTRATIVE.

DIVISION DU SECOND CHAPITRE.

1ere. Sect. Actes de la société exécutante.
2e. Section. Conduite des travaux.
3e. Section. Devis et détail estimatif.

4e. Section. Comptabilité.
5e. Section. Formulaire pour les concessions à terme.

PREMIÈRE SECTION.

ACTES DE LA SOCIÉTÉ EXÉCUTANTE.

1°. MODE DE SOCIÉTÉ.

(141) On sait que trois modes d'association peuvent convenir aux entreprises collectives industrielles : l'association en participation, la société en commandite, et la société anonyme.

Trois modes d'association, applicables aux entreprises collectives.

L'association en participation, régie par le Code civil, appartient au droit commun; c'est un acte ordinaire qui engage les contractans, mais il n'en résulte aucune dérogation à l'égard des tiers. Ce mode est affranchi de toute publicité, de toute approbation du gouvernement; un de ses avantages est l'indépendance. Chaque intéressé peut sans danger s'immiscer dans le contrôle, dans la gestion même de la société; c'est une véritable administration de famille. Mais aussi l'association n'est point commerciale, et ne jouit d'aucun privilége. Ainsi le fonds social peut être partagé en plusieurs lots, mais il n'est pas divisible légalement en actions transmissibles par la voie de l'ordre; ainsi les sociétaires, solidaires entre eux, sont responsables des actes de leurs administrateurs, si ceux-ci ont agi dans les limites des pouvoirs que l'acte de

Association en participation.

société leur a donnés; et malheur aux actionnaires, si ces pouvoirs n'ont pas été clairement définis et sagement bornés!

Société en commandite.
Société anonyme.

Au contraire, la société en commandite et la société anonyme, régies par le Code de commerce, jouissent toutes deux, sous des conditions spéciales, de certaines facultés commerciales et de certains droits exceptionnels.

Sous le rapport des facultés commerciales, ces deux modes d'association permettent de diviser et le fonds social et tous les avantages à espérer, en actions soit nominatives soit au porteur, avec une forme de transfert aussi simple, aussi expéditive que pour les billets à ordre. Et si l'on exige à cet égard, comme pour les rentes de l'État, une déclaration de transfert sur un registre spécial, cette formalité n'est point pour cela nécessaire à la validité du transport, elle donne seulement à la communauté avis officiel des droits que vient d'acquérir un nouvel intéressé pour jouir des capacités et avantages inhérents à la qualité de sociétaire.

Sous le point de vue des droits exceptionnels, des différences notables distinguent du reste ces deux sociétés.

Ainsi la société en commandite limite les engagemens des sociétaires non gérans, à la seule obligation de fournir la mise de fonds par eux souscrite; les administrateurs sont seuls responsables de tout ce qui est en dehors de ces versemens, et cette convention faite entre les gérans et les commanditaires devient obligatoire pour les tiers, lorsque toutes les formalités légales d'affiche et de publicité ont été remplies. Mais aussi les commanditaires sont rigoureusement exclus de toute gestion, de tout contrôle, et les chances graves que courent les gérans sont en général chèrement rétribuées comme une sorte de prime d'assurance ajoutée au salaire des gestions ordinaires.

La société anonyme va plus loin encore dans ses exceptions; elle affranchit de toute responsabilité, et les actionnaires et les administrateurs eux-mêmes. Mais aussi les précautions et les exigences de la loi s'étendent avec le privilége accordé; et par cela même qu'aucun des intéressés ne reste responsable, tous deviennent mineurs; l'acte de société est examiné, modifié, sanctionné par l'administration publique, et la stricte exécution en est surveillée par un commissaire du gouvernement.

On évite ainsi les droits onéreux accordés aux gérans pour leur responsabilité exclusive ; d'un autre côté la société est quelquefois chargée des émolumens du commissaire du Roi.

(142) Pour le Pont d'Ivry, après avoir repoussé le mode d'association en participation, on a divisé l'entreprise en deux périodes, l'une de dépense, l'autre de recette ; la première relative à la construction même du pont et des routes ; la deuxième relative à la perception du péage durant le cours entier de la concession. *Mode mixte adopté par la société du Pont d'Ivry.*

Pendant la première période, la société s'est déclarée en commandite ; pendant la deuxième période elle doit, avec l'autorisation du gouvernement, se constituer en société anonyme.

Le mandat des gérans de la période en commandite a embrassé : *Mandats des gérans de la commandite.*

1°. Vis-à-vis le gouvernement, la soumission des ouvrages, l'amélioration des projets, l'exécution et la réception des travaux ;

2°. Vis-à-vis les tiers, les ouvrages réclamés par la navigation, l'acquisition des terrains et propriétés nécessaires à l'établissement des travaux soumissionnés.

3°. Vis-à-vis les actionnaires, le recouvrement des souscriptions d'une part, et de l'autre le compte rendu tant des actes et des marchés passés que de l'emploi des deniers de la société.

2°. MARCHÉ PASSÉ AVEC L'ENTREPRENEUR.

Le marché passé entre la société exécutante et l'entrepreneur du Pont d'Ivry présente diverses clauses qu'il peut être utile de connaître.

(143) La société, afin d'arrêter invariablement le chiffre de ses dépenses, voulait faire une convention en bloc pour tous les ouvrages prévus au détail estimatif, ce qui supposait que l'entrepreneur aurait accepté à l'avance tous les métrages comme définitifs. *Acceptation préalable des métrages avec restriction.*

Les soumissionnaires se refusaient à cette condition pour tout ce qui était évidemment susceptible de variation, tel que longueurs de pieux, enrochemens pour fondation, etc. Ils craignaient en outre que, malgré le soin qu'on reconnaissait généralement avoir été apporté à la rédaction des devis et détails, il ne se trouvât dans un travail aussi considérable des erreurs ou omissions d'une certaine gravité.

Comme moyen terme, il a été stipulé dans le traité : D'une part que,

pour les travaux au-dessous de l'étiage, les décomptes des ouvrages seraient arrêtés conformément à leurs quantités effectives, quelles qu'elles
pussent être, et sans avoir égard au détail estimatif. Et d'une autre part
que pour tous les travaux au-dessus de l'étiage il ne serait respectivement admis en compte de différence, ou en plus ou en moins, avec
les quantités portées au détail primitif, que jusqu'à concurrence d'un
vingtième.

Tel a été le résultat de ces décomptes au Pont d'Ivry que, pour
la totalité des travaux sous l'eau et hors d'eau, toute compensation
faite de quelques oublis, de diverses erreurs inévitables, de plusieurs
changemens assez notables en améliorations, et de différentes économies,
la balance est restée au-dessous des dépenses primitivement calculées
par l'ingénieur.

Limitation de la durée des travaux avec prime, avec dédit.

(144) L'entrepreneur s'est en outre obligé à terminer tous ses travaux dans l'espace de dix-huit mois, et à les exécuter par tiers dans
chacune des trois périodes de six mois qu'embrassait le délai total
accordé.

A l'expiration de chaque période, la compagnie avait le droit de
pourvoir d'office à l'achèvement immédiat des travaux que le marché
supposait exécutés.

Après les dix-huit mois, et dans le cas où les travaux n'eussent point
été terminés, l'entrepreneur était tenu de payer à la compagnie, jusqu'à
l'entière confection des ouvrages, l'intérêt à cinq pour cent par an du
capital social, et ce, indépendamment des frais et poursuites qu'aurait
pu entraîner l'application de ces mesures de rigueur.

Si au contraire l'entrepreneur terminait ses travaux avant les dix-
huit mois, il lui était alloué, à raison du nombre de jours d'anticipation,
une prime de bonification calculée au taux de deux et demi pour
cent par an du montant des travaux.

Le Pont d'Ivry et la route ayant été livrés au public seize mois
après le jour de l'adjudication, l'entrepreneur a eu droit à la prime con-
venue (*).

_____

(*) Cette prime de deux et demi pour cent par an, appliquée pendant deux mois au montant de 775,000 fr. environ des travaux, a été fixée en nombre rond à 3,000 fr.

Quelques autres clauses, dans les marchés relatifs au Pont d'Ivry, méritent encore d'être signalées.

(145) Au lieu d'adopter un rabais uniforme pour les diverses natures d'ouvrages à exécuter, il a été stipulé différens rabais, applicables chacun à telle ou telle section de prix du détail estimatif. Des dispositions de ce genre seraient souvent nécessaires pour obtenir des soumissions avantageuses(*). Pour donner une idée des variations qu'une même soumission peut présenter dans les rabais à appliquer à diverses sections d'un détail estimatif, il suffira de dire qu'au Pont d'Ivry l'entrepreneur n'a voulu consentir aucun rabais sur les pavages, et qu'il est descendu à une réduction de dix et demi pour cent sur tous les autres travaux.

Rabais divers suivant les différentes natures d'ouvrages.

(146) La société du Pont d'Ivry avait du reste adopté en principe et stipulé qu'elle payerait à l'adjudicataire un quart des travaux avec des actions de la compagnie (**). Cette clause, qui au premier abord semblerait favorable à la société, et parce qu'elle concourt à l'émission des actions, et parce qu'elle intéresse personnellement l'adjudicataire à bien confectionner les ouvrages dont l'exécution lui est confiée, cette clause, disons-nous, soulève cependant de graves objections.

Payement d'une partie des travaux en actions de la Compagnie.

Les entrepreneurs de travaux, à moins d'avoir achevé leur fortune, ont en effet besoin de leurs capitaux pour multiplier leurs opérations; il ne leur convient donc guères de se charger d'actions; et il est à craindre qu'en s'en défaisant immédiatement, brusquement, quelquefois même avec perte, ils ne portent un discrédit au moins momentané à la masse totale des actions de la société.

D'ailleurs, de deux choses l'une : ou ces actions sont désirées par l'entrepreneur soumissionnaire, parce qu'il les considère comme un payement au-dessus du cours, et alors la société trouvera intérêt à les vendre et à payer l'entrepreneur en argent, ou bien ces actions sont imposées par la société à l'adjudicataire, ce qui fait présumer qu'elles

---

(*) Il est toujours fâcheux d'obliger un entrepreneur à calculer des compensations pour soumissionner un rabais uniforme sur toutes les diverses espèces de travaux d'un même détail estimatif, parce que c'est ordinairement par les prix faibles que la soumission est influencée ; tandis qu'en admettant des offres de rabais, distinctes pour chaque nature d'ouvrages, l'entrepreneur peut évidemment et sans hésitation réduire chaque section des prix à sa juste valeur.

(**) Les entrepreneurs du Pont d'Ivry ont en effet reçu, en actions, *le quart* environ du montant de leurs travaux.

seront, au moins pendant quelque temps, au-dessous de leur valeur primitive; et alors l'entrepreneur, calculant au maximum ces chances de dépréciation, fait ses combinaisons et règle son rabais en conséquence, c'est-à-dire que la société perd encore à ne pas payer ses travaux en numéraire.

En général, toute incertitude et à plus forte raison toute chance de jeu dans un traité tourne au désavantage de la partie payante.

DEUXIÈME SECTION.

CONDUITE DES TRAVAUX.

Position toute par-
ticulière de l'ingé-
nieur.

(147) La position d'un ingénieur chargé de diriger un travail de compagnie, sous l'empire des conditions dont on vient de présenter le tableau, est tout autre que la position ordinaire des ingénieurs lorsqu'on les considère exclusivement comme agens d'une administration publique.

Dans les travaux de compagnie, il ne peut plus être question ni de règlemens administratifs, ni du pouvoir, en quelque sorte discrétionnaire, dont les ingénieurs sont investis à l'égard des entrepreneurs pour les ouvrages et entretiens dépendant soit de l'administration des Ponts et Chaussées, soit de l'administration départementale.

Jurisprudence ad-
ministrative des
travaux publics en
France.

Cette remarque n'a nullement pour objet de blâmer les conditions qui font loi, en France, pour tous les travaux adjugés par ces deux administrations. Les conditions générales qu'impose alors, dans les devis, la partie publique sont des contrats qu'acceptent les adjudicataires; et ces entrepreneurs ne peuvent se plaindre d'une position qui est le résultat même de leur soumission.

D'une autre part la multiplicité même de ces adjudications impose à l'administration supérieure la nécessité de réduire à l'instruction la plus simple et la plus rassurante pour elle toutes les difficultés contentieuses qui peuvent en dériver ; c'est une marche commandée par la sagesse et la prudence.

On sait enfin que généralement les entrepreneurs, lors du décompte de leurs travaux, élèvent des prétentions exagérées, soit pour réaliser de plus grands bénéfices, soit pour diminuer les pertes dont ils sont menacés. Surtout lorsqu'ils sont préoccupés de cette dernière crainte, ils cherchent à torturer les termes de leur contrat; ils se refusent à examiner si l'administration est étrangère à leurs pertes, si ces dommages ne sont pas au contraire le résultat de leur propre négligence; ils ne veulent point admettre que les chances fâcheuses ou favorables étaient égales; et que si, par une circonstance contraire, il leur fût advenu un bénéfice inespéré, ils se seraient refusé et avec raison à modifier le texte de leur marché. Or combien le rôle des administrations publiques est différent! Uniquement tutrices d'intérêts généraux, elles n'agissent même que par l'intermédiaire de fonctionnaires personnellement désintéressés, et ne veulent avoir que l'équité pour règle de leurs déterminations. Tout fait donc présumer que l'administration n'abusera pas de la supériorité de position que lui assurent et la marche qu'elle prescrit pour l'instruction de ces affaires, et la juridiction administrative qui, d'après les devis et à l'exclusion des tribunaux ordinaires, est seule appelée à en connaître (*).

Mais il n'est pas moins constant que les administrations ne traitent point d'égal à égal avec les entrepreneurs soumissionnaires de travaux publics, et que la discussion comme le jugement, bien que du consentement de ces entrepreneurs, se trouvent réglés en dehors du droit commun.

Ajoutons que, dans cette même hypothèse, il n'est jamais alloué d'intérêts et à plus forte raison de dommages pour la suspension de la liquidation des comptes en litige, et que dès lors, comme toute réserve à une acceptation pure et simple de la part de l'adjudicataire, retarde à son préjudice le payement de retenues (pour garantie) souvent considérables, cet ajournement de solde forme encore une nouvelle perte pour l'entrepreneur en réclamation.

(*) Ces affaires s'instruisent sur un mémoire présenté par l'entrepreneur; la réclamation passe à l'examen successif et de l'ingénieur ordinaire et de l'ingénieur en chef.

Le tribunal chargé en première instance de régler ou de rejeter ces demandes d'indemnité est le Conseil de préfecture présidé de droit par le préfet du département. Les décisions de ce conseil sont renvoyées à fin d'avis au Conseil général des Ponts et Chaussées; elles sont enfin, si le cas l'exige, soumises par l'administrateur compétent à la révision du Conseil d'état pour y être statué en dernier ressort.

25.

Procès à craindre pour une compagnie. (148) Dans un travail de compagnie il en est autrement. Toute difficulté devient un procès, soit arbitral lorsqu'on en a fait une clause expresse du marché (et telles avaient été les conventions pour le Pont d'Ivry), soit devant les tribunaux ordinaires. Pour diminuer en grande partie les inconvéniens attachés à cette nécessité de position, on pourrait, on devrait même nommer à l'avance un tribunal arbitral; nul doute qu'alors chacun ne tombât d'accord pour désigner des hommes sages et d'un bon esprit; au contraire, quand la difficulté survenue a commencé par aigrir les parties, le choix des arbitres se ressent toujours de cet état d'irritation.

Utilité de constituer à l'avance un tribunal arbitral.

Grand intérêt à éviter ces discussions. Dans tous les cas l'entrepreneur, pour débattre ses intérêts, est ici de pair avec l'ingénieur; la possibilité d'un procès lui inspire même moins de crainte qu'à la compagnie; il sait que tout dommage, tout ajournement dans la liquidation sera couvert par des allocations d'intérêts, peut-être même en outre par une indemnité. Il sait (et l'expérience l'apprend) que les arbitres seront disposés à le protéger; une condamnation semble plus ou moins pesante lorsqu'elle frappe un individu isolé, ou lorsqu'elle se divise sur un grand nombre d'intéressés; on perd d'ailleurs de vue que jusqu'à présent les associations pour entreprises ont été, pour la plupart malheureuses; et on veut s'obstiner à ne voir dans des actionnaires que des spéculateurs faisant des gains qui leur rendent légers les plus grands sacrifices.

L'intérêt de la Compagnie veut donc impérieusement que, dans de telles circonstances plus que dans aucune autre, chaque élément des comptes soit arrêté par l'ingénieur et reconnu par l'entrepreneur à mesure de l'avancement du travail, avec un soin minutieux et de la manière la plus régulière. On indiquera plus tard la marche qu'on s'était imposée au Pont d'Ivry.

Danger pour l'ingénieur à s'écarter des devis primitifs. (149) Mais une responsabilité plus grave encore attend l'ingénieur : Le devis des travaux et leur estimation préalable forment constamment la base de tous les calculs et de tous les engagemens de la Compagnie. C'est sur cet élément capital des dépenses que se trouve établi le fonds social; et on sait combien il est malheureux et difficile d'avoir recours à des appels de fonds en dehors des premières stipulations. C'est quelquefois, comme au Pont d'Ivry, sur l'exécution littérale des devis primitifs que se trouve assise la soumission de la Compagnie à l'égard du gouvernement. C'est souvent le chiffre même du détail estimatif qui par suite d'un marché en bloc, ou avec des variations limitées, devient également le chiffre du contrat passé entre la compagnie et les entrepreneurs.

Par toutes ces considérations, l'ingénieur d'une compagnie est d'une manière impérieuse astreint à se conformer littéralement au devis qui fait la loi des parties. S'il y déroge, il peut s'ensuivre, 1°. que des difficultés s'élèvent de la part du gouvernement à la réception des travaux; 2°. que l'adjudicataire fasse de ces changemens un sujet de réclamation plus ou moins fondé; 3°. que, dans le décompte définitif des ouvrages, les dépenses excèdent les prévisions et exposent l'ingénieur à de sérieux débats avec la compagnie exécutante.

Ainsi il serait dangereux de se permettre, même avec les meilleurs motifs, des dérogations au premier devis, sans avoir rempli ces trois conditions : sanction du commissaire du Roi ou de l'administration des Ponts et Chaussées; approbation de la compagnie exécutante, et autorisation des dépenses; consentement de l'entrepreneur.

Conditions préalables à remplir.

(150) Il résulte enfin une dernière et notable modification pour l'action de l'ingénieur, de l'engagement que souscrit assez ordinairement le soumissionnaire, de terminer ses ouvrages à une époque fixe, ou dans des délais déterminés, avec prime ou dédit.

Marche à suivre lorsque l'entrepreneur s'est astreint à des délais déterminés.

De telles stipulations imposent à l'ingénieur l'attention la plus soutenue de ne donner aucun ordre qui puisse affranchir en tout ou en partie l'entrepreneur de l'obligation de terminer le travail à ses risques et périls, dans le laps de temps convenu.

Sans doute que les tracés, la surveillance pour la bonne exécution des travaux restent toujours sous la direction exclusive des ingénieurs; mais (à moins de cas tout extraordinaires) l'organisation des ateliers, la fixation des heures de travail, la détermination des jours de repos ne leur appartiennent plus, l'entrepreneur en est le seul dispensateur.

Attributions de l'ingénieur; limites de son mandat.

Cependant, alors même que l'ingénieur n'a aucun ordre à donner, il peut, il doit même adresser à l'adjudicataire toutes les observations qu'il juge convenables, quand les travaux languissent.

Conseils à donner.

Ces avertissemens, toujours utiles, deviennent même des ordres et prennent le caractère d'une notification emportant tous les effets d'une mise en demeure, lorsque les travaux sont accompagnés d'épuisemens en régie aux frais de la société; ce cas échéant, l'ingénieur doit préciser le

Ordres nécessaires ; notifications régulières à signifier.

degré d'activité des ateliers; et, si ses instructions sont méconnues,
mettre au compte de l'entrepreneur la portion des dépenses que le peu
d'activité du travail aurait seule nécessitée.

De même encore, quand des travaux en arrière-saison font craindre
ou que les grandes eaux ne couvrent des pieux d'échafaud en rivière, et
qu'il n'en résulte autant d'écueils pour la navigation, ou que des levages
trop ralentis ne laissent des ponts de service exposés à la merci des
grandes eaux et des glaces, l'ingénieur, qui doit prévoir ces événe-
mens, doit aussi en les signalant à l'entrepreneur lui prescrire les
moyens de les détourner, sous peine par ce dernier d'en être exclusivement responsable.

Ainsi, ordres pour l'entière et parfaite exécution des travaux, conseils
pour la bonne direction des ateliers en général, et injonction avec réserves dans l'intérêt de la société lors de certaines circonstances
exceptionnelles; telle est alors la tâche de l'ingénieur.

Application au   Telle a été aussi notre règle de conduite au Pont d'Ivry. Des des-
Pont d'Ivry.   sins et instructions signés de l'ingénieur ont donné à l'entrepreneur, dans
le plus grand détail, la description de chacune des parties du travail.
Une correspondance régulière a embrassé successivement toutes les
observations utiles au bien du service pour accélérer, autant que faire
se pouvait, la construction du pont. Des ordres précis ont déterminé
le nombre de jours des épuisemens au compte de la société; et les
injonctions les plus pressantes ont accéléré la façon, la pose, le démontage et l'enlèvement, en temps opportun, des pieux d'échafaudage
et des ponts de service.

TROISIÈME SECTION.

DEVIS ET DÉTAIL ESTIMATIF.

Utilité de mettre   (151) Nous ne joignons pas à notre travail le texte volumineux des
en évidence l'ordre,   devis et détail estimatif du Pont d'Ivry.
l'esprit méthodique,
la subdivision d'un   Le devis répéterait inutilement les détails de construction que nous
devis, d'un détail   avons signalés et motivés dans le chapitre premier.
estimatif.
                          Le détail estimatif présenterait encore moins d'intérêt; quand un ou-

vrage est terminé, ce sont non pas les chiffres des prévisions, mais bien les chiffres de dépenses réelles qu'on désire approfondir.

Mais, en nous abstenant de la publication à la fois sèche et prolixe de ces deux pièces, nous en raisonnerons et disséquerons cependant les subdivisions principales pour faire ressortir l'ordre et l'esprit analytique qui doivent présider à la rédaction de ces bases premières de tout grand projet.

Autrefois, on confondait dans un seul travail le devis et le détail estimatif; de là cette fausse acception que donnent encore beaucoup de personnes au mot *devis*, en comprenant sous cette dénomination l'estimation même des ouvrages.

Distinctions capitales entre le devis et le détail estimatif.

Le devis et le détail estimatif forment aujourd'hui deux écritures tout-à-fait distinctes.

Le devis est uniquement destiné à donner la description des ouvrages, à préciser la qualité et l'emploi des matériaux, à faire connaître toutes les conditions de cautionnement, de garantie, de rigueur, etc., imposées à l'entrepreneur.

Le détail estimatif, ainsi que le mot l'emporte, ne se compose que des calculs nécessaires pour apprécier les dépenses; il embrasse donc le métrage des diverses quantités d'ouvrages, les élémens de chaque prix, l'application des prix aux différentes masses de travaux.

1°. DEVIS.

(152) Un devis doit être clair, concis et tout à la fois suffisamment développé, parce que c'est à ce texte que l'on se reportera dans les cas d'incertitude et de difficulté sur les obligations de l'entrepreneur.

Conditions à remplir.

Quelles que soient les divisions et les subdivisions d'un devis, on doit encore le partager en articles cotés, depuis le premier jusqu'au dernier, suivant une série unique de numéros. Si on s'écarte de cette marche, si on adopte plusieurs séries de numéros, bien que ces diverses séries soient appliquées à différens chapitres ou sections, il en résulte de la confusion dans les citations, dans les idées.

Série unique de numéros pour tous les articles.

L'ordre à apporter dans le texte, pour que ces articles soient convenablement échelonnés et détachés, demande la plus grande attention. Sans multiplier outre mesure le nombre de ces articles, il faut cependant que le même numéro n'embrasse pas des élémens disparates. A plus forte raison cet esprit de classification doit-il s'appliquer aux grandes divisions du devis.

Pour mieux rendre notre pensée à cet égard nous présenterons la dissection du devis du Pont d'Ivry.

Ce devis embrassait :

1°. La construction du pont.

2°. L'établissement de deux routes neuves pour arriver à ce pont.

Ce devis (et il doit en être de même de tous les devis) est divisé en cinq parties : *Exposé ou sommaire* ; — *Description des ouvrages* ; — *Emploi des matériaux* ; — *Conditions générales* ; — *Table des matières*.

La première et la dernière de ces divisions ne sont du reste, l'une que l'exposé, l'autre que le résumé des trois chapitres intermédiaires.

Exposé ou sommaire. L'exposé doit donner les traits caractéristiques, l'esquisse générale du travail à exécuter ; c'est un avant-propos qui indique l'ordre et les divisions du devis.

Premier chapitre. Description des ouvrages. Cette partie du texte donne la figure exacte et spéciale de chaque construction.

On divise d'abord le travail en grandes sections; on procède ensuite par voie de subdivision de manière à descendre jusqu'aux articles du dernier ordre.

Les grandes divisions sont ici : *Les routes* ; — *Le pont* ; — *Les chemins de halage* ; — *Les ouvrages pour la navigation*. Chacune de ces sections vient ensuite à se subdiviser : les unes, par suite de leur simplicité même, présentent immédiatement et dès le premier partage des élémens indécomposables. Les autres plus compliquées parcourent au contraire divers degrés successifs de décomposition.

Ainsi les routes se divisent immédiatement en *terrassemens* , en *pavages*, en *plantations*, en *semis*.

Le pont au contraire se décompose en premier lieu en *culées*, en *piles*, en *travées de charpente*, *plancher* , *garde-fou* , *abords*.

Les chemins de halage à leur tour se réduisent tout de suite en *pilotages* , en *remblais* , en *maçonneries*.

Tandis que les ouvrages de navigation se partagent d'abord en *ouvrages provisionnels* tels que barrières, balises, signaux, rouleau de retour, pattes-d'oie, coulisses, et en *travaux définitifs* , tels que pieux d'amarre et organeaux.

Mais dans tous les cas, et quel que soit le nombre des degrés de subdivisions à parcourir pour chaque paragraphe, toutes ces dissections se
réduisent, sans exception et en dernière analyse, à des élémens de terrassemens, de charpente, de menuiserie, de maçonnerie, etc.

Deuxième chapitre. Qualités et emploi des matériaux. Ce chapitre a pour
objet de rappeler les règles de bonne construction, communes à tous
les chantiers, et applicables à chaque catégorie d'ouvrages. Il se divise
pour chaque projet en autant de sections qu'il y a de natures de travaux.

Troisième chapitre. Conditions générales. Ce chapitre doit, lorsqu'il est
question de compagnies, stipuler les conditions qui concernent d'une
manière spéciale les travaux exécutés par voie de concession de péage;
telles que les charges inhérentes à chaque localité, les réserves dans
l'intérêt des tiers, les garanties, les clauses de rigueur, etc.

Ce chapitre d'un autre côté, et dans tous les cas, tant pour les ouvrages au compte du gouvernement que pour les travaux aux frais des
compagnies, doit préciser les obligations particulières à l'entrepreneur
proprement dit de la construction.

Il en résulte deux catégories distinctes de stipulations qui devraient
être séparées l'une de l'autre dans les cahiers de charge à joindre aux
projets de travaux à exécuter par voie de concession; On isolerait ainsi
d'une part le traité entre le gouvernement et la compagnie considérée
légalement comme la partie exécutante, et d'une autre part le marché
entre cette compagnie et l'entrepreneur qui, matériellement et en fait,
est le seul constructeur.

Il est même à remarquer que dans les clauses de ce dernier contrat
(entre la compagnie et l'entrepreneur constructeur) il faut encore
distinguer deux séries de conditions, les unes d'*ordre* et par conséquent d'utilité première, et les autres *financières*, et qui peuvent sans
inconvénient pour les travaux, varier au gré des parties.

Ce sont ces diverses nuances que nous avons fait ressortir dans la classification ci-après adoptée pour la dissection du chapitre des conditions
générales du Pont d'Ivry; Nous y détaillons successivement d'abord les
obligations de la compagnie envers le gouvernement, et ensuite les
obligations respectives de la compagnie et de l'entrepreneur constructeur, tant comme clauses d'ordre que comme clauses financières.

Table des matières. *Table des matières.* Enfin, le besoin de consulter le devis est si fréquent qu'il appelle une table de matières indiquant le folio des principales divisions et subdivisions du travail.

Analyse du devis tant du Pont d'Ivry que des routes y attenant. (153) C'est ainsi que nous avons disposé le devis du Pont d'Ivry, et des routes neuves à ses abords.

Nous en présentons le tableau comme une sorte de manuel indicateur à consulter pour la rédaction de tout devis en général.

En ordonnant de la sorte toutes les parties d'un projet, on sera sûr de présenter ses idées de manière à être facilement compris, et on pourra descendre jusqu'aux moindres particularités de chaque construction sans nuire à la clarté de l'ensemble du travail.

ANALYSE DES DIVISIONS ET SUBDIVISIONS

DU DEVIS DU PONT D'IVRY ET DES ROUTES NEUVES Y ATTENANT.

EXPOSÉ OU SOMMAIRE.

Objet et utilité du travail. — Emplacement du pont. — Direction des routes.
Disposition générale : — des routes ; — du pont et de ses abords ; — des chemins de halage ; — des ouvrages pour la navigation.
Ordre et division du devis.

CHAPITRE Ier. DESCRIPTION DES OUVRAGES.

PREMIÈRE SECTION. — ROUTES NEUVES.

Terrassemens. Tracé, pentes, profils en travers. — Talus et banquettes. Cuvettes.
Chaussée pavée. Longueur, largeur. — Raccordement sur divers points de sujétion. — Forme, sable. — Pavés, bordures. — Relevé à bout, entretien.
Plantations et semis. Arbres. — Graines.

DEUXIÈME SECTION. — PONT.

§ Ier. *Construction d'une culée.*

1°. TERRASSEMENS.

Tracé. — Fouille pour fondations. — Corrois en remblais après l'exécution des maçonneries.

2°. CHARPENTE DE FONDATION.

Pilotage. Pieux de fondation, tracé, équarrissage, refus. — Recepage.
Plate-forme. — Chapeaux de rive. — Traversines. — Madriers jointifs. — Ferrures, plates-bandes, équerres, boulons.

3°. Maçonneries, corps quarré et murs en aile.

Remplissage sous la plate-forme.

Massif de fondation. Plantation, dimensions, profondeur sous l'étiage, fruits et retraites.

Maçonneries apparentes. Plantation, dimensions, fruits et retraites. — Disposition et raccordement avec les talus de la route. — Cordon, chaînes aux angles et chaînes pour recevoir la charpente. — Plinthes, parapets et dés composés. — Meulière en parement, moellons de remplissage.

§ II. Construction d'une pile.

1°. Charpente de fondations.

Pilotage. Échafaud pour pilotage et recepage. Tracé, pieux. Moises et traversines. Plats-bords à claire-voie. — Pieux de fondation, tracé, équarrissage, refus. — Pieux de remplissage, longueur, équarrissage, position, recepage.

Caisson. — Fond ou plate-forme. Forme, dimension, composition. — Chapeaux ou moises de ceinture. — Traversines maîtresses. — Traversines jointives intermédiaires. — Ferrures, ceintures, plates-bandes, boulons de tirage. — Madriers de plate-forme, chevillage, tinglage. — Rainure pour recevoir les bords.

Bords ou batardeaux. Nombre de garnitures nécessaires. — Détail d'une garniture. — Hauteur des bords. — Poteaux montants. — Panneaux de remplissage. — Moises longitudinales. — Entretoises transversales. — Tire-fonds en fer. — Tinglage.

Mouvement des caissons. Débardage sur calle. — Lançage. — Chargement en maçonnerie. — Mise en place, échouage.

2°. Enrochemens.

Avant la pose du caisson. — Après la pose du caisson.

3°. Maçonneries.

Partie inférieure avec avant et arrière-becs. Plantation, profondeur sous l'étiage. — Disposition, dimensions, empatement, retraites. — Cordons et couronnement des avant et arrière-becs.

Corps quarré supérieur. Dimension, hauteur. — Chaîne d'angle, chaînes pour recevoir la charpente. — Arasement et couronnement à claire-voie sous le plancher.

Plinthes. — Dés composés, appareil, armature.

Maçonnerie de remplissage. — Meulière de parement, moellons pour massifs.

§ III. Travées en charpente.

Ouvrages provisoires.

Échafaud fixe pour levage. Nombre de ces échafauds, pose et dépose. — Détail pour une arche. — Fermes, leur nombre. — Moises et contrevents. — Plats-bords à claire-voie.

Échafaud volant pour peinture. Fournitures diverses. — Main-d'œuvre.

Ouvrages définitifs.

Disposition uniforme ou harmonique des cinq arches.

Fermes. Nombre et composition générale. — Arbalétriers courbes, longerons. — Sous-poutres, contre-fiches. — Moises doubles pendantes. — Brides en fer, plates-bandes, boulons. — Coussinets en fonte, plaques de cuivre. — Refouillemens dans les piles et culées.

26.

Liaison des formes. Moises doubles horizontales , boulons. — Contrevents en bois.
Peintures.

§ IV. *Plancher.*

Pièces de pont. Nombre , écartement, longueur, équarrissage. — Assemblages. — Entailles
sur les longerons.

Contrevents en fer. Disposition générale. — Mandrins de scellement dans les piles et
culées. — Faux-mandrins. — Brides et équerres d'attache à l'extrados des arches. — Contrevents , assemblages à moufles , coins verticaux. — Entretoises intermédiaires sur les piles.
— Entailles dans les pièces de pont.

Trottoirs. Disposition générale. — Fausses pièces de pont. — Longrines intérieures ,
extérieures et intermédiaires. — Rainure , assemblages , boulonnage. — Plancher transversal jointif, cloutage. — Garde-roue en fer, boulonnage.

Auvents. Disposition générale. — Plates-bandes à l'about des fausses-pièces de pont. —
Madriers transversaux. — Couvre-joints.

1er. *Plancher longitudinal à claire-voie.* Épaisseur , largeur variable et uniforme ,
claires-voies. — Chevillage en lame de ciseau.

2e. *Plancher transversal jointif.* Épaisseur , faible largeur. — Chevillage en lame de
ciseau. — Précaution pour chemins de fer.

Garnitures en bois et fer. 1°. Voies ferrées sur chaque rive. — Bandes de fer. —
Nombre de bandes , longueur de chaque cours. — Largeur, épaisseur, crochet. — Doubles
plates-bandes de retenue. — Boulons à vis. — Pavés longs en bois. — 2°. Voie en bois au
milieu. — Madriers de rive longitudinaux jointifs. — Pavés longs en bois.

Peinture. — *Goudronnage.*

§ V. *Garde-fou en fer forgé.*

Ordonnance générale, position. — Nombre constant de travées par arche , et écartements
variable d'une arche à l'autre. — Hauteur régulière (au-dessus du plancher) des lisses et de
la main courante. — Montans simples , arcs-boutans extérieurs , embases intermédiaires ,
boulonnage. — Lisse basse , sous-lisse supérieure , lisse haute avec main courante. — Croix
de Saint-André. — Manchons en fonte à scellement. — Peinture.

§ VI. *Abords du pont.*

1°. PERRÉS.

Terrassemens. Tracé , fouille , règlement de talus.

Maçonnerie à sec , la pierre exceptée. Coupe en travers, talus, épaisseur. — Assise en
pierre au pied des talus , et au couronnement. — Meulière de parement, moellons de remplissage.

2°. ESCALIERS.

Terrassemens. Position et fouille.

Maçonnerie à sec , la pierre exceptée. Massifs de fondation en redans , hauteurs et
épaisseurs. — Disposition générale, nombre des marches. — Détail d'une marche ; —
d'une assise d'échiffre ; — du couronnement.

3°. GRANDES RAMPES DOUBLES ACCOLÉES.

Emplacement , tracé et dimensions.
Remblais. Pilonnage.
Semis et plantations.

Barrières. — Charpente. — Terrassemens et maçonnerie pour scellement. — Serrurerie.
— Peinture.

4°. TROTTOIRS EN LAVE ET EN GRANIT.

Disposition, dimensions. — Bordures en granit. — Dalles en lave de Volvic.

5°. BUREAUX DE PERCEPTION.

Emplacement, disposition et nombre des bureaux.

Maçonnerie. Parpaing et massif de fondation. — Refouillement. — Marche de la porte d'entrée.

Menuiserie. Disposition, dimensions, bardage et pose. — Bâtis de bois d'épaisseur. — Panneaux droits et circulaires. — Plancher, comble et plafond. — Portes, croisées, volets, was-ist-das. — Sculpture, ornemens. — Armoires, tablettes, tiroirs, porte-manteaux.

Serrurerie. Gonds et serrure de la porte d'entrée. — Ressorts à mentonnet des fenêtres et was-ist-das. — Poignées tournantes, fermeture de volets. — Serrures, loquets des loges de gardien, armoires, tiroirs, etc.

Plomberie. Couverture, pente, égoût.

Peinture.

Poélerie. Poêle, tuyaux, socle en pierre.

Tarif. Plaques de zinc. — Inscriptions.

6°. ÉCLAIRAGE.

Bornes de granit. Fourniture, pose, refouillement. — Massif de scellement.

Colonnes de support. Disposition, dimensions. — Fonte d'étuve. — Scellement en plomb.

Lanterne. Lanterne proprement dite. — Rechange, ustensiles, accessoires.

7°. BORNES EN ROCHE.

Disposition et nombre des bornes d'une culée. — Détail d'une borne. Fourniture, taille et pose. Fouille. Massif de scellement.

TROISIÈME SECTION. — CHEMINS DE HALAGE.

Pilotage. Tracé. — Pieux de rive et de retenue. — Palplanches à claire-voie. — Chapeaux de rive. — Traversines de retenue. — Ferrures, plates-bandes, boulons.

Remblais.

Maçonnerie à sec, la pierre exceptée. Coupe en travers, talus, épaisseur. — Assise en pierre au pied des talus et en couronnement. — Meulière de parement, moellons de remplissage.

QUATRIÈME SECTION. — OUVRAGES POUR LA NAVIGATION.

Ouvrages provisionnels.

Barrières. Charpente. — Terrassemens et maçonnerie pour scellement.

Balises. Charpente, pilotage.

Signaux. Charpente. — Terrassemens et maçonnerie pour scellement.

Rouleau de retour. Charpente. — Serrurerie. — Terrassemens et maçonnerie pour scellement.

Patte-d'oie et coulisses de navigation. Charpente, pilotage, pieux, moises et contrefiches, madriers jointifs. — Serrurerie, boulons et chevillettes.

Ouvrages définitifs.

Poteaux de garde aux angles des culées. — Nombre et position. — Charpente. — Terrassemens et maçonnerie pour scellement. — Serrurerie, plaque de fonte. — Peinture.

Organeaux : — Quatre pour chaque culée , — Huit pour chaque pile. — Serrurerie. — Maçonnerie, encastrement et pose.

CHAPITRE II°. QUALITÉ ET EMPLOI DES MATÉRIAUX.

1ʳᵉ. Section. Terrassemens.	5ᵉ. Section. Charpente et Menuiserie.
2ᵉ. Section. Pavages.	6ᵉ. Section. Serrurerie et Plomberie.
3ᵉ. Section. Plantations et Semis.	7ᵉ. Section. Peinture et Goudronnage.
4ᵉ. Section. Maçonneries.	

Nota. Nous croyons inutile de reproduire les subdivisions ordinaires à ce deuxième chapitre.

CHAPITRE III°. CONDITIONS GÉNÉRALES.

OBLIGATION DE LA COMPAGNIE VIS-A-VIS LE GOUVERNEMENT.

Nota. Cette section devra former le cahier de charges de la compagnie concessionnaire.

Exécution des travaux aux risques et frais de la compagnie. Délai d'achèvement.
Entretien des ouvrages pendant la concession.
Cautionnement. Confiscation , évincement , réadjudication en cas de non-achèvement.
Arrêt et saisie de deniers en cas de non-entretien.
Ouvrages dans l'intérêt de la navigation pendant la durée des travaux.
Acquisition des terrains.
Remise des routes au bout de deux ans.
Remise du pont à la fin de la concession.
Contestations jugées en conseil de préfecture avec recours au conseil d'état.

OBLIGATIONS RESPECTIVES ET DE LA SOCIÉTÉ EXÉCUTANTE ET DE L'ENTREPRENEUR.

Nota. Cette section peut former un acte séparé , qui constitue le marché proprement dit entre la compagnie et l'entrepreneur.

Clauses d'ordre public.
Cautionnement de l'entrepreneur. Certificat de capacité.
Défense de sous-traiter (sans autorisation par écrit) de tout ou partie des ouvrages.
Présence de l'entrepreneur sur le chantier. Conditions à remplir en cas d'absence.
Renvoi d'agents , d'ouvriers , pour insubordination , inconduite , incapacité.
Clauses financières.
Rabais. Ordre et quotités des payemens d'à-compte. Retenue de garantie.
Délai pour la remise des mémoires de l'entrepreneur.
Délai pour l'apurement des comptes présentés par l'entrepreneur.
Dérogation aux us et coutumes pour toisés. Acceptation en bloc de chaque prix , sans revision du sous-détail.
Spécification des faux-frais à la charge de l'entrepreneur. Location de terrains pour chantier.
Règlement de compte des dépenses en attachement. Allocations y relatives pour équipages , pour avances , pour bénéfices.
Réception. Délai y relatif. Payement pour solde.
Activité des travaux. Conditions et termes de rigueur pour leur avancement et leur achèvement. Dédit en cas de retard. Prime en cas d'accélération.
Tribunal arbitral, désignation des arbitres à l'avance.

2°. DÉTAIL ESTIMATIF.

(154) Autrefois, et on voit encore des écritures ainsi disposées, on procédait simultanément et par alinéa au métré et à l'estimation de chaque section, de chaque article des ouvrages; ainsi les métrés étaient à tout instant interrompus par un ou plusieurs sous-détails, et par le calcul partiel des prix de chaque section du travail. Il en résultait plusieurs inconvéniens. Tous les articles de dépenses étaient disséminés souvent fort loin les uns des autres; ils se trouvaient d'ailleurs portés isolément dans une seule et unique colonne; de là, la nécessité de les embrasser tous dans une même addition; de là l'impossibilité de faire ressortir à part le total distinct de chaque article, de chaque section, de chaque chapitre, et de composer l'estimation du projet avec des masses élémentaires de dépenses, chacune relative à une portion déterminée du travail. D'un autre côté la fixation des prix devenait souvent inintelligible, lorsqu'on séparait les prix composés et les prix élémentaires par des portions de métrages souvent fort étendues.

Ce n'est plus ainsi que se préparent les détails estimatifs; ils se divisent toujours en trois chapitres distincts bien que réunis ordinairement en un seul et même cahier. *Séparation, en trois chapitres distincts, des métrages des sous-détails, de l'application des prix.*

Le premier chapitre se compose des métrages, ou du calcul des quantités d'ouvrages à exécuter.

Le deuxième chapitre donne tous les sous-détails, élémentaires ou composés, nécessaires à la fixation des prix (*).

Le troisième chapitre présente le tableau des quantités d'ouvrages, des prix à y appliquer, du numéro de chaque sous-détail y relatif, et des divers chiffres de dépense qui en résultent.

Quelques ingénieurs terminent encore, et avec raison, les détails estimatifs un peu volumineux par une table des matières avec indication du folio de chaque section des métrages, des sous-détails. *Table des matières.*

(*) Plusieurs ingénieurs placent les sous-détails dans un cahier séparé : cette manière de faire s'accorde avec le refus, quelquefois stipulé au devis, de communiquer les sous-détails à l'entrepreneur, et avec la clause générale insérée à tous les devis des Ponts et Chaussées, laquelle interdit à l'adjudicataire le droit de réclamer pour cause d'erreur et même d'omission dans les sous-détails.

On conçoit les avantages de cet ordre aussi simple que clair :

Avantages de cet
ordre méthodique.
Les métrages forment une seule et même suite de calculs, sans aucun mélange ni de sous-détails, ni d'application de prix.

Tous les sous-détails à leur tour sont rassemblés et comme échelonnés sur les mêmes feuilles ; leur rédaction successive est donnée en procédant du simple au composé, et le sous-détail le plus compliqué n'est que le corollaire des prix élémentaires qui ont précédé.

Enfin le tableau de l'application des prix réunit avec concision et méthode les résultats des deux chapitres précédens, et permet de grouper successivement, au moyen de colonnes séparées, tous les articles de dépense par paragraphes, par sections, par chapitres.

C'est-à-dire que d'un coup d'œil on saisit l'ensemble du détail estimatif, et de tous les résumés des quantités d'ouvrages, des prix, des dépenses, avec la possibilité ou de se borner à ne prendre connaissance que des grandes divisions du travail, ou de descendre avec autant de facilité que de clarté dans les derniers détails de l'estimation, quelque considérable et minutieuse qu'elle soit.

Uniformité entre
le devis et le détail
estimatif dans les
grandes divisions.
(155) Il est du reste très-utile dans l'ordre, et dans la disposition du détail estimatif, de ne pas perdre de vue les divisions au moins principales du devis. Nous pourrions même poser ces deux règles :

1°. Que le premier chapitre du détail estimatif (*les métrages*) doit se composer des *mêmes sections* que le premier chapitre du devis (*la description des ouvrages*).

2°. Que le deuxième chapitre du détail estimatif (*les sous-détails*), doit se composer des mêmes sections que le deuxième chapitre du devis, (*qualités et emploi des matériaux*).

Et on le concevra sans peine :

Le premier chapitre du devis donne la description des ouvrages, et le premier chapitre du détail estimatif présente la cubature ou la mesure de ces mêmes travaux ; il est éminemment convenable que les principales divisions de ces deux écritures soient identiques. Ainsi, au Pont d'Ivry, le devis et le détail estimatif ont dû tous deux se composer au premier chapitre des quatre mêmes sections, *routes, pont, chemins de halage, ouvrages pour la navigation.*

Le deuxième chapitre du devis se compose à son tour des conditions à imposer pour la bonne exécution de chaque nature de travaux ; et le deuxième chapitre du détail estimatif donne la fixation des prix par chaque nature d'ouvrages ; il est impossible que les divisions de l'un et l'autre chapitre ne soient pas en même nombre, et applicables chacune aux mêmes catégories de travaux à exécuter. Ainsi, au Pont d'Ivry, le deuxième chapitre du détail estimatif, que nous pourrions appeler la collection complète des sous-détails, devait être divisé, comme le deuxième chapitre du devis, en *terrassemens*, *pavages*, *plantations et semis*, *maçonnerie*, *charpente et menuiserie*, *serrurerie et plomberie*, *peinture*.

De cette harmonie entre les masses principales du devis et du détail estimatif résultent et un accord plus satisfaisant dans ces deux pièces si importantes, et une grande économie de temps dans les rapprochemens qu'on est souvent obligé de faire, des dimensions écrites au texte du devis, et des dimensions portées en chiffre au calcul des quantités d'ouvrages dans le détail estimatif.

Ordinairement, dans la disposition des métrages, on ne pousse pas, au delà des grandes divisions, la marche parallèle en quelque sorte du devis et du détail estimatif. La raison en est sensible : les points de départ sont les mêmes, mais le but qu'on se propose est différent, et par conséquent les méthodes à suivre ne sauraient être semblables.

Marche divergente, au delà des grandes divisions.

Ce sont toujours les grandes divisions du travail qu'il faut, ou décrire au devis, ou analyser et calculer au détail estimatif; mais ces deux opérations diffèrent entièrement l'une de l'autre, et exigent des procédés souvent distincts, on pourrait dire divergens.

Pour arriver à une description claire et complète, il faut se supposer au moment de l'exécution, suivre l'ordre même et la réalisation successive des divers ouvrages, donner au fur et à mesure le détail de chacun d'eux, quelle qu'en soit la nature, et par conséquent intervertir forcément la classification à part de tous les élémens de la même catégorie de travaux. Ainsi, pour décrire une culée au devis, on parcourra successivement les terrassemens, les charpentes de pilotages, les ferrures de la plate-forme, et les maçonneries, dans l'ordre même qui devra présider à leur exécution. Et cependant pour les piles il faudra reprendre de nouveau les échafauds de service, les dragages, les pilotages, les enrochemens, la charpente du caisson, et enfin les maçonneries. Il en sera de même des chemins de halage, etc. Ces différentes espèces d'ouvrages, terrassemens, charpente, serrurerie, maçonnerie, etc., sont donc disséminées dans toutes les subdivisions de chaque section ; et il n'y a d'agglomération qu'entre des parties de travaux de différentes natures.

Un devis est une synthèse par masse distincte du travail. C'est en quelque sorte la *synthèse* méthodique et raisonnée de tous les divers ouvrages composant chaque masse distincte du travail. Cette marche est naturelle ; elle est nécessaire à l'intelligence de la description de chaque section, de chaque paragraphe, de chaque subdivision secondaire.

Pour établir au détail estimatif les quantités respectives d'ouvrages, il faut au contraire se supposer arrivé à l'entier achèvement de la construction et décomposer les diverses fractions du travail pour y reconnaître et mettre à part chaque espèce d'ouvrages, avec toutes ses ramifications.

Les métrages sont de véritables analyses par nature d'ouvrages. C'est par conséquent l'*analyse*, la distinction des élémens de natures diverses qui composent chaque masse différente du projet.

Il faut alors seulement choisir la voie la plus expéditive, celle qui exigera le moins d'écritures pour avoir la quantité totale de chaque nuance des diverses natures de travaux. Et comme cette opération se réduit à une véritable addition de tous les articles à timbrer du même prix, la première idée qui se présente est de rassembler dans une même colonne tous les résultats à ajouter ensemble, et par conséquent d'écrire à la suite les uns des autres tous les calculs qui doivent donner ces résultats du même ordre. On opère de cette manière par natures de travaux au lieu d'opérer par masses d'ouvrages. Ainsi pour la deuxième section du Pont d'Ivry, intitulée le pont proprement dit, on aura calculé : dans le premier paragraphe tous les terrassemens ; dans le deuxième paragraphe la totalité de la charpente de fondation des piles et des culées ; dans le troisième paragraphe toutes les maçonneries des culées, des piles, des plinthes et parapets ; dans le quatrième paragraphe toute la charpente des arches, du plancher du pont ; dans le cinquième la serrurerie entière, et des fondations, et des travées en charpente, et du garde-fou ; dans le sixième enfin toute la peinture tant des bois que des fers soit des travées en charpente, soit du plancher et du garde-fou.

Telle est la marche généralement préférée par tous les constructeurs les plus exercés dans cette matière (*Note* 33).

(156) Après ces principes d'ordre sur la distribution générale des matières du premier chapitre d'un détail estimatif, nous nous bornerons à une seule observation secondaire, mais plus importante cependant qu'elle ne le semble d'abord. Nous voulons parler des deux manières de ranger tous les chiffres élémentaires et tous les produits, soit partiels, soit généraux, d'une cubature.

Diverses manières de disposer les élemens et les calculs des surfaces ou des cubatures.

Un solide quelconque, pyramidal, prismatique, sphérique, etc. doit être exprimé par trois dimensions ; on peut écrire ces dimensions *sur trois lignes différentes, ou sur une même ligne dans trois colonnes.* Ainsi, dans un procédé, on dépense plus de lignes, et on emploie moins de colonnes, tandis que dans l'autre procédé, en multipliant les colonnes, on diminuera le nombre de lignes du texte, et par conséquent la masse matérielle du cahier, dans une proportion considérable.

Disposition par colonnes.

Par ce dernier motif nous pensons préférable de multiplier les colonnes. Pour tout ce qui est surface on gagnera *au moins moitié* ; pour tout ce qui est cubature, on gagnera *au moins les deux tiers* ; nous disons, au moins, parce que souvent on est obligé de prendre la somme ou la moyenne de plusieurs dimensions linéaires, de plusieurs surfaces élémentaires, ce qui multiplie encore les alinéas, tandis que ces sommes ou réduites peuvent s'écrire toujours sur la même ligne avec une ou deux colonnes de plus.

Expéditions réduites à moitié, aux deux tiers.

Cette dernière méthode permet aussi de ne pas répéter les mots *longueur, largeur et hauteur* pour chaque surface, pour chaque solide ; et dans les métrages les plus compliqués, par exemple dans les calculs de terrassemens de routes, au moyen de la méthode de M. de Chézy, il suffit d'avoir une tête de page commune et applicable à toutes les colonnes analogues du même cahier.

Aucune répétition.

(*Note* 33.) On pourrait cependant opérer comme au devis par masses d'ouvrages ; mais il faudrait, après avoir décomposé chaque masse suivant les diverses natures d'ouvrages qui la composent, additionner ensuite dans des résumés généraux tous ces résultats partiels par nature de travaux, par nuance de prix.

Il en résulterait une double opération, avec la sujétion pour cette seconde addition de préparer des tableaux souvent très-compliqués ; on n'a donc recours à ce dernier mode que dans des cas particuliers, exceptionnels, assez rares.

27.

Très-souvent du reste, pour les métrages, en minute surtout, on se dispense de mettre une tête aux colonnes; et alors, par une sorte de convention tacite, il est admis que la longueur s'exprime dans la première colonne, la largeur dans la deuxième, le produit de ces deux dimensions ou la surface dans la troisième, la dimension en hauteur dans la quatrième, et la cubature dans la cinquième colonne.

Ordonnance plus satisfaisante.
Toujours arrive-t-il de cette marche, la seule suivie aujourd'hui par tous les constructeurs qui en ont essayé, que l'on peut rassembler dans un cahier assez mince les calculs de métrages les plus volumineux.

L'expédition même de ces métrés a meilleure figure pour celui qui attache quelque prix à une ordonnance de bon goût; il n'y a rien de moins agréable que des écritures trop lâches, des lignes employées à profusion et sans objet, des chiffres trop écartés, des mots perdus en quelque sorte dans la page; on sent alors qu'il doit y avoir possibilité de faire mieux, de resserrer le peu de texte nécessaire, de disposer dans un moindre espace l'ensemble des calculs; et c'est précisément ce qu'on obtient de la disposition par colonnes que nous venons d'indiquer.

Pour chaque cas particulier, il faudra du reste donner une attention toute spéciale à la distribution plus ou moins simple des colonnes, à leur désignation claire et concise en tête de chaque page, ou à la suppression de tout ou partie de ces indications, lorsqu'elles deviennent sans intérêt.

Il sera également nécessaire d'étudier le libellé du texte à inscrire, soit comme titres principaux ou secondaires pour la distinction des différentes divisions des métrages, soit comme annotation vis-à-vis chacune des surfaces et cubatures partielles ou totales.

EXEMPLES DE DIVERS MÉTRAGES DISPOSÉS PAR COLONNES.

1°. TERRASSEMENS.

Route neuve, côté d'Alfort.

			Longueurs	Hauteurs		Surfaces		Largeur commune	Cubatures	
				Partielles	Totales	Partielles	Totales		Remblais	Déblais
Chaussée en déblais.		Prisme rectangulaire (¼ des haut.). id.	25,97	0,21 / 0,21	0,42	10,91			3,00	32,73
Entre le 1er. et le 2e. profil.	Accotem. Déblais.	Prisme rect. (¼ des haut.). id.	10,31	0,11	»	1,13		3,17	4,00	12,68
		Pyr. trian. (l. ¼ h. ½). id.	10,49 / 7,83	0,12 / 0,05	»	1,26 / 0,39				
		id.	7,74	0,05	»	0,39				
	Remblais.	Pyr. trian. (l. ¼ h. ½). id.	7,83 / 7,74	0,04 / 0,04	»	0,31 / 0,31		0,62	4,00	2,48
	Francs-bords en déblais.	Prisme rect. (¼ des haut.). id.	25,97	0,11 / 0,13	0,24	6,23			3,00	18,69
									2,48	64,10

2°. MAÇONNERIES.

Métrage d'un dé de pile.

	Longueurs	Largeurs	Surfaces		Hauteurs	Cubatures
			Partielles	Totales		
Au-dessous du bandeau. Double avant-corps (longueurs ensemble).	1,40	0,775	1,09	1,87	0,86	1,61
Arrière-corps.	1,35	0,575	0,78			
Bandeau. Double avant-corps (longueurs ensemble).	1,60	0,875	1,40	2,24	0,25	0,56
Arrière-corps.	1,25	0,675	0,844			
Pointes de diamant, bombement des bahuts. Double avant-corps (longueurs ensemble).	1,60	0,875	1,40	1,40	0,025 / 0,008 / 0,013	0,04 / 0,01 / 0,01
Arrière-corps.	1,25	0,675	0,844	0,844		
						2,23

3°. CHARPENTE.

Métrage d'une ferme des 1re. et 5e. arches.

	Longueurs	Grosseurs	Equarrissages	Cubatures		
				Cintres.	Poutres.	Moises et Sous-poutres.
Trois cours d'arbalétriers courbes. (longueurs ensemble).	23,50	0,75	0,25	0,1875	4,406	
Deux longerons supérieurs. (id.).	22,20	0,30	0,25	0,075	1,665	
Deux sous-poutres. (id.).	8,20	0,25	0,25	0,0625		0,513
Quatre contre-fiches (id.).	13,50	0,25	0,25	0,0625		0,844
Dix moises pendantes doubles. (id.).	24,80	0,22	0,50	0,110		2,618
				4,406	1,665	3,975

Nota. Ces dispositions de colonnes peuvent être variées à l'infini, suivant les divers métrages à rapporter ; mais le meilleur arrangement est toujours celui qui, sans nuire à la clarté et à la facile vérification des calculs, se réduit au moindre nombre de lignes, de lettres, de chiffres.

(157) Le deuxième chapitre du détail estimatif, autrement dit, la collection des sous-détails, ne donnera lieu qu'à peu de remarques.

Analyse d'un sous-détail.

On sait que tout sous-détail ne peut se composer que de fournitures et de mains-d'œuvre.

On sait que la quantité de chaque fourniture à porter en compte ne se compose que de deux élémens, la quantité restant en œuvre qu'il est toujours facile d'apprécier, et le déchet ou la perte résultant de la différence inévitable entre le cube des matières employées et le cube des matières mises effectivement en place (ce dernier élément ne peut être établi que sur des observations aussi multipliées qu'exactes).

On sait enfin que toute main-d'œuvre ne doit figurer à l'estimation que comme un nombre déterminé de journées, soit d'ouvriers employés isolément, comme pour les terrassemens, les tailles de pierre, les maçonneries de meulières et de moellons, etc., soit d'ateliers composés de diverses classes de travailleurs (ateliers dont on donne le détail en marge,) comme pour les battages de pieux, les bardages de toute nature, la pose de la pierre de taille, etc. Et ici il faut encore appeler l'expérience à son aide, afin de déterminer, pour chaque main-d'œuvre, la fraction de temps qui répond à la quantité d'ouvrages choisie comme unité de mesure.

Ainsi tout se réduit :

1°. A poser les élémens des prix, c'est-à-dire la valeur de chaque fourniture, de chaque journée.

2°. A déterminer les coefficiens qui, pour l'unité de mesure de chaque travail, doivent, multipliés par chaque fourniture, donner les déchets, et, multipliés par le salaire journalier de chaque ouvrier, de chaque atelier, donner les prix de main-d'œuvre.

On est par conséquent conduit à commencer chaque section de sous-détail par le tableau des prix élémentaires des fournitures et des journées y relatives. On en déduit ensuite pour chaque section tous les prix composés.

Mise à prix des bénéfices et des a-vances de fonds de l'entrepreneur.

On est encore convenu de porter au détail estimatif chaque élément de fournitures ou de journées, en augmentant d'un dixième le prix brut à payer par l'entrepreneur. Ce dixième est censé représenter l'intérêt des avances de fonds et le bénéfice du constructeur; c'est du moins une première mise à prix qui, dans sa fixation plus ou moins exacte, est ensuite rectifiée par le rabais de l'adjudicataire.

Faux-frais à porter à chaque sous-détail.

On a enfin jugé nécessaire d'adopter des réduites relativement à la fixation des faux-frais de toute nature qu'il est d'une importance majeure de laisser en bloc à la charge de l'entrepreneur, pour éviter les mémoires interminables et exagérés que cette section des dépenses pourrait motiver.

Mais il n'est pas sans intérêt de poser les vrais principes d'après lesquels ces estimations de faux-frais doivent être réglées. Et à ce sujet, afin de bien saisir la question, il faut se rappeler que ces faux-frais se composent notamment :

1°. De prestation avec entretien d'outils de toute nature pour les ouvriers.

2°. De prestations analogues avec déchet d'équipages de toute espèce, planches, cordages, écoperches, boulins, pour les ateliers.

3°. De journées employées au tracé, piquetage, transport et placement d'équipages.

4°. De fournitures pour tracé et plantation d'ouvrage, plâtre pour scellement de broches, piquets, rappointis, clous, etc.

5°. Enfin des frais de conduite de chantier, maître, compagnon, gâcheur, appareilleur, etc.

Si on médite cette énumération, on remarquera que chacune de ces causes de faux-frais peut, sans erreur notable, être considérée comme proportionnelle au nombre de journées réellement employées à chaque espèce d'ouvrages.

Une première opération (et sans contredit la plus exacte), pour l'appréciation de ces faux-frais, consisterait donc à prendre pour chaque catégorie de travaux *le nombre* de journées employées, et à multiplier ce nombre de journées par un prix élémentaire réduit, exprimant la valeur des faux-frais de toute nature pour chacune de ces diverses espèces d'ouvriers. *1re. hypothèse pour leur évaluation basée sur le nombre des journées employées.*

Mais pour simplifier cette méthode on est convenu :

1°. De former ce prix élémentaire *du prix même* de la journée de l'ouvrier, multiplié par un certain coefficient. *2e. hypothèse basée sur le prix des journées employées.*

2°. D'admettre un coefficient commun pour chaque catégorie d'ouvrages, et de n'en faire varier le chiffre que d'une catégorie à l'autre.

Ainsi, pour les terrassemens, attendu que les outils, pelles et pioches appartiennent aux ouvriers, et que l'entrepreneur ne fournit que les brouettes, les pilons, les plats-bords pour roulage, etc., le coefficient n'est ordinairement réglé qu'à un vingtième.

Ainsi, pour les maçonneries, la fourniture des planches, plats-bords, boulins, écoperches, cordages, binards, chèvres, crics, pinces, et équipages de pose, les frais de tracé, etc., nous avaient déterminé à adopter pour coefficient un dixième.

Ainsi, pour la charpente, le même coefficient d'un dixième est généralement admis, parce que la totalité des outils de charpente est fournie par l'entrepreneur, ainsi que les planches, plats-bords, chèvres et équipages de toute espèce.

Ainsi les outils fournis pour la serrurerie à l'atelier, la nécessité d'avoir quelquefois une forge portative, d'opérer sur place divers ajustemens nous ont fait appliquer pour coefficient un septième.

On conçoit le motif de la variation des coefficiens; mais on demandera pourquoi admettre comme base de faux-frais le prix même des journées, et pourquoi en exclure le prix des fournitures?

Exclusion d'une 3e. hypothèse, basée sur les prix de fourniture.

Nous allons au-devant de cette observation parce qu'on trouve encore beaucoup de projets dans les sous-détails desquels on a supposé les mêmes coefficiens sus-indiqués appliqués, non pas aux mains-d'œuvre, mais à la totalité des dépenses des mains-d'œuvre et des fournitures.

Or il est facile de démontrer que non-seulement, par l'application des coefficiens ordinaires sus-mentionnés un vingtième, un quinzième, un dixième, etc., il se trouve dans cette manière de procéder une allocation exorbitante, mais que, lors même qu'on ferait varier le coefficient dans le but de se rapprocher de la vérité, il résulterait toujours des anomalies choquantes de l'introduction des prix de fournitures dans le calcul de ces faux-frais au moyen d'un coefficient constant par nature d'ouvrages.

En premier lieu, la seule nomenclature des faux-frais a fait sentir que leur importance devait être proportionnée au nombre de journées, et qu'il n'y avait pas une seule journée dont le travail ne nécessitât des outils, des équipages.

Pour les fournitures, au contraire, comme toutes les dépenses antérieures à l'arrivée des matériaux sur le chantier sont couvertes par le prix brut élémentaire, il n'y a réellement de faux-frais que lorsque l'ouvrier du chantier même s'en empare, les transporte, les façonne, les pose, c'est-à-dire lorsqu'il y a consommation de journées; et peu importe alors que la matière ait coûté plus ou moins, que la matière soit rare ou commune, qu'elle soit venue d'une distance considérable ou prise sur place; les faux-frais y relatifs n'en éprouvent aucune variation, tandis que ces mêmes faux-frais augmentent ou diminuent suivant le nombre de journées à appliquer à l'unité de mesure des matériaux.

(158) Disons un mot aussi des écritures qui conviennent le mieux pour développer les élémens et le calcul des sous-détails.

Deux méthode d'ordonner les écritures des sous-détails.

Il y a deux méthodes assez généralement admises :

L'une consiste à ne relater que les prix bruts de fournitures et de journées au tableau élémentaire de chaque section; et pour chaque sous-détail composé on calcule les faux-frais et le bénéfice à ajouter.

Pour y parvenir facilement, on sépare les fournitures et les mains-d'œuvre en deux colonnes; on totalise d'abord les mains-d'œuvre après y avoir ajouté le calcul des faux-frais; on passe ces premières sommes partielles dans la dernière colonne où se trouvent les fournitures, et l'on ajoute au résultat de l'addition de cette dernière colonne ainsi complétée le dixième de bénéfice.

Nous donnons pour exemple le calcul du sous-détail rapporté pour mortier, à la *Note* 14 (64).

1re. méthode souvent employée.

1°. *Prix élémentaires.*

NUMÉROS d'ordre.	JOURNÉES ET MATÉRIAUX.	PRIX bruts.
		fr.
33	Une journée de maçon.	2,75
35	*Idem.* de manœuvre.	2,20
44	Un mètre cube de meulière ordinaire.	9,00
46	*Id. Id.* de ciment.	30,00
47	*Id. Id.* de pouzzolane factice.	50,00
48	*Id. Id.* de chaux hydraulique vive.	57,50

2°. *Prix composés.*

	Main-d'œuvre.	TOTAUX.
N°. 65. Un mètre cube de mortier de ciment et pouzzolane.		fr.
Fournitures. 0m.c.,60 de ciment à 30 fr. (n°.46).		18,00
0m.c.,40 de pouzzolane factice à 50 fr. (n°. 47).		20,00
0m.c.,33 de chaux hydraulique à 57,50 (n°. 48).		18,97
Main-d'œuvre. Extinction de la chaux, 10 h. de manœuvre. 2 jours ½ de manœuvre	fr.	
Façon du mortier, 15 h. de manœuvre. . . à 2,20 (n°. 35). . .	5,50	
	5,50	
1/10 de faux-frais.	0,55	
	6,05	6,05
		63,02
1/10 de bénéfice.		6,30
		69,32

PONT D'IVRY. 28

Préférence à don-
ner au calcul préa-
lable et complet de
chaque prix élémen-
taire.

(159) Suivant l'autre méthode, et c'est celle que nous avons adoptée
pour le Pont d'Ivry, on compose au contraire les tableaux élémentaires
de chaque section de plusieurs colonnes, et l'on y inscrit, non pas
seulement le prix brut de chaque fourniture et de chaque journée,
mais aussi les autres élémens, et par suite le total du prix à appliquer :

1°. A chaque unité de mesure de fourniture (avec un dixième de bénéfice).

2°. A chaque journée (avec allocation de faux-frais, plus un dixième de
bénéfice).

C'est ensuite avec ces prix ainsi complétés qu'on procède à la formation des sous-détails composés, lesquels peuvent se réduire à une colonne
au lieu de deux ; et l'on se trouve alors dispensé tant de l'addition préliminaire et à part de la main-d'œuvre que de la répétition continuelle
des calculs pour faux-frais et pour bénéfice.

D'autres avantages sont encore inhérens à cette dernière marche.

Ainsi, lorsque, pour des ouvrages en attachement, il est nécessaire
d'emprunter des prix de journées ou de fournitures au détail estimatif, il
est plus satisfaisant de prendre ces prix complets avec addition de faux-
frais et bénéfice, que d'avoir chaque fois à les compléter.

Ainsi, pour des détails compliqués formés de diverses natures d'ouvrage, pour l'évaluation d'une borne par exemple, laquelle évaluation doit
comprendre fouilles, maçonnerie de scellement, fourniture et taille de
la pierre, remblais et pavages au pourtour, on n'aura pas à ajouter à
chaque ligne du sous-détail des allocations différentes de faux-frais, telles
qu'un vingtième pour les fouilles, un dixième pour les maçonneries, etc.

Enfin il résulte encore de cette marche une diminution réelle dans
l'étendue du texte du détail estimatif, puisque dans ce système c'est sur
la même ligne occupée par chaque élément brut de prix que s'opère une
fois pour toutes l'addition soit de faux-frais lorsqu'il y a lieu, soit de bénéfices, tandis que, suivant le mode décrit (158), il faut à chaque sous-
détail simple ou complexe consacrer plusieurs lignes à la répétition de
ces allocations.

La méthode qui consiste à former avant tout des prix élémentaires complets, nous paraît donc de beaucoup préférable.

DIVERS EXTRAITS DES SOUS-DÉTAILS DU PONT D'IVRY.

Tableau de diverses écritures dans cette hypothèse.

Ier. EXEMPLE, MAÇONNERIE.

Cet exemple est précisément le même que l'exemple donné au paragraphe (158).

1°. *Prix élémentaires.*

NUMÉROS d'ordre.	JOURNÉES ET MATÉRIAUX.	Prix bruts.	$\frac{1}{10}$ de faux-frais.	$\frac{1}{10}$ de bénéfice.	Prix avec faux-frais et bénéfice.
		fr.	fr.	fr.	fr.
33	Une journée de maçon.	2,75	0,28	0,30	3,33
35	*Id.* de manœuvre.	2,20	0,22	0,24	2,66
44	Un mètre cube de meulière ordinaire.	9,00	»	0,90	9,90
46	*Id. Id.* de ciment.	30,00	»	3,00	33,00
47	*Id. Id.* de pouzzolane factice.	50,00	»	5,00	55,00
48	*Id. Id.* de chaux hydraulique vive.	57,50	»	5,75	63,25

2°. *Prix composés.*

65. Un mètre cube de mortier de ciment et pouzzolane.

Fournitures.
{ 0m,60 de ciment à 33 fr. (n°. 46). 19,80
{ 0m,40 de pouzzolane factice à 55 fr. (n°. 47). 22,00
{ 0m,33 de chaux hydraulique à 63,25 (n°. 48). 20,87

Extinction de la chaux, 10 h. de manœuvre. } 2 jours ½ de manœuvre à 2fr.,66 } 6,65
Façon de mortier, 15 h. de manœuvre. . . . . } (n°. 35). . . . . }

69,32

Nota. Ce même sous-détail, au paragraphe (158), emploie onze lignes au lieu de six.

IIe. EXEMPLE, CHARPENTE (*Voir* la Note 10, p. 82.)

1°. *Prix élémentaires.*

NUMÉROS d'ordre.	JOURNÉES ET MATÉRIAUX.	Prix brut.	$\frac{1}{10}$ de faux-frais.	$\frac{1}{10}$ de bénéfice.	Prix avec faux-frais et bénéfice.
		fr.	fr.	fr.	fr.
80	Une journée de charpentier.	4,25	0,42	0,47	5,14
85	Un mètre cube de chêne.	95,00	»	9,50	104,50

2°. *Prix composés.*

99. Un mètre cube de traversine-intermédiaire de caisson.

Fourniture.
{ Un mètre cube de chêne (n°. 85). 104,50
{ Déchet, un huitième. 13,06

Main-d'œuvre. Façon et assemblage. Huit jours de charpentier à 5,fr.14 (n°. 80). 41,12

158,68

Nous recommanderons enfin, dans le but d'éviter jusqu'à la moindre confusion entre les sous-détails élémentaires ou composés, quels qu'en soient le nombre et les nuances, de les numéroter *tous* en une seule et même série depuis le premier jusqu'au dernier et sans avoir égard aux diverses sections spéciales pour les différentes natures de travaux.

Numérotage des sous-détails en une seule et même série.

28.

3ᵉ. chapitre disposé en tableau. Résumé et application des prix.

(160) Le troisième chapitre du détail estimatif forme à lui seul l'estimation toute entière, puisqu'il pourrait être appelé le résumé des résumés; aussi la rédaction ne saurait-elle jamais en être trop soignée.

On dispose ce troisième chapitre en tableau : la première colonne de gauche; ordinairement fort large, est consacrée au texte explicatif des diverses natures d'ouvrages exécutés. Les colonnes de droite à la suite doivent successivement indiquer *les quantités d'ouvrages, les prix de chaque unité de mesure, le numéro du sous-détail y relatif, l'estimation par article, par paragraphe, par section*, etc.

Chaque article, *indication des ouvrages, quantités, prix, et produits ou estimation*, se trouve n'occuper qu'une seule ligne.

On masse ensuite au moyen d'accolades les articles entre eux, de manière à donner les totaux des paragraphes, puis des sections, enfin des deux grandes divisions qui sont communes à toutes les estimations, et qui embrassent : la première, *les ouvrages prévus au devis;* la seconde, *les dépenses à imputer sur la somme à valoir.*

Le texte seul de la colonne de gauche a besoin d'être médité. Il doit être disposé dans le même ordre que le premier chapitre du détail estimatif, celui des métrages. La division des ouvrages prévus au devis formera dès lors autant de sections que le premier chapitre du devis ; chaque section sera partagée en paragraphes par nature de travaux; chaque paragraphe se composera d'autant d'articles qu'il se trouvera de prix distincts à appliquer dans chaque catégorie d'ouvrages. Ainsi, pour le Pont d'Ivry, l'estimation des ouvrages prévus au devis devait faire ressortir quatre sections, *routes, pont, chemins de halage, ouvrages pour la navigation.* Ainsi, la deuxième de ces sections, par exemple, devait se diviser en six paragraphes, *terrassemens, charpente de fondation, maçonnerie, charpente des travées et du plancher, serrurerie, et peinture.* Chaque paragraphe embrasse ensuite respectivement tous les articles de ces diverses natures de travaux.

Rien, du reste, n'est indifférent dans la disposition de ces écritures, et tout ce qui en augmente la clarté est précieux. Ainsi les titres de même espèce doivent être tracés de la même écriture, avec la même grandeur de caractères; au contraire on varie les écritures, et l'on grossit les caractères pour les titres d'un ordre plus élevé. Ainsi les titres pouvant s'échelonner par accolades ou par alinéas, on dispose par alinéas sur la largeur entière du texte les titres principaux des divisions et des sections; tandis que c'est par accolades que l'on place sur deux colonnes à gauche les titres secondaires des paragraphes et des articles, en face des lignes et estimations correspondantes.

RÉSUMÉ ET APPLICATION,

des prix donnés par les sous-détails, aux résultats donnés par les métrages.

INDICATION DES OUVRAGES.	Quantités d'ouvrages.	Prix de l'unité de mesure.	Numéros des articles.	ESTIMATION. Par articles et par paragraphes.	Par sections et par divisions.	Exemple de cette ordonnance d'écritures.

INDICATION DES OUVRAGES.	Quantités	Prix unité	N° art.	Par articles et par paragraphes.	Par sections et par divisions.	
1re. Division. Ouvrages prévus au devis.						
1re. SECTION. — Routes.	m. c.	fr.		fr.		
Terrassemens. Déblais.	2,023.99	0,71	20	» 1,437,03		
Remblais à la voiture.	34,253.17	1,90	22	» 65,081,02		
Dressage des déblais et remblais.	m. q. 30,510.62	0,03	19	» 915,32		
Pilonnage.	8,997.72	0,20	18	» 1,799,54		
Cuvettes.	416	1,91	24	» 794,56		
				70,027,47	fr. 70,027,47	
Plantations et semis. Ypréaux à planter.	416	2,23	28	» 927,68		
Gazonnage plaqué.	m. q. 932.12	2,00	29	» 1,864,24		
Semis.	4,498.86	0,25	30	» 112,47		
				2,904,39	2,904,39	
Pavage. Pavage neuf en grès.	m. q. 8,250.27	6,04	25	» 49,831,63		
Plus-value des bordures.	1,289.87	4,83	26	» 5,230,07		
Relevé à bout.	8,250.27	0,67	27	» 5,527,68		
				60,589,38	60,589,38	fr. 133,521,24
IIme. SECTION. — Pont.						
Terrassemens. Déblais hors d'eau.	m. c. 2,549.22	0,71	20	» 1,809,95		
Déblais au-dessous de la ligne d'eau.	808.20	1,29	21	» 1,042,58		
Remblais à la voiture avec pilonnage.	1,448.92	2,10	23	» 3,042,73		
				5,895,26	5,895,26	
Charpente de fondation. Travaux provisoires. Pieux de 4 m.	104	14,27	96	1,484,08		
Chapeaux.	m. c. 22.10	45,08	97	996,27		
Plats-bords.	m. q. 240.00	1,83	98	439,20	12,886,75	
Travaux définitifs. Batardeaux.	m. 240.00	41,53	100	9,967,20		
Pieux de 6 m.	556	79,87	103	4,407,72		
Pieux de 4 m.	136	44,14	102	46,003,00		
Chapeaux demi-refaits.	m. c. 207.30	14,25	105	2,954,03	63,277,09	
Traversines non refaites.	481.40	8,68	106	4,178,55		
Plate-forme de 0m.10.	m. q. 414.24	13,89	107	5,753,79		
				76,183,84	76,183,84	
Maçonneries. Maçonnerie en pierre de taille.	m. c. 599.10	102,63	66	» 61,485,63		
— Id. — en meulière d'échantillon.	382.66	41,20	68	» 15,765,59		
— Id. — en moellon.	2,440.44	24,26	70	» 59,302,11		
Enrochement.	801.56	9,83	72	» 7,879,33		
Refouillement en pierre.	55.94	110,22	73	» 6,165,71		
Paremens taillés, compris lits et joints.	m. q. 1,080.36	15,18	76	» 16,399,86		
— Id. — sans lits et joints.	130.98	7,26	62	» 950,91		
Lits et joints.	246.68	2,41	64	» 596,97		
Paremens en meulière.	765.32	1,36	77	» 1,040,84		
Bornes.	12	51,11	79	» 613,32		
				170,200,27	170,200,27	
à reporter.				252,379,37	133,521,24	

INDICATION DES OUVRAGES.	Quantités d'ouvrages.	Prix de l'unité de mesure.	Numéros des sous-détails.	ESTIMATION Par articles et par paragraphes.	Par sections et par divisions.
				fr.	fr. fr.
Report......	m. c.	fr.		fr.	252,279,37 133,521,24
Charpente des travées et du plancher. Bois pour cintres.........	159.82	205,67	108	» 32,870,18	
» pour poutres.........	59.52	182,19	109	» 10,843,95	
» pour moises, sous-poutres.....	209.75	157,50	110	» 33,035,63	
» pour pièces de pont......	147.50	144,65	111	» 21,335,90	
Madriers de 0m.13 d'épaisseur....	m. q. 123.25	18,88	112	» 2,326,96	
» de 0m.10 d'épaisseur......	425.21	14,61	113	» 6,212,32	
» de 0,06............	770.31	10,16	114	» 7,826,35	
» de 0,05...........	345.10	8,89	115	» 3,067,94	
» de 0,04...........	144.63	7,65	116	» 1,106,42	
Chemins d'orme de 0,03........	272.38	7,12	117	» 1,039,35	
				120,565,00	120,565,00
Serrurerie. Chemins de fer.........	kil. 24,573.44	0,90	125	» 22,116,10	
Plates-bandes de grandes dimensions..	4,480.30	1,05	126	» 4,704,32	
Frettes.............	8,077.63	1,30	127	» 10,500,92	
Boulons............	10,191.60	1,30	»	» 13,249,08	
Chevillettes...........	3,966.47	1,10	130	» 4,363,12	
Vis pour chemins de fer......	33,483.00	0,10	131 bis.	» 3,348,30	
Garde-fous...........	13,186.61	1,40	128	» 18,461,25	
Organeaux...........	2,340.00	1,30	127	» 3,042,00	
Plomb pour scellement.......	1,200 00	1,10	123	» 1,320,00	
				81,105,09	81,105,09
Peinture. Peinture à 3 couches à l'huile sur bois couleur gris-blanc.........	m. q. 9,865.87	1,13	140	» 11,148,43	
Peinture en noir, une couche sur fer..	1,257.83	0,55	141	» 691,81	
				11,840,24	11,840,24
					465,789,70 465,789,70
IIIe SECTION. — Chemins de halage.	m. c.				
Terrassemens. Déblais............	708	0,71	20	» 502,68	
Remblais à la voiture avec pilonnage.	1,247.40	2,10	23	» 2,619,54	
				3,122,22	3,122,22
	m. c.			fr. c.	
Charpente de fondation. Travaux provisoires. Pieux de 4m....	51.00	14,27	96	527,77	
Chapeaux......	12.88	45,08	97	580,63	
Plats-bords......	m. q. 40.00	1,83	98	73,20 4,787,06	
Travaux définitifs. Batardeaux......	m. 82.00	41,53	100	3,405,46	
Pieux de 4m...	147	44,14	102	6,488,58	
Palplanches.....	m. 53.00	92,43	104	4,898,79 14,317,81	
Chapeaux demi-refaits...	m. c. 152.00	14,25	105	2,166,60	
Traversines non-refaites.	88.00	8,68	106	763,84	
				19,104,87	19,104,87
	m. c.				
Maçonneries. Maçonnerie en pierre.........	122.12	96,78	67	» 11,818,77	
— Id. — en meulière à sec....	549.20	14,84	69	» 8,150,12	
— Id. — en moellon à sec....	716.18	12,34	71	» 8,837,66	
Refouillemens en pierre.......	35.36	110,22	73	» 3,897,38	
Paremens en pierre, compris lits et joints.	m. q. 301.00	15,18	76	» 4,569,18	
Paremens en meulière........	1,373.00	0,27	78	» 371,72	
Marches...........	156	15,52	74	» 2,421,12	
Assises d'échiffre.........	312	19,34	75	» 6,034,08	
				46,100,03	46,100,03
					68,327,12 68,327,12
					667,638,06
2e Division. Dépenses à imputer sur la somme à valoir.					
Somme à valoir. Pour épuisemens et travaux imprévus...............				122,361,94 127,361,94	
Pour location de chantier.				5,000,00	
Montant général des dépenses...............					795,000,00

QUATRIÈME SECTION.

COMPTABILITÉ.

(161) Un ingénieur ne doit pas seulement s'occuper de la partie d'art d'un grand travail. D'autres sollicitudes réclament ses soins ; la compta- Réflexions géné-rales.bilité est de ce nombre.

Peut-il en effet se reposer sur la probité des entrepreneurs ? mais ces entrepreneurs ne s'abuseront-ils pas souvent eux-mêmes, et croiront-ils manquer à leur conscience en s'allégeant de faux-frais qu'ils n'avaient pas prévus, en réclamant des augmentations de prix pour des cas à leur avis inappréciés, en dérogeant au devis lorsque le devis leur est devenu onéreux, etc., etc.

L'ingénieur, sans la plus active surveillance, s'abandonnera-t-il avec plus de raison à des employés, même fidèles et consciencieux ? mais ces employés seront-ils assez intelligens, assez fermes pour résister tous les jours à des prétentions mal fondées ? Ne leur arrivera-t-il pas de recevoir comme exacts des métrages relevés seulement par l'entrepreneur, ou, s'ils en vérifient les mesures contradictoirement, auront-ils, livrés à eux-mêmes, cette patience si fatigante, si minutieuse, et pourtant si nécessaire ?

Dans tous les cas, où sera la garantie contre les erreurs involontaires ? Et s'il y avait mauvaise foi, infidélité, où serait le préservatif contre de coupables connivences, contre des malversations malheureusement trop faciles à cacher ?

Ne faut-il pas d'ailleurs se prémunir contre ces irrégularités de forme que se permettent souvent les employés même les mieux intentionnés et les entrepreneurs les plus scrupuleux ? Souvent la dépense de certaines Forme fictive de compte à proscrire rigoureusement.parties de travaux a été arrêtée d'après le nombre réel de journées em-ployées à ces ouvrages ; et cependant, à cause du détail trop étendu des attachemens à joindre à l'appui de ce même compte, des conducteurs se figurent qu'il est indifférent de porter un cube fictif des ouvrages faits et un prix calculé, de manière à retomber sur un chiffre égal de dé-pense totale ; Or, on ne saurait trop signaler le danger de ces transfor-mations, si le cube d'ouvrages ainsi composé n'est qu'imaginaire en tout ou en partie.

Nous savons que, forts de leur conscience, et souvent dans de bonnes intentions, des chefs de travaux et des administrateurs ont toléré ou même ordonné des transformations plus importantes encore. Mais qui peut répondre que des employés n'abuseront pas de ces dangereux exemples?

Quel est d'ailleurs le tribunal qui ne caractérisera pas de faux matériel des écritures aussi inexactes? N'a-t-on pas vu, sur la lâche dénonciation d'un de ses employés, un officier supérieur traduit devant une Cour d'assises pour des travaux ainsi simulés?

Enfin l'ordre dans les comptes rendus, la clarté dans la justification des dépenses sont des conditions de première nécessité que l'ingénieur ne saurait remplir avec trop de soin, et pour la décharge de sa responsabilité personnelle et pour la satisfaction de la partie payante.

Nous ne craindrons donc pas de nous étendre ici sur ce que nous avons observé et pratiqué à ce sujet pour la surveillance, la préparation et la reddition des comptes du Pont d'Ivry.

Comptabilité du Pont d'Ivry.

(162) Nous avons pris à tâche, dans nos comptes provisoires et définitifs de nous rendre intelligible à l'actionnaire le plus étranger à ces sortes de matières; nous avons voulu que, dès l'origine et pendant tout le cours des travaux, chaque intéressé pût suivre l'avancement de chaque section d'ouvrages, et comparer, pour chacune de ces sections, la dépense faite avec la dépense originairement prévue.

Mise en regard des dépenses prévues avec les dépenses faites.

Pour atteindre ce but, nous avons dressé un tableau des résultats du détail estimatif primitif qui avait servi de base aux calculs de la compagnie; et en face des divers élémens de ces prévisions, pour chaque proposition d'à-compte ou de solde, nous avons mis en regard toutes les dépenses soit partielles, soit totales de l'entreprise.

On comprend l'importance de cette mention perpétuelle des chiffres élémentaires du calcul primitif de l'opération.

Comparaison nécessaire par article, et non par masse de dépenses.

Il en résulte une sorte de spécialité de budget, qui permet à l'ordonnateur de s'assurer à chaque payement que les dépenses faites ne sont pas sorties des limites assignées à chaque subdivision du travail; et si, sur quelques articles, une augmentation se manifeste, l'attention de l'administrateur est à l'instant éveillée, et avant que cette extension soit devenue dangereuse, il peut où en arrêter le cours ou se convaincre de l'impérieuse nécessité de cet accroissement dans les charges.

Supposons au contraire qu'à chaque état d'à-compte on se borne à rappeler le montant total des dépenses présumées, il est évident que les administrateurs ou les ordonnateurs, à moins de faire des comparaisons de détail aussi longues que difficiles, ne tireront aucune lumière des états provisoires de l'ingénieur; qu'ils ignoreront si déjà, dans quelques articles, les dépenses n'excèdent pas les prévisions; et que leur contrôle commencera seulement lorsque le chiffre total des travaux exécutés aura dépassé le montant originaire du détail estimatif, c'est-à-dire, lorsqu'il n'y aura plus de remède.

D'ailleurs, lorsque c'est le constructeur qui balance ainsi chaque article, l'ingénieur, constamment retenu par les résultats comparatifs des prévisions et des dépenses qu'il accuse à l'administration, se devient à lui-même le plus éclairé comme le plus utile de tous les censeurs. Il est immédiatement averti des conséquences du changement qu'il aura cru utile d'apporter au devis, il s'arrête à propos dans les améliorations qui ne sont pas de toute nécessité, ou, s'il en reconnaît l'importance, il cherche par quelle économie il y pourra pourvoir. La moindre dérogation apportée sans son ordre aux dispositions primitives du projet lui est signalée à l'instant; que ce soit erreur ou abus, il y met un terme aussitôt, et ramène ses propres employés aussi bien que les agens de l'entrepreneur à la stricte observation des engagemens contractés.

Enfin à l'aide de cette méthode les fautes de calcul du détail estimatif primitif sont appréciées, analysées et classées au moment même où la dépense est faite; et, comme ces sortes de découvertes sont toujours pénibles à l'ingénieur, il redouble de zèle et d'efforts en cours d'exécution pour réduire d'autres chapitres de dépenses.

Nous donnerons donc avec détail la dissection du modèle très-simple d'état, pour proposition de payement à titre d'à-compte, adopté par nous au Pont d'Ivry.

Après avoir examiné la forme de nos états ou propositions de payemens, nous développerons l'ordre par nous suivi pour arrêter contradictoirement avec l'entrepreneur, d'abord les métrages ou les dépenses prévues au détail estimatif, et ensuite les états d'attachement ou les mémoires à imputer sur la somme à valoir.

Nous rapporterons à ce sujet diverses questions de principe qu'il a fallu débattre avec l'entrepreneur tant comme bases de plusieurs métrages que pour diverses allocations réclamées par cet adjudicataire.

Nous terminerons par l'analyse du décompte définitif de ces travaux.

1°. ETATS POUR PROPOSITION DE PAYEMENT.

Dissection d'un état-modèle.

(163) Comme modèle des écritures à adopter pour chaque à-compte dans le cours du travail, nous prenons pour exemple et nous donnons un des états pour proposition de payement au Pont d'Ivry.

On y distinguera facilement les dates et les sommes variables d'un état de proposition à l'autre.

Le reste du tableau pourrait être lithographié et s'appliquer à tous les états d'à-compte sans exception.

Renseignemens d'ordre.

La marge de l'état présente :

1°. La désignation de la société qui doit payer.

2°. Le nom de l'entrepreneur qui doit recevoir.

3°. Le numéro d'ordre de l'à-compte à délivrer.

4°. Le montant du payement à faire.

Le titre de l'état rappelle la date du marché ou adjudication qui sert de loi aux deux parties, et l'époque précise de l'arrêté du compte provisoire dont on présente le résultat.

Une note explicative à la suite met en évidence les annotations qui signalent les différens rabais appliqués aux prix des diverses sections du travail.

L'état est disposé en tableau, et divisé en sept colonnes.

Colonnes de gauche ; dépenses prévues.

Les deux premières colonnes de gauche rappellent les prévisions qui sont les résultats tant des calculs du détail estimatif primitif que des conditions (augmentation ou rabais) convenues avec l'entrepreneur. Ainsi la première colonne présente successivement et sans modification le chiffre total de chaque article de ce détail estimatif, et la deuxième colonne indique les modifications apportées par la soumission de l'entrepreneur aux prix et par conséquent aux dépenses calculées au dit détail estimatif.

Texte du tableau.

La troisième colonne forme comme le texte du tableau ; elle rappelle en effet la désignation de toutes les divisions et subdivisions du détail estimatif avec les noms distincts des chapitres, des sections, des articles.

Ce texte est placé à dessein après les deux colonnes renfermant les chiffres des prévisions et avant les quatre colonnes qui contiennent les chiffres de dépenses effectives, et dont il reste à rendre compte.

*ÉTAT des travaux adjugés le 25 septembre 1827, au sieur A.****, le dit état arrêté au 1er. novembre 1828, pour servir à la délivrance du quatorzième à-compte sur les dépenses faites.*

Nota. Les prix des deux articles pour pavages, marqués (*) ont été soumissionnés sans rabais. Tous les autres prix sont frappés d'un rabais de 10 ¼ pour o/o.

Société du Pont d'Ivry,

Sieur A**** Entre-preneur.

État n°. 14.

Proposition de payer 47,000 fr. 00

MONTANT DES ESTIMATIONS.		INDICATION DES CHAPITRES ET DE LEURS SUBDIVISIONS.	SOMMES DÉPENSÉES.		DÉPENSES TOTALES.	
Au détail primitif.	D'après l'adjudication.		Au 1er. octobre, 1828.	Postérieurement.	Par articles.	Par sections.
fr.	fr.	**Ier. CHAPITRE.** REDRESSEMENT DE LA ROUTE DÉPARTEMENTALE, N°. 64.	(*Voir* l'état précédent.) fr.		fr.	
17,747,65	15,884,15	1°. Terrassemens.	21,081,85	»	21,081,85	
(*) 86,956,82	86,956,82	2°. Pavages.	85,704,28	»	85,704,28	
896,00	801,92	3°. Plantations.	»	»	»	110,389,62
9,495,74	8,498,69	4°. Barrières et bornes.	»	»	»	
		5°. Aquéduc.	3,603,49	»	3,603,49	
		IIe. CHAPITRE. ROUTES NEUVES ET CONSTRUCTION DU PONT. Ire. Section. — *Routes neuves.*				
70,027,47	62,674,58	1°. Terrassemens.	36,738,81	8,830,52	45,569,33	
2,904,39	2,593,43	2°. Plantations et semis.	»	»	»	55,426,13
(*) 60,589,38	60,589,38	3°. Pavages.	»	9,856,80	9,856,80	
		IIme. Section. — *Pont.*				
5,895,26	5,276,25	1°. Terrassemens.	3,567,40	»	3,567,40	
76,183,84	68,184,54	2°. Charpente de fondations.	70,622,85	»	70,622,85	
7,879,33	7,052,00	3°. Enrochemens.	2,991,27	»	2,991,27	
162,320,94	145,277,25	4°. Maçonneries.	136,656,44	»	136,656,44	317,179,16
120,565,00	107,905,67	5°. Charpente des travées.	54,577,20	21,436,68	76,013,88	
81,105,09	72,589,05	6°. Serrurerie.	17,586,14	1,650,38	19,236,52	
11,840,24	10,597,02	7°. Peinture.	5,056,75	3,034,05	8,090,80	
		IIIme. Section. — *Chemins de halage.*				
3,122,22	2,794,39	1°. Terrassemens.	»	1,066,82	1,066,82	
19,104,87	17,098,86	2°. Charpente de fondations.	9,520,88	5,424,36	14,945,24	38,908,79
46,100,03	41,259,53	3°. Maçonneries.	»	22,896,73	22,896,73	
782,734,27	716,039,53	**IIIe CHAPITRE.** DÉPENSES SUR LES SOMMES A VALOIR.				
5,552,80	5,552,80	1°. Pour l'établis'. des routes.	»	»	»	
122,361,94	122,361,94	2°. Pour la construction du pont.	32,110,88	10,932,23	43,043,11	43,043,11
5,000,00	5,000,00	3°. Pour location de chantier.	»	»	»	
915,649,01	848,954,27	**IVme. CHAPITRE.** APPROVISIONNEMENS.		à ajouter. à retrancher.		564,946,81
		1°. Pour le redressem'. de la route départemen. n°. 64.	417,71	» »	417,71	
		2°. Pour les routes neuves.	11,575,00	600,00 »	12,175,00	38,162,16
		3°. Pour le pont.	41,234,32	» 15,664,87	25,569,45	

Montant général des dépenses (y compris 38,162,fr.16 d'approvisionnemens).		603,108,97
A retenir pour garantie. { ⅕ environ du montant (564,946,81) des travaux exécutés.	163,000,00	176,108,97
⅒ environ du montant (38,162,16) des approvisionnemens.	13,108,97	
Total à payer.		427,000,00
Sur quoi l'entrepreneur a reçu.		380,000,00
Reste dû.		47,000,00

Certifions qu'il peut en conséquence être délivré au sieur A.**** un *quatorzième* à-compte de *quarante-sept mille francs.*

Paris, *12 novembre* 1828.

L'ingénieur en chef.

Ces quatre colonnes auraient pu à la rigueur se réduire à trois : le rappel des dépenses accusées à l'état précédent, les dépenses postérieures, et la réunion de ces dépenses pour former la dépense totale. Mais la quatrième colonne a pour objet de faire ressortir certains totaux qu'il est souvent important de saisir à la première vue, tels que la masse entière des approvisionnemens, etc.

Il arrive enfin qu'à l'article des approvisionnemens, et suivant le rapport très-variable des arrivages et de la consommation, il faut opérer par voie de réduction, et non par voie d'addition. Ces changemens s'opèrent avec facilité dans la forme de l'état dont il est question, en subdivisant, en deux colonnes, la colonne ordinairement unique destinée à faire figurer au tableau les résultats postérieurs à l'état précédemment envoyé. Une des colonnes partielles est consacrée aux résultats positifs, et l'autre aux balances négatives des matériaux nouvellement arrivés et des matériaux consommés.

Rien n'empêche également qu'en cas d'erreur dans les états précédens tout autre article à porter en compte ne devienne également négatif, et n'atténue par conséquent les sommes trop fortes antérieurement accusées.

(164) On remarquera encore dans cet état qu'après avoir divisé en divers chapitres les diverses masses *des travaux prévus*, nous avons fait figurer comme chapitre distinct *les dépenses imprévues* à imputer sur les sommes à valoir. Et comme ce dernier chapitre doit embrasser toutes les dépenses, quelles qu'elles soient, non portées dans des articles spéciaux du détail estimatif, il s'ensuit qu'aucune dépense faite ne peut échapper à l'ordonnateur du payement proposé.

Le chapitre éventuel des approvisionnemens a du reste été placé le dernier de tous, parce que d'une part il doit s'anihiler progressivement et disparaître tout-à-fait lors du dernier état de proposition pour solde, et aussi parce que cet ordre permet d'additionner en dehors des approvisionnemens tous les autres chapitres de dépenses, et de former ainsi le total *des travaux exécutés*. (*Voir* l'état ci-contre.)

Nous rappelons encore la valeur totale en compte des approvisionnemens, à la ligne qui reproduit en toutes lettres le montant général des dépenses accusées. En faisant ressortir cette valeur nous voulons indiquer combien il est nécessaire d'avoir toujours présentes à la pensée la masse et l'importance de ces matériaux, et combien il est indispensable d'en faire souvent vérifier les métrages et la bonne qualité.

Du reste il faut refuser aux entrepreneurs même les plus solides les à-comptes par anticipation , car tous s'abusent généralement sur la situation finacière de leur travail ; ils s'exagèrent presque toujours le montant des sommes qui leur restent dues, et lorsqu'on arrive aux derniers payemens ils s'étonnent, plus qu'on ne saurait se le figurer, du résultat définitif de leur décompte.

De là un désappointement auquel il faut s'attendre et qu'il est tout-à-fait impolitique d'aggraver en précipitant à l'avance les payemens; de là quelquefois des embarras, des retards dans l'achèvement des travaux, pour lesquels il est toujours utile, et quelquefois nécessaire, d'avoir par devers soi comme ressource, comme garantie, les réserves stipulées par le marché.

Il faut donc faire supporter intégralement à chaque état pour proposition de payement, et ainsi qu'on le voit aux dernières lignes du modèle ci-joint, la retenue consentie par l'adjudicataire, retenue qui au Pont d'Ivry avait été fixée à un tiers (*).

Retenue de garantie.

(165) Nous consignerons également ici et avec quelques développemens une feuille supplémentaire que nous nous faisions un devoir de joindre à chaque proposition de payement, et qui avait pour objet de détailler, de motiver chaque article de la nouvelle dépense accusée. Nous désignerons cette sorte de pièce sous le nom de *détail estimatif partiel à l'appui des dépenses faites du .... au ....* Ce détail estimatif donne les élémens de chacun des nouveaux articles de dépenses portées en compte à l'état particulier dont il vient d'être question (163).

Détail estimatif partiel à l'appui de chaque proposition de payement.

Justification de tous les articles de la nouvelle dépense accusée.

Ainsi pour les terrassemens, les pavages, maçonneries , charpentes , peintures, etc. , ce bordereau présente les quantités d'ouvrages , les prix à y assigner et, partant, la dépense y relative. Ces quantités d'ouvrages sont alors données, soit par des métrages partiels arrêtés avec

---

(*) Cette retenue est ordinairement réglée à $\frac{1}{5}$ du montant des approvisionnemens non employés , et à $\frac{1}{10}$ du montant de tous les travaux exécutés.

Cette retenue devrait du reste n'être appliquée qu'aux dépenses susceptibles d'entraîner responsabilité, comme tout ce qui est travaux , approvisionnemens. C'est à tort qu'on l'étend à une foule d'articles de dépenses sur attachemens ou sur mémoire que l'on fait payer par l'adjudicataire; car l'entrepreneur n'est plus alors qu'un banquier ; aucune responsabilité ne peut être invoquée, et les sommes avancées sont parfaitement liquides, du moment qu'il y a eu justification suffisante du fait matériel de payement.

l'entrepreneur, soit par des avant-métrés (c'est-à-dire des métrés approximatifs non contradictoires); et les prix sont tirés du détail estimatif, à moins que dans quelque arrêté partiel de comptes ces mêmes sous-détails n'aient éprouvé des modifications.

Ainsi, pour les fournitures telles que plantations, bornes, etc., le bordereau accuse les relevés provisoires ou définitifs qui ont été faits ; de même que pour la serrurerie il rappelle le résultat des diverses pesées et réceptions de fer, cuivre, plomb, etc.

Ce détail estimatif donne des renseignemens également circonstanciés pour les approvisionnemens, soit à ajouter, soit à retrancher.

Enfin pour le chapitre, souvent si important, des dépenses à imputer sur les sommes à valoir, ce détail estimatif partiel présente la désignation précise, le numéro et le montant de chaque état d'attachement, et des divers mémoires de dépenses dont l'ingénieur a arrêté le chiffre contradictoirement avec l'entrepreneur depuis la clôture du précédent état d'à-compte.

Dissection d'un détail estimatif partiel.

(166) Ce détail estimatif partiel est divisé par colonnes.

Les premières colonnes à gauche indiquent les numéros des chapitres, sections et articles auxquels se rapporte chaque détail sommaire de dépenses.

Renseignemens d'ordre.

La colonne du milieu donne le texte explicatif et la nomenclature de ces mêmes chapitres, sections et articles, et des diverses espèces d'ouvrages exécutés.

Détail des ouvrages accusés.

Les colonnes à la suite et sur la droite reçoivent successivement les chiffres de quantités d'ouvrages, les prix à appliquer, les numéros que portent ces prix au détail estimatif primitif, et les sommes soit partielles, soit totales des dépenses d'abord brutes et sans rabais et ensuite nettes, c'est-à-dire avec déduction du rabais.

Cette pièce, indépendamment de la lucidité qu'elle porte tant sur la nature et l'opportunité des dépenses que sur l'avancement des ouvrages, nous a encore servi de vérification applicable au chiffre de la somme à payer, puisque l'à-compte à délivrer devait, suivant les deux calculs, l'un général, l'autre spécial, répondre, à peu de chose près, aux deux tiers des dépenses accusées et développées au détail estimatif partiel à l'appui.

Détail estimatif partiel des dépenses faites du 1er. octobre au 1er. novembre 1828.

Nota. Ce sont ces masses de dépenses qu'on a portées à la 5e. colonne du quatorzième état d'à-compte, *page 227.*

Chapitres	Sections	Articles	INDICATION DES OUVRAGES	Quantités	Prix	Numéros des sous-détails	Partiels	Généraux	Avec rabais
			IIe. CHAPITRE. — ROUTES NEUVES ET PONT.						
			Ire. SECTION. — ROUTES NEUVES.						
			Terrassemens.	m. c.	fr.		fr.	fr.	fr.
		1	Côté d'Alfort... { Remblais............	4,500,00	1,90	22	8,550,00	9,866,50	8,830,52
			{ Déblais............	850,00	0,71	20	603,50		
			{ Dragages............	400,00	1,25	»	500,00		
			Côté d'Ivry.... Déblais............	300,00	0,71	20	213,00		
			Pavages.	m. q.					
		3	Côté d'Alfort... { Pavage sur 160m,00 de longueur.	960,00	6,04	25	5,798,40	9,856,80	9,856,80
			{ Plus-value de bordures.....	160,00	4,83	26	772,80		
			Côté d'Ivry.... { Pavage sur 80m,00 de longueur.	480,00	6,04	25	2,899,20		
			{ Plus-value de bordures....	80,00	4,83	26	386,40		
	2		IIe. SECTION. — PONT.						
			Charpente des travées.	m. c.					
		5	Bois pour cintres.............	32,00	205,67	108	6,581,44	23,951,59	21,436,68
			Id. pour poutres.............	12,00	182,19	109	2,186,28		
			Id. pour moises et contrevents.........	67,20	157,50	110	10,584,00		
			Id. pour pièces de pont..........	31,80	144,65	111	4,599,87		
			Serrurerie.	k.					
		6	Boulons des travées.............	1,000,00	1,30	127	1,300,00	1,844,00	1,650,38
			Ferrure du 2e. che-{ Plates-bandes sur les longerons.	400,00	1,05	126	420,00		
			min de halage... { Plates-bandes....	50,00	1,05	126	52,50		
			{ Boulons.	55,00	1,30	127	71,50		
			Peinture.	m. q.					
		7	Peinture gris-blanc..........	3,000,00	1,13	142	3,390,00	....	3,034,05
			IIIe. SECTION. — CHEMIN DE HALAGE.						
			Terrassemens.	m. c.					
		1	Dragages..............	953,58	1,25	»	1,191,98		1,066,82
			Charpente.	m.					
	3	2	Pieux de 4m,00.............	66	44,14	102	2,913,24	6,060,73	5,424,36
			Palplanches............	20,10	92,43	104	1,857,84		
			Chapeaux demi-refaits..........	63,70	14,25	105	907,73		
			Traversines non refaites.........	44,00	8,68	106	381,92		
			Maçonnerie.	m. c.					
		3	{ Maçonnerie en pierre de taille.	70,00	96,78	67	6,774,60	25,582,93	22,896,73
			{ Id. en meulière à sec.	340,00	14,84	69	5,045,60		
			Ouvrages en contre-{ Id. en moellon à sec.	420,00	12,34	71	5,182,80		
			bas du halage... { Refouillement en pierre de taille.	76,50	110,22	73	1,818,63		
				m. q.					
			{ Parement taillé en pierre....	200,00	15,18	76	3,036,00		
			{ Id. de meulière.....	950,00	0,27	78	256,50		
			{ Marches d'escaliers	64	15,52	74	993,28		
			{ Assises d'échiffre.......	128	19,34	75	2,475,52		
3	»		**IIIe. CHAPITRE. — DÉPENSES SUR LES SOMMES A VALOIR.**						
			Construction d'une baraque pour bureau, côté d'Alfort, *pièce n°. 33.*				1,322,87	10,932,23	10,932,23
			État de journées de mariniers pendant septembre et octobre 1828, *pièce n°. 34.*				244,00		
			État de journées du mois d'octobre 1828, *pièce n°. 35.*				3,512,61		
			État de fournitures pour les ouvriers, même mois d'octobre 1828, *pièce n°. 36.*				352,75		
			Mémoire du pont de service des cinq arches pour à-compte, *pièce n°. 37.* ..				5,500,00		85,128,57
4	»		**IVe. CHAPITRE. — APPROVISIONNEMENS.**						
			Routes neuves.		fr.				
		2	A ajouter, Pavés côté d'Ivry............	2,000	300,00	25	600,00	....	600,00
									85,728,57
			Pont.	m. c.					
		3	A retrancher... { Bois pour courbes et poutres..	48,40	126,50	»	6,122,60	17,502,65	15,664,87
			{ Id. pour moises et pièces de pont.	108,90	104,50	»	11,380,05		
									70,063,70
			A déduire un tiers environ des dépenses faites..........						23,063,70
			Total à payer, pour quatorzième à-compte (*Voir* l'état-d'à-compte y relatif plus haut mentionné, p. 227).						47,000,00

L'ingénieur en chef.

Résumé du peu
d'écriture qu'exige
cette marche.
Exemple au Pont
d'Ivry.

(167) Ce serait du reste une erreur d'opposer à une forme d'état aussi claire, aussi complète, la multiplicité des payemens et la crainte de surcharger le service d'écritures volumineuses et de calculs par trop minutieux.

Au Pont d'Ivry, la totalité de nos payemens, du 1er. décembre 1827 au 12 mai 1829, s'est seulement composée de *dix-huit états* d'à-comptes, y compris le dernier état pour solde. Plusieurs fois nous avons délivré deux à-comptes dans un même mois, et aucune comptabilité n'a été plus ponctuelle dans ses payemens aux entrepreneurs à mesure de leurs besoins et même de leurs demandes.

C'est sur un simple folio de papier tellière qu'était disposé chaque *état d'à-compte*; de même le second folio de la même feuille double de papier tellière a toujours suffi pour le *détail estimatif partiel* à l'appui; telles étaient les seules expéditions nécessaires pour chaque payement.

Nous croyons qu'il est difficile de réduire à des écritures plus simples la comptabilité importante d'un travail de 775,000 francs qui a duré dix-huit mois.

Quant aux calculs assez étendus qui deviennent nécessaires pour trouver les quantités exactes d'ouvrages à porter au détail partiel de chaque mois, nous les jugeons, dans tous les cas, indispensables pour délivrer des à-comptes avec connaissance de cause.

2°. PIÈCES A L'APPUI DES COMPTES DÉFINITIFS.

Division des dépenses en deux cathégories.

(168) Les pièces à présenter à l'appui des comptes définitifs demandent à être classées, comme dans les évaluations même du projet, en deux catégories distinctes : les dépenses analysées au détail estimatif, et les dépenses pour lesquelles, sans évaluation précise, on porte à la fin du détail estimatif une somme à valoir.

Ouvrages analysés au détail-estimatif.

Dans la première catégorie des comptes, doivent se trouver les ouvrages, et les fournitures de toute espèce, dont les quantités et les prix ont été calculés au détail estimatif.

Ces ouvrages sont, les uns définitifs, les autres provisionnels; car le détail estimatif a dû non-seulement analyser les masses de remblais, de bois, de pierre, de fer et autres parties constituantes des ouvrages à exécuter, mais encore embrasser tout ce qu'il est possible de calculer à l'avance comme fouilles préparatoires, échafauds, chemins de service pilotés ou non, batardeaux réguliers, bords de caissons et autres ouvrages transitoires destinés à disparaître pendant ou après les travaux.

La deuxième catégorie ne doit comprendre que les dépenses pour lesquelles un chiffre même approximatif n'a pu être fixé par avance.

De ce nombre sont :

1°. Les ouvrages en attachement à la journée ou à la tâche, les fournitures diverses, (de toutes natures,) reconnues nécessaires en dehors des obligations de l'entrepreneur, les indemnités d'ouvriers blessés, les gratifications à accorder.

Ouvrages non appréciables à l'avance.

2°. Les frais d'épuisement, quels qu'ils soient, journées, locations de machines, fournitures d'équipages, mémoires de toute espèce qui s'y rapportent.

3°. Les barrières, signaux, chemins, ponts provisoires et autres exigences du commerce ou de la navigation, en raison des diverses phases que présente le travail en exécution.

4°. Les gardiens de jour et de nuit, les frais nécessaires de mariniers et de batelets de sûreté.

5°. Les baraques pour employés, les locations de chantiers.

6°. Les primes que peuvent gagner les entrepreneurs, etc., les indemnités à leur accorder quelquefois par suite de transactions.

On sait encore que ce sont bien réellement les sommes à valoir qui, dans les prévisions générales de l'ingénieur comme du spéculateur, sont appelées à couvrir les erreurs ou les omissions du détail estimatif. Cependant, comme ce ne sont point des dépenses éventuelles, comme ces chiffres supplémentaires auraient dû être analysés au détail estimatif, il est plus rationnel d'en faire l'objet de rectifications ou d'additions dans la catégorie qui les réclame.

Nous exposerons successivement les méthodes, par nous employées, pour arrêter régulièrement, et temps opportun, les diverses pièces à l'appui que peuvent embrasser les deux catégories sus-mentionnées.

Dépenses analysées ou qui auraient dû être analysées au détail estimatif primitif.

(169) Lorsqu'un ingénieur prépare un détail estimatif, il ne fait qu'un seul métré de tous les travaux qui composent un grand ouvrage; il se trace la marche la plus commode, la plus analytique pour en réduire les calculs à leur plus simple expression.

Circonstances qui président à la rédaction d'un détail estimatif.

Là tout est hypothèse; Des formes parfaitement symétriques, des équarrissages semblables évalués d'après des dimensions mathématiques, viennent abréger le travail; rien n'impose d'ailleurs à l'ingénieur l'obligation de s'occuper à jour fixe, en quelque sorte, de l'appréciation de tout ou partie des ouvrages projetés; il ne craint pas enfin qu'on mette en question l'exactitude des diverses bases de ses calculs.

Circonstances différentes lors du relevé des ouvrages exécutés.

Il n'en est pas de même pour le relevé définitif des ouvrages en cours d'exécution où, dans une foule de circonstances, toute vérification postérieure devenant impossible, il faut à l'instant même, contradictoirement avec l'entrepreneur, relever les dimensions des ouvrages, les pesées des fers, etc.

Relevé contradictoire et partiel, à mesure de l'avancement des travaux.

C'est ainsi que pendant tout le cours du travail du Pont d'Ivry, et immédiatement après l'achèvement de chaque portion d'ouvrage, nous nous sommes imposé la loi d'arrêter tout de suite et de faire reconnaître partiellement et isolément par l'entrepreneur les terrassemens, les pilotages et plates-formes, les ferrures, la maçonnerie de chaque culée, de chaque pile; la charpente, la serrurerie, la peinture de chaque arche; les bois, les fers, les autres ouvrages du plancher, etc.

Nous arrêtions en même temps sur la même feuille les prix à appliquer, soit qu'ils fussent ceux du détail estimatif, soit qu'ils dussent être modifiés ou dans leur composition, ou même dans leurs élémens.

Cette marche a été tellement simple et complète à la fois qu'il a suffi à la fin des travaux :

1°. De grouper tous ces relevés partiels en autant de liasses, timbrées *ad hoc*, qu'il y avait d'articles à la récapitulation finale du détail estimatif.

2°. De faire pour chacune de ces liasses le résumé de tous les ouvrages de même nature.

3°. De ranger tous ces résumés par articles, par sections, par chapitres en un seul et même état, dans l'ordre même du détail estimatif primitif.

Et il en est résulté naturellement la reconstruction du résumé (160) des dépenses prévues et calculées à la première division du détail estimatif primitif, dépenses qui, comme on l'a déjà dit (168), constituent la catégorie des ouvrages appréciables à l'avance, et par conséquent la première partie du décompte définitif des travaux.

Enfin, cette masse si importante des comptes s'est trouvée acceptée dans son ensemble par l'entrepreneur, puisque dans le cours du travail il en avait consenti successivement et contradictoirement tous les élémens (*Note* 34).

Dépenses non appréciables à l'avance, et à imputer sur la somme à valoir.
(*Note* 35.)

(170) Un mode analogue d'écritures a été appliqué pour la rédaction des pièces à l'appui des dépenses dont le chiffre, même approximatif, n'avait pu être calculé au détail estimatif.

(*Note* 34.) Des ingénieurs fort recommandables ont cru qu'en adjugeant des travaux en bloc, c'est-à-dire *à forfait*, il était possible d'éviter, après l'achèvement du travail, la vérification et la modification des métrages.

Ce système paraissait surtout limiter invariablement les dépenses, en interdisant tout changement au devis et en faisant peser sur l'entrepreneur toutes les causes ordinaires de différence entre les dépenses prévues et les dépenses effectives.

Mais lorsqu'on veut mettre en pratique ce mode de traité, on reconnaît :

1°. Que si pour des ouvrages de certaine nature, tels que des terrassemens, des pavages, et pour des constructions peu considérables, telles qu'un ponticeau, etc., il est possible de dresser à l'avance un détail estimatif *ne varietur*, il faut reconnaître aussi la presque impossibilité de tout prévoir, de tout calculer pour des travaux d'art importans, pour des ouvrages en rivière et à la mer.

2°. Qu'il peut y avoir erreur matérielle dans les métrages, et qu'il serait souverainement injuste que l'entrepreneur en fût victime.

3°. Qu'il se présente telle série d'accidens, d'avaries, dont l'adjudicataire ne peut être comptable.

4°. Qu'il arrivera telle circonstance, comme épuisement de carrières, ou autre, qui obligera de modifier les bases premières du traité.

5°. Que, si ce mode de marché *en bloc* a l'avantage de préserver de toute augmentation de dépense, il a l'inconvénient de faire à l'avance renoncer aveuglément à toute économie.

6°. Que d'ailleurs il est contraire à l'intérêt des travaux d'enchaîner tellement l'ingénieur qu'il n'y puisse apporter aucune modification quelle qu'en soit l'utilité ; et que ce serait en effet méconnaître combien la mise à exécution d'un projet, l'étude plus approfondie des localités, telle ou telle circonstance imprévue amène souvent de changemens tout-à-fait raisonnables et nécessaires.

L'application des adjudications *en bloc* doit donc être bornée à un certain nombre de cas spéciaux.

(*Note* 35.) On a souvent agité la question de savoir si c'est dans la catégorie des dépenses non appréciables à l'avance que, dans un détail estimatif, doivent être rangés les battages de pieux et de palplanches, ou s'il convient au contraire de fixer préalablement un prix réduit pour ce genre de travail.

Beaucoup de constructeurs pensent, et nous pensons avec eux, qu'il se trouve tant de variations presque insaisissables dans cette nature de main-d'œuvre, que, même avec des pieux d'épreuves préparatoires, ce n'est que bien rarement que l'on peut avoir fait un sous-détail exact ; que si l'ingénieur se trompe à l'avantage de l'entrepreneur, c'est la partie payante qui est lésée ; tandis que, si le contraire arrive, il en résulte une perte patente pour

30.

Arrêté contradic-
toire et mensuel.

C'est surtout ici qu'il est indispensable de préciser à l'instant même de l'exécution ou à des époques qui en soient suffisamment rapprochées tous les ouvrages dont la disparition est quelquefois si subite, ces journées, par exemple, dont on saisit à peine le résultat utile, ces fournitures dont il ne reste aucune trace.

Nous nous faisions un devoir de régler mensuellement toutes ces dépenses, de quelque nature qu'elles fussent, et pour que l'entrepreneur eût le même désir de voir arrêté définitivement, et au plus tard à la fin de chaque mois, le chiffre de ces divers mémoires, nous ne portions dans nos états, pour délivrance d'à-compte, aucune dépense à imputer sur la somme à valoir, à moins que la pièce y relative ne fût approuvée par nous et acceptée par l'entrepreneur.

Numérotage des
pièces; timbres des
séries.

Toutes les pièces à imputer sur la somme à valoir ont été numérotées en marge suivant *une seule série de numéros*; l'ordre des numéros n'a dépendu que de la priorité des arrêtés de compte de chacun de ces états. Cette série unique de numéros a le grand avantage d'empêcher qu'aucune pièce ne s'égare; elle permet encore de retrouver à l'instant même l'objet et le classement de chaque état ou mémoire.

Ce premier numérotage d'ordre n'a point empêché, à la fin des travaux, de classer toutes ces pièces à l'appui en un certain nombre de séries *timbrées* à leur tour de *lettres différentes* suivant les diverses natures des travaux, mains-d'œuvre ou fournitures auxquelles elles se rapportaient.

Bordereaux géné-
raux et partiels pour
classification de ces
pièces.

Ainsi un bordereau général de ces pièces indiquait à la fois la date de l'arrêté de compte de chaque dépense, son numéro d'ordre, son objet, son chiffre, et le timbre de la série où cette pièce avait dû être classée.

---

l'adjudicataire, et partant une plainte à laquelle, par des considérations de pitié et presque de justice, on est souvent amené à faire droit.

On doit donc en conclure qu'une pareille manière de procéder est un véritable jeu de hasard qu'un entrepreneur sage et éclairé redoutera toujours; jeu qui, d'un autre côté, tournera rarement au profit de la partie exécutante; que dès lors il faut, pour les battages, se borner à arrêter d'avance le chiffre des élémens de dépenses susceptibles d'une appréciation approximative, telles que fournitures de sonnettes, d'équipages, de cordages, de graisse, d'huile, etc. (faux-frais qui peuvent être réglés par pieu ou par mètre cube de bois piloté), et que la main-d'œuvre proprement dite des pilotages, comme celle des épuisemens, doit être rejetée dans les dépenses éventuelles à imputer sur les sommes à valoir.

BORDEREAU GÉNÉRAL par numéros, de la totalité des pièces à l'appui des dépenses à imputer sur les sommes à valoir.

DATES de l'arrêté des dépenses.	Numéros des pièces.	DÉSIGNATION DES DÉPENSES.	MONTANT.	TIMBRE de la Série où chaque pièce est classée.
			fr.	
14 janvier 1828.	1	Journées pour épuisemens et batardeaux, en décembre 1827.	1,134,45	PP
Id.	2	Fournitures pour épuisemens, en décembre 1827.	274,29	QQ
Id.	3	Fournitures pour batardeaux, en décembre 1827.	190,81	QQ
5 avril 1828.	4	Journées pour épuisemens et batardeaux, en janvier 1828. .	1,394,30	PP
Id.	5	Fournitures pour épuisemens et batardeaux, en mars 1828.	147,51	QQ
Id.	6	Ouvrages pour le service de la navigation.	335,49	UU
5 mai 1828.	7	Rouleau sur châssis pour halage des bateaux montants. . .	322,61	UU
9 juin 1828.	8	Location de norias pour épuisemens, en décembre 1827, mars et mai 1828.	723,10	QQ
Id.	9	Journées pour épuisemens, batardeaux, corrois, recepage de piles, mouvement de caissons, en mars, avril et mai 1828, etc., etc.	5,969,04	PP
. . . .	. .	Etc., etc.	. . . .	. . . .

De même, des bordereaux partiels, chacun relatif à une des séries par nature de dépenses, rappelaient de nouveau l'objet spécial, le numéro et le chiffre de chaque état isolé.

BORDEREAU PARTIEL par même nature de dépenses.
JOURNÉES EN ATTACHEMENT. — SÉRIE PP.

NUMÉROS DES PIÈCES.	DÉSIGNATION DES DÉPENSES.	MONTANT.
		fr.
1	Épuisemens et batardeaux au droit des deux culées, en décembre 1827.	1,134,45
4	Id. en mars 1828.	1,394,30
9	Id., notamment pour la culée d'Alfort, en avril et mai 1828.	5,969,04
10	Épuisemens pour la culée d'Ivry, recepage de piles, mouvement de caissons, en juin 1828.	1,222,97
15	Recepage de piles, mouvemens de caissons, en juillet 1828.	3,369,60
25	Id., en août 1828	1,718,23
30	Épuisemens et batardeaux du chemin de halage, côté d'Alfort, en septembre 1828.	2,096,75
35	Id., côté d'Alfort et côté d'Ivry, en octobre 1828.	3,512,61
38	Id., en novembre 1828.	1,390,88
43	Id., en décembre 1828.	228,00
50	Pose des fers du plancher, janvier, février et mars 1829.	1,517,68
56	Encastremens dans la pierre, pose de trottoirs et de bornes en granit, février et mars 1829.	825,12
63	Échafaudage pour la dernière couche de peinture, et ouvrages divers, en avril 1829.	1,161,10
	Total.	25,540,73

Ce sont ces derniers résumés ou bordereaux partiels qui, reproduits au décompte général et définitif (177), ont présenté le tableau analytique, et accepté à l'avance par l'entrepreneur, des sommes qu'il a été nécessaire d'imputer, suivant l'usage, sur les réserves, pour cas imprévus ou plutôt pour ouvrages et fournitures inappréciables à l'avance.

Élémens à recueillir pour la justification de ces dépenses.

(171) Nous devons encore parler des élémens à recueillir et de l'ordre à suivre afin que chaque pièce à l'appui soit aussi exacte que lucide. .

Nous diviserons ces pièces en trois classes :

1°. Dépenses en attachement, soit en journées, soit en fournitures.

2. Ouvrages susceptibles d'être métrés.

3°. Mémoires accessoires de toute nature.

Pour cette dernière classe, *mémoires*, il faut seulement recommander de régler chaque feuille le plus tôt possible, parce qu'on a mieux présens à la pensée les détails, souvent si minutieux, des dépenses faites.

Pour la deuxième classe, *ouvrages à métrer*, quand les travaux peuvent être payés à l'unité de mesure, il faut en relever les dimensions contradictoirement avec l'entrepreneur, vérifier avec lui les calculs des quantités, et lui faire accepter les prix qu'on a jugé convenable d'y appliquer; c'est en quelque sorte un métrage pur et simple avec prix débattus.

Détails particuliers aux dépenses en attachement de toute nature.

Bulletins et bons journaliers.

Mais pour la première classe comprenant *les dépenses en attachement*, la sujétion est tout autre, les élémens doivent en être arrêtés chaque jour et récapitulés chaque mois.

S'agissait-il de journées? nous exigions qu'un bulletin en fût dressé contradictoirement, en double chaque soir, et qu'il portât la désignation précise du travail auquel était appliqué chaque atelier, chaque ouvrier. Ces journées s'appliquaient-elles à des épuisemens? non-seulement on relatait la désignation capitale de la culée, de la pile, etc. en construction, mais on divisait les journées par articles distincts, avec indication des diverses machines, vis, norias, pompes, etc., qui avaient été mises en mouvement. Un bulletin reconnu et signé par le conducteur était remis à l'adjudicataire; un autre bulletin signé de l'entrepreneur restait aux mains du conducteur.

Quant aux fournitures, le conducteur délivrait des bons partiels au moment même de chaque livraison; l'entrepreneur gardait ces bons comme pièces probantes, et de son côté le conducteur tenait un registre exact des fournitures par lui constatées (*).

(172) Deux états récapitulatifs étaient préparés à chaque fin de mois, l'un pour les journées, l'autre pour les fournitures; on en consultera peut-être avec quelque intérêt la disposition; nous la croyons aussi simple que complète en renseignemens de toute nature. On en joint ici des modèles. Le premier tableau présente un relevé mensuel de journées; le deuxième tableau offre un relevé des fournitures faites en attachement, également pendant un mois.

Forme des états récapitulatifs de chaque mois.

Ces états n'ont jamais exigé un format plus grand que le papier tellière ordinaire. Ces états comprennent néanmoins : une première colonne de texte, trente et une colonnes portant les quantièmes des divers jours du mois, et une ou plusieurs colonnes de totaux à la suite.

Chaque article du texte s'applique à tous les chiffres mis en regard sur la même ligne horizontale dans les divers jours du mois. On a multiplié suffisamment les alinéas pour rendre distincts tous les renseignemens que les bons et les bulletins journaliers avaient présentés; on a même classé ces notes par sections, quand cela devenait utile pour la plus grande clarté de chaque résumé. Ainsi les épuisemens, les caissons et batardeaux, les chemins de service, la pose des organeaux, les sujétions non prévues pour plancher et voies en fer, etc., formaient des sections qu'on se gardait de confondre. Ainsi, on isolait les épuisemens de chaque culée, de chaque chemin de halage, et on trouvait le moyen d'assigner des lignes distinctes au travail de chaque machine, soit de jour soit de nuit. Ainsi chaque nuance d'ouvrage était autant séparée que possible; et ces états, malgré leur concision, donnaient la date et la quantité de chaque fourniture, le nombre même d'ouvriers de chaque espèce appliqués chaque jour à chaque travail, à chaque machine, etc; c'est-à-dire qu'ils offraient à la vue le tableau fidèle et détaillé de tous les faits matériels, saisissables, et propres à faciliter le contrôle le plus minutieux.

Renseignemens détaillés donnés par ces états.

(*) Il est seulement nécessaire de prévenir l'entrepreneur officiellement et une fois pour toutes :

1°. Que ces pièces (bons et bulletins), bien que signées du conducteur, ont pour unique objet de constater un fait matériel, c'est-à-dire un emploi de journées, une consommation de fournitures pour tel ou tel travail.

2°. Qu'il n'en résulte nullement la reconnaissance d'une somme due.

3°. Que l'allocation de ces journées, de ces fournitures, se rattachant presque toujours à des principes d'ordre, à des usages, à des interprétations de marché, la question de l'admission en compte ou du rejet, de ces dépenses reste toute entière et n'est vidée que lorsque l'ingénieur arrête, dans les états récapitulatifs (172), *pages* 240 et 241, le chiffre des sommes dues à l'adjudicataire.

Société du Pont d'Ivry.

Sr. A****, entrepreneur.

JOURNÉES
pour ouvrages de navigation, fondations, épuisemens, et travaux divers.

No. 35 du bordereau général.

Octobre 1828.

DÉSIGNATION ET EMPLOI DES JOURNÉES.

1°. *Ouvrages de navigation.*

Préparation des coulisses.

2°. *Fondations des chemins de halage.*
Côté d'Alfort.

à faire des tranchées et à remblayer le terre-plein.
à déraser le batardeau.
à débarder du bois.

à faire des tranchées et à remblayer le terre-plein.
à déraser le batardeau.
à débarder du bois.

Côté d'Ivry.
à faire des tranchées, etc., id.
à prendre des remblais dans la fouille à la suite des pilotis.

à faire des tranchées, etc., id.
à prendre des remblais, etc., id.

3°. *Épuisement pour chôm. de halage.*
Côté d'Alfort.

Chef, surveillance. { Jours. / Nuits.

Petite vis. { Jours. / Nuits.

Grosse vis. { Jours. / Nuits.

Noria avec seaux de 50 litres. { Jours. / Nuits.

Transport de bannes et de machines.

4°. *Ouvrages divers.*

Ouvrages divers.

RÉSUMÉ.

	Jours	Prix brut.	Faux-frais.	Bénéfice.	Ensemble.
					fr.
Charpentiers	18,9	4,0	0,40	0,40	4, 80
Terrassiers piocheurs	316,6	2,75	0,14	0,8	3, 17
Id. pelleurs	328,*	2,35	0,11	0,23	3, 59
Manœuvres pour épuisemens	354,*	2,0		0,40	2, 40
Chef d'atelier	31,*				
Voiture à un cheval	14,*	Comme plus haut			3, 17
	2,*	Comme plus haut			9, 59
	4,*	Prix débattu			18, *
					3,512.61

Arrêté le présent état de journées, à la somme de trois mille cinq cent douze francs soixante-un centimes.

L'ingénieur en chef.

Accepté le présent état, montant à la somme de trois mille cinq cent douze francs soixante-un centimes.

L'entrepreneur.

Société du Pont d'Ivry.

Sr. A****, entrepreneur.

FOURNITURES

pour *fondation et élévation hors d'eau des deux chemins de halage.*

N°. 36 du bordereau général.

Octobre 1828.

DÉSIGNATION DES FOURNITURES.	JOURS DU MOIS (Côté d'Alfort / Côté d'Ivry)	TOTAUX — Partiels.	TOTAUX — Généraux.
Travail dans l'eau.			
Vin { aux terrassiers dans les fouilles... / aux charpentiers; pose de chapeaux...	9 28 29 22 36 14 14 14 15 28 12 13 16 16 8 14 17 10 13 12 13 8 15 17 … / 18 24 26 24 24 12 14 12 20 12 24 24 36 24 12	388 / 392	Bouteilles. 780
Paille....................	18 k. 4,5	44	Bottes. 44
Clous....................	k. 3	7,50	Kilo. 7,50
Chevillettes.............	7	7	7
Chandelles...............	k. 2,5 … k. 2,5 … k. 2,5	10,50	10,00 miel. quarrés. 13,00 morisets. 50
Planches, déchirages de bateaux.	m. 13	13,50	
Morisets, ou petits pieux ronds.	20 … 30	50	

RÉSUMÉ

	fr.
780 bouteilles de vin, à 0,20	156,00
7k. 50 de clous, à 1 fr. 30 c	9,75
7,00 de chevillettes, à 1 fr. 10 c	7,70
10,00 de chandelle, à 1 fr. 44 c	14,40
44 bottes de paille, à 40 c	17,60
13 m.q. de planches de bateau, à 1 fr. 50 c.	18,00
50 morisets, à 2 fr 25 c	122,50
	345,95
1/20 pour avance de fonds	17,30
	363,45

Accepté le présent état montant à la somme de trois cent soixante-trois francs vingt-cinq centimes.

L'entrepreneur.

Arrêté le présent état de fournitures à la somme de trois cent soixante-trois francs vingt-cinq centimes.

L'ingénieur en chef.

Inutilité des rôles
nominatifs lorsqu'il
y a des prix réduits
convenus pour cha-
que classe d'ouvriers.

(173) On s'étonnera peut-être que nous n'ayons rien dit *des rôles nominatifs* recommandés, exigés même par divers chefs de service.

Nous reconnaissons cependant que les rôles nominatifs sont indispensables dans une régie où le salaire de chaque ouvrier varie dans chaque classe, suivant qu'on apprécie son adresse ou sa force; on conçoit
en effet qu'alors le régisseur doit tenir cette espèce de rôle qui donnera
le chiffre de la dépense faite, et partant le décompte de l'allocation qui lui
revient d'après la soumission ou les conventions qui font loi.

Mais quand il n'existe (comme dans la plupart des grands travaux)
aucune inégalité de salaire entre les ouvriers de même classe, et lorsque
ces journées sont toutes payées suivant des prix réduits fixés par la soumission de l'entrepreneur ou débattus avec lui pour chaque catégorie
d'ouvrages, les rôles nominatifs deviennent évidemment inutiles.

On remarquera en outre que les instructions qui prescrivent des rôles
nominatifs n'exigent aucun autre renseignement, c'est-à-dire que l'on
suppose sans intérêt de connaître à quel lieu, à quelle machine, à
quel ouvrage, à quel objet spécial enfin répond le travail exécuté. Il
en résulte selon nous que ce que ces instructions exigent est sans
objet, et que ce qu'elles n'exigent pas est la seule chose utile et quelquefois nécessaire.

Mche pratique
adoptée dans les
grands ateliers les
mieux organisés.

Pour s'en convaincre il faut un instant se transporter sur le chantier d'un grand travail, et y observer les meilleures méthodes employées
par les ingénieurs pour éviter tout désordre dans cette partie des dépenses.

Il peut arriver que les ouvriers employés en attachement travaillent
de jour et de nuit. C'est ordinairement dans le cours de la journée que se
rencontrent le plus de variations dans le nombre des ouvriers employés
en régie; c'est en effet de jour qu'on organise la presque totalité des nouveaux ateliers, qu'on essaie les batardeaux, qu'on cherche à diminuer le
nombre des manœuvres d'une machine à épuiser, qu'on donne un coup
de collier pour des fondations, etc.; et alors le conducteur prend, à chaque
tiers de jour, ou à chaque demi-journée, suivant l'opportunité, le nombre
exact de tous les ouvriers de chaque profession occupés en attachement.

Si c'est un travail de nuit, le nombre des ouvriers est ordinairement
moins variable par plusieurs raisons faciles à saisir; en général on n'y
emploie que des ateliers déjà tout organisés; le conducteur en prend
attachement au commencement de la nuit, et son devoir est de veiller

ou de faire veiller les piqueurs, pour que le nombre d'ouvriers appelés reste au complet jusqu'au lendemain.

Dans tous les cas, on ne relève jamais que *le nombre* des ouvriers, quel que soit leur roulement entre eux, pour cause de maladies, négligences, etc.; c'est ce nombre que l'entrepreneur doit maintenir plein et dont il reste responsable soit la nuit, soit le jour. Il doit donc en être des journées comme de toute autre fourniture à la pièce; c'est le nombre qu'il importe de connaître et qu'il faut justifier par des spécialités faciles à saisir et à contrôler.

Dira-t-on qu'avec des rôles nominatifs, il serait possible de faire une vérification, en recherchant si tel ou tel ouvrier a été réellement présent sur les travaux?

Ce serait n'avoir jamais été témoin du roulement incroyable d'un grand atelier et méconnaître l'impossibilité de retrouver le nombre considérable d'ouvriers qui ne font que paraître et disparaître; ce serait ignorer que la plupart de ces ouvriers ne sont portés au carnet de l'entrepreneur que sous des noms de baptême ou de chantier, et que le plus souvent ces noms sont involontairement et cependant étrangement défigurés par les employés chargés d'en tenir inscription. Quelques noms connus, quelques chefs et principaux ouvriers pourraient se retrouver encore; mais quelle enquête découvrirait tous ces individus dispersés, ignorés, et dont pourtant le salaire a formé la principale masse des dépenses.

Ajoutons que, lorsqu'on exige des rôles nominatifs, le conducteur ne peut vérifier l'exactitude des noms accusés par l'entrepreneur, et que ces noms sont en partie mensongers, au moins pour toutes les fractions de journées qu'on accumule ordinairement sur une ou plusieurs têtes. C'est-à-dire qu'on tombe dans l'inconvénient prodigieusement grave et dangereux d'introduire dans des comptes des élémens fictifs, inconvénient qu'il faut toujours éviter, même lorsque les résultats pourraient être de toute vérité.

Remarquons encore que des rôles nominatifs demandent de longues écritures pour le moindre travail, qu'il en résulte des cahiers, des liasses, au lieu de simples feuilles disposées en tableaux, et que la tenue des carnets, la rédaction des minutes, les expéditions au net, exigent un temps considérable.

Tout est donc surcroît de besogne, inutilité, fiction même dans l'usage des rôles nominatifs.

31.

Et au contraire tout est utile et conforme à la plus rigoureuse vérité dans la forme d'état si concise et cependant si complète que nous avons suivie et dont nous avons donné le modèle.

Nous n'avons du reste autant insisté sur ces détails, que parce que c'est un véritable besoin pour un directeur de travaux de justifier, par tous les moyens possibles, des dépenses de cette nature ; dépenses quelquefois considérables, et à l'égard desquelles force est de s'en rapporter à la volonté de l'ingénieur pour toute règle, à son expérience pour unique mesure, à sa conscience et à sa fermeté pour céder ou résister aux perpétuelles prétentions plus ou moins spécieuses d'un intérêt particulier souvent opiniâtre et presque toujours harcelant.

3°. Questions de principes pour règlement de compte.

Nous avons été conduits et par les objections que nous nous sommes faites à nous-mêmes, et par diverses réclamations de l'entrepreneur, à chercher la solution de plusieurs questions qui se rattachaient soit aux métrages, soit au décompte des travaux du Pont d'Ivry.

Nous croyons utile de donner l'analyse de celles de ces discussions qui nous ont semblé d'un intérêt général.

§ 1. Métrage des bois d'assemblages.

Cubage des tenons et autres membres d'assemblages.

(174) 1re. Question. La longueur des coupes et assemblages doit-elle être ajoutée à la longueur apparente de la solive mise en œuvre ? Par exemple, le double développement d'un trait-de-jupiter ou de tout autre emmanchement, l'excédant de longueur provenant des tenons d'une contrefiche, doit-il être compté dans les métrages ?

Plusieurs ingénieurs refusent cette allocation en se fondant sur le déchet porté aux sous-détails, déchet qui dans leur pensée embrasse les coupes non apparentes.

Beaucoup d'autres, et nous sommes de cette opinion, posent au contraire cette règle générale : que le déchet alloué aux sous-détails n'est applicable qu'aux grands abattages, soit sur les faces longitudinales, soit aux abouts, tant pour purger la pièce de tout aubier, de toute partie vicieuse, que pour la ramener à la forme de parallélipipède régulier la plus rapprochée du relief à mettre en œuvre.

Selon nous encore, le déchet ne doit embrasser que des quantités variables, des pertes éventuelles, inhérentes au travail, et non susceptibles d'une évaluation préalable et rigoureuse. Les additions de longueur pour coupes et assemblages étant arrêtées invariablement à l'avance, et étant même imposées par le devis à l'entrepreneur, ne peuvent donc être considérées comme déchet, et sont évidemment des dimensions qui doivent figurer dans les métrages.

Seulement il est indispensable alors de préciser, dans les instructions pour l'entrepreneur, le nombre et le tracé des assemblages, afin d'avoir le droit de laisser au compte de cet adjudicataire toutes les extensions ou dérogations aux ordres donnés.

Ainsi, au Pont d'Ivry, les contre-fiches ont été toisées de longueur jusqu'à la dernière extrémité de leur tenon, et les pièces de pont ont été comptées avec une plus-longueur égale au recouvrement des assemblages.

Ainsi, les joints des chapeaux de rive de fondation, les assemblages des chapeaux de ceinture des caissons, les tenons de traversines ont été ajoutées comme autant de plus-longueur à compter sur l'équarrissage entier de la solive y attenante.

Mais il était ordonné de n'avoir (et il n'eût été compté) qu'un seul joint par pièce de pont, qu'un seul assemblage dans le chapeau longitudinal de chaque rive du fond de caisson, etc., etc.

§ 2. *Échafaud de pose.*

(175) 2°. *Question. Un échafaud de pose doit-il figurer explicitement au détail estimatif d'un pont de charpente à grandes travées ?*

C'est un travail coûteux, quoique provisoire. Nous en avions fait omission au détail du Pont d'Ivry; l'entrepreneur a réclamé; nous donnons les motifs qui nous ont décidé à nous condamner nous mêmes et à allouer en dehors de nos estimations cette dépense accessoire (*).

Un ingénieur ne peut se refuser à accorder un échafaud de pose que par l'un de ces deux motifs : ou il aurait effectivement porté aux sous-détails de la charpente une allocation spéciale pour en couvrir la dépense; ou il penserait que cette dépense est au nombre des faux-frais alloués, dans les sous-détails de charpente, à raison de *un dixième* du prix de la main d'œuvre.

Mais on sait d'abord que ce dixième du prix de la main d'œuvre est exclusivement destiné à couvrir les frais tels que gâcheurs, épures, outils de toute espèce, équipages ordinaires, panneaux, planches, clous, etc.,

Échafaud de levage à compter explicitement.

(*) Même omission a eu lieu aux ponts en charpente de Chatou et de Grenelle, et même allocation a été faite au Pont de Chatou par l'administration des Ponts et Chaussées et au Pont de Grenelle par la compagnie concessionnaire.

Cette jurisprudence peut donc être considérée comme généralement admise.

chantiers, hangards. Et cette supposition serait au surplus bien peu en harmonie avec les chiffres de nos observations personnelles; puisque, par exemple, au Pont d'Ivry le dixième du prix de main-d'œuvre de la charpente ne s'est élevé qu'à 1,850 fr., tandis que l'échafaud de pose a coûté 6,500 fr.

Un ingénieur voudrait-il encore calculer, en dehors du détail, la dépense d'un pareil échafaud, pour en répartir la dépense (de 6,500 fr. par exemple) au marc le franc (à raison de 15 fr. par mètre cube), sur les 430ᵐ.00 cubes de bois à mettre au levage : ce serait opérer avec équité, mais d'une manière tellement implicite que tout soumissionnaire aurait été obligé de faire lui-même le projet de son échafaud de pose, ce qui l'eût probablement conduit, par crainte ou par inexpérience, à trouver le chiffre de 15 fr. beaucoup trop faible.

La justice veut donc qu'un échafaud de pose soit alloué, et l'intérêt de de la partie payante veut à son tour que cette allocation soit basée à l'avance sur un détail régulier dont tous les élémens mis en évidence soient faciles à vérifier.

Décompte du plancher à claire-voie de cet échafaud.

(175 *bis*) 3°. *Question Est-il dû à l'entrepreneur, sur la longueur et largeur entière de l'échafaud de pose, un plancher plein en plats-bords*, et par conséquent le bardage, la pose, le chevillage et les fournitures ou déchets dudit plancher ?

Les antécédens que nous avons pu recueillir, c'est-à-dire les devis de divers ponts en bois, et les décomptes qui en avaient été la conséquence, semblaient justifier l'affirmative.

Nous avons pourtant repoussé cette prétention de l'entrepreneur; et comme la dépense de cette partie d'un échafaud de service est assez importante, nous motiverons notre opinion en rappelant les principes qui nous paraissent applicables à cet article d'un détail estimatif.

Il faut d'abord bien distinguer le plancher nécessaire à un pont de service et le plancher nécessaire à un échafaud de pose.

Le pont de service, d'après son objet, doit avoir un plancher continu, plein et fixe sur sa longueur et largeur entière.

Il est au contraire de la nature même d'un échafaud d'avoir, sur une ossature fixe, un sol en quelque sorte mobile, formé de plats-bords ou de planches qu'on déplace à volonté, et qui en quelque sorte ne font point corps avec l'échafaud, et en effet :

1°. Lorsqu'on exécute un battage de pieux dans une fondation par épuisement et que les sonnettes reposent sur le sol même, l'allocation d'échafaud est comprise dans les faux-frais généraux accordés au sous-détail de battage. Cependant il faut, pour le mouvement général des sonnettes, établir sur le terrain tout un système de plats-bords longitudinaux; il faut encore, à fleur de l'enrayure basse de la sonnette, les planches et madriers nécessaires au travail des manœuvres. Pourquoi donc l'entrepreneur serait-il affranchi de cette obligation lorsqu'il vient à piloter en rivière? Nous concevons fort bien qu'on lui accorde, en dehors des faux-frais généraux, les points d'appui et les lignes fixes à claire-voie nécessaires comme sol factice, pour recevoir ses équipages; mais comme ceux-ci, après tout, souffriront moins sur un échafaud que sur une terre humide, nous ne pouvons admettre qu'on aille plus loin.

2°. Lorsqu'on a monté les fermes, y compris les longerons d'un pont en charpente, on en regarde le levage comme entièrement terminé, parce qu'il ne reste plus que le plancher à poser, et l'on refuse toute autre allocation d'échafaud, quoique les fermes espacées les unes des autres de $1^m.25$ à $1^m.5o$, sans aucune solive en travers, ne présentent encore qu'un échafaud très-incomplet. Et en effet si l'on accordait un nouveau plancher de service sur les fermes, il faudrait aussi en allouer un autre (et ce serait le troisième) sur les pièces de pont qui sont posées à $0^m.5o$ et $0^m.7o$ d'intervalle; car l'entrepreneur n'a-t-il pas à y appuyer des plats-bords pour la pose des trottoirs et du plancher du pont?

Pour éviter toute confusion d'idées, nous avons donc fait les distinctions suivantes :

S'il existe un sol naturel, il n'est point dû d'échafaud de service en dehors des faux-frais généraux des sous-détails.

Si ce sol naturel n'existe pas, on doit évidemment à l'entrepreneur, et en dehors de ses faux-frais généraux, un sol factice, mais seulement composé de points d'appui, de lignes fixes, qui peuvent avoir pour intervalle la portée ordinaire des planches et madriers que l'entrepreneur est obligé de fournir à titre d'équipages.

Nous avons admis, comme base moyenne, que cet écartement devait être de $1^m.5o$ de milieu en milieu.

Ainsi, malgré la résistance de l'entrepreneur, nous avons, pour l'échafaud de service de levage, considéré que, les fermes étant espacées de plus de $1^m.5o$, c'était avec des plats-bords transversaux appuyés sur les fermes qu'il fallait former les claires-voies destinées à recevoir les équi-

Planche 8.

pages dus par l'entrepreneur à titre de faux frais, et nous avons dès lors accordé, par travées de 22^m.50 d'ouverture, seize plats-bords transversaux de 11^m.00 de long et de 0^m.35 de large, ainsi que le représente la *fig.* 2, *Pl.* 9, pour une demi-ferme d'échafaud.

Ces plats-bords formaient une superficie de 61.60 mètres quarrés, et la travée entière garnie pleine, suivant la demande de l'entrepreneur, eût présenté 247.50 mètres quarrés, c'est-à-dire, une surface quadruple.

§ 3. *Refouillemens et entailles.*

Règlement de compte des refouillemens, encastremens, entailles et percemens.

(176) 4e. *Question. Lorsque, pour pose de ferrures, il est nécessaire d'exécuter des refouillemens dans la pierre ou des entailles dans le bois, ces main-d'œuvre accessoires sont-elles une des charges de l'entrepreneur, comme comprises dans les allocations pour faux-frais aux sous-détails ?* ou le montant de ces dépenses est-il dû à l'entrepreneur, en dehors du prix des maçonneries, des charpentes, des serrureries ?

5e. *et dernière question. Dans le premier cas, et pour prévoir l'hypothèse d'adjudications distinctes pour chaque nature d'ouvrages, ces main-d'œuvre doivent-elles être considérées comme une charge de la maçonnerie et de la charpente, ou comme une des charges particulières à la serrurerie ?*

Avant d'aborder ces questions, rappelons-nous que les ferrures d'un grand ouvrage se divisent, sous le rapport de la pose, en deux catégories, savoir : en pièces de serrurerie proprement dite, et en ferrures dépendantes des maçonneries ou des charpentes ; et que, si c'est au serrurier à poser les premières, les dernières doivent au contraire être mises en place par les maçons, tailleurs de pierre et charpentiers.

Dans la première classe, on rangerait, par exemple au Pont d'Ivry, les contrevents en fer du plancher, les chemins en fer et les garde-fous.

Dans la deuxième classe, on rangerait, 1°. les plates-bandes, mandrins, armatures de toute espèce à sceller en tout ou partie dans les maçonneries, 2°. les plates-bandes, équerres et brides à appliquer sur les bois, les boulons, tire-fonds et chevillettes de toutes formes et dimensions, destinés à relier des élémens de charpente entre eux.

Or, pour cette dernière catégorie de ferrures, la façon des fers et leur bardage au chantier sont les seules mains-d'œuvre comprises aux sous-détails de serrurerie, de même que les faux-frais alloués aux mêmes sous-détails ne sont applicables qu'à la fourniture des outils de forge et aux redressemens ou réparations des pièces de ferrure jusqu'au moment de leur réception et de leur mise en place.

Pour cette même classe par conséquent, tous les autres faux-frais et main-d'œuvre, le coltinage du chantier sur le tas, la pose, les entailles ou refouillemens que cette pose exige dans la pierre ou dans le bois, se trouvent faire partie des ouvrages de charpente ou de maçonnerie, c'est-à-dire que ce sera dans les sous-détails de ces ouvrages, en apparence étrangers à la serrurerie, qu'il faudra chercher les diverses poses et portions de faux-frais à la charge de l'entrepreneur.

On conçoit en effet qu'il ne peut pas en être autrement : c'est à mesure de l'avancement des maçonneries et de la charpente qu'un scellement devient possible, qu'un boulon, qu'une bride ou plate-bande devient nécessaire. Ce serait retarder le travail que de ne pas opérer immédiatement cette mise en place de fers; et cependant cette pose s'opère tellement à bâton rompu qu'il serait impossible, à moins d'une perte de temps considérable, d'y attacher toujours un serrurier. Ce dernier parti ne serait même pas le moyen de mieux faire; car s'il s'agit d'incrustement dans la maçonnerie, le poseur, le tailleur de pierre seront certainement les ouvriers les plus adroits, soit pour ménager les paremens, soit pour ne laisser dans les refouillemens que le moins de jeu possible; et s'il est question de plates-bandes, de boulons, de brides, personne, mieux que le charpentier, n'en soignera l'ajustement.

Le fer n'est donc ici qu'un accessoire de la maçonnerie ou qu'une sorte d'assemblage de plus pour la liaison des charpentes. Au contraire, dans les ferrures de la première catégorie, le fer, loin d'être un accessoire, constitue un ouvrage à part de serrurerie, de forge, pour lequel le tas est, pour ainsi dire, livré au serrurier; et dès lors les sous-détails de serrurerie doivent seuls comprendre la main-d'œuvre, la façon, la pose, le bardage sur le chantier, le coltinage sur le tas, et embrasser, dans leurs faux-frais les outils, les équipages de pose, les ajustemens sur place de toute espèce, etc., etc.

Ainsi, règle générale pour la solution de la cinquième question que nous avons posée plus haut :

Le coltinage sur le tas et la pose des ferrures à enfermer ou à encastrer dans la pierre rentrent dans les faux-frais alloués pour maçonnerie.

Le coltinage sur tas et la pose des plates-bandes, boulons, brides à appliquer ou à entailler dans les bois, rentrent dans les faux-frais à allouer pour charpente.

Pont d'Ivry.   32

Le coltinage sur tas et la pose des pièces de serrurerie qui constituent un ouvrage à part, distinct des maçonneries et charpentes, sont au nombre des mains-d'œuvre comprises aux sous-détails de serrurerie.

Du reste, et pour toute espèce de ferrures sans exception, on doit comprendre, dans les faux-frais alloués aux sous-détails de serrurerie, la fourniture des outils tant de forgeron que de serrurier, et les rectifications ou ajustages sur tas des fers proprement dits.

Quant à la solution de la quatrième question, celle de savoir s'il faut ou comprendre dans l'allocation générale des faux-frais, ou payer à part, les refouillemens dans la pierre, les entailles ou les percemens dans les bois que peuvent exiger diverses ferrures; après y avoir mûrement réfléchi, nous pensons que les percemens pour boulons et chevillettes doivent rester au compte de l'entrepreneur, comme compris dans les frais de pose de charpente et de serrurerie; mais que les refouillemens dans la pierre et les entailles de toute nature dans le bois doivent être comptés à l'entrepreneur et exécutés, soit à la journée, soit à la tâche, suivant les ordres particuliers de l'ingénieur. Voici nos motifs :

1°. Jamais on n'a songé à stipuler des allocations spéciales pour les percemens des chevilles en bois , dont les assemblages de charpente sont ordinairement garnis, tant pour serrer en joint que pour rendre les tenons solidaires des mortaises, parce que les chevilles font partie indispensable de l'assemblage même :

Or les boulons, les chevillettes sont évidemment des liaisons de même ordre, seulement le fer remplace le bois. Dans les chantiers, en attendant que les boulons fassent leur office, on emploie même des fiches en fer, ce qui emporte l'obligation d'exécuter le percement.

Les percemens sont presque toujours des ouvrages simples; on peut y occuper tout charpentier sorti même récemment d'apprentissage. Le nombre de trous, et par conséquent le temps à y employer, est déterminé ou appréciable à l'avance; c'est enfin un ouvrage d'une exécution facile qui ne peut être fait de deux manières et qui n'est susceptible d'aucune malfaçon.

2°. Les incrustemens dans la pierre, les entailles dans le bois, sont au contraire des travaux qui demandent une main exercée; et pour peu qu'il y ait négligence, ou manque de dextérité, l'incrustement n'est pas net, les fers ont du jeu, l'eau s'introduit dans l'entaille, etc., etc.

D'un autre côté, un grand nombre d'entailles sont accordées plus encore à la netteté qu'à la solidité de l'ouvrage. Dans ce cas particulier, la pose des fers serait également utile et bonne, en juxta-posant seulement et sans entaille l'armature sur la solive. L'entrepreneur le sait; et il considère dès lors cette sorte de perfectionnement comme une sujétion hors-d'œuvre, qui n'aurait dû être mise au nombre des charges qu'après avoir été appréciée et ajoutée aux frais ordinaires de pose sans entaille. Dans cette disposition d'esprit, il veut atténuer ce qu'il appelle une exigence arbitraire, en dehors des estimations régulières; et presque toujours il ordonne à l'ouvrier de faire plutôt vite que bien; c'est-à-dire que l'ingénieur a le chagrin de voir traiter avec une négligence déplorable la partie de tout le travail qui demande certainement le plus de soin.

Si au contraire l'ingénieur accorde pour ce travail des journées à l'entrepreneur, ou s'il traite à la tâche avec des ouvriers d'une dextérité reconnue, les entailles auront les dimensions les plus précises, les bois seront ménagés, et les encastremens exactement remplis par les fers. Il faut donc, dans l'intérêt de la bonne exécution du travail, ne pas hésiter à payer, en dehors des sous-détails, ces incrustemens et entailles aussi minimes que difficiles.

Cette marche est d'ailleurs commandée par la justice, et au surplus l'ingénieur pourra restreindre à volonté la dépense de ces ouvrages accessoires, en limitant la sujétion des encastremens au strict nécessaire.

Nous avons appliqué ces bases au règlement de comptes du Pont d'Ivry.

Ainsi, il n'a rien été alloué pour percement de boulons et pose de chevillettes. Et au contraire on a payé à l'entrepreneur :

1°. Les journées des tailleurs de pierre employés aux encastremens et à la pose dans les maçonneries au droit, soit des organeaux de navigation, soit des crampons et armatures appliqués aux dés composés et aux parapets.

2°. Les journées des charpentiers employés aux entailles dans les bois ou à des encastremens de fer, soit au droit des contrevents, pour leurs attaches tant au-dessous qu'au-dessus des pièces de pont, pour la saillie des écrous, des coins, etc., soit au droit des chemins de fer, pour les nombreux crochets des bandes longitudinales, pour les entretoises, etc.

4°. DÉCOMPTES GÉNÉRAUX DÉFINITIFS,

Ordinairement appelés Etats de situation.

(177) Nous appelons *décomptes* provisoires ou définitifs, partiels ou généraux, les écritures des comptes rendus que l'on désigne généralement sous le nom d'état de situation.

Nous avons dit (168) que cette récapitulation de toutes les dépenses devait, comme l'estimation primitive, se diviser en deux chapitres : *Ouvrages prévus au devis*, et *Ouvrages à imputer sur la somme à valoir.*

Nous avons fait voir (169) comment on ordonnait en un seul et même résumé tous les métrages partiels relevés contradictoirement avec l'entrepreneur pendant la durée entière du travail.

Nous avons indiqué (170) comment, au moyen d'une double série de bordereaux, on massait également toutes les dépenses accessoires à imputer sur la somme à valoir.

Les développemens que nous avons donnés (160) pour l'ordre et l'arrangement du troisième chapitre d'un détail estimatif s'appliquent du reste, en leur entier, à la rédaction du *décompte général et définitif* du même travail.

On pourrait donc réduire aux termes suivans la marche à suivre pour le résumé final du compte à rendre :

Ordre, développemens et justification de ces dépenses. 1°. Suivre l'ordre même du détail estimatif, et dans les grandes divisions, et dans les subdivisions les plus minutieuses ; commencer par la récapitulation revue et refondue contradictoirement de tous les ouvrages prévus ou qui auraient dû être prévus au détail estimatif.

2°. Développer, à la suite, le résumé aussi clair qu'analytique de toutes les dépenses pour lesquelles il a fallu porter en bloc des sommes à valoir au projet primitif.

3°. Rappeler toujours les lettres et numéros de la pièce à l'appui, métrage, rôle de journée, état de fournitures, mémoires, etc., afin de faciliter la recherche de tous les détails désirables comme justification de chaque article de dépenses.

Nous joignons à ces détails, et comme dernier modèle, le décompte définitif du Pont d'Ivry et des deux portions de routes neuves y attenantes

DÉCOMPTE DÉFINITIF *des ouvrages et dépenses pour la construction du Pont d'Ivry et des routes neuves y attenantes, entre le carrefour d'Alfort et le rond-point de la plaine d'Ivry.*

Les prix des articles marqués (*) ont été soumissionnés sans rabais.
Nota. Tous les autres prix du 1ᵉʳ. Chapitre sont frappés d'un rabais de 10 ½ pour o/o.

INDICATION DES OUVRAGES.	Quantités d'ouvrages.	Prix de l'unité de mesure.	Numéros des sous-détails.	MONTANT DES DÉPENSES.			TOTAUX.
				Par article.	Par masses partielles		
					Sans rabais.	Avec rabais.	
CHAPITRE Iᵉʳ. OUVRAGES PRÉVUS AU DEVIS.	m. c.	fr.		fr.			
1ʳᵉ. SECTION. — ROUTES NEUVES.					fr.	fr.	
1°. Terrassemens Métrages AA, AB, etc. — Déblais.	3144.68	0.71	20	2232.72			
Remblais à la voiture.	28848.86	1.90	22	54812.72			
Dressage des talus.	29616.09	0.03	19	888.48	63591.85	56887.86	
Pilonnage.	5154.48	0.20	18	1030.90			
Cuvettes.	382	1.91	24	729.62			
2°. Plantations et semis, Métrages BB, BC, etc. — Dragages.	3093.93	1.25	»	3867.41			fr.
Arbres.	437	2.23	28	974.51	1084.41	970.56	113157.09
Semis.	4395.96	0.025	30	109.90			
3°. Pavages. (*) Métrages CC, CD, etc. — Pavage neuf.	8071.43	6.04	25	48751.44			
Plus-value de bordures.	1248.91	4.83	26	6032.24			
Relevés-à-bout.	561.00	0.45	27 bis.	252.45	55298.68	55298.68	
Sable.	51.73	2.75	46	142.26			
Plus-value de bordures d'Orsay.	344.00	0.493	»	120.29			
IIᵉ. SECTION. — PONT.	m. c.						
1°. Terrassemens. Métrages DD, DE, etc. — Déblais hors d'eau.	3880.05	0.71	20	2754.84			
Déblais sous l'eau.	599.30	1.29	21	773.10			
Remblais.	206.85	1.90	22	393.02	4281.12	3831.60	
Règlement de talus.	221.11	0.03	19	6.63			
Pilonnage.	1767.63	0.20	18	353.53			
2°. Charpente de fondations. Métrages EE, EF, etc. — Travaux provisoires. — Pieux.	14.78	113.20	96	1673.10			
Solives.	20.12	45.08	97	907.01			
Plats-bords.	348.80	1.83	98	638.30			
Poteaux.	2.712	135.73	»	368.09	2557.19	4705.19	
Moises.	2.88	52.35	»	150.77			
Barres, écharpes, bordages.	11.64	96.67	»	1125.24			
Remplacement de bordages.	2.54	112.75	87	286.39			
Etrésillonnement	3.44	31.48	»	108.29			
Travaux définitifs. — Pieux de 6ᵐ.	264	79.87	103	21085.68			
Pieux. id.	292	81.93	103 bis.	23923.56			
Bois pour plus-longueur de pieux.	5.30	168.82	»	894.75			
Pieux de 4ᵐ.	136	42.60	102 bis.	5793.60			
Chapeaux demi-refaits.	120.80	14.25	105	1721.40			
Traversines non-refaites.	275.20	8.68	106	2388.73	28477.47	70237.34	
Plates-formes de 0ᵐ.11.	260.82	15.12	»	3943.60			
Bois équarri de 0.35 0.40.	49.644	208.15	»	10332.57			
id. id. de 0,225.	34.14	158.68	»	5417.34			
Plates-formes de 0ᵐ.13.	157.64	18.88	112	2976.24			
à reporter.					78774.13	113157.09	

INDICATION DES OUVRAGES.			Quantités d'ouvrages.	Prix de l'unité de mesure.	Numéros des sous-détails.	MONTANT DES DÉPENSES.			TOTAUX.
						Par articles.	Par masses partielles.		
							Sans rabais.	Avec rabais.	
			m. c.	fr.		fr.	fr.	fr.	fr.
		Report.	338.53	9.83	72	3327.75	3327.75	78774.13	113157.09
		Enrochemens.						2978.34	
			m. c.						
		En pierre de taille. . . .	593.42	102.63	66	60902.69			
		En meulière.	372.64	26.73	»	9960.67			
		En moellon	2301.45	24.26	70	55833.18			
		Sans fourniture. . .	9.30	16 01	»	148.89			
		En moellon et plâtre. . . .	2.52	20.25	»	51.03			
3°. Maçonneries.	Maçonneries	Refouillemens en pierre. . .	36.20	100.22	73	3989.96		155391 61	139075.49
Métrages FF, FG, etc.	régulières.	Refouillemens à façon. . .	10.50	38.72	»	406.56			
			m. q.						
		Paremens avec lits et joints.	1043.80	15.18	76	15844.88			
		id. sans lits et joints.	376.55	7.26	62	2733.83			
		Lits et joints	203 08	2.42	64	491.45			
		Paremens en meulière. . .	745.28	4.34	»	3234.52			
		Bornes.	36	45.51	»	1638.36			
			m. c.						
		Mortier.	0.76	31.28	»	23.77			
		Chaux hydraulique. . . .	2.00	65.91	»	131.82			
			m. c.						
		Bois d'équarrissage, déchet.	138.27	20.90	97 bis.	2889.84			
	Travaux	id. façon. . .	138.27	3.85	»	533.72			
	provisoires.	id. emploi. . .	219.595	4.39	»	964.03			
		id. hardage. . .	357.86	4.10	»	1467.22			
			m. q.					7122.04	6374.22
		Plats-bords, déchet. . . .	385.50	1.10	98	424.05			
	Échafaud de	id. emploi. . .	642.50	0.23	»	147.78			
	levage.	id. hardage. . .	1028.00	0.25	»	257.00			
			k.						
		Boulons demi-déchet. . .	336.00	0.65	»	218.40			
4°. Charpente des tra-		Chevillettes.	200.00	1.10	»	220.00			
vées.			m. c.						
Métrages GG, GH, etc.		Cintres.	160.65	205.67	108	33040.89			
		Poutres.	59.535	182.19	109	10846.68			
		Moises.	213.668	157.50	110	33084.21			
		Fourniture de moises. . .	0.87	117.56	»	102.28			
		Façon de moises. . . .	2.60	19.28	»	50.13			
		Pièces de pont.	148.644	144.65	111	21501.25			
			m. q.					126088.18	112848.92
		Madriers de 0m,13. . . .	24.73	18.88	112	466.90			
	Travaux	id. 0,10. . . .	666.47	14.61	113	9737.13			
	définitifs.	id. 0,06. . . .	772.81	10.16	114	7851.75			
		id. 0,05. . . .	351.41	8.89	115	3124.03			
		id. 0,04 pour auvents.	157.66	7.65	116	1206.10			
		id. 0,04 avec délardem¹.	441.48	8.678	»	3830.73			
		id. sans délardement.	79.14	8.164	»	646.10			
		Couvre-joints (*).	1073	0.35	»	375.55			
		Dés de bois (*)	20	1.00	»	20.00		399.55	399.55
		Jets-d'eau (*).	4.00	1.00	»	4.00			
			k.						
		Organeaux.	1280.00	1.30	127	1664.00			
		Plates-bandes de grandes dimensions.	9373.50	1.05	126	9842.18			
		Brides neuves.	1103.00	1.30	127	1433.90			
		id. (fer du pont des Invalides)	7794.00	0.95	127 bis.	7404.30			
		Boulons.	9764.00	1.30	127	12693.20			
		Fers pour demi-fourniture.	191.00	0.65	»	124.15			
5° Serrurerie.		Chevillettes.	3725.50	1.10	130	4098.05		70008.88	62657.95
Métrages HH, HI, etc.		Chemins de fer, bandes de fer	13798.50	0.90	125	12418.65			
		id. boulons faisant vis.	408 boul.	0.50	»	204.00			
		id. vis de 0m.11.	432 vis.	0.20	»	86.40			
		id. vis anglaises de 0m,05.	21198 vis.	0.10	131 bis.	2119.80			
			k.						
		Garde-fou.	11398.00	1.40	128	15957.20			
		Clous d'épingles.	49.50	1.80	»	89.10			
		Clous doux	1441.50	1.30	131	1873.95			
		à reporter.				69884.73		403108.60	113157.09

INDICATION DES OUVRAGES.	Quantités d'ouvrages.	Prix de l'unité de mesure.	Numéros des sous-détails.	MONTANT DES DÉPENSES.			
				Par articles.	Par masses partielles. Sans rabais.	Avec rabais.	TOTAUX.
	k.	fr.		fr.	fr.	fr.	fr.
A reporter.					403108.60		113157.09
Fontes d'étuve.	339.00	1.50	»	508.50			
Fontes ordinaire	896.70	0.61	103	546.99			
Cuivre laminé.	247.00	4.47	»	1104.09			
Plomb pour scellement.	50.00	1.10	123	55.00	2667.98	2667.98	
Plus-value de contrevents.	800.00	0.25	»	200.00			
Remaniemens de chemins de fer.	1400.00	0.145	»	203.00			
Déchets y relatifs.	70.00	0.72	»	50.40			
	m. q.						421046.66
Peinture en gris blanc sur bois à 3 couches.	8200.30	1.24	»	10168.37			
id. id. à 2 id. .	6187.85	0.90	»	5569.07			
id. en noir sur fer à 2 id. .	226.20	1.10	143	248.82	16581.92	14840.82	
id. id. à 1 couche.	1083.01	0.55	143	595.66			
Goudronnage (*).	1321.24	0.304	»	401.66			
	kil.						
Goudron (*).	39.00	0.40	»	15.60	429.26	429.26	
Candélabres (*).	4	3.00	»	12.00			

3ᵉ. SECTION. — CHEMINS DE HALAGE ET TRAVAUX ACCESSOIRES.

INDICATION DES OUVRAGES.	Quantités d'ouvrages.	Prix de l'unité de mesure.	Numéros des sous-détails.	Par articles.	Sans rabais.	Avec rabais.	TOTAUX.
1°. Terrassemens, Métrages KK, KM, etc.							
Déblais.	m. c. 701.03	0.71	20	497.73			
Remblais à la voiture.	1036.14	1.90	22	1968.67	4544.98	4067.76	
Règlement de talud.	m. q. 627.85	0.03	19	18.84			
Dragages.	1647.79	1.25	»	2059.74			
2°. Charpente. Métrages LL, LM, etc.							
Travaux provisoires. Batardeaux.	m. 96.10	35.475	»	3409.15			
Plats-bords.	m. q. 233.44	1.83	98	427.20	3836.35	3433.53	
Pieux de 4ᵐ.	126	59.62	»	7512.12			
Travaux définitifs. Palplanches.	m. 41.00	69.35	»	2843.35			
Chapeaux demi-refaits. . .	m. c. 122.20	14.25	105	1741.35	12895.38	11541.36	
Traversines.	92.00	8.68	106	798.56			
3°. Maçonneries. Métrages MM, MN, etc.							
Maçonnerie en pierre avec mortier.	19.57	96.78	67	1897.90			
id. id., à sec.	57.85	93.28	»	5396.25			
id. en meulière à sec. . . .	459.39	14.84	69	6817.35			
id. en moellon à sec. . . .	657.08	12.37	71	8128.08			
Refouillement en pierre.	22.97	100.22	73	2531.75	34263.20	30665.56	57506.85
Parement en pierre.	m. q. 182.215	15.18	76	2766.02			
Parement en meulière.	1148.48	1.11	»	1274.81			
Marches.	102	15.52	74	1583.04			
Assises d'échiffre (longues).	72	29.01	»	2088.72			
id. id (courtes).	92	19.34	»	1779.28			
ª. Rampes accessoires. Métrages NN, NO, etc.							
Fouille.	m. c. 6.89	0.49	»	3.38			
Déblais.	66.75	0.71	20	47.39			
Remblais.	3800.26	1.90	22	7220.49			
Pilonnage.	1667.14	0.20	18	333.43			
Dressage.	m. q. 3218.53	0 03	19	96.56			
Semis.	1629.73	0.025	30	40.74			
Pavages.	614.69	40.0	27	245.87	8713.56	7798.64	
Sable.	m. c. 50.28	2.75	46	138.27			
Transport de pavés.	12294.00	1.40	»	172.12			
Maçonnerie en plâtre.	4.008	20.25	»	81.16			
Bois d'assemblage en chêne.	1.668	167.00	»	278.56			
Peinture à 3 couches.	m. q. 48.82	1.13	142	48.39			
Brûlemens de poteaux.	24	0.30	»	7.20			

Total des ouvrages prévus au devis. . . . . à reporter. .   591710.60

INDICATION DES OUVRAGES, ET DES FOURNITURES.	Par mémoire partiel.	Par séries.	TOTAUX.
Report.			fr. 591710.60
CHAPITRE IIᵉ. Ouvrages a imputer sur la somme a valoir.			
	Nᵒˢ.	fr.	
Journées en attachement. *Série PP.*	1 Épuisemens et batardeaux au droit des deux culées ; décembre 1827. . .	1134.45	fr. 25540.73
	4 Id. Id. Id. mars 1828.	1304.30	
	9 Id., notamment au droit de la culée d'Alfort ; avril et mai 1828. . . .	5969.04	
	10 Épuisement pour la culée d'Ivry. Recepages des piles, mouvement de caissons ; juin 1828.	1222.97	
	15 Recepages de piles, mouvement de caissons ; juillet 1828.	3369.60	
	25 Id. Id. Id. août 1828.	1718.23	
	30 Épuisemens et batardeaux du chemin de halage, côté d'Alfort; sept. 1828. .	2006.75	
	35 Id.; côté d'Alfort et côté d'Ivry ; octobre 1828.	3517.61	
	38 Id.; novembre 1828.	1390.88	
	43 Id.; décembre 1828.	228.00	
	50 Pose des fers du plancher du pont ; janvier, février et mars 1829. . . .	1517.68	
	56 Encastremens dans la pierre, pose de trottoirs et de bornes en granit ; février et mars 1829.	825.12	
	63 Échafaudage pour la dernière couche de peinture et ouvrages divers ; avril 1829.	1161.10	
Ouvrages à la tâche. *Série PP¹.*	52 Arrachage de pieux de batardeaux, enlèvement de boues et ouvrages divers..	209.19	209.19
Fournitures et mémoires pour épuisemens et batardeaux. *Série QQ.*	8 Location de norias ou machines à seaux.	723.10	5189.99
	49 Reconstruction de vis d'Archimède cassées dans les travaux.	579.34	
	51 Réparations diverses et mouvement de machines.	120.75	
	58 Location de vis d'Archimède et de bannes.	394.38	
	2 Fournitures de bois pour échafaudages de machines et batardeaux. . . .	274.29	
	3 Id. de planches , Id.	190.81	
	12 Id. de bois, plats-bords, etc. Id.	499.26	
	40 Id. Id. pour fondation de halage, côté d'Alfort, id.	370.34	
	41 Id. Id. Id. côté d'Ivry, id.	213.58	
	5 Fournitures pour ouvriers et machines, vin, paille, clous, huile, etc., etc ; mars 1828.	147.51	
	16 Id ; avril, mai, juin et juillet 1828.	623.54	
	26 Id. ; août id?	364.40	
	31 Id.; septembre id.	219.45	
	36 Id.; octobre id.	352.75	
	39 Id.; novembre id.	37.64	
	62 Id.; décembre, etc. id.	78.85	
Échafaudage, main-d'œuvre et vérification pour recepages. *Série RR¹.*	23 Fournitures de bois, pour échafaudage des scies à receper.	1106.88	2553.30
	24 Façon de recepage à la tâche.	923.93	
	29 Plongeages pour vérification d'enrochemens.	317.85	
	46 Fournitures pour échafaud et châssis de vérification.	204.64	
Tinglage , chevillage de caissons. *Série RR².*	18 Journées et fournitures pour tinglages.	2665.05	3220.22
	44 Fournitures diverses pour les caissons.	299.00	
	45 Démontage de bords de caissons.	256.17	
Fournitures et mémoires pour plantations de piles, etc. *Série RR³.*	17 Règles scellées pour jalonner la plantation de chaque assise des piles. . .	253.15	1973.19
	19 Chemins de service pour pilotage de piles.	201.19	
	21 Id., pour mouvement de caissons.	1009.24	
	22 Fournitures pour lançage de caissons.	509.61	
Granits et laves. *Série SS.*	64 Fournitures de quatre bornes et de bordures pour granit en trottoirs. . .	936.36	1401.10
	65 Id., de dalles en lave de Volvic pour id.	464.74	
Bureaux de perception et éclairage du pont. *Série TT.*	61 Tables de zinc portant inscription de tarif.	160.00	5911.00
	67 Quatre fanaux pour éclairage du pont.	780.00	
	68 Quatre bureaux de perception.	4777.00	
	69 Mémoire de poêlerie pour lesdits bureaux.	194.00	
à reporter		45998.72	591710.68

INDICATION DES OUVRAGES, ET DES FOURNITURES.			Montant des dépenses.		TOTAUX.
			Par mémoire partiel.	Par séries.	
			fr.	fr.	fr.
		Report..		45998.72	591710.60
	Nᵒˢ.		fr.		
	6	Barrières autour de la fouille de la culée d'Ivry.	535.49		
	7	Rouleau vertical mobile de retour pour le halage des bateaux montans.	1322.61		
	11	Coulisses et patte-d'oie, y compris arrachage.	413.14		
Ouvrages pour le service de la navigation. Série UU.	13	Réparation du tourniquet et des coulisses.	259.07	5418.55	
	14	Journées pour réparations d'avaries, crue du 22 juillet 1828.	560.22		
	28	Fournitures pour id.	775.91		
	32	Réparation aux coulisses, même crue.	226.52		
	42	Fournitures de bois, id.	327.69		
	47	Additions aux pièces 6 et 11.	155.00		
	59	Quatre pieux d'amarre formant poteaux de garde aux angles des culées, et addition au nᵒ. 13.	842.90		
Journées de mariniers et de gardiens. Série VV.	27	Mariniers pour sauvetage ; mars, avril, mai, juin, juillet et août 1828 .	572.00	1538.00	
	34	Id., septembre et octobre , id.	244.00		
	48	Id., novembre et décembre 1828, et janvier 1829.	304.00		
	57	Gardiens de nuit ; septembre , octobre et décembre 1828. Gardiens de jour et de nuit ; janvier et février 1829.	418.00		
Indemnités , primes , gratifications aux ouvriers, etc. Série XX.	37bis	Secours accordés à une mère et à une veuve	500.00	4052.00	
	53	État général de frais funéraires , d'indemnités aux blessés.	2246.00		
	54	État des primes accordées à divers ateliers par l'ingénieur.	256.00		
	55	État des gratifications accordées par la Société aux ouvriers et aux chefs d'atelier de l'entrepreneur.	1050.00		
Indemnités pour clôtures. Poteaux indicateurs. Série YY.	20	Rétablissement de la clôture du sieur L.***.	655.30	829.84	
	60	Deux poteaux indicateurs au carrefour d'Alfort..	174.54		
Barraque pour les employés. Location de chantiers. Série ZZ.	33	Construction d'une baraque pour bureau, côté d'Alfort.	1322.87	3310.12	
	66	État général des indemnités pour location de chantiers.	1987.25		
Prime à l'entrepreneur. Série ZZ.	70	Prime acquise à l'entrepreneur, aux termes de l'article 3 du marché. .	3000.00	3000.00	
		Total des dépenses à imputer sur la somme à valoir		64147.23	64147.23
		Montant général des dépenses faites.			655857.83

Le présent compte définitif des ouvrages et dépenses *pour la construction du Pont d'Ivry et des routes neuves y attenant , entre le rond-point de la plaine d'Ivry et le carrefour d'Alfort,* arrêté à la somme de *six cent cinquante-cinq mille huit cent cinquante-sept francs , quatre-vingt-trois centimes ,* par l'ingénieur en chef soussigné ,

Paris , 13 mai 1829.

H.-C. EMMERY.

FORMULAIRE PRATIQUE ET RAISONNÉ,

POUR LES CONCESSIONS A TERMES.

EXPOSÉ.

Concession à terme considérée comme placement viager.

(178) Lorsqu'on construit un ouvrage quelconque, un pont par exemple, moyennant une concession de péage à terme, on avance un capital, et comme indemnité on touche un revenu pendant un nombre d'années déterminé. C'est un véritable placement en viager.

Sur le revenu brut, on prélève d'abord les frais d'administration et d'entretien; car il faut avant tout assurer la conservation du gage social, et en recueillir les fruits.

Le surplus des produits du péage forme le revenu net, et doit être partagé, ou placé, au profit des actionnaires.

Double prévision à méditer.

De là double prévision à méditer, savoir :

Appréciation des charges, et études pour répartir ces charges uniformément sur les diverses années de concession.

Administration et répartition du revenu net.

Énumération des charges.

(179) *Répartition uniforme des charges d'administration et d'entretien.* Les charges se composent :

1°. Des frais d'administration.

2°. Des frais de perception, des traitemens de gardiens, de percepteur (de contrôleur s'il y a lieu), des dépenses d'éclairage, de chauffage, etc.

3°. Des entretiens courans et ordinaires.

4°. Enfin des réparations extraordinaires.

Les trois premiers articles varient peu en général d'une année à l'autre; on en prélève le montant à mesure des besoins sur le produit de l'année courante.

Mais il n'en peut être de même des réparations extraordinaires; on désigne sous ce nom des reconstructions partielles à renouveler à des époques périodiques. Ainsi pour un pont en bois, si la durée de la concession est considérable, il faudra, peut-être plusieurs fois, renouveler le plancher, les travées de charpente, etc., etc.

Ce sont alors des sommes souvent importantes qu'il faut trouver à des époques fixes, et qu'il serait impossible de prélever sur le revenu d'une ou même de plusieurs années.

Pour que ces sommes soient obtenues au moindre sacrifice possible, et aussi pour que la répartition égale de ces charges sur les diverses années de concession rende uniformes et réguliers les revenus annuels de chaque actionnaire, on opère, en prélevant chaque année sur les revenus une même prime de réserve, et en plaçant toutes ces primes à intérêts composés, jusqu'au moment de leur emploi.

Comme base du problème, on a soin de préciser à l'avance les sommes totales nécessaires et leur exacte échéance, et on en conclut au moyen de formules la somme constante à prélever chaque année pour faire face à cette charge.

De là encore quelques questions qui se rattachent à ces primes de réserve pour *reconstructions périodiques*.

Ainsi, on s'est souvent abusé sur la possibilité de s'affranchir de ces charges extraordinaires d'entretien au moyen de quelques augmentations dans les dépenses primitives ; nous réduirons ces suppositions à leur véritable valeur en les soumettant à un calcul rigoureux.

(180) *Répartition du revenu net*. On peut administrer ce revenu de trois manières différentes :

1°. Ne rien donner aux actionnaires pendant le cours de la concession, et faire valoir la totalité de ce revenu pour en restituer par actions le produit, ainsi augmenté, à l'expiration de la jouissance.

C'est alors une espèce de tontine, mais consciencieuse, sans danger, assurant la conservation exacte pour chacun, du fonds capital et de tous les intérêts composés.

2°. Répartir au contraire, à la fin de chaque année, la totalité du revenu net entre les actionnaires.

Et alors chaque actionnaire doit voir tous les ans dans sa quote-part une partie du remboursement de sa mise de fonds, les intérêts du surplus de ses capitaux engagés, et son dividende dans les bénéfices de l'opération.

3°. Distinguer dans la répartition du revenu net, d'une part le remboursement et les intérêts des capitaux engagés dans l'opération; et d'une autre part les bénéfices à partager entre les divers co-intéressés.

33.

Cette marche est surtout commandée lorsque la mise de fonds de tous les actionnaires n'est pas la même.

Nous ne nous arrêterons pas au partage des bénéfices ; il est hors de notre plan d'indiquer toutes les sortes de dividendes ou de primes jusqu'à présent mises en usage, et que l'on peut varier au surplus à l'infini.

Modes ordinaires de remboursement. Mais nous nous proposons de soumettre à une discussion analytique les diverses solutions applicables à la question de l'amortissement du fonds social.

Comme base de cette discussion, nous admettrons que le meilleur plan d'amortissement est celui qui satisfait, avec la moindre somme, aux intérêts et au remboursement du capital avancé. Et en procédant successivement au calcul des prélèvemens nécessaires pour ce double service, dans l'hypothèse des divers modes d'amortissement, nous mettrons en évidence, par la comparaison de ces résultats, le plus avantageux de ces systèmes de remboursement.

Les deux modes les plus ordinaires d'amortissement supposent, ou le remboursement annuel partiel, ou le remboursement final intégral.

Remboursement annuel et partiel. Avec le remboursement annuel et partiel, on divise le capital primitif par un nombre d'années donné, et chaque année on rembourse cette fraction constante du capital, soit en remettant à chaque actionnaire cette quotité de sa mise de fonds (ce qui est possible, lorsque les actions sont d'un chiffre élevé), soit plus ordinairement en tirant au sort des séries d'actions à rembourser.

Le reste du capital engagé continue à porter intérêt soit aux actions qui ne sont pas remboursées, soit à celles qui ne le sont que partiellement.

Dans ce système, le prélèvement annuel pour remboursement se trouve comparativement fort élevé; mais les intérêts à payer vont en décroissant depuis la première jusqu'à la dernière année, ce qui en amoindrit singulièrement la charge.

Remboursement final et intégral. Avec le remboursement final et intégral, la marche est tout-à-fait différente, et les résultats en quelque sorte diamétralement opposés.

Les administrateurs de la société, ne remboursant qu'en un seul payement à la fin de la durée assignée à l'amortissement, peuvent alors former ce capital brut par la réserve annuelle, au profit de la caisse commune, d'une somme très-faible, placée à intérêts composés, de sorte que les prélèvemens pour remboursement sont presque insensibles.

Mais aussi les intérêts restent constans depuis la première jusqu'à la dernière année, et pendant cette longue période ils sont toujours égaux aux intérêts du capital entier primitif, circonstance importante d'où résulte une masse de dépenses considérable.

Ce dernier mode a été adopté par presque toutes les sociétés industrielles de France; il a pour lui la simplicité, et l'avantage d'alléger autant que possible les charges d'amortissement des premières années, ordinairement les moins productives de l'entreprise. Nous démontrerons cependant : que la somme des prélèvemens pour intérêts et pour remboursement est toujours moindre dans l'hypothèse de l'amortissement partiel et annuel, et ce, quelle que soit la durée de l'opération ; et que cette différence en faveur du remboursement annuel va même toujours en croissant à mesure de la plus longue durée assignée à l'amortissement.

Il existe néanmoins un troisième mode de remboursement qui consiste à ne commencer l'opération qu'un certain nombre d'années après la dépense du capital; mais à la régler de manière à acquitter et ce capital et les intérêts cumulés antérieurement à l'amortissement.

Autre mode d'amortissement sur des ressources à venir, par exemple, sur une prolongation de jouissance.

D'autres questions se rattachent encore aux précédentes. On a, par exemple, souvent demandé le nombre d'années de prolongation nécessaires dans une concession à terme pour amortir une augmentation dans les dépenses primitives. Nous poserons la formule analytique qui donne la solution de ce problème, et néanmoins nous tâcherons de nous défendre des conséquences rigoureuses et purement mathématiques que l'on pourrait tirer de la formule qui s'y rapporte.

(181) *Ordre à suivre pour la solution des questions qui précèdent.* Nous donnerons d'abord les expressions élémentaires d'où dérivent toutes les autres formules, savoir :

Formules élémentaires.

1°. La valeur d'un capital avec ses intérêts composés.

2°. L'effet de la cumulation d'une prime réservée annuellement et placée à intérêts composés.

3°. Les rapports qui résultent de cette expression entre la prime de reproduction, le capital à reproduire et le nombre d'années de l'opération.

Primes de réserve et de rembourse-ment.

Nous en conclurons le calcul des primes de réserve pour grosses réparations et l'impossibilité de s'affranchir de ces charges onéreuses.

Nous déduirons encore des mêmes formules élémentaires la solution de toutes les questions de remboursement avec des primes annuelles placées à intérêts composés.

Comparaison des deux modes ordi-naires de rembour-sement.

Nous comparerons alors les prélèvemens qu'exige le mode de remboursement intégral et final, tant pour reproduction de capital que pour service d'intérêts, avec les sacrifices analogues que demande le remboursement annuel et partiel.

Remboursement imputable sur des ressources à venir.

Nous compléterons toutes ces questions d'amortissement en examinant combien les difficultés et la durée de l'opération augmentent dans une proportion tout-à-fait extraordinaire, lorsque l'amortissement est uniquement alimenté par des ressources prises dans l'avenir.

Table ou *Barème* pour les concessions à terme.

Ce travail sera terminé par un manuel de toutes ces formules, et par une table de coefficiens calculée à l'avance, qui réduira la solution de la question la plus compliquée à une simple et unique multiplication.

Tel sera donc l'ordre des matières (*) :

Formules élémentaires.

Prime de réserve pour grosses réparations à prévoir.

Prime de remboursement d'un capital brut dépensé.

Remboursement soit annuel et partiel, soit final et intégral.

Remboursement imputable sur des ressources à venir, par exemple, sur une prolongation de concession.

Résumé et table.

1°. FORMULES ÉLÉMENTAIRES :

(182) Pour calculer ce que devient un capital avec cumulation des intérêts composés après un certain nombre d'années:

En appelant
$\begin{cases} C \text{ le capital primitif,} \\ C' \text{ le capital avec cumulation d'intérêts ,} \\ r \text{ l'intérêt annuel ,} \\ n \text{ le nombre d'années ,} \end{cases}$

Capital avec inté-rêts composés. (Formule Z).

On emploie la formule : $C' = C (1 + r)^n$　　　　　　(Z)

(*) Notre but étant de mettre ces notions à la portée des personnes même les moins exercées dans ces sortes de calculs, le lecteur s'expliquera et l'exposé élémentaire que nous en donnons, et les diverses applications que, pour plus de clarté, nous croyons devoir successivement en faire ressortir.

Il faut en effet ajouter successivement au capital C :

Les intérêts de la première année. . . . . $C\,r$.

id.   de la deuxième année. . . . . $C\,r + C\,r^2$.

id.   de la troisième année. . . . . $C\,r + C\,r^2 + C\,r^3$.

. . . .

. . . .

id.   de la n^e. année. . . . . $C\,r + C\,r^2 + C\,r^3 + \text{etc}..... + C\,r^n$.

Et cette somme devient :

$$C' = C + n\,C\,r + (n-1)\,C\,r^2 + (n-2)\,C\,r^3 + \text{etc}..... + C\,r^n =$$
$$C\,[\,1 + n\,r + (n-1)\,r^2 + (n-2)\,r^3 + \text{etc}..... + r^n\,] = C\,(1+r)^n$$

(183) On appelle ordinairement *prime d'amortissement* une somme ou réserve annuelle capable, avec les intérêts composés, de reproduire un *capital brut* donné, dans un laps de temps également déterminé.

Définition d'une prime annuelle de reproduction.

Il faut cependant se garder de penser qu'une semblable prime suffise au remboursement d'un capital et à toutes les charges qui en dérivent.

On ne parvient en effet à éteindre ainsi que le capital brut; quant au service de la totalité des intérêts, il faut y affecter des ressources spéciales et en dehors de la prime, pendant la durée entière assignée à l'amortissement.

Ces primes de réserve ne balancent dès lors (comme on le verra) qu'une faible partie des doubles frais d'intérêts et de remboursement qui constituent les charges entières de l'amortissement (*).

Il nous paraîtrait donc convenable de substituer à cette expression, *prime d'amortissement*, la dénomination plus exacte de *prime de reproduction*. Ce serait d'ailleurs une expression générale, également applicable, et aux primes de remboursement destinées au payement d'un capital dépensé, et aux primes de réserve destinées à balancer une dépense à venir.

Pour calculer le produit de la cumulation d'une prime annuelle de reproduction avec les intérêts composés, après un certain nombre d'années :

En appelant
$\begin{cases} \text{la prime annuelle de reproduction} = p, \\ \text{l'intérêt annuel} = r, \\ \text{le nombre d'années} = n, \end{cases}$

On emploie la formule :

$$C = p \times \left[\frac{(1+r)^n - 1}{r} \right] \qquad (Y)$$

_____

(*) Cette observation se développera bientôt, et rectifiera plusieurs erreurs assez généralement accréditées.

Capital brut pro-
duit par une prime
annuelle placée à
intérêts composés.
Formule Y.)

Chaque prime annuelle produit en effet avec les intérêts composés, savoir :

La prime de la dernière année $n =$ $\qquad$ $p.$

La prime de l'année. . . . . $(n-1) =$ $\qquad$ $p + pr.$

. . . . $(n-2) =$ $\qquad$ $p + pr + pr'.$

. . . .

. . . .

de la 1re. année. . . . $n-(n-1) = p+pr+pr'_{\cdot}+etc...+pr^{n-1}.$

La somme de tous ces produits partiels donnera le résultat final de toutes les primes au bout de n années, et cette somme sera :

$$C = np + (n-1)pr + (n-2)pr' + \text{etc}..... + pr^{n-1}.$$

Cette expression, au moyen de deux transformations fort simples, devient successivement :

$$Cr = npr + (n-1)pr' + (n-2)pr^3 + \text{etc}..... + pr^n. =$$
$$= [p + npr + (n-1)pr' + (n-2)pr^3 + \text{etc}... + pr^n] - p. =$$
$$= p[1 + nr + (n-1)r' + (n-2)r^3 + \text{etc}..... + r^n] - p.$$

C'est-à-dire : $Cr = p(1+r)^n - p = p[(1+r)^n - 1);$

d'où l'on tire : $C = p \times \left[\dfrac{(1+r)^n - 1}{r}\right]$ $\qquad$ (Y)

(184) La formule (Y) donne avec ses dérivés la solution des trois questions principales qui se rattachent ordinairement au calcul d'une prime annuelle de reproduction placée à intérêts composés.

1re. *Question.* Connaissant l'intérêt de l'argent, la prime annuelle de reproduction, le nombre d'années de l'opération, déterminer le capital qu'on doit obtenir à la fin de la dernière année.

2e. *Question.* Connaissant le capital dépensé, l'intérêt de l'argent et le nombre d'années de l'opération, déterminer la prime annuelle capable, avec les intérêts composés, de reproduire le capital brut.

3e. *Question.* Connaissant le capital dépensé, l'intérêt de l'argent, et la prime annuelle de reproduction, affectée au remboursement de ce capital brut, déterminer le nombre d'années nécessaires pour la formation intégrale du capital avancé.

Appelons à cet effet :

$\left\{ \begin{array}{l} C \text{ le capital dépensé.} \\ r \text{ l'intérêt de l'argent.} \\ n \text{ le nombre d'années.} \\ p \text{ la prime de reproduction.} \end{array} \right.$

On a déjà vu,

$$\text{Capital } C = p \times \left[\frac{(1+r)^n - 1}{r.} \right].$$ (Y)

Et on en conclura les deux formules suivantes :

Prime de reproduction, $p = C \times \left(\dfrac{r}{(1+r)^n - 1} \right)$ (V)

Nombre d'années, $n = \log. \left(1 + \dfrac{Cr}{p} \right) \times \dfrac{1}{\log. (1+r)}$ (T)

2°. PRIMES DE RÉSERVE POUR GROSSES RÉPARATIONS.

(185) La méthode la plus simple et la plus générale pour calculer ces primes de réserve, se réduit à diviser la question en autant de problèmes partiels que l'on suppose de réparations périodiques.

Ainsi, pour un pont en bois, il faudra considérer à part, et le rétablissement périodique C' du plancher au bout d'une durée de n' années, et le rétablissement C'' des travées de charpente à la fin de chaque période de n'' années.

Ainsi, on peut admettre un nombre plus considérable , de périodes n', n'', n''', etc., et chercher les primes de reproduction ou de réserve p', p'', p''', etc., capables, chacune d'elles, d'assurer à la fin des périodes précitées les dépenses C', C'', C''', etc.

On peut ensuite considérer chaque dépense en particulier, avec la période de temps y relative, et chercher la prime de réserve qui doit y satisfaire; chacune de ces primes se calculera par la même formule appliquée précédemment à reproduire un capital brut dans un temps donné,

$$p = C \times \left(\frac{r}{(1+r)^n - 1} \right)$$ (V)

Ainsi on aura : $p' = C' \left(\dfrac{r}{(1+r)^{n'} - 1} \right)$

$$p'' = C'' \left(\frac{r}{(1+r)^{n''} - 1} \right), \text{ etc.}$$

Et comme dans chaque série de période il y a succession non interrompue de charges, et, partant, de prélèvemens de prime de réserve, comme par conséquent chaque prime p', p'', p''', doit être prélevée sur toutes les années de concession sans exception, il s'ensuit qu'il faut, au total, prélever sur les revenus de chaque année une somme $q = p' + p'' + p''' +$, etc.

$$= C' \left(\frac{r}{(1+r)^{n'} - 1} \right) + C'' \left(\frac{r}{(1+r)^{n''} - 1} \right) + \text{etc.} \qquad (V_1) \qquad (\textit{Note } 36.)$$

Un exemple rendra sensible l'application de la formule (V_1);

Soit le Pont d'Ivry, et supposons (*) :

1°. Que les bois du plancher (non compris les pièces de pont) se renouvelleront tous les douze ans, et que ce travail coûtera :

Charpente, serrurerie et peinture. . . . . 40,000 fr.

2°. Que les pièces de pont et la totalité des travées se renouvelleront tous les vingt-quatre ans, et qu'il en coûtera :

Charpente (y compris pont de service); serrurerie

et peinture. . . . . 150,000 fr.

3°. Que les autres faux-frais de toute nature pour ces deux reconstructions seront couverts par la vente des vieux matériaux, bois, etc.

On aura donc :

$2 n' = 24$, ou $n' = 12$ ans.

$C' = 40,000$ fr.

$C'' = 150,000$ fr.

r l'intérêt de l'argent $= 0,05$.

(*Note* 36.) De cette solution générale, il serait possible de conclure des expressions plus simples pour certains cas spéciaux.

Dans un pont de bois, par exemple, si l'on supposait que les travées en charpente eussent la durée de deux planchers, on aurait : $n'' = 2 n'$.

Et les deux premiers termes de (V_1) deviendraient :

$$C' \left(\frac{r}{(1+r)^{n'} - 1} \right) + C'' \left(\frac{r}{(1+r)^{2n'} - 1} \right)$$

Or, en remarquant que

$$(1+r)^{2n'} - 1 = [(1+r)^{n'} + 1] \times [(1+r)^{n'} - 1]$$

Réduisant au même dénominateur, et divisant le numérateur et le dénominateur par r, il vient :

$$q = \frac{r}{(1+r)^{2n'} - 1} \left(C' + C'' + C'(1+r)^{n'} \right) \qquad (V_1)$$

Expression qui se compose de la simple somme des trois dépenses faites pendant le courant des deux périodes, y compris les intérêts cumulés de la dépense C' de la $\frac{1}{2}1^{re}$ demi-période, ladite somme multipliée par le coefficient commun $\frac{r}{(1+r)^{2n'} - 1}$

(*) Observons en passant que la durée des bois sera probablement plus considérable, et que leur renouvellement sera certainement moins dispendieux que nous ne le supposons; mais c'est à l'esprit de la méthode plutôt qu'à l'exactitude des chiffres que le lecteur devra s'attacher.

On se servira de la formule (V,).

$$q = p' + p'' = C' \left(\frac{r}{(1+r)^{n'}-1} \right) + C'' \left(\frac{r}{(1+r)^{2n'}-1} \right).$$

Et en substituant aux coefficiens de C' et de C'' leurs valeurs tirées de la table (200), dans la supposition de $n' = 12$, $2n' = 24$; on aura :

$$q = C' \times 0,0628251 + C'' \times 0,0224709.$$
$$= 40000 \text{ fr.} \times 0,0628251 + 150000\text{fr.} \times 0,0224709.$$
$$= 2513 \text{ fr.} + 3370 \text{ fr.} 64 = 5883 \text{ fr.} 64. (\textit{Note} 37.)$$

Ces calculs peuvent se vérifier par la synthèse suivante, et toujours au moyen de la table (200).

1°. La prime totale et annuelle de réserve capitalisée avec les intérêts au bout de 12 ans, c'est-à-dire (Y), $q \left(\frac{(1+r)^{n'}-1}{r} \right)$ donnera pour $n' = 12$:

5883 fr. 64 × 15,9172 = ...   93,651fr.20

Et si on en retranche la première dépense à faire C' = .   40,000   00

Il restera.   53,651   20

2°. Ce restant en caisse sera devenu au bout de la 2ᵉ. demi-période. (*Voir* à la table (200) la valeur du coefficient (Z) dans l'hypothèse de $n' = 12$.)

(Z) $C'(1+r)^{n'} = 53\text{fr.}651,20 \times 1,79586 = $.   96,349fr.80

Et si à ce nouveau fonds de réserve on ajoute le nouveau produit obtenu pendant la 2ᵉ. demi-période, des primes de réserve q , c'est-à-dire comme plus haut :

(Y) $q \left(\frac{(1+r)^{n'}-1}{r} \right) = 5883\text{fr.}64 \times 15, 9172 = $ 93,651   20

On aura   190,001   00

Or cette somme, formant l'avoir en caisse pour réserve à la fin des 24 ans, se trouvera balancer exactement, sauf une légère différence,

---

(*Note* 37.) Par la formule dérivée

(V₂) $q = \frac{r}{(1+r)^{2n'}-1} \left[C' + C'' + C'(1+r)^{n'} \right]$

On aurait également obtenu au moyen de la table (200) pour $n' = 12$ et $2 n' = 24$.

$C'(1+r)^{n'} = 400002\text{fr.} \times 1,79586 = 71834\text{fr.}40.$

Et $q = 0,224709 \times (40000\text{fr.} + 150000\text{fr.} + 71834\text{fr.}40) =$
$= 0,0224709 \times 261834\text{fr.}40 = 5883 \text{ fr.},64.$

34.

provenant d'erreurs dans les dernières décimales, les deux grosses dépenses à faire, c'est-à-dire $C' + C'' = 40,000$ fr. $+ 150,000$ fr. $= \ldots 190,000$ fr.

(186) On s'étonnera peut-être du chiffre élevé de la prime de réserve $q = 5,883$fr.64, surtout si l'on remarque que d'après la formule (Y) $5,883$fr.64 prélevés tous les ans produiraient avec les intérêts cumulés plus de 14 millions $\frac{1}{7}$ au bout de 99 ans, et l'on se demandera s'il n'eût pas été préférable de faire dès l'origine de l'entreprise la dépense d'arches en pierre par exemple, ou du moins d'augmenter la première mise de fonds, pour se dispenser de réserver annuellement des primes aussi élevées de grosses réparations.

La réponse à cette question se déduira des formules précédentes.

Le capital produit par une prime annuelle avec cumulation d'intérêts a pour expression :

$$(Y) \qquad C' = p \left(\frac{(1+r)^n - 1}{r} \right).$$

Une avance de fonds avec intérêts composés, devient

$$(Z) \qquad C'' = C (1+r)^n.$$

Si on suppose $C' = C''$ on aura la relation entre la prime annuelle p et l'avance de fonds primitive C, pour que cette prime annuelle balance au bout de n années (intérêts compris) ce capital dépensé.

Cette hypothèse donne : $p \left(\frac{(1+r)^n - 1}{r} \right) = C(1+r)^n.$

Et par conséquent $\qquad C = p \left(\frac{(1+r)^n - 1}{r(1+r)^n} \right).$ \qquad (X). (*Note* 38.)

Cette formule (X) donnera toutes les valeurs que peut prendre C pour une même valeur de p selon les diverses variations de n.

(*Note* 38.) La dernière question qu'on vient de résoudre pourrait enfin être retournée et se poser dans les termes suivans.

Calculer la prime annuelle d'amortissement p dont l'effet, avec la cumulation des intérêts, serait capable de balancer au bout de n années le capital C placé pendant le même temps à intérêt composés,

La solution de ce problème se trouve encore dans la formule (X) puisqu'on peut en tirer la valeur de p.

$$p = C \cdot \left(\frac{(1+r)^n}{(1+r)^n - 1} \right) \qquad\qquad (W)$$

Si on examine diverses expressions de cette valeur, on trouve :

1°. En faisant $n = \infty$ (infini) $C = \dfrac{p}{r}$.

C'est-à-dire que la plus grande valeur de C répond au capital dont l'intérêt serait égal à p.

Ainsi, dans l'espèce précédente, le maximum de l'avance remboursable par la prime de réserve annuelle 5883 fr.64, avec une jouissance à perpétuité, eût été le capital même dont l'intérêt serait représenté par 5883 fr.64, c'est-à-dire 117672 fr.80 ; et en effet, dans le cas d'une jouissance indéfinie, on peut se borner à s'assurer les intérêts de la somme avancée sans s'occuper d'amortissement. (*Note* 39.)

2°. En faisant $n = 1$, expression qui répond au minimum de durée, (en nombre entier) d'une concession à terme, on obtient :

$C = \dfrac{p}{1+r}$, c'est-à-dire $C < p$.   Et $p = C + Cr$;

ce qui s'explique, puisque le capital C ayant emporté intérêt pendant l'année entière, et au contraire p n'étant prélevé sur les recettes qu'à la fin de l'année, il faut bien, dans ce cas exceptionnel, que la prime soit égale au capital dépensé, plus l'intérêt d'une année de ce capital.

(*Note* 39.) Puisque l'expression $C = \dfrac{p}{r}$ répond à la concession à perpétuité, le facteur $\dfrac{(1+r)^{n}-1}{(1+r)^{n}}$ qu'on désignera par (R) indique précisément pour les diverses valeur de n le rapport d'une concession à terme avec une concession à perpétuité.

Et en effet la question pourrait être posée en ces termes :

Escompter aujourd'hui en capital le revenu p à toucher annuellement pendant n années.

On obtiendrait le capital cherché C en le supposant placé à intérêts composés pendant n années, et en l'égalant au produit de la cumulation du revenu annuel p placé également à intérêts composés, c'est-à-dire en posant : $C(1+r)^{n} = p\left(\dfrac{(1+r)^{n}-1}{r}\right)$

D'où l'on tire toujours $C = \dfrac{p}{r}\left(\dfrac{(1+r)^{n}-1}{(1+r)^{n}}\right)$

Ainsi en supposant $n = \infty$, on aura comme plus haut $C = \dfrac{p}{r}$. Ainsi encore en faisant $n = 99$, on aura $C = \dfrac{p}{r} \times 0{,}992015$; de même en faisant $n = 70$, on aura $C = \dfrac{p}{r} \times 0{,}967115$.

C'est-à-dire qu'il ne faut attacher que un pour $\frac{0}{0}$ d'excédant de valeur à une concession perpétuelle comparée à une concession emphithéotique de 99 ans.

Et qu'une concession pour 99 ans ne doit elle-même être estimée que de $2\frac{1}{2}$ pour $\frac{0}{0}$ au-dessus d'une concession de 70 ans (bien que sa durée soit presque de moitié plus longue).

La table (200) donne le chiffre exact de ce rapport (R) pour toutes les concessions à terme au-dessous de 100 ans.

Il résulte donc de ces dernières applications de la formule (X):

Que, malgré les sommes considérables que peut produire une prime annuelle au bout d'un certain nombre d'années, ce sacrifice annuel ne répond encore, même pour une concession à perpétuité, qu'à une augmentation de dépenses primitives égale à cette prime capitalisée.

Que pour une concession à terme, ce même sacrifice ne répond, comme balance de dépenses primitives, qu'à cette même prime capitalisée, multipliée par le coefficient (R) toujours moindre que l'unité.

Qu'ainsi, dans le cas dont il s'agit, et bien que 5883fr.64 réservés annuellement pour grosses réparations puissent produire 14 millions $\frac{1}{2}$ au bout de 99 ans, il n'eût pas été possible d'augmenter, au moyen de cette même réserve annuelle, la dépense primitive de plus de

$$\frac{p}{r} \times 0,992015 = 117672\text{fr}.80 \times 0,992015 = 116733 \text{ fr.},18$$

et par conséquent de remplacer les travées en bois du Pont d'Ivry par des arches en pierre, puisque ces arches eussent conduit à une augmentation de 700,000 fr. dans les dépenses du pont.

Dernières considérations sur les primes de réserve.

(187) Au surplus, ces résultats se prévoyaient même sans le secours des formules.

Lorsqu'on a calculé (V) la prime nécessaire pour amortir un capital, on n'est parvenu à balancer des sommes considérables avec des prélèvemens annuels fort restreints que par l'admission simultanée de deux hypothèses, savoir :

1°. Par la cumulation, sur toutes les primes annuelles, des intérêts composés pendant la durée entière de l'amortissement.

2°. Par le soin qu'on a eu de ne faire entrer dans les calculs aucun intérêt du capital à amortir.

C'est-à-dire que c'est uniquement à la reproduction *du capital brut* qu'on s'est attaché.

Et que *les intérêts* de ce capital sont toujours restés, hors de cette opération, au nombre des charges annuelles de la concession.

Tout change donc de face lorsqu'on laisse dans les calculs l'intérêt composé du capital à amortir; et l'on voit en effet que si, par exemple, l'intérêt de ce capital dépasse la prime, il en advient chaque année un accroissement de dettes qui l'emporte sur l'accroissement des ressources à appliquer au payement.

Ainsi, dans l'espèce que nous avons posée, s'il était nécessaire d'ajouter 700,000 fr. de dépenses pour construction d'arches en pierre, il ne faudrait pas seulement s'occuper de la prime nécessaire pour reformer 700,000 fr. au bout de 99 ans, car cette prime

$$p = C \times \left(\frac{r}{(1+r)^n - 1} \right) = 700,000 \text{ fr.} \times 0,00040245$$

ne s'élèverait qu'à 281 fr. 71; mais il faudrait avant tout prélever sur chaque recette annuelle les intérêts de 700000 fr., c'est-à-dire 35,000 fr. en sus de la prime d'amortissement : autrement ces 35,000 fr. de dette inévitable, accumulés annuellement avec les intérêts composés, produiraient à leur tour, en outre du capital primitif de 700,000 fr., une somme de 87 millions à la fin de la même période de 99 années, somme qui serait loin de balancer le produit de 14 millions ½ donné par la prime annuelle de 5883,64.

En un mot, le minimum de produit annuel qu'il faudrait réserver, indépendamment de toutes les autres charges, pour pourvoir à la dépense additionnelle de 700,000 fr., eût été 35,000 fr. d'intérêts, plus 281 fr. 71 de prime d'amortissement, en tout 35,281 fr. 71 au lieu de 5,883 fr. 64.

(188) D'où l'on doit conclure qu'en matière de concession il faut se résigner à d'assez fortes réserves annuelles pour reconstructions partielles périodiques, par l'impossibilité où l'on est, non pas d'amortir un excédant de capital, mais d'en servir les intérêts jusqu'au parfait amortissement. Conclusion importante.

Aussi dans de pareilles circonstances, pour concilier la nécessité de limiter la dépense première avec cet avantage, pour l'avenir, de se réserver la possibilité d'avoir une construction plus durable, doit-on, comme au Pont d'Ivry, diviser l'opération en deux périodes ou répartir la dépense totale sur deux concessions successives.

Dans ce système, il faut réduire autant que possible la dépense primitive de l'établissement provisoire du pont, mais sans toutefois perdre de vue la pensée d'établir un jour un pont définitif.

Ainsi au Pont d'Ivry (8, *Note* 1) on n'a donné qu'une épaisseur provisionnelle aux culées, parce que, sans aucune perte, on pourra plus tard reprendre ce travail et sur-épaissir ces massifs. (*Note* 40.)

(*Note* 40.) L'économie qui est résultée pour la compagnie exécutante, en ne donnant aux culées qu'une épaisseur provisoire, doit être évaluée à la dépense du sur-épaississement de

Ainsi (*Note* 1 *déjà citée*) on a au contraire fondé et disposé les piles pour un pont en pierre parce que, sans cette précaution, c'eût été une reconstruction entière de ces pilotages et maçonneries à laquelle il eût fallu se condamner.

Dans ce système encore, lorsque la durée de la 1ʳᵉ concession sera épuisée, on pourra faire face au moyen d'une concession nouvelle à la dépense additionnelle et du sur-épaississement des culées, et des arches en pierre. On pourra même diviser le travail en un plus grand nombre de budgets ou de périodes de concession. De cette manière chaque partie de la dépense sera faite utilement, et de façon à ne peser sur la masse, avec des intérêts composés, que lorsqu'on serait doublement en mesure et pour en profiter et pour en assurer le remboursement avec des ressources suffisantes et au moindre prix possible.

3°. PRIMES DE REMBOURSEMENT.

Nouvel usage des formules (Y), (V) et (T).

(189.) Lorsque l'on veut faire un compte à part des intérêts à servir pour un capital dépensé, et que l'on se propose uniquement la reproduction du capital brut dans un temps donné, toutes les questions sont résolues par les formules (Y), (V), et (T).

Application au Pont d'Ivry.

Un exemple appliqué au Pont d'Ivry rendra de nouveau plus facile à saisir l'usage de ces formules et de la table (200) (*).

Le capital brut dépensé ou le fonds social a été fixé à 1,050,000 fr.

L'intérêt stipulé par l'acte de société a été réglé à 5 pour $\frac{0}{0}$.

La durée de l'amortissement sera supposée égale à la concession toute entière ou à 99 ans.

$$\text{Autrement dit..} \begin{cases} C = 1,050,000 \text{ fr.} \\ r = 0,05. \\ n = 99. \end{cases}$$

---

ces culées (dans l'hypothèse d'arches en pierre), capitalisée avec intérêts composés pendant la durée de la concession.

Ainsi lorsqu'on réduirait cette dépense même à 80,000 fr. l'économie obtenue est égale
$$(Z) \qquad \text{à } C' = C \, (1+r)^n = 80,000 \text{ fr.} \times 125,239 = 1,001,912 \text{ fr.};$$
c'est-à-dire qu'elle est presque équivalente à l'amortissement du capital brut de la totalité des travaux (montant à 1,050,000 fr.), qui formaient les charges de la concession.

(*) Pour ces applications *Voir* toujours les valeurs calculées à l'avance à la table (200) pour les coefficiens $\dfrac{(1+r)^n-1}{r}$, $\dfrac{r}{(1+r)^n-1}$, dans l'hypothèse de $n = 99$.

1ʳᵉ. *application.*

La formule (Y) ou $C = p \times \left(\frac{(1+r)^n - 1}{r}\right)$ devient :

$C = p \times 2484,78 = 422$ fr. $57 \times 2484,78 = 1,050,000$ fr.

2ᵉ. *application.*

La formule (V) ou $p = C \times \left(\frac{r}{(1+r)^n - 1}\right)$ devient :

$p = C \times 0,00040245 = 1,050,000$ fr. $\times 0,00040245 = 422$ fr. 57.

3ᵉ. *application.*

Enfin, dans la formule (T) ou $n = \log.\left(1 + \frac{Cr}{p}\right) \times \frac{1}{\log.(1+r)}$

on retrouve :

$$n = \log.\left(1 + \frac{Cr}{p}\right) \times 47,1936 = 2,0977398 \times 47,1936 = 99 \text{ ans.}$$

4°. REMBOURSEMENT, SOIT ANNUEL ET PARTIEL, SOIT FINAL ET INTÉGRAL.

(190) On se rappelle qu'on peut faire face à la double charge des intérêts et des remboursemens d'un capital :

1°. avec des intérêts constans et une prime annuelle placée pour reproduction du capital brut.

2°. Avec des intérêts décroissans, et un remboursement partiel et annuel du même capital brut.

1ʳᵉ *hypothèse.*—Dans la supposition d'une prime annuelle de réserve à intérêts composés pour remboursement intégral du capital brut, les prélèvemens de chaque année sont constans, et se composent de la somme $Cr + C\left(\frac{r}{(1+r)^n - 1}\right)$, de l'intérêt Cr du capital primitif C, et de la prime de reproduction $C\left(\frac{r}{(1+r)^n - 1}\right)$ de ce capital.

Pour obtenir la masse entière P des prélèvemens pendant la durée totale de l'amortissement, il faut ensuite multiplier cette somme $Cr + C\left(\frac{r}{(1+r)^n - 1}\right)$ par le nombre n d'années de remboursement.

On arrive par conséquent à cette expression :

$$P = n\left\{Cr + C\left(\frac{r}{(1+r)^n - 1}\right)\right\} = nCr\left(1 + \frac{1}{(1+r)^n - 1}\right).$$

Somme des prélèvemens pour intérêts et pour remboursement dans l'hypothèse du remboursement final et intégral.

2ᵉ. *hypothèse.* Dans la supposition d'un remboursement annuel partiel les prélèvemens de chaque année sont variables et se composent d'abord d'une quantité constante pour remboursement $= \dfrac{C}{n}$, et ensuite d'une quotité d'intérêts, décroissante d'une année à l'autre.

Pour obtenir la masse entière Q des prélèvemens pendant la durée totale du remboursement, il faut par conséquent :

D'une part, multiplier $\dfrac{C}{n}$ par n, ce qui reproduit le capital C, et d'une autre part calculer la somme de tous les intérêts annuels décroissans.

Or, ces intérêts s'élèveront la première année à l'intérêt même de la totalité du capital. . . . . Cr.

La 2ᵉ. année, comme on aura remboursé $\dfrac{C}{n}$, le capital engagé ne sera plus que de $C\left(1 - \dfrac{1}{n}\right)$;

Et on en conclura l'intérêt à servir. . . . . . . $C\left(1 - \dfrac{1}{n}\right)r$

De même on aura pour l'intérêt de la 3ᵉ. année, $C\left(1 - \dfrac{2}{n}\right)r$

Et pour la dernière et $n^{ème}$ année. . . . . $C\left(1 - \dfrac{n-1}{n}\right)r = \dfrac{C}{n}\,r$.

La somme de ces termes en proportion arithmétique sera :

$$\frac{n}{2}\left(Cr + \frac{C}{n}\,r\right) = \frac{nCr}{2} + \frac{Cr}{2}.$$

Ajoutant à ces intérêts le capital brut C, on aura :

$$Q = \frac{nCr}{2} + \frac{1}{2}Cr + C = \frac{nCr}{2} + C\left(1 + \frac{r}{2}\right).$$

(191) La valeur Q se compose d'un terme fonction du nombre d'années de concession, et d'un terme constant, quelle que soit la durée de la concession.

L'influence relative, sur la totalité des prélèvemens, de ce terme constant, égal au capital C multiplié par $\left(1 + \dfrac{r}{2}\right)$, est notable. Lorsque la concession n'a qu'une année de durée, il entre pour les $\frac{10}{11}$ dans les prélèvemens. Pour une concession de 15 ans, il entre encore pour les $\frac{1}{4}$. Pour une concession de 40 ans, il figure pour moitié. Enfin, pour une concession de 99 ans, il ne figure plus que pour $\frac{1}{7}$ environ.

Le terme variable est égal au nombre des années de concession, multiplié par la moitié de l'intérêt du capital primitif. L'influence relative de ce terme augmente donc en raison de ce que la concession est plus prolongée. Pour une concession d'un an, ce terme ne serait que $\frac{1}{21}$ des prélèvemens. Pour une concession de 15 ans, il deviendra $\frac{1}{4}$. Et successivement, pour 40 ans il deviendra $\frac{1}{2}$, pour 99 ans $\frac{5}{7}$.

Enfin il est assez curieux de se rendre compte de la masse des prélèvemens pour intérêts et pour remboursement, comparée au capital primitif. Ce rapport va sans cesse croissant en raison du nombre d'années de la concession. Si on appelle toujours Q la masse entière des prélèvemens et C le capital primitif, on aura :

$$\text{C} : \text{Q} :: 1 : 2 \text{ pour une concession de 40 ans.}$$
$$:: 1 : 3 \text{ pour une concession de 80 ans.}$$
$$:: 1 : 3,5 \quad id. \quad \text{de 99 ans.}$$

(191 *bis.*) Considérons à son tour la valeur P, qui se compose de deux termes fonctions du nombre d'années de concession.

Pour apprécier les variations de cette valeur suivant l'étendue plus ou moins prolongée de la concession, il faut calculer les changemens considérables que la partie $\frac{1}{(1+r)^n - 1}$, du coefficient peut à son tour en éprouver.

Or en supposant l'intérêt à 5 pour $\frac{0}{0}$, la quantité $\frac{1}{(1+r)^n - 1}$, que nous représenterons par K, devient avec les divers accroissemens de n, savoir :

$n = 1 \dots \dots \dots \dots \dots \dots \dots \dots \dots$ K $= 20$
$n = 14$ ans, 2 mois, 15 jours $\dots \dots \dots \dots$ K $= 1$
$n = 26$ ans, 6 mois, 20 jours $\dots \dots \dots \dots$ K $= \frac{1}{2}$
$n = 33$ ans environ. $\dots \dots \dots \dots \dots$ K $= \frac{1}{4}$
$n = 45$ ans environ. $\dots \dots \dots \dots \dots$ K $= \frac{1}{8}$
$n = 71$ ans, 8 mois. $\dots \dots \dots \dots \dots$ K $= \frac{1}{32}$
$n = 99$ ans, 6 mois. $\dots \dots \dots \dots \dots$ K $= \frac{1}{120}$.

C'est-à-dire que K joue un rôle fort important pour une concession de peu d'années, mais que son influence, moindre que l'unité à partir de 15 ans, va toujours en s'atténuant et se réduit à $\frac{1}{120}$ pour un péage de 99 ans.

C'est-à-dire qu'à la limite, (pour une concession d'une année par exemple) K $\times$ n Cr est égal au capital n C, lorsque le premier terme n Cr n'est égal qu'à l'intérêt de ce même capital.

Tandis que dès la quinzième année, le deuxième terme se trouve ramené à l'unité, et qu'à la 100e. année il se trouve réduit à la 128e. partie du premier terme égal toujours à nCr.

Si, d'une autre part, on veut apprécier dans cette hypothèse la masse des prélèvemens, tant pour intérêts que pour remboursemens, comparée au capital primitif, on remarquera :

1°. Que ce rapport va toujours croissant avec le nombre d'années de la concession.

2°. Que si on appelle toujours P la masse entière des prélèvemens et C le capital primitif, on aura :

$$C : P :: 1 : 2 \text{ pour une concession de 27 ans.}$$
$$:: 1 : 3 \quad \textit{id.} \quad \textit{id.} \quad 58$$
$$:: 1 : 4 \quad \textit{id.} \quad \textit{id.} \quad 78$$
$$:: 1 : 5 \quad \textit{id.} \quad \textit{id.} \quad 99$$

Comparaison de ces résultats.

(192) Enfin si pour les mêmes valeurs de n on met les expressions P et Q en présence l'une de l'autre on trouve :

1°. Que la masse comparée des prélèvemens est toujours plus considérable avec des intérêts constans et une prime de reproduction à intérêts composés.

2°. Que cette différence entre les prélèvemens, ainsi comparés dans les deux hypothèses, n'est cependant ni constante, ni assujettie à une loi régulière depuis la valeur de $n=1$ jusqu'à $n=99$.

Qu'on pourrait en classer les variations en deux séries, savoir : depuis $n=1$ jusqu'à $n=15$, et depuis $n=15$ jusqu'à $n=99$.

Que pour la première série c'est-à-dire lorsque la concession ne s'élève pas au delà de 15 années, la différence entre Q et P est fort peu sensible, et qu'il faut en attribuer le motif aux influences respectives et de la quantité constante $\frac{1}{2}$ Cr+C dans la valeur de Q et du coefficient $\frac{1}{(1+r)^n - 1}$ dans la valeur de P ; coefficient qui, comme on l'a vu, est un nombre entier jusqu'à ce que $n > 15$ années.

Que pour la 2e. série au contraire, c'est-à-dire lorsque la concession est de plus de 15 ans, l'influence de la constante $\frac{1}{2}$ Cr+C, et du coefficient (K) qui devient une fraction, va en s'affaiblissant.

Que dès lors la loi des différences dépend de plus en plus du 1ᵉʳ terme des valeurs respectives de Q et de P.

Et que ce 1ᵉʳ terme étant exprimé, comme on l'a vu par $\frac{1}{2} nCr$ dans
Q et par nCr dans P, les différences entre la valeur correspondante de
Q et de P vont en croissant d'une manière assez rapide, et proportion-
nellement à $\frac{n}{2}$.

De telle sorte, par exemple, qu'au bout de 99 ans on se trouve avoir
$$Q : P :: 3,5 : 5.$$

Conclusion à l'a-
vantage du rem-
boursement annuel
et partiel.

Pour rendre plus sensible tout ce que nous venons de développer,
nous joignons ici un tableau en nombres ronds des valeurs comparées
de Q et de P, et de leurs termes élémentaires pour les diverses valeurs
de n.

On supposera pour plus de simplicité que C=1.

Tableau qui met
cette conséquence
en évidence.

Tableau des prélèvemens nécessaires dans les deux modes de remboursement.

Valeurs de n.	Valeur de $Q = \frac{nCr}{2} + \frac{1}{2}Cr + C$			Valeur de $P = nCr + nCr \times \frac{1}{(1+r)^n - 1}$		
	$\frac{nCr}{2}$	$\frac{1}{2}Cr+C$	$\frac{nCr}{2}+\frac{1}{2}Cr+C$	$nCr.$	$nCr \times \frac{1}{(1+r)^n-1}$	$nCr+nCr \times \frac{1}{(1+r)^n-1}$
Une année.	0,025	1,025	1,05	0,05	1,00	1,05
ans. mois. jours. 14, 2, 15	0,355	Id.	1,38	0,71	0,71	1,42
26, 6, 20	0,66	Id.	1,685	1,32	0,66	1,98
33, environ.	0,825	Id.	1,85	1,65	0,413	2,063
40, Id.	1,00	Id.	2,025	2,00	0,33	2,23
45, Id.	1,125	Id.	2,15	2,25	0,281	2,531
58, Id.	1,45	Id.	2,475	2,90	0,188	3,088
71, 8, Id.	1,79	Id.	2,815	3,58	0,112	3,692
85, 6, Id.	2,137	Id.	3,162	4,274	0,066	4,340
99, 6, Id.	2,488	Id.	3,513	4,976	0,039	5,015

5°. REMBOURSEMENT IMPUTABLE SUR DES RESSOURCES A VENIR,

SUR UNE PROLONGATION DE CONCESSION.

Amortissement ajourné à un nombre n d'années.

(193.) Lorsqu'on se propose de rembourser un capital au moyen d'une prime annuelle placée à intérêts composés, comme l'on a vu, cette prime balance seulement la reproduction du capital brut, et le service des intérêts de ce capital doit en outre être prélevé sur la masse pendant le cours entier de l'opération.

On suppose que le capital à reproduire s'est augmenté, pendant le même temps, des intérêts composés.

Il semblerait naturel d'opérer de même lorsqu'on ajourne cet amortissement à un certain nombre d'années. Néanmoins on a quelquefois supposé que dans certains cas spéciaux, dans l'hypothèse, par exemple, d'une augmentation imprévue de dépense, il y avait, pour une compagnie exécutante, impossibilité de payer les intérêts de cette dépense supplémentaire pendant un certain nombre d'années, et de consacrer la moindre prime à la diminution de cette dette pendant la même période de temps.

Ainsi, pendant n' années, la dépense supplémentaire C' s'augmente de la totalité des intérêts composés et devient $C'(1+r)^{n'}$; et ce n'est qu'au bout également de n' années qu'on vient servir les intérêts de ce nouveau capital $C'(1+r)^{n'}$ et songer à la reproduction de son chiffre brut au moyen d'une prime annuelle.

On comprend tout de suite que la difficulté du remboursement s'est augmentée, en raison de la loi d'accroissement que subit $(1+r)^{n'}$ pour la valeur n' assignée au délai pendant lequel la dette s'est accumulée; ainsi, au bout de 99 ans, cette charge se sera aggravée dans le rapport de 1 à 125,239. Table (200).

Le calcul de la prime annuelle nécessaire pour reproduire le nouveau capital brut $C'(1+r)^{n'}$, s'obtient, du reste, avec la dernière facilité au

Formules générales y relatives.

Formule (V₃) pour la prime annuelle nécessaire à la reproduction de ce capital brut.

moyen de la formule (V) $p = C \times \left[\dfrac{r}{(1+r)^n - 1} \right]$ puisqu'il suffit d'y substituer : $C = C'(1+r)^{n'}$, ce qui donne : $p = C' \times \left[\dfrac{r(1+r)^{n'}}{(1+r)^n - 1} \right]$ (V₃).

Formule (T₃) pour le nombre d'années de cette opération.

On aurait de même le nombre d'années n nécessaire à la reproduction du capital brut $C'(1+r)^{n'}$ en dégageant n de la formule (V₃.)

$$n = \log. \left[1 + \frac{C'r(1+r)^{n'}}{p} \right] \times \frac{1}{\log.(1+r)}. \qquad (T_3).$$

(194) De ces expressions générales on peut déduire toute autre solution particulière.

Ainsi on s'est demandé de combien d'années il fallait prolonger une concesssion de péage à terme, pour faire la balance d'un accroissement dans les avances prévues ou consenties?

C'est alors supposer :

1°. Que n' est la durée de la concession primitive; et n le nombre d'années nécessaire de prolongation de jouissance.

2°. Que C' est toujours la dépense primitive additionnelle, devenue avec les intérêts composés $C'(1+r)^{n'}$, par suite de ce que pendant n' années il n'a rien été prélevé sur la masse ni pour le service des intérêts, ni pour le remboursement de l'avance égale dans le principe à C'.

3°. Que la prime annuelle à consacrer au remboursement du chiffre brut de ce nouveau capital $C'(1+r)^{n'}$ se trouve égale à la totalité du revenu net du péage, diminué seulement de l'intérêt annuel et constant de la même somme $C'(1+r)^{n'}$.

C'est-à-dire, en appelant α le revenu net du péage, qu'on aurait :
$$p = \alpha - C'r(1+r)^{n'} \qquad (V_4)$$

De sorte qu'en substituant cette valeur de p dans l'expression (T_3), on obtient :
$$n = \log.\left[1 + \frac{C'r(1+r)^{n'}}{\alpha - C'r(1+r)^{n'}}\right] \times \frac{1}{\log.(1+r)}. \qquad (T_4)$$

Si l'on remarque que $C'r(1+r)^{n'}$ représente l'intérêt du capital dû au bout de n' années; en exprimant cette quantité connue par ε, la formule (T_4) devient :
$$n = \frac{\log.\left(1 + \frac{\varepsilon}{\alpha - \varepsilon}\right)}{\log.(1+r.)}, \text{ expression aussi simple que lucide, puisqu'elle}$$

met en évidence toutes les données principales du problème, savoir : ε l'intérêt du capital dû au bout de n années; α le revenu net du péage; et $\alpha - \varepsilon$ la somme à affecter au remboursement.

(195.) Il résulte d'abord de la formule (T_4) que n serait infini, c'est-à-dire que le remboursement serait impossible dans le cas où l'on aurait $\alpha = C'r(1+r)^{n'}$ ou à plus forte raison $\alpha < C'r(1+r)^{n'}$, c'est-à-dire, dans l'hypothèse où le revenu à percevoir au bout de n' années ne serait pas

Limite des avan-
ces qu'il est possible
de rembourser sur
un revenu qu'on
ne doit toucher
qu'au bout de *n*
années.

(Formule U.)

supérieur à l'intérêt de la somme brute C' dépensée, augmentée des intérêts composés au bout de n' années.

Autrement dit, si l'on voulait savoir dans quelle limite il faut restreindre la somme C' à dépenser aujourd'hui pour être remboursée par un revenu α que l'on ne doit toucher qu'au bout de n' années, on supposerait $\alpha = C'r(1+r)^{n'}$; d'où l'on tirerait :

(U) $C' = \alpha \times \dfrac{1}{r(1+r)^{n'}}$, valeur qui répond à la supposition de $\alpha - 6 = 0$ et par conséquent de $n = \infty$; et qui indique la limite au delà de laquelle il n'y a plus possibilité d'amortir, même avec une jouissance à perpétuité; et en effet de cette expression, on tire : $\dfrac{\alpha}{r} = C'(1+r)^{n'}$;

Conclusion qui indique que dans cette hypothèse, $\dfrac{\alpha}{r}$ (c'est-à-dire le capital du revenu α du pont) fait précisément la balance de la somme C' capitalisée avec les intérêts composés pendant n' années.

Le revenu tout entier ne satisfait donc alors qu'aux intérêts du capital dû au bout de n' années, sans qu'aucun excédant de produit puisse être affecté à l'amortissement. (*Note* 41.)

(*Note* 41.) On peut encore raisonner dans l'hypothèse où le revenu d'un péage serait précisément égal à l'intérêt du capital social, plus la prime annuelle d'amortissement de ce capital.

Ainsi appelant { γ le capital social,
π la prime d'amortissement,

et continuant de désigner { par n' la durée du remboursement de γ,
α le revenu net du péage,
C' la dépense additionnelle au capital social γ,

La question suppose $\alpha = \gamma r + \pi$.

L'expression (Y) donne $\gamma = \pi \left\{ \dfrac{(1+r)^{n'}-1}{r} \right\}$

D'où résulte $\alpha = \pi(1+r)^{n'}$

Et par conséquent d'après (U) $C' = \dfrac{\pi}{r}$

C'est-à-dire que dans ce cas particulier le chiffre où il n'y aurait plus, pour cette dépense additionnelle, d'amortissement possible, serait le capital dont l'intérêt égalerait la prime d'amortissement du fonds social primitif γ, calculée sur n' années de remboursement.

Ainsi, au Pont d'Ivry, si l'on suppose :

$\alpha = \gamma r + \pi = 1,050,000$ fr. $\times 0,05 + 422$ fr.57.

On peut calculer C' de deux manières :

1°. En opérant la transformation ci-dessus, ce qui donne $C' = \dfrac{\pi}{r}$, et ce qui laisse

(196.) On pourrait s'étonner des résultats que donnent les formules précédentes, puisqu'on est amené à en conclure :

1°. Que pour peu que s'élevât le chiffre des dépenses primitivement calculées, il faudrait que la durée de la concession fût considérablement prorogée.

2°. Que par exemple, dans l'espèce du Pont d'Ivry, si cette élévation arrivait à 8,500 fr. (la 125°. partie environ du capital primitif), il faudrait, même avec une concession à perpétuité, renoncer à rembourser cette somme supplémentaire, toute minime qu'elle est.

Se trouverait-il donc si peu de latitude dans les opérations de ce genre, et une aussi faible extension de dépenses pourrait-elle porter dommage à ces entreprises, en compromettant la première condition de leur prospérité, la certitude de la rentrée des capitaux?

Heureusement, les formules précédentes ne sont vraies qu'autant que l'on suppose :

1°. Que la recette brute, que l'évaluation des entretiens annuels, que l'aperçu des frais d'administration et de perception sont des quantités mathématiques, et qu'il en résulte pour le revenu net un chiffre invariable.

2°. Que le chiffre du revenu net est rigoureusement égal à la somme des intérêts à servir et de la prime de reproduction du capital social primitif.

3° Que le taux de l'intérêt est aussi impérativement arrêté que toutes les données précédentes.

Ces hypothèses, toutes mathématiques, sont, sans doute, nécessaires

---

mieux encore en évidence que la limite des avances possibles la première année en sus du fonds social de 1,050,000 fr. , avec la certitude d'en être remboursé sur les revenus à toucher après 99 années, eût été le capital dont les intérêts répondent à la prime de l'amortissement de γ, c'est-à-dire :

$$\frac{\pi}{r} = \frac{422 \text{ fr. } 57}{0,05} = 8451 \text{ fr. } 40.$$

2°. En opérant par la méthode générale et en appliquant à la formule (U) ,

$$C' = \alpha \times \frac{1}{r(1+r)^{n'}},$$

d'une part la valeur $\alpha = 52500$ fr. $+ 422$ fr.57 $= 52922$ fr.57 ; et de l'autre part le coefficient $\frac{1}{r(1+r)^{n'}}, = 0,159694$ dans la supposition de $n' = 99$. *Table* (200)

On obtient : $C' = 52922$ fr.57 $\times \frac{1}{r(1+r)^{n'}} = 52922$ fr.57 $\times 0,159694 = 8451$ fr.42.

Pont d'Ivry.   36

pour résoudre le problème analytiquement parlant; mais les réalités, qui n'ont rien d'absolu, en modifient singulièrement les conséquences.

Ainsi, et par cela même que le spéculateur aura, dans ses calculs, grossi les charges et amoindri les produits, les entretiens ordinaires et extraordinaires, les frais d'administration et de perception resteront probablement au-dessous des chiffres présumés, tandis que la recette effective les dépassera.

Une des données du problème, l'intérêt de l'argent, peut d'ailleurs être réduite au gré des actionnaires; et cette réduction, qui s'effectuant alors en raison inverse de l'augmentation des charges serait le résultat le plus fâcheux à craindre, empêchera que le principe vital du remboursement puisse jamais souffrir dans son entier accomplissement.

Importance cependant et utilité de ces formules.

(197.) Cependant ces hypothèses, quelqu'éloignées qu'elles soient du positif, deviendraient inévitablement la loi des parties dans une contestation relevant de la question que nous venons de traiter.

La formule (T_i) déterminera en effet toujours les droits d'une compagnie qui réclamera une prolongation de jouissance. Et sous ce rapport, en méditant la même formule, l'administration ne saurait être trop circonspecte dans le libellé de tout engagement qui, basé sur des dépenses évaluées à l'avance stipulerait une extension de jouissance proportionnée à une augmentation dans le chiffre des dépenses convenues entre les parties.

6°. RÉSUMÉ.

Objet, élémens et manuel de chacune des formules qui précédent.

(198.) Nous terminons en rassemblant dans le moindre nombre de lignes possible la substance des formules les plus utiles que nous venons de développer; cet extrait suffira pour rappeler aux praticiens l'objet, les élémens, le maniement de chacune de ces expressions.

L'application de ces formules deviendra surtout facile, même pour les personnes les moins familiarisées avec le calcul, au moyen de la table placée à la suite de ce résumé et qui présente le chiffre déterminé à l'avance du coefficient élémentaire de chaque formule pour toutes les valeurs de n (nombre d'années) depuis 1 jusqu'à 100.

Il fallait que cette table portât l'intérêt de l'argent à un taux quelconque; nous supposons cet intérêt fixé à 5 pour $\frac{0}{0}$, ou $r = 0.05$.

Nos chiffres s'arrêtent à cent années de concession, il nous a semblé inutile de les étendre au delà de ce terme.

(199.) Comme résumé, nous réduirons aux termes suivans le *Manuel du formulaire* que nous venons de raisonner :

Conclusion, solution de tout problème réduit à une simple multiplication.

1°. La formule (Z) a pour objet de capitaliser une somme C placée à intérêts composés pendant n années.

Il suffit dans l'expression $C' = C(1+r)^n$ de connaître le coefficient $(1+r)^n$.

On multiplie ensuite la somme C par ce coefficient. Table (200).

2°. La formule (Y) sert à évaluer le capital brut que doit produire une prime p prélevée annuellement et placée à intérêts composés.

Il suffit dans l'expression $C = p \times \left[\frac{(1+r)^n - 1}{r} \right]$ de connaître le coefficient $\left[\frac{(1+r)^n - 1}{r} \right]$.

On multiplie ensuite la prime p par ce coefficient. Table (200).

3°. La formule (X) indique à quel capital C, placé à intérêts composés pendant n années, répond l'effet d'une prime p réservée annuellement et placée également à intérêts composés pendant la même période de temps.

Dans cette formule $C = p \times \left(\frac{(1+r)^n - 1}{r(1+r)^n} \right)$, il suffit de connaître le coefficient $\frac{(1+r)^n - 1}{r(1+r)^n}$.

Et on multiplie la prime p par ce coefficient. Table (200).

4°. L'expression (U) fait connaître la limite maximum des avances C, qu'il est possible de rembourser sur un revenu α qu'on ne doit toucher qu'au bout de n années.

Dans cette formule $C = \alpha \times \frac{1}{r(1+r)^n}$, il suffit de connaître le coefficient $\frac{1}{r(1+r)^n}$. Et on multiplie le revenu α par ce coefficient. Table (200.)

5°. La formule (V) calcule la prime annuelle p nécessaire pour reproduire un capital brut C au bout de n années.

Il suffit, dans l'expression $p = C \times \left(\frac{r}{(1+r)^n - 1} \right)$ de connaître le coefficient $\frac{r}{(1+r)^n - 1}$. On multiplie ensuite le capital C par ce coefficient.

La même marche, le même coefficient, donnent le calcul des formules (V_1) et (V_2) dérivées de la formule (V) et applicables aux primes de réserve, pour grosses réparations.

36.

La table (200) donnera pour chaque valeur de n le chiffre tout calculé de ces coefficiens.

6°. La formule (W) calcule la prime annuelle, capable de balancer au bout de n années le capital C augmenté pendant le même temps des intérêts composés.

Dans la formule $p = C \times \left(\frac{r(1+r)^n}{(1+r)^n - 1} \right)$, il suffit de connaitre le coefficient $\frac{r(1+r)^n}{(1+r)^n - 1}$, et on multiplie le capital C par ce coefficient. Table (200).

7°. La formule (T) détermine le nombre d'années nécessaire pour que l'effet d'une prime annuelle donnée p, et le jeu des intérêts, fassent la balance d'un capital brut C, également donné.

Cette formule $n = \frac{1}{\log. (1+r)} \times \log. \left(1 + \frac{Cr}{p} \right)$ se compose de deux facteurs : l'un $\frac{1}{\log. (1+r)}$ constant, quelles que soient les valeurs de n, de C et de p, l'autre $\log. \left(1 + \frac{Cr}{p} \right)$ dépendant au contraire des doubles données C et p de la question, et pour lequel par conséquent il n'est pas possible de dresser des tables générales.

On sera donc obligé, pour chaque valeur particulière assignée à C et à p, de calculer le $\log. \left(1 + \frac{Cr}{p} \right)$, et de le multiplier par la constante $\frac{1}{\log. (1+r)}$.

8°. La formule (T$_4$) détermine le nombre d'années nécessaire pour balancer un accroissement dans les dépenses primitives avec un revenu α qui ne commence qu'au bout de n' années.

Cette formule $\frac{1}{\log. (1+r)} \times \left(1 + \frac{Cr (1+r)^{n'}}{\alpha - Cr (1+r)^{n'}} \right)$ dans laquelle il faut connaitre C, α, et n', ne peut, comme la précédente, se calculer au moyen de tables dressées à l'avance.

9°. Enfin l'expression (R) $\frac{(1+r)^n - 1}{(1+r)^n}$ donne le rapport de la valeur financière d'une concession à terme de n années avec une concession à perpétuité.

Le chiffre exact de ce rapport est inscrit dans la dernière colonne de la table (200).

(200) TABLE *des coefficiens nécessaires au calcul des formules* (Z), (Y), (X), (U), (V) *et* (W), *et du rapport* (R).

Nota. L'intérêt de l'argent est supposé de 5 pour %. Ce qui donne

$$r = 0,05 \; ; \; 1+r = 1,05 \; ; \; \log.\,(1+r) = 0,0211893 \; ; \; \text{et} \; \frac{1}{\log.\,(1+r)} = 47,1936.$$

NOMBRE D'ANNÉES $= n$.	FORMULE (Z) $(1+r)^n$	FORMULE (Y) $\frac{(1+r)^n-1}{r}$	FORMULE (X) $\frac{(1+r)^n-1}{r(1+r)^n}$	FORMULE (U) $\frac{1}{r(1+r)^n}$	FORMULE (V) $\frac{r}{(1+r)^n-1}$	FORMULE (W) $\frac{r(1+r)^n}{(1+r)^n-1}$	RAPPORT (R) $\frac{(1+r)^n-1}{(1+r)^n}$
1	1,05	1,00	0,952381	19,0476	1,00	1,05	0,04761905
2	1,1025	2,05	1,85941	18,1406	0,487805	0,537805	0,0929705
3	1,157625	3,1525	2,723248	17,27675	0,317158	0,367158	0,1361624
4	1,2155	4,31	3,545865	16,45413	0,232019	0,282019	0,17729325
5	1,27628	5,5256	4,329457	15,67054	0,180976	0,230976	0,21647285
6	1,34071	6,802	5,075692	14,92426	0,147016	0,197016	0,253787
7	1,4071	8,142	5,78637	14,2136	0,12282	0,17282	0,2893185
8	1,477455	9,5491	6,46321	13,5368	0,104722	0,154722	0,3231605
9	1,55133	11,0266	7,1078566	12,8922	0,0906898	0,14069	0,35539283
10	1,628894	12,57788	7,72173	12,2783	0,0795051	0,129505	0,3860865
11	1,71034	14,2068	8,30642	11,6936	0,0703888	0,120389	0,415321
12	1,79586	15,9172	8,863254	11,1367	0,0628251	0,112825	0,4431627
13	1,88565	17,713	9,39356	10,6064	0,0664557	0,1064557	0,469678
14	1,97993	19,5986	9,89852	10,10126	0,051024	0,1010241	0,494926
15	2,07893	21,5786	10,37962	9,620335	0,046342	0,0963422	0,518981
16	2,182875	23,6575	10,8377	9,16223	0,0422699	0,0922699	0,541885
17	2,29202	25,8404	11,2741	8,72593	0,0386991	0,0886991	0,563705
18	2,40662	28,1324	11,6896	8,31041	0,0355462	0,0855462	0,58448
19	2,52695	30,539	12,0853	7,91468	0,032745	0,082745	0,604265
20	2,6533	33,066	12,4622	7,537783	0,0302425	0,0802425	0,62311
21	2,78596	35,7192	12,8211	7,17885	0,02799615	0,07799615	0,641055
22	2,92526	38,5052	13,163	6,837	0,0259705	0,0759705	0,65815
23	3,07152	41,4304	13,4885	6,51143	0,0241369	0,074137	0,674425
24	3,2251	44,502	13,7986	6,201358	0,0224709	0,0724709	0,68993
25	3,386355	47,7271	14,0940	5,90605	0,02095246	0,07095246	0,704697
26	3,555673	51,11346	14,3751	5,62481	0,0195643	0,0695643	0,718176
27	3,73346	54,6692	14,643	5,35696	0,0182918	0,0682918	0,73215
28	3,92013	58,4026	14,8981	5,10187	0,0171225	0,0671225	0,744905
29	4,11614	62,3228	15,1411	4,85892	0,0160455	0,0660455	0,757055
30	4,32194	66,4388	15,3724	4,62755	0,0150514	0,0650514	0,76862
31	4,53804	70,7608	15,5928	4,40719	0,0141311	0,0641311	0,77964
32	4,76494	75,2988	15,8027	4,19732	0,0132804	0,0632804	0,790135
33	5,00319	80,0638	16,00255	3,99745	0,012419	0,062419	0,8001275
34	5,25335	85,0670	16,1929	3,8071	0,0117554	0,0617554	0,809645
35	5,51602	90,3204	16,3742	3,62580	0,0110854	0,0610854	0,818709
36	5,79182	95,8364	16,5468	3,45313	0,0104342	0,0604342	0,82734
37	6,08141	101,6282	16,7113	3,28871	0,009839788	0,059839788	0,83556
38	6,38548	107,7096	16,8679	3,13211	0,00928422	0,05928422	0,843395
39	6,70475	114,095	17,017	2,98296	0,00876462	0,05876462	0,85085
40	7,03999	120,7998	17,1591	2,84091	0,008278158	0,05827816	0,857955
41	7,39199	127,8398	17,2944	2,70563	0,00782229	0,05782229	0,86472
42	7,76159	135,2318	17,4232	2,57679	0,00739472	0,05739498	0,87116
43	8,14967	142,9934	17,5459	2,45409	0,00699333	0,05699333	0,877295
44	8,55715	151,143	17,6628	2,33723	0,00661625	0,05661625	0,88314
45	8,98501	159,7002	17,7741	2,22593	0,00626173	0,0562617	0,888703

NOMBRE D'ANNÉES $= n.$	FORMULE (Z) $(1+r)^n$	FORMULE (Y) $\dfrac{(1+r)^n-1}{r}$	FORMULE (X) $\dfrac{(1+r)^n-1}{r(1+r)^n}$	FORMULE (U) $\dfrac{1}{r(1+r)^n}$	FORMULE (V) $\dfrac{r}{(1+r)^n-1}$	FORMULE (W) $\dfrac{r(1+r)^n}{(1+r)^n-1}$	RAPPORT (R) $\dfrac{(1+r)^n-1}{(1+r)^n}$
46	9,43426	168,6852	17,880	2,11993	0,00592820	0,0559282	0,89395
47	9,90597	178,1194	17,981	2,01898	0,00561421	0,0556142	0,89905
48	10,4013	188,026	18,0771	1,922836	0,00531841	0,0553184	0,903855
49	10,9213	198,426	18,1687	1,83128	0,00503966	0,0550396	0,908435
50	11,4674	209,348	18,2559	1,74407	0,00477674	0,0547767	0,912795
51	12,0408	220,816	18,339	1,66102	0,00452866	0,05452866	0,91695
52	12,6428	232,856	18,4176	1,58193	0,0042945	0,0542945	0,92088
53	13,27495	245,499	18,4934	1,5066	0,00407332	0,0540732	0,924670
54	13,9387	258,774	18,5651	1,43485	0,00386438	0,0538644	0,928255
55	14,6356	272,712	18,6334	1,36653	0,00366687	0,053667	0,93167
56	15,3674	287,348	18,6985	1,301456	0,0034801	0,0534801	0,934925
57	16,1358	302,716	18,7605	1,23948	0,00330343	0,0533034	0,938025
58	16,9426	318,852	18,8195	1,180456	0,00313625	0,05313625	0,940975
59	17,7897	335,794	18,8757	1,124246	0,00297802	0,052978	0,943785
60	18,6792	353,584	18,9293	1,070710	0,00282818	0,0528282	0,946465
61	19,61315	372,263	18,98027	1,019724	0,00268627	0,05268627	0,9490135
62	20,5938	391,876	19,0288	0,971166	0,00255183	0,0525518	0,95144
63	21,6235	412,470	19,0751	0,92492	0,00242442	0,0524244	0,953755
64	22,7047	434,094	19,1191	0,880875	0,00230365	0,0523036	0,955935
65	23,8399	456,798	19,1611	0,83893	0,00218915	0,05218915	0,958055
66	25,0319	480,638	19,201	0,7989805	0,00208057	0,0520805	0,96005
67	26,2835	505,670	19,2391	0,760934	0,00197740	0,0519774	0,961955
68	27,5977	531,954	19,2753	0,724699	0,00187986	0,0518798	0,963765
69	28,97755	559,551	19,3098	0,690189	0,00178747	0,0517871	0,96549
70	30,4264	588,528	19,3427	0,657323	0,00169915	0,0516992	0,967135
71	31,94775	618,955	19,3739	0,626022	0,00161563	0,0516156	0,968695
72	33,5451	650,902	19,4038	0,596212	0,00153633	0,0515363	0,97019
73	35,2224	684,448	19,4322	0,56782	0,00146103	0,051461	0,97161
74	36,9835	719,670	19,4592	0,5407816	0,00138953	0,0513895	0,97296
75	38,8327	756,654	19,485	0,51503	0,00132161	0,0513216	0,97425
76	40,7743	795,486	19,5095	0,490505	0,00125709	0,0512571	0,975475
77	42,8130	836,26	19,5327	0,4671478	0,00119580	0,0511958	0,97664
78	44,9537	879,074	19,5551	0,444902	0,00113756	0,0511375	0,9777755
79	47,2014	924,028	19,57628	0,423716	0,00108222	0,0510822	0,978814
80	49,5614	971,228	19,5965	0,4035398	0,00102961	0,0510296	0,979825
81	52,0395	1020,79	19,6157	0,384323	0,000979633	0,0509796	0,980785
82	54,6415	1072,83	19,634	0,366022	0,000932113	0,050932	0,981698
83	57,3736	1127,472	19,6514	0,348592	0,00088694	0,0508869	0,98257
84	60,2422	1184,844	19,6680	0,331993	0,000843996	0,0508440	0,9834
85	63,2544	1245,088	19,6838	0,3161835	0,000803155	0,0508031	0,98419
86	66,4171	1308,342	19,6989	0,301127	0,000764326	0,0507643	0,984945
87	69,7379	1374,758	19,7132	0,286788	0,000727401	0,0507274	0,98566
88	73,2248	1444,496	19,7269	0,273131	0,000692283	0,0506923	0,986343
89	76,8861	1517,722	19,7399	0,260125	0,000658881	0,0506588	0,986995
90	80,7304	1594,608	19,7523	0,247738	0,000627114	0,0506271	0,987615
91	84,7669	1675,338	19,7641	0,235941	0,000596894	0,0505969	0,988205
92	89,0052	1760,104	19,7753	0,224760	0,000568148	0,0505681	0,988764
93	93,4555	1849,110	19,786	0,214006	0,000540801	0,0505408	0,9893
94	98,1283	1942,566	19,7962	0,203815	0,000514783	0,0505148	0,98981
95	103,0347	2040,694	19,8059	0,194109	0,000490029	0,050490	0,990294
96	108,1864	2143,728	19,8151	0,184866	0,000466478	0,05046648	0,990755
97	113,596	2251,92	19,8239	0,1766625	0,000444065	0,0504441	0,991195
98	119,276	2365,52	19,8323	0,167678	0,000422274	0,0504227	0,991615
99	125,239	2484,78	19,8403	0,159694	0,000401245	0,0504024	0,992015
100	131,501	2610,02	19,8479	0,15209	0,000383139	0,0503831	0,992395

TABLE ET RÉSUMÉ
DES MATIÈRES.

Nota. Les chiffres *sans parenthèses* donnent les numéros des pages.
Les numérotages *entre parenthèses* se rapportent soit aux planches, soit aux paragraphes et aux diverses notes du texte.

AVANT-PROPOS.

Objet que se propose un ingénieur en visitant une construction, 1.
Ordre à suivre pour le compte rendu de grands ouvrages d'art, 2.
Essai d'une publication de ce genre pour le Pont d'Ivry, 4.
    (*Note* ') Insuffisance d'une publication périodique à cet égard, *ib.*
Appel aux ingénieurs, à l'administration, *ib.*
Utilité des notions qui se rattachent à la direction des travaux de compagnies, 6.
Plan et division de l'ouvrage : Partie d'art, explication des planches et table de concordance avec le texte, *ib.* — Partie administrative, 7. — Table des matières, 8.

EXPLICATION DES PLANCHES,
ET
Table de concordance entre les planches et le texte.

Observations préliminaires, 1°. pour l'intelligence de la table de concordance en général ; 2°. pour l'intelligence des planches en particulier, 9.
(*Planche* 1re.) Position, ensemble du pont et de ses abords, *ib.*
(*Id.* 2.) Épures des arches, profils des routes, 11.
(*Id.* 3.) Pilotage et plate-forme d'une culée, 12.
(*Id.* 4.) Maçonnerie d'une culée, 14.
(*Id.* 5.) Pilotage d'une pile, ensemble d'un caisson, 16.
(*Id.* 6.) Détails d'un caisson, 18.
(*Id.* 7.) Maçonnerie des piles, 20.
(*Id.* 8.) Plan d'une arche, solivages et planchéiages, 22.
(*Id.* 9.) Première arche, échafaud de service, brides en fer, organeaux, 24.
(*Id.* 10.) Deuxième arche, moises pendantes et horizontales, contrevents en bois, 26.
(*Id.* 11.) Troisième arche, longerons, contrefiches, joints anglais, coussinets en fonte, 28.
(*Id.* 12.) Planchers, trottoirs, chevillettes, garde-fous, 29.
(*Id.* 13.) Coupes en travers du pont, contrevents en fer, 31.
(*Id.* 14.) Chemins de fer, 33.
(*Id.* 15.) Éclairage, bornage, perrés et escaliers d'une culée, 35.
(*Id.* 16.) Perrés et escaliers d'un chemin de halage, 37.
(*Id.* 17.) Ouvrages provisoires pour la navigation, 39.
(*Id.* 18.) Bureaux de perception, 41.
Dernières observations communes à toutes les planches, 43.

CHAPITRE Ier.
PARTIE D'ART.

(1) Division du 1er. chapitre , 45.

INDICATIONS PRÉLIMINAIRES.
1o. POSITION DU PONT , SES AVANTAGES.

(2) Position géographique. — Grandes routes desservies par le Pont d'Ivry. — Avantages
de la route neuve sur la rive gauche de la Seine , 45.

2°. SOMMAIRE DES OUVRAGES.

(3) Dimensions principales du pont, 46.
(4) Culées. — Piles, ib. — Travées en charpente. — Plancher. — Plinthe , parapets, garde-
fous. — Mortier , pose, rejointoiemens, peintures, 47.
(5) Abords du pont , ib. — Bureaux de perception , 48.
(6) Chemins de halage. — Ouvrages accessoires pour la navigation , ib.

1re. SECTION. — CULÉES.
1°. PLANTATION ET DESCRIPTION RAISONNÉE.

(7) Tracé , 49.
(8) Formes générales extérieures. — Corps quarré.— Murs en aile , ib.— Double chemin de
halage , 50.
     (Note 1.) Sur l'épaisseur provisoire des culées du Pont d'Ivry , 50.

2°. PILOTAGE.

(9) Plan de pilotage en échiquier régulier. — Écartemens et numérotage des pieux. —
Carnet de pilotage , 51. — Plan de recepage , 52.
(10) Variation des terrains. — Refus exigé au devis. — Sonnettes à déclic , moutons , avant-
pieux , ib.
     (Note 2.) Diverses conditions à insérer au devis, ib.
     — Résultats du pilotage des culées , 53.
     (Note*) Renseignemens à enregistrer dans l'intérêt à venir de la construction, ib.
(11) Pieux en bois équarri , 53.
     (Note*) Différence de forme des pieux en bois équarris , et des pieux en grume , 54.
(12) Frettes à la tête des pieux , 54.
(13) Sabots en fonte , ib.
(14) Pilotage exécuté à la journée , sa régularité , 55.
     (Note*) Exigences nécessaires à cet égard , ib.

3°. PLATES-FORMES.

(15) Grillage avec entailles , usage à réformer, 55. — Suppression des solives longitudinales
portant charge , 56.
(16) Réduction du nombre des mortaises dans les traversines , ib.
(17) Dispositions des traversines des culées du Pont d'Ivry.—Racinaux à la rencontre , en
plan , de trois solives , 57.
(18) Application des paragraphes (15) et (16), ib.
(19) Remplissage des vides sous la plate-forme , 58.
(20) Pose des madriers jointifs , réduction du nombre des chevillettes , 59.
     (Note 3.) Emploi comparatif sous l'eau des chevillettes et des boulons, ib.
(21) Niveau de la plate-forme , submersion des bois, garantie contre les affouillemens , 59.

4°. Maçonneries.

Dimensions, formes et épaisseurs.

(22) Epaisseur et profils des maçonneries, 59.
(23) Retraites rampantes des murs en ailes, 60.

Appareils en pierre de taille.

(24) Emploi motivé de pierre de taille, 61.
(25) Etudes de détails et de goût, 63.
    (*Note 4.*) Appareils réguliers en pierre avec des bancs de différentes hauteurs, 63.
    (*Note* ') Sur la saillie à donner aux harpes longues en pierre.
(26) Appareil à lignes biaises et par échelons (dit en arête de poisson), 64.

5°. Corrois en terres franches, pilonnage.

(27) Méthode pour diminuer le tassement de grands remblais, 65. — Choix des terres, 66.
    (*Note 5.*) Circonstance mise à profit pour emprunt de terre à titre gratuit, 66.

2ème SECTION. — PILES.

1°. Tracé et description.

(28) Dispositions économiques d'échafaudage. — Tracé des pilotis d'échafaud. — Tracé des pieux définitifs de fondation. — Emploi utile de règles contiguës, 67. — Jalonnement, à chaque assise, des avant et arrière-becs, 68.
    (*Note* ') Projet d'une règle suspendue dans la longueur entière du pont, 68.
(29) Formes générales extérieures. — Pile proprement dite. — Corps quarré supérieur, 68.

2°. Pilotage.

(30) Division du travail en trois opérations, 69.
(31) Pilotage des échafauds, 69.
    (*Notes* ' et '') Faits recueillis au sujet de ces échafauds, 69.
    — Plancher à claire-voie en sapin, 70.
    (*Note* ') Différence des plats-bords en chêne et des plats-bords en sapin pour échafauds, 70.
(32) Pieux de fondation. — Nombre, plan, numérotage et espacement des pilotis, 70.
    (*Note 6*) Charge uniforme sur les cinq files de pieux ; calcul de la pression actuelle sur chaque pieu, et de la charge à prévoir avec des arches en pierre, 70.
    — Résultats du pilotage des piles, 72.
    (*Note 7*) Entures de pieux, 72.
(33) Pieux de remplissage à claire-voie au lieu de palplanches, 73.
    (*Note 8*) Economie de ce système, 73.
(34) Échafaud pour recepage. — Recepages à la tâche. — Arrachage sous l'eau de goujons d'avant-pieux, 74. — Frettes restées également au niveau du recepage. — Battage complémentaire ordonné ; accident y relatif. — Profondeur uniforme du recepage des quatre piles, 75.

3°. Enrochemens.

(35) Division des enrochemens en deux périodes, 76.
(36) Enrochemens à l'intérieur. — Radeau au lieu d'échafauds, barrage léger en amont de chaque pile. — Vérification de l'arasement, 76.
    (*Note* ') Accident arrivé, 77.
(37) Enrochemens à l'extérieur, 77.

4°. Caissons.

(38) Objet distinct du fond ou plate-forme, et des bords ou batardeaux, 77.

Fond d'un caisson.

(39) Bases de la plupart des projets de caissons pour piles et culées, 78.— Importance relative des divers élémens de ces plates-formes. — Conséquences à en tirer, 79.

(*Note* 9) Possibilité , dans certains cas , de supprimer une grande partie des traversines , 79.

(40) Application aux caissons du Pont d'Ivry. — Traversines maîtresses. — Traversines intermédiaires , 79. — Cadre extérieur de la plate-forme. — Portée des traversines maîtresses sur les pieux de rive. — Madriers de remplissage de plate-forme , 80.

(41) Chevillage en bois, 80.

(42) Assemblage des abouts des traversines maîtresses. — Assemblage en partie droite des chapeaux de rive , 81. — Assemblages et ferrures ds pans coupés , 82.

(43) Boulons de tirage , écrous à queue, 82.

(*Note* 10.) Sous-détails des charpentes et ferrures d'un fond de caisson. Prix du mètre superficiel de cette plate-forme flottante , 82.

— Tirans longitudinaux en plan ; leur inutilité , 83.

(44) Tinglage des joints , 84.

(*Note* 11.) Mode d'exécution et prix des tinglages des caissons du Pont d'Ivry , 84.

Bords des caissons.

(45) Élémens des bords d'un caisson.— Nombre de garnitures, 85.—Hauteur des bords, 86.

(46) Autres détails utiles , 86.

Mouvement et mise en place des caissons.

(47) Ordre et ensemble des opérations nécessaires , 87.

(48) Bardage des fonds de caisson entièrement achevés et munis ou dégarnis de bords , 88.

(*Note* 12.) Dépense de ces mouvemens de caissons , 88.

(49) Lançage à l'eau , méthode économique, 89.

(50) Chargement du caisson flottant , en maçonnerie et en matériaux. — Conduite en place , 90.

(51) Pose sur les pieux de fondation. — Vérification ; déchargement et déplacement du caisson en cas d'irrégularité , 90.

(52) Démontage des moises , arrachage des bords , 91.

(*Note* *) Accident arrivé, 92.

5°. MAÇONNERIES.

Dimensions , formes et épaisseurs.

(53) Épaisseur et longueur des piles , 92.

(*Note* 13.) Épaisseur comparée de ces piles avec plusieurs exemples analogues. Calcul de la pression actuelle sur les assises inférieures, et de la charge à prévoir, en supposant les arches reconstruites en pierre, 92.

— Hauteur différente des piles; évidement à leur partie supérieure, 93.

Appareils en pierre de taille.

(54) Emploi motivé de pierre de taille , 94.

(*Note* *) Observation sur les morceaux de sujétion, 94.

— Diverses économies de pierre, 95.

(55) Études de détail et de goût, 95.

(56) Renformis hydrauliques sur les piles, 95.

Service et approche des matériaux.

(57) Marche économique pour le bardage de la pierre, 95.—Bardage du mortier, du moellon, de la meulière, 96.

3°. SECTION.—TRAVÉES EN CHARPENTE.

1⁶. DISPOSITIONS ET DIMENSIONS GÉNÉRALES.

(58) Ordonnance des arches, 97.

(59) Hauteur des naissances, 97.— Hauteur sous clef. — Ouvertures et flèches des arches. — Pentes du pont , 98.

(*Note* 14). Sur les débâcles de glace de la Seine, 98.

(60) Composition des travées en charpente , 99.

2°. ÉPURES.

(61) Epure en arc de cercle à l'intrados, 99. — Epure en arc de parabole à l'extrados, 100.

3°. CAUSES GÉNÉRALES DE DÉPÉRISSEMENT A PRÉVENIR.

(62) Mouvemens oscillatoires. — Moises, brides, et contrevents , 101.

(63) Assemblages à tenon et mortaise; leur inconvénient , 102.

(64) Pénétration des bois de bout. — Plaques de cuivre, 103.

(65) Dépérissement des abouts engagés dans la maçonnerie. — Scellement. — Corps isolants; enveloppe en plomb, 103. — Coupes des bois; refouillemens dans la pierre; isolement latéral, 104. — Coussinets creux en fonte, 105.

4°. ÉTUDES PARTICULIÈRES AUX TRAVÉES EN ARC DE CERCLE.

Ordre à suivre dans cet examen , 106.

Arbalétriers courbes.

(66) Disposition des joints. — Aucune entaille, aucun percement. — Arêtes vives, 107.

(67) Débitage à la scie. — Madriers pliés à la vapeur, 107.

(*Note* 15.) Observation pratique sur le pliage des bois, 108.

(*Note* 16.) Expériences complémentaires à faire , avantages du pliage à la vapeur, 109.

Longerons, sous-poutres et contre-fiches.

(68) Ajustement et armature au sommet de chaque arche , 109. — Assemblage de champ. — Isolement entre les longerons et les maçonneries, 110.

(*Note* *) Difficulté de trouver des longerons de forte dimension, 110.

(69) Joint anglais. — Avantage de ce joint , lorsque la solive est en contre-bas. — Embreuvement à recouvrement , à préférer lorsque la solive est en contre-haut, 111.

Moises pendantes.

(70) Chanfrein sur les arêtes non apparentes, 112.

Moises horizontales.

(71) Assemblage à trait de Jupiter de ces moises ou tirans. — Coupe à plan biseau contre les moises pendantes, 112. — Emplacement des boulons, 113.

(*Note* *) Emploi le plus convenable des boulons, 113.

Contrevents en bois.

(72) Utilité de ces étrésillons , 113. — Équarrissage , taille et pose, 114.

5°. LEVAGE DES ARCHES.

(73) Divers modes de levage ; échafaud de pose; pont de service pour bardage, 114.

(74) Échafaud de pose, à grandes ou à petites travées. — Système à grandes travées. — Préférence à donner aux petites travées , 115. — Nombre de fermes nécessaires. — Temps et atelier nécessaire pour le levage d'une arche , 116.

(75) Poussée des grandes travées de charpente , 117.

(*Note* 17) Sur les déversemens de piles, opérés par cette poussée , 117.

4ᵉ. SECTION. — PLANCHER.

(76) Caractère et composition du plancher , 119.

1°. SOLIVAGE GÉNÉRAL.

Pièces de pont.

(77) Nombre et écartement de ces solives , 119. Equarrissage et longueur. — Solives d'un seul morceau ; solives avec assemblage. — Assemblage à trait de Jupiter , 120. — Assemblage à joint-fourchu. — Pose des pièces de pont, 121.

Contrevents en fer.

(78) Position des contrevents dans un même plan au-dessus des pièces de pont , 121.

(79) Choix , sur les arches, des points à trianguler. — Pièces de pont appartenant au système des contrevents.— Attache à la clef de chaque ferme de tête. — Pénétration des fers au moyen de mouffles. — Mouffles à plat, et coins verticaux, 122. — Attache des contrevents sur les piles et culées , 123.

(80) Mandrins de scellement dans les piles et culées , 123. — Faux-mandrins d'attache sur les longerons , 124.

2°. SECOND SOLIVAGE PARTIEL , ET PLANCHÉIAGE DES DEUX RIVES.

Trottoirs.

(81) Fausses pièces de pont transversales , 124. — Longrines de rive ; — Longrine intermédiaire. —Grillage formé par ces deux systèmes de solives, 125.

(82) Pose des trottoirs , 125. — Assemblage des longrines. — Boulonnage et chevillage. — Madriers transversaux jointifs , 126.

(83) Garde-roue en fer le long des trottoirs , 126.

Auvents.

(84) Jet d'eau transversal. —Couvre-joints régulièrement espacés, 127.

3°. MADRIERS FORMANT PLANCHER , ET GARNITURES EN FER ENTRE LES TROTTOIRS.

Madriers formant plancher.

(85) 1ᵉʳ. plancher ; madriers longitudinaux à claire-voie. — Moise en long sur l'axe du pont. — Régularité des cours de madriers ; emploi de bois de toute largeur , 128.

(86) Chevillage du premier plancher.—Nécessité de raisonner la forme des chevillettes , 129. — Chevillettes barbelées , 130.

(87) 2ᵉ. plancher , madriers transversaux et jointifs. —Régularité de l'ajustement des madriers ; leur largeur moyenne , 130.

(88) Chevillage du 2ᵉ. plancher , 131.

Garnitures en fer et en bois.

(89) Inconvénient d'un pavage sur un pont de bois , 131. — Plancher du Pont d'Ivry avec garnitures en fer , 132.

(90) Voitures avec chevaux de front ; voitures avec chevaux en arbalète ; dispositions de voies y relatives. — Affectations diverses des trois voies du Pont d'Ivry , 132.

(*Note* 20) Modification indiquée par l'expérience , 133.

(91) Largeur et subdivision de ces voies , 133.

§ 1ᵉʳ. *Garnitures pour chevaux en arbalète , sur les deux rives du pont.*

(92) Éloignement des roues de la voie en bois pour chevaux , 133.

(93) Chemins de fer , nombre des bandes longitudinales. — Fixation régulière de leurs diverses longueurs , 134. — Crochets de retenue aux abouts ; entretoise de retenue , boulons. — Entretoises inférieures , formant écrous , 135.

(94) Pose de ces chemins , 135. — Entailles dans le plancher. — Goudronnage , brayage , 136. — Jeu aux abouts des bandes. — Trous fraisés , pose des vis. — Vis dites anglaises , 137.

(95) Bandes courtes additionnelles à l'entrée du pont , 137.

(96) Bons résultats de ce système d'armature en bandes longitudinales. — Condamnation des bandes transversales , 138.

(97) Voie pour chevaux ; pavés longs en bois. — Cloutage. Pose avec goudron , 139.

§ 2°. *Garnitures pour chevaux dans l'axe du pont.*

(98) Traces des roues, en madriers longitudinaux jointifs , 140.

(99) Inconvénient des madriers transversaux pour voies de voitures. — Garniture de plancher , toute en bois , avec voies latérales en madriers longitudinaux , 140.

5°. SECTION. — PLINTHES , PARAPETS , GARDE-FOUS.

1°. PLINTHES.

(100) Profil de la plinthe. — Moyen d'en apprécier le bon effet. — Raccordement de la plinthe et des murs en ailes , 141.

2°. PARAPETS.

(101) Dés composés des piles et des culées. — Études de détails et de goût , 142. — Surélévation des dés de scellement au-dessus des garde-fous en fer , 143.

(102) Appareils et armatures des dés composés , 143.
(*Note* *) Clef en fonte , 144.

3°. GARDE-FOUS EN FER.

(103) Largeur entre les garde-fous , 144. — Élévation longitudinale , régularité , 145.

(104) Ajustement du garde-fou sur les pièces de pont , 145. — Manchons pour la dilatation et le retrait des fers. — Scellemens des manchons en mortier hydraulique , 146.
(*Note* 21) Exemples à l'appui de ce mode de scellemens , 146.

6°. SECTION. — MORTIER , POSE DES MAÇONNERIES , REJOINTOIEMENS , PEINTURES.

1°. MORTIER.

(105) Mortiers du Pont d'Ivry , 147.
(*Note* 22) Notions à populariser , 147.

(106) Emploi de chaux non hydraulique ; inconvéniens , 148.

(107) Extinction de chaux en pâte molle ; fabrication de mortier par voie de mélange. — Nécessité d'ajouter de l'eau ; diminution de résistance du mortier , 149.

(108) Procédés employés au Pont d'Ivry , 149. — Extinction de la chaux à l'étouffée. — Massivation du mortier avec les pieds. — Surveillance et soins dans l'intérêt de l'ouvrier , 150. — Point de mal-façon possible , 151.
(*Note* *) Prix de la main-d'œuvre par cette méthode , 151.

2°. POSE DES MAÇONNERIES.

Maçonnerie en pierre de taille.

(109) Pose de la pierre , 151. — Inconvéniens de la pose sur cales. — Pose de la pierre sur mortier ; avantage de ce procédé, 152.—Épaisseur des lits , leur exact remplissage , 154.

Maçonnerie de meulière et de moellon.

(110) Régularité des rangs de meulière , 154. — Irrégularité exigée dans les assises des moellons , 155.

3°. Rejointoiemens des maçonneries.

(111) Meulière cuite ; mortier avec tuiles pulvérisées, et pouzzolane factice, 155.
  (*Note* 23) Sous-détails de ces rejointoiemens, 156.

4°. Peinture des bois et des fers.

(112) Nombre varié et motivé des couches appliquées aux charpentes, aux ferrures, 157.
  (*Note* *) Papier goudronné à appliquer dans les assemblages, 157.
(113) Ordre du travail, 157. — Application de la 3e. couche, l'année suivante. — Echafaud
  de service, 158.
  (*Note* 24) Journées employées à cet échafaud, 158.
  — Inconvénient des couches de peintures différentes. — Emploi de goudron, 159.
  (*Note* 25) Quantités de céruse et d'huile employées, 159.

7e. SECTION. — ABORDS DU PONT.

(114) Etudes particulières aux abords du Pont d'Ivry, 160.

1°. Trottoirs.

(115) Dispositions générales, 160.
(116) Dalles en lave de Volvic, 160.
  (*Note* 26) Dureté de cette lave pour résister aux frottemens, 161.
(117) Bordures de granit, 161.

2°. Bornage.

(118) Dispositions générales, 161. — Bornes en roche. — Bornes en granit, 162.

3°. Eclairage.

(119) Colonnes en fonte, 162.
  (*Note* 27) Poids et prix de ces fontes. — Plomb employé, 162.
  — Appareils Bordier-Marcet, 162. — Importance d'un parfait éclairage, 163.

4°. Chaussées.

(120) Pentes en longueur de 0ᵐ.03. — Raccordemens paraboliques aux points de brisement
  de pente. — Caniveaux pavés du palier supérieur, 163.
(121) Profil en travers de la route, 164.

5°. perrés.

(122) Développement. — Dimension et construction, 164. — Assise courante au pied des
  perrés. — Couronnement, 165.

6°. escaliers et doubles rampes.

(123) Utilité des doubles rampes ; profil ; dimensions, 165.
(124) Escaliers de service. — Massifs en maçonnerie de moellon. — Appareils des marches
  et des assises d'échiffre, 166.
  (*Note* * et **) Hauteur de marches à adopter, 166.

8e. SECTION. — BUREAUX DE PERCEPTION.

(125) Questions diverses à examiner ; solution particulière au Pont d'Ivry, 167.

1°. Généralités.

Plan.

(126) Relation entre le plan du bureau, et le mode de perception. — Bureau-maison
  pour un service permanent de famille, 167. — Bureau-loge pour un service administratif et à roulement, 168.

Position.

(127) Affectation des angles des culées au placement des bureaux. — Nécessité d'orienter les croisées de perception , 168.

(*Note* 28) Exemples à l'appui , 168.

— Condition qui détermine le nombre et la position des bureaux , 168.

Symétrie.

(128) Régularité commandée aux abords d'un pont. — Bureaux-loges du Pont d'Ivry , 169.

2°. APPLICATION.

Bureaux-loges du Pont d'Ivry.

(129) Dégagement de l'entrée du pont. — Dimensions des bureaux. — Renfoncemens formant guérites extérieures; cloison mobile , 170.

(*Note* * et **) Observations relatives à ces bureaux, 170.

(130) Façades régulières sur trois côtés. Croisée de perception ; was-ist-das , 171.

(*Note* *) Remarques de détails, 171.

— Auvent sur consoles sculptées. — Couverture en plomb. — Fondations sur parpaings en pierre. — Plafond, plancher ; double lambris près du poêle.

(*Note* *) Revêtemens en zinc, 172.

— Tambour et tiroir ; armoire ; table mobile ; tablettes, 172. — Serrurerie ; porte d'entrée. — Transport sur haquet , 173.

(131) Tarif sur plaque de zinc, 173.

(*Note* 19) Extrait des réglemens de compte des bureaux du Pont d'Ivry , 173.

9°. SECTION.—CHEMINS DE HALAGE.

1°. TRACÉ, HAUTEUR ET LARGEUR.

(132) Direction et biais d'un chemin de halage au passage d'un pont, 175.

(*Note* *) Modification apportée à la direction primitive du chemin de halage du Pont d'Ivry. 175.

— Hauteur des chemins de halage, leur largeur, 175.

2°. PERRÉS.

(133) Perrés de revêtement, développement, maçonneries, 176.

Fondations.

(134) Fondations sur pilotis. — Chapeaux de rive et traversines de retenue, 177.

(*Note* 30.) Principes à appliquer aux pilotages des crèches et risbermes, 177.

(*Note* 31.) Pose avec épuisemens ; fondations plus économiques sur enrochement, 178.

— Palplanches sabotées en fonte et plantées à claire-voie, 178.

(*Note* 32.) Exemple de fondation avec palplanches à claire-voie; réparation en cas d'affouillement, 178.

Appareils en pierre de taille.

(135) Couronnement en meulière des pentes aux abords, 178. — Couronnement en pierre des parties de niveau sous le pont. — Chaînes sur les angles saillans, sujétions de ces appareils. — Nouvel exemple d'appareil en arête de poisson, 179.

3°. ESCALIERS EN PIERRE.

(136) Escaliers placés dans les angles rentrants. — Appareil des échiffres en arête de poisson, 180. — Marches d'escaliers, 181.

(*Note* *) Disposition d'appareil qui eût été préférable, 181.

10°. SECTION.—OUVRAGES ACCESSOIRES POUR LA NAVIGATION.

1°. OUVRAGES PROVISIONNELS.

Balisage et rouleau de retour.

(137) Balisage. — Rouleau de retour pour cordes de halage, 182. — Pieux d'amarre. — Barrières, 183.

Coulisses et pattes-d'oie.

(138) 1ᵉʳᵉ période ; pieux de garde près de la culée. — 2ᵉ. période ; coulisses continues et pilotées dans la 2ᵉ. arche, 183. — 3ᵉ. période, deux arches libres, 184.

(*Note* ⁎) Dépense de ces ouvrages.

2°. OUVRAGES DÉFINITIFS.

Pieux d'amarre formant pieux de garde aux angles des culées.

(139) Pieux d'amarre. — Garniture en fonte, 185.

Organeaux.

(140) Hauteur à assigner aux organeaux des piles et culées d'un pont, 185. — Application au Pont-d'Ivry. — Diverses espèces d'organeaux — Position en plan des organeaux des piles, 186. — Détail, proportions et pose d'un organeau, 187.

Dernière observation d'ordre, commune au texte entier de la Partie d'art, 188.

CHAPITRE IIᵉᵐᵉ.

PARTIE ADMINISTRATIVE.

— Division du second chapitre, 189.

1ᵉʳᵉ SECTION — ACTES DE LA SOCIÉTÉ EXÉCUTANTE.

1°. MODE DE SOCIÉTÉ.

(141) Trois modes d'association, applicables aux entreprises collectives. — Association en participation, 189. — Société en commandite. — Société anonyme, 190.

(142) Mode mixte adopté par la société du Pont d'Ivry. — Mandats des gérans de la commandite, 191.

2°. MARCHÉ PASSÉ AVEC L'ENTREPRENEUR.

(143) Acceptation préalable des métrages avec restriction, 191.

(144) Limitation de la durée des travaux avec prime, avec dédit, 192.

(145) Rabais divers, suivant les différentes natures d'ouvrages, 193.

(*Note* ⁎) Avantages de ce système.

(146) Payement d'une partie des travaux en actions de la Compagnie, 193.

2ᵉ. SECTION. — CONDUITE DES TRAVAUX.

(147) Position toute particulière de l'ingénieur. — Jurisprudence administrative des travaux publics en France, 194.

(148) Procès à craindre pour une compagnie. — Utilité de constituer à l'avance un tribunal arbitral. — Grand intérêt à éviter ces discussions, 196.

(149) Danger pour l'ingénieur à s'écarter des devis primitifs, 196. — Conditions préalables à remplir, 197.

(150) Marche à suivre lorsque l'entrepreneur s'est astreint à des délais déterminés. — Attributions de l'ingénieur, limites de son mandat. — Conseils à donner. — Ordres nécessaires ; notifications régulières à signifier, 197. — Application au Pont d'Ivry, 198.

3ᵉ. SECTION. — DEVIS ET DÉTAIL ESTIMATIF.

(151) Utilité de mettre en évidence l'ordre, l'esprit méthodique, la subdivision d'un devis, d'un détail estimatif, 198. — Distinctions capitales entre le devis et le détail estimatif, 199.

1° DEVIS.

(152) Conditions à remplir. — Série unique de numéros pour tous les articles, 199. — Dissection du devis du Pont d'Ivry. — *Exposé ou Sommaire.* — *Description des ouvrages*, 200. — *Qualités et emploi des matériaux. — Conditions générales;* traité du gouvernement avec la Compagnie, marché de la Compagnie avec l'entrepreneur, 201. — *Table des matières,* 202.

(153) Analyse du devis, tant du Pont d'Ivry que des routes y attenant, 202.

2°. DÉTAIL ESTIMATIF.

(154) Séparation, en trois chapitres distincts, des métrages, des sous-détails, de l'application des prix.

(*Note*) Série de prix dans un cahier séparé et distinct du détail estimatif, 207.

— Table des matières, 207. — Avantages de cet ordre méthodique, 208.

(155) Uniformité entre le devis et le détail estimatif dans les grandes divisions, 208. — Marche divergente au delà des grandes divisions, 209. — Un devis est une synthèse par masse distincte du travail. — Les métrages sont de véritables analyses par nature d'ouvrages, 210.

(*Note* 33) Double opération, si l'on adoptait une autre méthode, 211.

(156) Diverses manières de disposer les élémens et les calculs des surfaces et des cubatures. — Disposition par colonnes. — Expéditions réduites à la moitié, aux deux tiers. — Aucune répétition, 211. — Ordonnance plus satisfaisante, 212. — Modèles de diverses applications de cette méthode, 213.

(157) Analyse d'un sous-détail, 213. — Mise à prix des bénéfices et des avances de fonds de l'entrepreneur. — Faux-frais à porter à chaque sous-détail, 214. — 1re. hypothèse pour leur évaluation basée sur le nombre des journées employées. — 2e. hypothèse basée sur le prix des journées, 215. — Exclusion d'une 3e. hypothèse, basée sur les prix de fournitures, 216.

(158) Deux méthodes d'ordonner les écritures des sous-détails. — 1re. méthode souvent employée, 217.

(159) Préférence à donner au calcul préalable et complet de chaque prix élémentaire, 218. — Modèles de diverses écritures dans cette hypothèse. — Numérotage des sous-détails en une seule et même série, 219.

(160) 3e. chapitre disposé en tableau. Résumé et application des prix, 220. — Exemple de cette ordonnance d'écritures, 221.

4e. SECTION. — COMPTABILITÉ.

(161) Réflexions générales. — Forme fictive de compte, à proscrire rigoureusement, 223.

(162) Comptabilité du Pont d'Ivry. — Mise en regard des dépenses prévues avec les dépenses faites. — Comparaison nécessaire par article, et non par masse de dépenses, 224.

1e. ETATS POUR PROPOSITION DE PAYEMENT.

(163) Dissection d'un état-modèle. — Renseignemens d'ordre. — Colonnes de gauche; dépenses prévues. — Texte du tableau, 226. — Modèle y relatif, 227. — Colonnes de droite, dépenses faites, 228.

(164) Approvisionnemens, 228. — Retenues de garantie, 229.

(*Note*) Règles à appliquer aux retenues de garantie, 229.

(165) Détail estimatif partiel à l'appui de chaque proposition de payement. — Justification de tous les articles de la nouvelle dépense accusée, 229.

PONT D'IVRY. 38

(166) Dissection d'un détail estimatif partiel. — Renseignemens d'ordre. — Détail des ouvrages accusés, 230. — Modèle y relatif, 231.

(167) Résumé du peu d'écriture qu'exige cette marche. Exemple au Pont d'Ivry, 232.

2°. Pièces a l'appui des comptes définitifs.

(168) Division des dépenses en deux catégories.—Ouvrages analysés au détail-estimatif, 232. — Ouvrages non appréciables à l'avance, 233.

Dépenses analysées ou qui auraient dû être analysées au détail-estimatif primitif.

(169) Circonstances qui président à la rédaction d'un détail-estimatif, 233. — Circonstances différentes lors du relevé des ouvrages exécutés. — Relevé contradictoire et partiel, à mesure de l'avancement des travaux, 234.

(*Note* 34) Sur les adjudications en bloc, 235.

Dépenses non appréciables à l'avance, et à imputer sur la somme à valoir.

(*Note* 35) Sur la question de savoir si les battages doivent faire partie des ouvrages en régie, 235.

(170) Arrêté contradictoire et mensuel. — Numérotage des pièces; timbres des séries. — Bordereaux généraux et partiels pour classification de ces pièces, 236.—Modèle d'un bordereau général. — Modèle d'un bordereau partiel, par nature de travaux, 237.

(171) Elémens à recueillir pour la justification de ces dépenses. — Détails particuliers aux dépenses en attachement de toute nature. — Bulletins et bons journaliers, 238.

(*Note* ') Avertissement à donner préalablement à l'entrepreneur, 239.

(172) Forme des états récapitulatifs de chaque mois. — Renseignemens détaillés donnés par ces états, 239 —Modèles de ces états récapitulatifs, 240 et 241.

(173) Inutilité des rôles nominatifs lorsqu'il y a des prix réduits convenus pour chaque classe d'ouvriers. — Marche pratique adoptée dans les grands ateliers les mieux organisés, 242.

3°. Questions de principes pour règlement de compte.

§ 1. *Métrage des bois d'assemblages.*

(174) Cubage des tenons et autres membres d'assemblages, 244.

§ 2. *Echafaud de pose.*

(175) Echafaud de levage à compter explicitement, 245.

(*Note* ') Décisions et exemples applicables à l'espèce, 245.

(175 *bis*) Décompte du plancher à claire-voie de cet échafaud, 246.

§ 3. *Refouillemens et entailles.*

(176) Règlement de compte des refouillemens, encastremens, entailles et percemens, 248.

4°. Décomptes généraux définitifs.

(177) Ordre, développement et justification de ces dépenses, 252. — Modèle d'un décompte définitif, 253.

5°. SECTION. — FORMULAIRE PRATIQUE ET RAISONNÉ, POUR LES CONCESSIONS A TERMES.

(178) Concession à terme considérée comme placement viager. — Double prévision à méditer, 258.

(179) *Répartition uniforme des charges.* — Enumération des charges, 258. —Reconstruc-

tions périodiques à assurer au moyen de primes annuelles de réserve. — Questions accessoires , 259.

(180) *Répartition du revenu net.* — Trois manières de faire valoir et de partager ce revenu, 259. — Modes ordinaires de remboursement. — Remboursement annuel et partiel. — Remboursement final et intégral , 260. — Autre mode d'amortissement sur des ressources à venir , par exemple, sur une prolongation de jouissance , 261.

ORDRE A SUIVRE POUR LA SOLUTION DES QUESTIONS QUI PRÉCÈDENT.

(181) Formules élémentaires , 261. — Primes de réserve et de remboursement. — Comparaison des deux modes ordinaires de remboursement. — Remboursement imputable sur des ressources à venir. — Table ou *Barême* pour les concessions à termes, 262.

1°. FORMULES ÉLÉMENTAIRES.

(182) Capital avec intérêts composés. Formule (Z), 262.

(183) Définition d'une prime annuelle de reproduction, 263. — Capital brut produit par une prime annuelle placée à intérêts composés. Formule (Y), 264.

(184) Prime nécessaire pour reproduire un capital brut dans un nombre d'années donné. Formule (V.) — Nombre d'années nécessaires pour produire un capital brut, avec une prime annuelle donnée. Formule (T), 265.

2°. PRIMES DE RÉSERVE POUR GROSSES RÉPARATIONS PÉRIODIQUES.

(185) Méthode générale pour satisfaire aux questions les plus complexes, 265. — Formule générale (V_1) y relative , 266.

(*Note* 36.) Formules dérivées de la précédente pour des cas spéciaux, 266.
— Application au Pont d'Ivry , 266.
(*Note* 37.) y relative, 267.

(186) Nécessité de se soumettre à ces charges onéreuses. — Capital avec intérêts composés balancé par une prime annuelle. Formule y relative (X), 268.
(*Note* 38.) Formule (W) inverse de la précédente, 268.
(*Note* 39.) Rapport d'une concession à terme, et d'une concession à perpétuité. Formule (R) y relative, 269.

(187) Dernières considérations sur les primes de réserve, 270.

(188) Conclusion importante, 271.
(*Note* 40.) Économie résultant de la réduction provisoire de l'épaisseur des culées, 271.

3°. PRIME DE REMBOURSEMENT.

(189) Nouvel usage des formules (Y), (V) et (T). — Application au Pont d'Ivry, 272.

4°. REMBOURSEMENT SOIT ANNUEL ET PARTIEL, SOIT FINAL ET INTÉGRAL.

(190) Somme des prélèvemens pour intérêts et pour remboursement, dans l'hypothèse du remboursement final et intégral, 273. — Même calcul dans la supposition du remboursement annuel et partiel , 274.

(191) et (191 *bis*) Analyse de ces expressions, 274.

(192) Comparaison de ces résultats, 276. — Conclusion à l'avantage du remboursement annuel et partiel. — Tableau qui met cette conséquence en évidence, 277.

5°. Remboursement imputable sur des ressources a venir, sur une prolongation de concession.

(193) Amortissement ajourné à un nombre n d'années. — Supposition que le capital à reproduire s'est augmenté, pendant le même temps, des intérêts composés. — Formules générales y relatives. — Formule (V_3) pour la prime annuelle nécessaire à la reproduction de ce capital brut. — Formule (T_3) pour le nombre d'années de cette opération, 278.

(194) Cas particulier. Imputation du remboursement sur une prolongation de concession. — Formules (V_4) et (T_4), 279.

(195) Conséquence de ces expressions, 279. — Limite des avances qu'il est possible de rembourser sur un revenu qu'on ne doit toucher qu'au bout de n années. Formule (U), 280.

(*Note* 41.) Modifications de cette formule lorsqu'il y a balance exacte entre les charges et les revenus. — Application au Pont d'Ivry, 280.

(196) Réflexions au sujet de ces derniers problèmes. — Appréciation à leur juste valeur de ces conséquences mathématiques, 281.

(197) Importance et utilité de ces formules, 282.

6°. Résumé.

(198) Objet, élémens et manuel de chacune des formules qui précèdent, 282.

(199) Conclusion; solution de tout problème, réduite à une simple multiplication, 282.

(200) Table, et calculs préparés à l'avance, des coefficients nécessaires à l'application de chacune des formules (Z), (Y), (X), (U), (V), (W) et (R) pour toutes les concessions de 1 à 100 années, 285.

TABLE,

OU

ANALYSE ALPHABÉTIQUE.

Nota Les chiffres indiquent les numéros des pages à consulter.

A

ABORDS du pont. Sommaire, 47 ; trottoir, 160 ; bornage, 161 ; éclairage, 162 ; chaussées, 163 ; perrés, 164 ; escaliers et double rampe, 165.

ACCIDENS. *Voir* (CAISSONS, ENROCHEMENT, RECEPAGE).

ACTES de la société exécutante, mode de société, 189 ; marché passé avec l'entrepreneur, 191.

ADJUDICATIONS en bloc, 235.

AMORTISSEMENT. *Voir* (PRIME, REMBOURSEMENT).

ANNOTATIONS. *Voir* PLANCHES.

APPAREIL. *Voir* MAÇONNERIE.

ARBALÉTRIERS courbes, position des joints ; aucune entaille, aucun percement ; débitage à la scie, 107. *Voir* (ARCUES, PLIAGE).

ARBITRAGE, 196.

ARCUES. Ordonnances ; hauteur ; ouverture et flèches ; pentes du pont ; composition, 97—99 ; épures, 99—100 ; arbalétriers courbes, 107 ; longerons, sous-poutres et contre-fiches, 109 ; moises pendantes, moises horizontales, 112 ; contrevents en bois, 113 ; levage, 114. *Voir* TRAVÉES.

AVANT-PIEUX, 52.

AVANT-PROPOS, ordre à suivre pour le compte rendu de grands ouvrages d'art ; appel aux ingénieurs, à l'administration ; plan de l'ouvrage ; partie d'art et explication des planches ; partie administrative ; table des matières, 1—8.

AUVENTS, jets d'eau transversaux, couvre-joints, 127.

B

BALISAGE, 182.'

BANDES de fer. *Voir* GARNITURES.

BARÈME. *Voir* TABLE.

BARRIÈRES , 183.

BORDS. *Voir* CAISSONS.

BORNAGE, en roche, en granit, 162.

BRAYAGE. *Voir* GARNITURES.

BRIDES. *Voir* DÉPÉRISSEMENT.

BUREAUX-LOGES pour un service à roulement, 168 ; forme et dimensions, 170 ; détails de construction, 171—173 ; prix, 173.

BUREAUX-MAISONS pour un service permanent, 167.

BUREAUX de perception ; sommaire, 48 ; questions diverses ; solution ; généralités ; plan, 167 ; position, 168 ; symétrie, 169 ; application aux bureaux-loges, 170.

C

CAISSONS. — Fond ; importance relative des divers élémens d'un caisson ; conséquences à en tirer ; traversines maîtresses, traversines intermédiaires, cadre ou moises extérieures ; portée des traversines maîtresses sur les pieux de rive ; madriers de remplissage, 78—80 ; assemblage et ferrures, boulons de tirage, écrous à queue ; chevillage en bois ; suppression des tirans longitudinaux ; tinçlage des joints ; expériences et sous-détails, 80—84.

— Bords ; élémens, nombre de garnitures ; hauteur des bords ; autres détails utiles, 85.

— mouvement et mise en place ; ensemble des opérations ; bardage des fonds munis ou dégarnis de leurs bords ; dépenses ; lançage ; chargement en maçonnerie et en matériaux ; conduite, pose, vérification ; arrachage des bords ; accidens, 87—92.

CAPITAL placé à intérêts composés, formule (Z), 262. *Voir* (PRIME, REMBOURSEMENT).

CHARGES , (des concessions) 258.

CHAUSSÉES, 163—164 ; pentes en longueur ; raccordemens paraboliques aux brisemens de pente ; profil en travers.

CHEMINS (de fer). *Voir* GARNITURES.

CHEMINS de halage ; sommaire, 48 ; tracé , hauteur et largeur, 175 ; perrés, 176 ; escaliers en pierre, 180.

COMPTABILITÉ ; réflexions générales ; forme fictive de compte à proscrire, 223 ; états pour proposition de payemens, 226 ; pièces à l'appui des comptes définitifs, 232 ; questions de principe pour réglement de compte, 244 ; décomptes généraux définitifs, 252.

CONCESSION à terme. Rapport de la valeur d'une concession à terme, et d'une concession à perpétuité, formule (R), 269 ; calculs pour les concessions de 1 à 100 années. *Voir* (CAPITAL, FORMULAIRE , PRIME, REMBOURSEMENT, TABLE).

CONDUITE des travaux, 194—198 ; jurisprudence administrative des travaux publics en France ; procès à craindre pour une compagnie ; tribunal arbitral à constituer à l'avance ; danger à s'écarter du devis primitif, conditions à remplir ; conseils, ordres à donner à l'entrepreneur ; notifications nécessaires.

CONTRE-FICHES. *Voir* LONGERONS.

CONTREVENTS en bois. Dimensions, taille, pose, 113. *Voir* DÉPÉRISSEMENT.

CONTREVENTS (en fer), 121—124. Position ; choix des points fixes ; attache à la clef ; moufles à coins verticaux ; attache sur les piles et culées ; mandrins de scellement ; faux mandrins.

COULISSES et pattes d'oies, 183—184.

COUSSINETS (creux en fonte), 105.

CULÉES. Sommaire, 46 ; plantation et description raisonnée, 49 ; pilotage, 51 ; plate-formes, 55 ; maçonneries, 59 ; corrois, pilonnage, 65 ; épaisseur provisoire des culées, 50, 271.

D

DÉBACLES de la Seine, 98.

DÉCOMPTES généraux. Ordre et justification des dépenses. — Modèle de décomptes, 252—253.

DÉDIT, 192.

DÉPÉRISSEMENT (causes générales de). Moyen de les prévenir, 101—105 ; —mouvemens oscillatoires ; moises, brides et contreveuts ;—assemblages à tenon et mortaise ; — pénétration des bois de bout ; plaques de cuivre ; —pourriture des abouts engagés dans la maçonnerie ; scellement ; corps isolans ; enveloppe ; coupe des bois ; refouillement dans la pierre ; isolement latéral ; coussinets creux en fonte.

DÉTAIL ESTIMATIF. — Séparation des *métrages, des sous-détails,* de l'*application des prix ; table des matières,* 207. — Uniformité entre le devis et le détail estimatif dans les grandes divisions ; marche divergente au-delà de ces grandes divisions, 208.— Diverses manières de disposer les élémens et calculs des surfaces, des cubatures ; méthode la meilleure, modèles y relatifs, 211—213 ;—analyse d'un sous-détail ; évaluation raisonnée des fauxfrais, 213 ; deux méthodes pour les écritures des sous-détails, modèles y relatifs, 217.— Application des prix ; modèle y relatif, 221.

DEVIS. Distinction avec le détail estimatif, 199 ; série unique de numéros pour tous les articles ; dissection d'un devis ; *exposé ou sommaire, description des ouvrages, qualité et emploi des matériaux, conditions générales ;* ces conditions doivent être séparées en deux catégories distinctes ; *Table des matières* 199—201 ; analyse du devis du pont d'Ivry, 202.

E

ÉCHAFAUD de pose. Échafaud à compter explicitement ; décisions y relatives, 245 ; il ne faut allouer qu'un plancher à claire-voie.

ÉCLAIRAGE. — Colonnes en fonte ; poids et prix ; appareils Bordier Marcet, 162.

ÉCRITURES. *Voir* (DEVIS, DÉTAIL ESTIMATIF, COMPTABILITÉ).

EMPRUNT de terre, moyen économique de se procurer de grandes masses de terre, 66.

ENROCHEMENS,—à l'intérieur ; radeau ; barrage ; vérification ; accident, 76 ; — à l'extérieur, 77.

ENTREPRENEUR. *Voir* (CONDUITE, DÉDIT, MARCHÉ, PAYEMENT, PRIME, RABAIS.)

ENTAILLES. *Voir* REFOUILLEMENS.

ENTRETOISE en fer. *Voir* GARNITURES.

ÉPURES des arches, 99 — 100.

ESCALIERS , massifs en maçonnerie de moellons ; appareil des marches et des assises d'échiffre ; hauteur de marche à adopter, 166.

ESCALIERS en pierre, 180 — 181 ; appareil des échiffres en arête de poisson ; marches.

ÉTATS pour proposition de payement ; états modèles développés y relatifs, 226 ; approvisionnemens, 228 ; retenue de garantie, 229 ; détail estimatif partiel à l'appui ; modèle ; développemens y relatifs, 230 ; Résumé du peu d'écritures que cette marche exige, 232.

F

FOND. *Voir* CAISSONS.

FONDATION de perrés, avec épuisement ; sur enrochement, 178.

FORMES (générales) — d'une culée ; corps quarré ; murs en ailes, 50. — d'une pile ; corps quarré supérieur, 68.

FORMULAIRE pratique et raisonné pour les concessions à termes. Répartition uniforme des charges, 258 ; répartition du revenu net, 259 — Formules élémentaires 261 ; prime de réserve pour grosses réparations périodiques, 265 ; prime de remboursement, 272 ; remboursement soit annuel et partiel, soit final et intégral, 273 ; remboursement imputable sur des ressources à venir, 278. — Résumé, 282 ; table des coefficiens calculés à l'avance, 286.

FORMULES. *Voir* (CAPITAL, CONCESSION, FORMULAIRE, PRIME, REMBOURSEMENT, TABLE).

FRETTES, 54 ; restées sous l'eau, 75.

G

GARDE-FOUS (en fer), 144—146 ; ajustement, manchons, scellement.

GARNITURES (en fer et en bois).—Inconvénient d'un pavage sur un pont en bois ;—largeur et subdivision des voies, 131 ;—voies pour chevaux en arbalète, sur les deux rives du pont ; nombre des bandes, leur longueur régulière, crochets de retenue ; entretoise de retenue ; entretoise inférieure formant écrous, boulons, 133—135 ; pose, entailles, jeu, goudronnage, brayage, vis anglaise, 137 ; bandes courtes à l'entrée du pont ; voie pour chevaux avec pavés longs en bois, 137 —139 ; voie pour chevaux dans l'axe du pont ; trace des roues en madriers longitudinaux ; pavés longs en bois, 140.

GOUDRONNAGE. *Voir* GARNITURE.

GRANIT. *Voir* (BORNAGE, TROTTOIR).

GRILLAGE. *Voir* PLATE-FORME.

H

HALAGE. *Voir* CHEMINS

I

INDICATIONS préliminaires. Position du pont, ses avantages ; routes neuves ; communications nouvelles, 45 ; sommaire des ouvrages, 46.

Ingénieur (position de l') dans les travaux de compagnie; conduite à tenir, 194.

Intérêts (composés). *Voir* (Capital, Prime, Remboursement).

L

Lave. *Voir* Trottoirs.

Lançage. *Voir* Caisson.

Levage des arches, 114—117; divers modes; échafaud de pose à grandes et à petites travées; nombre de fermes nécessaire; poussée des grandes travées en charpente.

Longerons (avec sous-poutre et contre-fiches), 107—109; isolement de la pierre; ajustement, armature, assemblage; joints anglais; embreuvement à recouvrement.

M

Maçonneries —d'une culée, 59 — 64; dimension, forme; épaisseur; retraites rampantes; appareils en pierre; en arête de poisson; études de goût; diverses notes.

— d'une pile, 92—96; dimensions; longueur minimum; épaisseur comparée aux piles de divers ponts; pression à prévoir dans l'hypothèse d'arches en pierre; appareils en pierre; études de détail; service et approche des matériaux.

— des perrés, 164—167.

Madriers (formant plancher), —du 1er. plancher; longitudinaux et à claire-voie; chevillage; nécessité de raisonner la forme des chevillettes, 128.

— du 2°. plancher; transversaux jointifs, 130.

Marché avec l'entrepreneur, 191 — 193; acceptation du métrage avec restriction; prime et dédit; rabais divers suivant les différentes natures d'ouvrage; payement en actions d'une partie des travaux.

Métrage des bois d'assemblage. Cubage des tenons et autres membres d'assemblage, 244. *Voir* (Détail estimatif, Marché).

Modèle. *Voir* (Devis, Détail estimatif, États, Pièces a l'appui).

Moises—horizontales, 112—113; assemblage; coupe et plan biseau; emplacement des boulons.

— pendantes; chanfrein, 112.

Voir Dépérissement.

Mortier, 147—151; extinction de la chaux; massivation du mortier; prix de main-d'œuvre.

Moutons, 52.

N

Navigation. *Voir* Ouvrages accessoires.

O

Organeaux, 185—187; hauteur à leur assigner; position en plan; détail et proportion.

Ouvrages accessoires (pour la navigation); sommaire, 46; balisage et rouleau de retour, 183; coulisses et patte d'oie, 183—184; pieux d'amarre formant pieux de garde aux angles des culées, 185; organeaux, 185.

P

Payement en actions de la compagnie, 193. *Voir* État.

Palplanches. *Voir* Perrés.

Parapets, 142—144; dés composés; appareils; armature; clef en foute.

Partie — d'art; 1er. chapitre de l'ouvrage, 45.

— administrative; 2e. chapitre de l'ouvrage, 189.

Pattes d'oie. *Voir* Coulisses.

Pavés (longs en bois). *Voir* Garnitures.

Peinture des bois et des fers, 157—159; échafaud; nombre des couches; expériences et sous-détail; — emploi de goudron; papier goudronné dans les assemblages.

Perrés — du talus de la route et des culées; dimension et construction, 164; assise courante au pied; couronnement, 165.

— du chemin de halage; direction au passage d'un pont, 175; fondation sur pilotis, 177; chapeaux de rive et traversines de retenue; palplanches à claire-voie, 178; massifs, 176; couronnement, 178; chaines appareillées en arête de poisson, 179. *Voir* Fondation.

Pièces à l'appui (des comptes définitifs); dépenses prévues, 233; adjudication en bloc, 235; dépenses imprévues; arrêté contradictoire et mensuel; bordereaux généraux et partiels; attachemens, bulletins et bons journaliers; état récapitulatif de chaque mois; modèle de ces divers états, 235—241; inutilité des rôles nominatifs, 242.

Pièces de pont, 119—121; écartement, équarrissage et longueur; solives d'un seul morceau; solives avec assemblage; traits de Jupiter; joints fourchus; pose.

Pieux —d'amarre, 183; avec garniture en fonte, 185; — de garde, 185.

Pieux en bois équarri et en grume, 53—54. *Voir* Pilotage.

Piles. Sommaire, 46; tracé et description, 67; pilotages, 69; enrochemens, 76; caissons, 77; maçonneries, 92.

Pilotage, 51—55; —d'une culée; échiquier régulier; écartement et numérotage des pieux; carnet; variation des terrains; refus; sonnette à déclic; mouton; avant-pieux; conditions à insérer au devis; frettes; sabots en fonte; battage à la journée.

—d'une pile, 69—73; pilotage des échafauds; pieux de fondation; nombre; plan; numérotage; espacement; charge; pieux de remplissage à claire-voie au lieu de palplanches; économie de ce système.

— d'un chemin de halage. *Voir* Chemin.

— de crèches et de risbermes, 177.

— de coulisses et de pattes d'oie. *Voir* Coulisses.

Placement (viager), 258.

Plancher. — Sommaire, 47; caractère et composition, 119; — solivage général; pièces de pont; contre-vents en fer, 121; — second solivage partiel et plancheiage des deux rives; trottoirs; auvents, 124—127; — madriers formant plancher, et garnitures de fer entre les trottoirs; — garnitures en fer et bois, 128.

Planches (explication des dix-huit), 9—43; table

de concordance avec le texte; annotations à connaitre, 9, 43 et 188.

PLAQUES de cuivre, 103.

PLATE-FORME d'une culée, 55—59; grillage non entaillé, usage à reformer; suppression des solives longitudinales; réduction du nombre des mortaises; racinaux à la rencontre de trois solives; réduction du nombre des chevillettes; niveau au-dessous de l'étiage; remplissage des vides sous la plate-forme.

PLIAGE à la vapeur. Expériences faites; expériences à faire, 107—109.

PLINTHES. Profil, raccordement, 141.

POSE des maçonneries, 151—155; pose de la pierre sur mortier, sans cales; régularité des rangs de meulières; irrégularité ordonnée pour les rangs de moellons.

PRIME accordée à l'entrepreneur, 192.

PRIME—de reproduction, 263; capital brut produit par une prime annuelle placée à intérêts composés, formule (Y), 264; nombre d'années pour produire un capital avec une prime donnée, formule (T), 265.

— de réserve pour réparations périodiques, formule (V), 266; capital avec intérêts composés, balancé par une prime annuelle, formule (X), 268.

— de remboursement, formules (Y) (V) (T), 272.

PRIX (application des). Voir DÉTAIL ESTIMATIF.

PROLONGATION (de concession). Voir REMBOURSEMENT.

Q

QUESTIONS (de principes pour règlement de comptes). Metrage de bo; d'assemblage, 244; échafaud de pose, 245; refouillemens et entailles, 248.

R

RABAIS (soumission présentant plusieurs), 193.

RAMPES (doubles) pour voiture; utilité, profil, dimension, 165.

RECEPAGE des pieux— des culées (avec épuisement), 52.

— des piles (sous l'eau), 74; échafaud; recepage à la tâche; accidens; arrachage de goujons; frettes restées sous l'eau.

REFOUILLEMENS et entailles, 248—251. Règlement de compte des refouillemens, encastremens, entailles et percemens.

REFUS, 52.

RÈGLES, 67; — contiguës. — suspendues.

REJOINTOIEMENS, 155; meulière rougie au feu, tuiles pulverisées, pouzzolane factice; sous-détails, 156.

REMBOURSEMENT—final et intégral, 273. — annuel et partiel, 274; analyse et comparaison de ces deux modes de remboursement, 276.—Remboursement ajourné à un nombre n d'années; formule (V₃) pour le calcul de la prime; formule (T₃) pour le nombre d'années, 278; — imputation du remboursement sur une prolongation de concession, formule (V₄) et (T₄), 279; limites des avances possibles sur un revenu à venir, formule (U), 280.

REVENU net, 259.

ROULEAU de retour (pour cordes de halage), 182.

ROUTES (desservies par le Pont d'Ivry). Routes neuves; routes anciennes, 45.

S

SABOTS en fonte — pour pieux, 54; — pour palplanches, 178.

SOCIÉTÉ (mode de). Association en participation, 189; société en commandite; société anonyme, 190; mode mixte adopté au Pont d'Ivry, 191.

SONNETTES, 52.

SOUS-DÉTAILS. Voir DÉTAIL ESTIMATIF.

SOUS-POUTRES. Voir LONGERONS.

T

TABLE ou Barême des coefficiens pour les formules (Z), (Y), (X), (U), (V), (W), (R), 285.

TARIFS, 173.

TONTINE, 259.

TRAVÉES en charpente. Sommaire, 47; dispositions et dimensions générales, 97; épures, 99; causes générales de dépérissement, 101; études particulières aux travées en arc de cercle, 106; levage des arches, 114. Voir ARCHES.

TRAVERSINES. Voir CAISSON.

TROTTOIRS — en bois sur le pont, 124—126; fausses pièces de pont; longrines; grillage; assemblage; boulonnage; chevillage; pose; madriers transversaux; garde-roues longitudinaux en fer.

— en pierre, 160—161; dispositions générales; dalles en lave de Volvic; dureté de cette lave pour résister aux frottemens; expériences;—bordure en granit, 161.

FIN.